黃俊英　著

企業研究方法

Business Research Methods

4th edition

東華書局

國家圖書館出版品預行編目資料

企業研究方法 / 黃俊英著 . -- 四版 . -- 臺北市 : 臺灣東華,
民 99.09
480 面 ; 19x26 公分
ISBN 978-957-483-633-8 (平裝)

1. 企業管理 2. 研究方法

494.031 99018928

企業研究方法

著　　者　黃俊英
發 行 人　卓劉慶弟
出 版 者　臺灣東華書局股份有限公司
地　　址　臺北市重慶南路一段一四七號三樓
電　　話　(02) 2311-4027
傳　　眞　(02) 2311-6615
劃撥帳號　00064813
網　　址　www.tunghua.com.tw
讀者服務　service@tunghua.com.tw
直營門市　臺北市重慶南路一段一四七號一樓
電　　話　(02) 2382-1762
出版日期　2000 年 9 月 4 版
　　　　　2015 年 9 月 4 版 2 刷

ISBN　978-957-483-633-8

序

企業經營環境日趨複雜，而且快速變動，市場競爭也日益激烈，企業主管如何在複雜多變的競爭環境中制定正確有效的決策，以達成企業的目標，是一項重大的挑戰。爲了提升決策的正確性和有效性，企業主管在制定各項企業決策時，除了善用本身的直覺和經驗之外，通常也需要有足夠、可靠而且及時的資訊來作爲決策制定的重要參考或依據。企業研究（Business Research）就是一種蒐集和分析有關企業經營資訊的方法或技術，是一種重要的管理工具。

筆者先後在政治大學、中山大學和義守大學開授企業研究方法相關課程多年，也曾在知名企業擔任多年的行銷顧問，參與多項企業研究計畫，深深體會到企業研究是一個有趣也具挑戰性的學門，於 1994 年整理教學和實務心得，撰寫出版《企業研究方法》（教育部編大學用書）。企業研究雖是一門相當成熟的學門，進行企業研究的基本程序似也很少改變，但可用的工具和技術都不斷在進步中，特別是近些年來網際網路的普及更加速了企業研究的進展。爲了要讓讀者了解企業研究方法的新發展，筆者不斷參考最新的文獻資料和實務，加以增補和充實，希望能有助於提升企業研究人員的研究水平，並進而增進企業決策的品質。

本書是實務導向的，也是管理導向的。企業研究本身並不是目的，它是幫助企業主管及時獲得決策所需要之資訊的一種管理工具。本書在介紹各種研究技術時均特別著眼於企業主管的需要，強調企業研究的管理功能和角色；同時也以許多實際案例或虛擬案例來說明各種研究技術在企業管理上的可能應用。

本書爲第四版，共有二十一章，分成基本概念、資料蒐集、資料分析、預測方法和道德問題等五部分。有鑑於「質性研究」在企業研究中的應用日益廣泛，本版特新增「質性研究」一章。爲了方便讀者做進一步研究的需要，凡書中引用或提及之有關論著及研究報告，均在各章之後用附註方式註明出處來源，或列出參考文獻，以便讀者查閱。

本書能夠撰寫完成，首先要感謝在大學和研究所進修時的老師，特別是政治大學的楊必立教授、魯傳鼎教授、美國愛荷華大學的 David Curry 教授等恩師的教誨和指導，要感謝在政治大學、中山大學和義守大學任教時，許多教師和研究生在研究方法上的相互切磋，要感謝多年前在聯廣公司擔任行銷顧問時，向賴東明董事長和楊朝陽老師學習到許多寶貴的研究實務經驗。聯廣的策略規劃總監陳芳真在資料提供上給予許多協助，也要特別感謝。

本書爲筆者多年來教學與研究的一點心得，書中錯誤或遺漏之處恐難避免，敬請學術界及企業界的先進和讀者不吝指正。

黃俊英　謹誌
國立中山大學管理學院
義守大學管理學院
2010 年 8 月

目　次

第一章

企業研究與管理決策

1-1 管理決策的層次與過程

1-1-1 管理決策的層次

組織的管理決策結構可分策略性（strategic）、戰術性（tactical）及技術性（technical）等三個層次（註1）。表 1-1 概述這三個主要決策層次及其有關屬性。策略性的決策大多是非結構性的，本質上非常不確定且非例行性，所需的資訊主要來自組織外部，並具未來取向，是影響組織一般發展方向的決策。譬如，在企業整體層次的策略性決策包括處理多角化、產品或市場開發、撤資等問題之決策。

戰術性的決策是將上述廣泛的策略性決策付諸實行的決策，是操作取向的決策，大多是處理時間架構遠較策略性決策爲短的問題。規劃及控制

表 1-1 決策制定的層次及特性

決策制定的層次	所需資訊的類型	相對可規劃性	規劃-控制組織
策略性	1. 外部的資訊 a.競爭行動 b.顧客行動 c.過程的可用性 d.人口統計研究 2. 預測性的資訊（長期趨勢） 3. 模擬的 what-if 資訊	低	規劃-高度依賴外部的資訊
戰術性	1. 敘述性-歷史性的資訊 2. 目前績效的資訊 3. 預測性的資訊（短期） 4. 模擬的 what-if 資訊	有限的可規劃性	規劃及控制取向的混合
技術性	1. 敘述性-歷史性的資訊 2. 目前績效的資訊	高	控制-高度依賴內部的資訊

資料來源：Duane Davis, *Business Research for Decision Making*, 6th ed. (Thomson Books/Cole, 2005), p.4。

的活動在此一層次中是很重要的，所需的資訊在本質上兼具敘述性及歷史性，通常是內部資訊。舉凡預算分配、人員指派、次要的資源承諾、推廣組合決策及其他短期內部作業等，均屬於戰術性的決策。由於問題情境中缺乏一致的結構，因而戰術性決策的可規劃性是有限制的。

最後一個重要的決策層次是技術性的決策，它具有例行性的特質，並處理特定工作的管制。執行此一功能所需的資訊在性質上主要是敘述性及歷史性的，通常也需要有目前績效的資訊。在此一層次上，決策的制定幾乎不需要外來的資訊。技術性的決策具有高度的可規劃性，最有可能用數學模式及標準化方式來處理。典型的例子包括品質管制、薪水、進度排程、運輸、信用的接受或拒絕等等。

雖然這三個決策層次間的區分很難釐清，但在現代企業組織中，這樣的分類有助於突顯資訊需要的重要差異。在一般組織中，了解管理者的資訊需要的差異是必須的，因爲管理者所做的決策與他們接收的資訊有直接關聯。特別要一提的是，合適且品質良好的資訊雖不能保證就會做出正確的決策，但卻有助於提高最後制定一較好決策的可能性。

1-1-2 管理決策的過程

決策制定的過程可視爲從可行方案中做一選擇的一連串的相關活動。圖 1-1 概述五項適用於大多數決策情境的主要活動，其定義及相互關係如下（註2）：

1. 問題認知（problem recognition）：制定決策的過程從問題認知開始。當管理者認知某些情境的存在或將出現，也認知到在不久的未來必須採取行動，決策過程就開始了。問題認知可以像決定推出一種新產品那麼簡單，也可以像需要去爲某一組織發展一個事業計畫那樣複雜。問題認知可以事先加以規劃，如認知到需要在六個月內完成一全面性

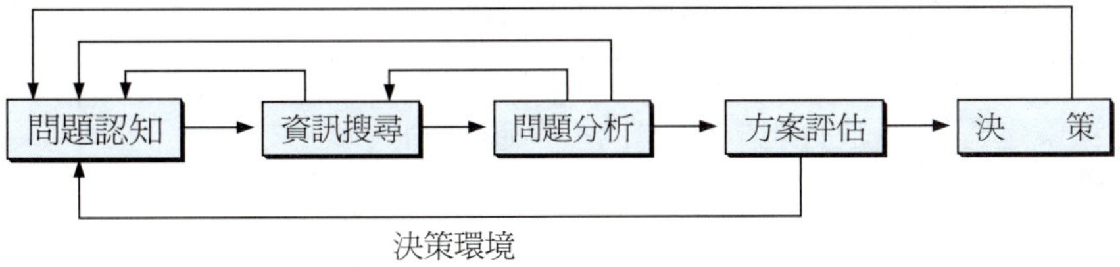

資料來源：同表 1-1, p.5。

圖 1-1　決策制定過程中的主要活動

的事業計畫；問題認知也可能得自對組織的作業和顧客的深入偵測和研究，如行銷稽查（marketing audit）發現顧客的偏好改變了。

2. 資訊搜尋（information search）：資訊搜尋是決策制定的第二個階段。雖然在問題認知之前就可能要搜尋資訊，但此階段的目的是要蒐集有關特定問題情境的資訊，以利於分析手邊的問題，提出假定（assumptions）及不同的劇情，爲後續的問題分析做準備；這一階段產生的資訊可能會重新界定原先形成的問題。使用線上資料庫的網際網路搜尋（Internet search）以及其他次級資訊服務，已對研究人員提供極大的幫助。
3. 問題分析（problem analysis）：一旦完成相關的搜尋活動，蒐集到所需的資訊之後，就要徹底地分析問題。資訊的分析通常可顯示管理者關心的領域及影響問題的主要因素。問題的分析也會影響對問題的認知，並有必要蒐集更多的資訊，以充分界定情境。
4. 方案評估（alternative evaluation）：在這一階段中，列舉各種可能的行動方案並加以評估。此階段的工作在形成各種可行方案，並依據決策者設定的準則進行有系統的評估。可行方案有時可明顯地予以條列，有時只是一種隱含的方案；譬如，雖然許多管理者或許不認爲不採取行動（inaction）是個決策可行方案，但它確實也是一可行方案。
5. 決策（decision）：最後一個階段是就各可行方案中選擇其一，以解決原來所認定的問題。決策者憑藉可用的資訊，做出最適切的選擇。決策可能產生需要決策者去處理的新的問題情境。

上述管理決策過程中的各階段很難清楚描繪，也不是靜態的。各項活動可能同時發生，或可予以程式化，使決策能由電腦同時制定。這類決策大多具有技術性質，依賴目前績效及／或歷史的資訊做決策，如品質管制、寄給顧客帳單等。

上述決策過程的架構，並不能涵蓋某些凌亂的決策模式。決策人員有時會面臨極大的時間壓力，或處於高度變動和不確定的情境中，此時，決策者必須依賴來自各種不同資訊來源的不確定資訊來做決策。在這種情況下的決策過程既不是有規則的，也不是連續的。

1-2 企業研究的意義及類型

1-2-1 企業研究的意義

企業研究（business research）是為解決管理決策問題，協助企業主管做好企業規劃、執行和控制工作的一種研究活動。為了要更深入地了解企業研究的意義，有必要先來探討研究（research）的意義。什麼是研究？學者們的看法並不完全一致，有些學者將研究與科學研究（scientific research）或科學調查（scientific investigation）相提並論，所下的定義比較嚴謹。譬如，Kerlinger 把科學研究界定為對自然現象進行系統的、控制的、實證的和批判的調查，這些自然現象是由有關各現象彼此間假定關係的理論（theory）和假設（hypotheses）所引導的（註 3）。

上述科學研究的定義強調一項研究必須先有假設，必須處理有關某種假定關係的命題。有的學者不贊成這種觀點，他們認為一項研究（特別是應用研究）不一定非得有假設不可，也不一定非處理有關某種假定關係的命題不可。譬如，探索性研究（exploratory research）只是為了發現假設，而不是為了檢定假設；敘述性研究（descriptive research）只是用來蒐集敘述性的資訊，而不是用來處理有關某種假定關係的命題。

上述定義也認為一項科學的研究必須具備系統性、控制性、實證性和批判性。有些學者認為這些特性只能用來評鑑一項研究的好壞，但不宜作為研究的必要條件；有的研究雖不具備上述特性，但充其量只能說那些研究是非科學的，絕不能因之而否定那些研究本身也是研究的事實。

不過，研究似亦應有其基本的要求。研究固然是為解決問題而進行的活動，但研究必須是有組織、有系統的活動，並非所有為解決某一問題而做的資料蒐集和分析工作都屬於研究活動。

我們對研究的解釋不贊同像上述科學研究的定義那樣嚴格，但為提高研究的水準，必須強調科學原則和科學方法的應用，因此也不採用像上述那種無所不包、概括一切的定義。

本書從決策制定者的觀點對研究定義如下：

運用科學的方法，有系統地去蒐集和分析有關的資訊以解決管理問題的活動。

至於什麼是企業研究？Cooper and Schindler 將企業研究界定爲：提供資訊去引導管理決策的一種系統性的調查（註 4）；Zikmund等人將之定義爲：應用科學方法尋找有關企業現象的事實，其活動包括界定企業機會和問題、產生和評估構想、監測績效和了解企業過程（註 5）； Duane Davis 將之定義爲：對管理決策制定者有興趣的現象進行系統的、控制的、實證的和批判的調查（註 6）。

本書同樣站在決策制定者的角度，將企業研究定義爲：

> 運用科學的方法，有系統地去蒐集和分析有關的資訊以解決企業管理問題的活動。

從上面的定義可知：

1. 企業研究重視和應用科學的方法，企業研究的進行應符合科學的精神和原則，有系統地去蒐集和分析有關的資訊。
2. 企業研究是一種支援性的管理工具，其目的在提供有關的資訊，協助企業主管制定正確合理的決策。

1-2-2 企業研究的類型

企業研究的目的是爲了解決企業管理者或決策者所面對的企業決策問題。從管理者或決策者的角度來看，如表 1-2 所列，企業研究可大致分成敘述（description）、預測（prediction）、解釋（explanation）和控制（control）等四種類型（註 7）。

表 1-2　企業研究的類型

類　型	目　的
敘述性	確認主要變數和它們的關係
預測性	找出某一或某組變數與其他變數間的關聯
解釋性	解釋某一現象或關係存在的原因
控制性	操弄一個或以上的變數用以影響一個或以上有關變數的改變

敘述性研究只是要把某一問題情境中的主要變數和它們的關係找出並加以確認。譬如，研究人員想描述一家公司成功的第一線經理人具有的主要特徵（如具有某種領導風格或個性），就是一種敘述性研究。

預測性研究是要找出某一變數或一組變數與其他變數之間的關聯。

譬如，在前述研究中，研究人員想了解成功、領導風格和個性之間的關聯（如發現具有獨斷個性的威權主義者，在那家公司容易成爲成功的第一線經理人），就是一種預測性研究。

解釋性研究是要去解釋爲什麼在真實世界中會存在某一種現象或關係。譬如，研究人員想去了解爲什麼具備獨斷個性的威權主義者容易成爲成功的第一線經理人（可能是因爲那家公司的工作性質和員工類型需要一位專斷的第一線經理人去告訴員工該做什麼以及何時去做），這就是一種解釋性研究。

控制性研究是要進一步去操弄某一問題情境中一個或以上的變數，用以影響與此情境有關聯的一個或以上變數的改變。譬如，研究人員選擇一位具有獨斷個性的威權主義者去擔任第一線經理人，並得到一名成功的基層領導者，這就是一種控制性研究。

1-3 企業研究在管理決策中的角色

企業研究在企業管理決策中的角色係在於適時提供給企業決策者做決策時適切有用的資訊。如圖 1-2 所示，企業研究部門或人員扮演資訊提供者的角色，其功能在於提供給決策人員（資訊使用者）制定決策所需的資訊。

圖 1-2　企業研究的角色

企業主管和研究部門之間的角色關係，如圖 1-3 所示，一方（企業主管）提出問題送交研究部門進行研究，一方（研究部門）則經由研究過程提供資訊給企業主管做決策參考。

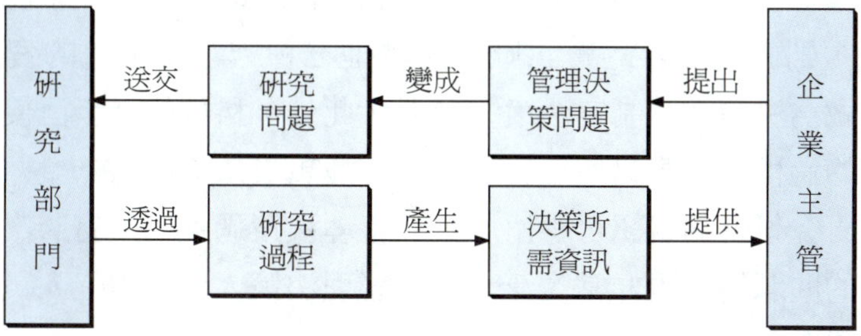

圖 1-3　企業主管和研究部門的角色關係

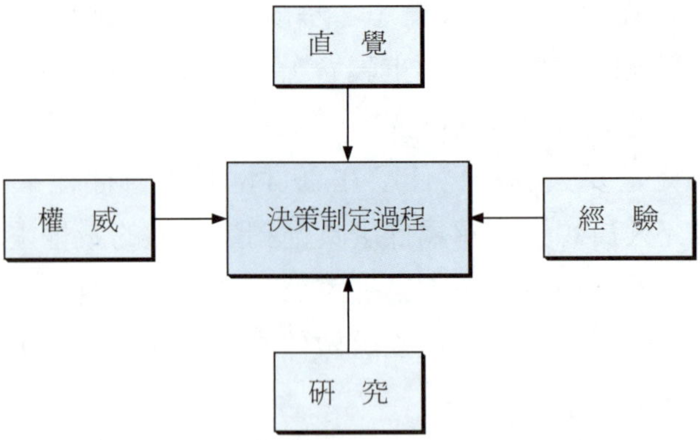

資料來源：同表 1-1, p.10。

圖 1-4　決策制定過程中獲得資訊的四種主要方法

但是，研究只是獲得資訊的一種主要方法，如圖 1-4 所示，企業決策亦可透過權威、直覺和經驗來獲取資訊（註 8）。

權威：這種資訊得自於可信賴且具有某些專門知識者。這種資訊來源在企業組織中極為重要，因它可大大減少搜尋資訊的時間。

直覺：這種資訊看起來像是真的，因此決策者予以採用。這種資訊不需符合先前確證的事實，常被描述為**出自本能的感覺或管理階層的第六感**。許多管理的決策似源自這種快速掠過心頭的洞察力。

經驗：獲得資訊的第三種主要方法是經驗。當過去的情境在本質上與現在的問題相類似時，即可從過去情境獲得以經驗為基礎的資訊，這種資訊以過去的觀察為基礎。

在管理決策的過程中，研究、權威、直覺、經驗這四種資訊來源在企業決策中都扮演著重要角色。對某些決策可能只運用某些方法，但它們都對管理決策的整體效能有其助益。權威、直覺、經驗這三種方法與企業研究兩者間的主要不同點在於企業研究具有目的性及系統性的特質。企業研究是在一有系統的架構中做有目的的設計，以蒐集有關資訊，供決策者參考，來解決管理上的問題。這項差異是值得注意的，因為如果能正確執行研究過程，則研究獲得的資訊應該比其他三種方法所獲得的資訊更可信賴，更可做為決策人員制定決策的參考。此外，科技的進步已使決策者在制定決策的過程中更容易使用企業研究，並更具成本-效益。

企業研究獲得的資訊可應用於企業管理決策過程的所有層次及範圍，適用研究的問題情境也非常廣泛。企業管理決策人員及研究人員對企業研究的本質需有共同的了解。

1-4 進行企業研究的要件

企業研究所蒐集的資料固然可幫助企業決策人員制定合適有效的企業決策，但如圖 1-5 所示，只有在下列情況下，才值得去進行企業研究：

1. **決策問題具有足夠的重要性**：有些例行性的決策問題在策略上或技術上都沒有什麼重要性，就不值得花錢和花時間去進行企業研究。

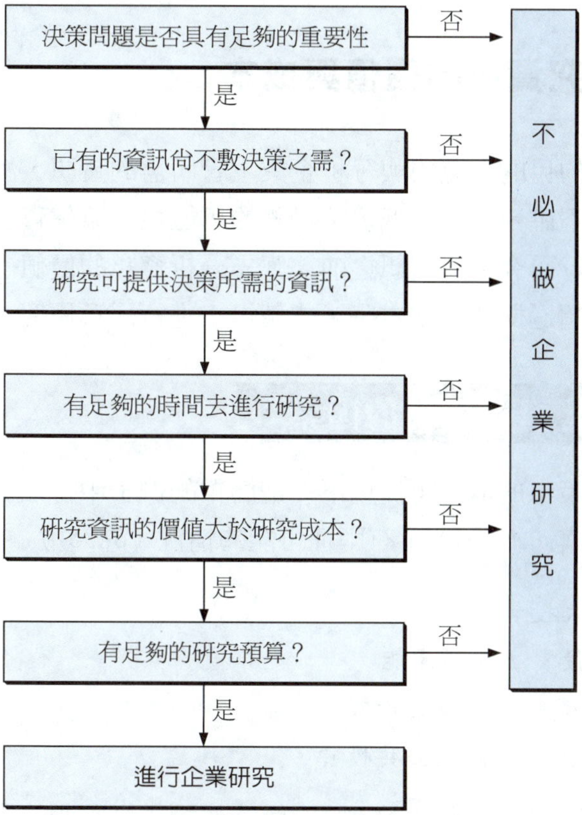

圖 1-5　要不要進行企業研究的決策流程

2. **已有的資訊尚不敷決策之需**：如果決策人員手邊已有的資訊已經足敷決策之需，就不用再去進行企業研究。
3. **研究可提供決策所需的資訊**：決策人員須自問：「**如果進行某項企業研究，是否可以產生決策所需的資訊？**」假如答案是否定的話，也就不用去進行該項研究。
4. **有足夠的時間去進行研究**：有系統的企業研究常常是很花時間的。有時候決策問題有很大的時間壓力，不允許等到研究完成提供足夠資訊後再來做決策。在這種情況下，決策的急迫性會排除進行企業研究（特別是有系統的研究）的可能性。

5. **研究資訊的價值大於從事研究的成本**：資訊有其價值，亦有其成本。只有在企業研究所提供之資訊價值大於進行研究取得資訊之成本的時候，才值得去進行企業研究。
6. **有足夠的研究預算**：企業研究需要花錢，如果沒有足夠的研究預算，通常也無法進行研究。

1-5 研究資訊的價值與成本

企業研究的目的在蒐集與分析企業主管所需的資訊，減少管理當局決策時所面臨的不確定性，減低決策錯誤的可能性。蒐集資訊是要花費成本的，因此在進行研究蒐集資訊之前，應先分析資訊的價值，只有在所蒐集之資訊的價值超過研究的成本時，才值得去進行這項研究工作。

1-5-1 影響資訊價值的因素

資訊在決策中的價值可從以下一則簡單的例子中得知。假定決策者面臨兩種可行方案（A_1, A_2），有兩種可能的情況（S_1, S_2）。

A_1：不擴大投資。
A_2：擴大投資，提高產能。
S_1：政府將會擴大公共投資。
S_2：政府將不會擴大公共投資。

假定在 A 和 S 的不同組合下，該廠商的報酬（以利潤的變動情形表示）如下：

$$Z_{11} = f(A_1, S_1) = +\ 600\text{（萬元）}$$
$$Z_{12} = f(A_1, S_2) = +\ 100$$
$$Z_{21} = f(A_2, S_1) = +\ 1{,}000$$
$$Z_{22} = f(A_2, S_2) = -\ 500$$

㈠ 確定情況下的決策

假定決策者擁有完全資訊，確知政府將不會擴大公共投資（即決策者確知 S_2 將發生），此時他將比較 Z_{12} 和 Z_{22} 的報酬，然後選擇 A_1（不擴大投資），可增加利潤 100 萬元。

㈡ 風險情況下的決策

在風險情況下，決策者雖不能確知哪種情況會發生，但可預估各種不同情況發生的機率。譬如，在本例中，決策者判斷未來有 70% 的機會政府將擴大公共投資，有 30% 的機會將不會擴大公共投資。此時，如表 1-3 所示，決策者將採取 A_2（擴大投資），因爲 A_2 的期望報酬較大，可增加利潤 550 萬元。

表 1-3　風險情況下各方案的期望報酬

	S_1	$P(S_1)$	S_2	$P(S_2)$	期望報酬（萬元）
A_1	＋600	.7	＋100	.3	＋450
A_2	＋1,000	.7	－500	.3	＋550（最大）

㈢ 不確定情況下的決策

在完全沒有資訊的情況下，決策者係依其所採取之決策準則之不同而選擇不同的方案。

1. 悲觀準則

悲觀準則亦稱爲小中取大準則（maximin criterion）。決策者認爲不論他採取哪一種方案，都會碰到在該方案下最壞的情況，因此，他選擇各方案最不利的後果中最有利的那種方案。在本例中，如表 1-4 所示，決策者將採取 A_1（不擴大投資）。

表 1-4　悲觀準則下的決策

	S_1	S_2	最小報酬（萬元）
A_1	＋600	＋100	＋ 100（最大）
A_2	＋1,000	－500	－ 500

2. 樂觀準則

樂觀準則亦稱爲大中取大準則（maximax criterion）。決策者認爲不論他採取哪一種方案，都會碰到在各該方案下最好的情況，因此，他選擇各方案最有利的後果中最有利的那種方案。在本例中，如表 1-5 所示，決策者將採取 A_2（擴大投資）。

表 1-5 樂觀準則下的決策

	S_1	S_2	最大報酬（萬元）
A_1	+600	+100	+600
A_2	+1,000	−500	+1,000（最大）

3. 遺憾準則

根據遺憾準則（minimax regret criterion），決策者和在悲觀準則下一樣，假設不論採取哪一種方案，都會碰上最不利的後果，他將選擇各方案所可能發生的最大遺憾中最有利的那種方案。

爲應用此一原則，首先應將報酬矩陣轉換爲遺憾矩陣。在本例中，如表 1-6 所示，如 S_1 發生，採取 A_2（報酬增加 1,000 萬元）比較有利，故無遺憾，即遺憾爲 0。如採取 A_1（報酬只增加 600 萬元），則將發生 400 萬元（1,000 萬元− 600 萬元）的遺憾。決策者採取 A_1 時，可能發生之最大遺憾爲 400 萬元。採取 A_2 時，可能發生之最大遺憾爲 600 萬元，故決策者將選擇 A_1（不擴大投資）。

表 1-6 遺憾準則下的決策

	S_1	S_2	最大報酬（萬元）
A_1	+400	0	+ 400（最小）
A_2	0	+ 600	+ 600

4. 拉普拉斯準則

在拉普拉斯準則（Laplace criterion）下，假定各種情況發生的機會相等。在本例中，假設 S_1 和 S_2 出現的機率都是二分之一，故如表 1-7 所示，決策者將選擇期望報酬較大的 A_1（不擴大投資）。

從上面的例子中，可看出資訊對企業決策的價值大小，取決於三項因素：

表 1-7 拉普拉斯準則下的決策

	S_1	$P(S_1)$	S_2	$P(S_2)$	期望報酬（萬元）
A_1	+600	.5	+100	.5	+350（最大）
A_2	+1,000	.5	−500	.5	+250

(1) 不確定的程度：即各種可行方案的後果不確定的程度。
(2) 決策錯誤造成的損失。
(3) 資訊可減少不確定程度的大小。

不確定的程度愈高，決策錯誤造成的損失愈大；資訊可減少的不確定程度愈多，則資訊的價值愈高，反之則愈低。如資訊的成本超過資訊的價值，則不值得去獲取資訊，但如資訊的價值大於資訊的成本，那資訊就有貢獻了，資訊價值超過成本愈多，資訊對企業決策的貢獻也就愈大。

1-5-2 研究資訊的價值

研究資訊的價值（V_1）是以在有資訊時決策的期望值（EV_1）與在沒有資訊時決策的期望值（EV_N）兩者之差來表示的。亦即：

$$V_1 = EV_1 - EV_N$$

比較 V_1 與資訊的成本（C_1），只有在 V_1 大於 C_1 時值得去進行研究蒐集資訊。

企業研究能提高管理者決策的正確程度，增加他做正確選擇的機率，提高其決策的期望值，但並不排除錯誤的可能性。企業研究所獲得的資訊有時也可能將管理者引入歧途，導致錯誤的決策。

決策者做決策時所考慮的因素是非常多的，許多經濟的、非經濟的、情緒的因素都會影響到決策者的判斷和決定，企業研究所提供的資訊只不過是影響決策的眾多因素之一而已。有時，決策者甚至整個忽略了企業研究所獲得的資訊，在這種情況下，企業研究的實質貢獻爲零，研究獲得的資訊也談不上有什麼價值了。不過，我們在估計資訊的價值時，通常係假定企業研究提供的資訊將是決策者用以判斷的一項重要依據。

附錄 1-1 介紹兩種分析資訊價值的方法，即古典統計分析和貝氏分析（Bayesian analysis）。

1-5-3 企業研究的成本

企業研究所獲資訊的價值必須大於取得此資訊所花費的成本，才值得去進行這項研究。因此，我們在估計資訊價值之後，尚須預計研究的成本。研究成本可大致分爲直接成本及間接成本兩部分。直接成本包括研究計畫主持人、訪問員、分析員及其他直接參與研究計畫人員之薪津、調查費、旅費、打字費、印刷費、郵費、電報電話費、訓練費、電子資料處理費用，以及其他可以直接劃歸到個別研究計畫的費用。至於間接成本，如折舊費，則可利用種種分攤方法將之分別分攤到各研究項目。常用的分攤方法有兩種：一種是直接費用比例法，即以直接費用的某一比例，如 20% 或 30%，作爲個別研究計畫應攤的間接費用。一種是直接人工小時法，即先估算每一直接人工小時應攤的間接費用，然後按照個別研究計畫所用的直接人工小時數來決定應分攤的間接費用。有時候廠商也可將研究計畫的部分或全部委託給學術機構或外部商業調查機構，在這種情況下，研究成本的估計將更爲容易，也更爲準確。

1-6 企業主管和研究人員的可能衝突

企業研究所蒐集的資訊可應用在管理決策的所有層次和領域。爲使企業研究能確實有助於提升管理決策的品質，企業主管（特別是高層主管）和研究人員必須對企業研究的性質和角色有共同的認識，消除或減少彼此間的可能衝突，並在互信、互諒的基礎上建立良好的工作關係。

1-6-1 易起衝突的事項

企業主管（特別是高層主管）和研究部門由於立場不盡相同，對問題的看法也難免會有差異，因此發生摩擦或衝突的情事有時是不容易避免的。雙方易起摩擦或衝突的事項包括：

(一) 研究責任

企業主管認爲研究部門缺乏責任感；後者常抱怨前者未明示研究的責任。

㈡ 人　事

企業主管指責研究人員不熱心，沒有推銷員精神，缺少想像力，也欠缺意見溝通能力；研究部門要求對研究人員的聘用、評估及報償，均應依據其研究能力。

㈢ 預　算

企業主管認爲研究費用過高，因爲研究的貢獻難以衡量，費用常被削減；研究部門認爲花多少錢做多少事是天經地義的事，研究費用不夠，自然成效不彰。又研究部門需要企業主管的長期承諾，後者常難辦到。

㈣ 指派的工作

企業主管認爲研究工作緩不濟急，研究方法過於呆板，過於形式化；研究部門抱怨企業主管的要求過急，時間和金錢都不夠，有些要求還根本是無法研究的。

㈤ 問題的確定

研究部門抱怨企業主管未能確定研究的範圍；企業主管認爲這是研究人員的責任，企業主管只要給予一般的指示就行了。研究部門也抱怨企業主管未能供給所有有關的事實，同時在研究工作開始進行之後還一再改變研究的問題；企業主管辯稱因爲環境變動，因此改變研究問題是無可避免的。

㈥ 研究報告

企業主管指稱研究報告枯燥乏味，報告格式不合決策上的需要；研究人員認爲一份好的研究報告應周詳完整，列舉所有有關的文件和參考資料。企業主管認爲研究報告來得太遲，事情都發生過了報告才提出；研究部門對於企業主管沒有給予充裕的準備時間常感到不滿。

㈦ 研究的應用

研究部門對於企業主管未能善用研究的結果，感到失望；企業主管認爲用不用研究的結果應由他們自由裁決，研究人員無權過問，而且有時因爲研究的需要和時效改變，研究結果只好束諸高閣，棄置不用。研究人員也抱怨企業主管只把研究結果用來證實過去的行動，或爲過去的錯誤決策做辯護。

1-6-2 消除衝突的建議

企業主管與研究部門之間的摩擦或衝突，有時雖難以完全避免，但仍應設法予以減少或消除，以免因兩者間的衝突而削弱了企業研究的功效。

對於如何消除企業主管（特別是高層主管）和研究部門間的衝突，Keane 曾提供若干建議，他的建議雖係針對行銷研究（marketing research）而言，但事實上亦同樣適用於所有企業研究的領域。Keane 分別針對高層主管和研究部門提出的建議如下（註 9）：

㈠ 高層主管方面

1. **確定研究責任**：以書面明確規定研究部門的功能、責任和權限，以及其在組織內的隸屬及平行關係，使研究人員有所遵循。
2. **預算應合理**：預算應該合理並定期調整，研究主管應參與預算的編製。
3. **要客觀**：對研究工作的評估應力求客觀公正，避免有任何偏見，對研究人員所採的新途徑、新方法應加以鼓勵，並予以公平評價。
4. **定期檢討和規劃**：定期檢討和規劃研究部門的預算、編制、目標及政策等等，以改進研究的功能，檢討的結果應通知研究部門。
5. **重視收效較高的研究項目**：火急的研究要求，不僅浪費資源，且打擊研究部門的士氣，應予避免。應將研究部門的資源用於收效較高的研究項目。
6. **減少管理層次**：資訊從研究部門送到高層主管所需經過的管理層次應予減少，以免延誤時日，曲解原始的研究結果。研究部門與高層主管之間的管理階層，應儘可能不去阻礙或拖延原始研究結果的往上傳達。

㈡ 研究部門方面

1. **反映高層主管的觀點**：研究人員應儘可能去了解高層主管的想法，特別是長短期目標及優先順序，研究計畫的優先順序應能反映公司的利潤目標。
2. **應重視決策的需要**：研究工作應爭取時效，研究報告不可太呆板、太囉嗦和太學術化，應處處考慮到決策上的需要。

3. **改進研究方法**：應經常注意管理科學與社會科學的新發展，改進研究方法，在應用學習理論、投入產出分析、決策樹、競賽理論、成本效益分析等方法時應該客觀，並具想像力。
4. **要有想像力**：研究人員常常缺乏想像力，常有重複使用熟練方法的傾向。研究人員應多用想像力，尋求最好的研究方法。
5. **尋求機會**：研究部門除了去做高層主管要求的研究工作之外，還應該主動去尋找可能有高利潤的研究機會。
6. **改進報告格式增進說服力**：研究報告的內容及格式應力求簡潔流暢，易於理解，以提高研究報告的可讀性及說服力。

摘　要

企業研究是一種支援性的管理工具，其目的在提供有關的資訊，協助企業主管制定合適的管理決策。因此，本章首先討論了管理決策的層次與過程，介紹了敘述、解釋、預測及控制等四種企業研究的類型，並探討企業研究在管理決策中的角色。

企業研究並非主管人員取得資訊的唯一方法，主管人員尚可經由權威、直覺、經驗等途徑取得必要的資訊。不過，由於企業研究所具有的科學性與系統性，應可取得較爲可靠的資訊。

本章也探討企業主管和研究部門的關係。企業主管（特別是高層主管）對研究部門的依賴雖日益殷切，但因兩者立場不同，在研究責任、人事、預算、指派的工作、問題的確定、研究報告的內容及應用等方面，都可能有不同的看法，從而產生摩擦和衝突，削減企業研究的功效；企業主管和研究部門應設法消除彼此間的衝突，建立良好的工作關係，才能發揮企業研究的決策支援功能。

附　註

註 1：Duane Davis, *Business Research for Decision Making*, 6th ed. (Thomson Books/Cole, 2005), pp.3-6。

註 2：同註 1, pp.5-7。

註 3：Fred Kerlinger and Howard Lee, *Foundations of Behavioral Research*, 4th ed. (Ford Worth, TX: Harcourt College Publishers 2000), p.15。

註 4：Donald Cooper and Pamela Schindler, *Business Research Methods*, 10th ed. (Boston: McGraw-Hill, 2008), p.4。

註 5：William Zikmund, Barry Babin, Jon Carr and Mitch Griffin, *Business Research Methods*, 8th ed. (South-Western, 2010), p.5。

註 6：同註 1, p.8。

註 7：同註 1, pp.60-61。

註 8：同註 1, pp.9-10。

註 9：John Keane, "Some Observations on Marketing Research in Top Management Decision Making," *Journal of Marketing* (October 1969), pp.10-15。

附 1-1 分析資訊價值的統計方法

分析資訊價值的方法不一而足，本章將介紹其中兩種：⑴古典統計分析與⑵貝氏分析。

附 1-1-1 古典統計分析

資訊的價值等於有資訊時決策的期望值減去沒有資訊時決策的期望值，已如前述。在古典統計分析方法下，有某項資訊時，決策的期望值為：

$$EV_1 = \sum_j \sum_k P(A_k|I) \cdot P(X_j|A_k) \cdot X_j$$

在無某項資訊時，決策的期望值為：

$$EV_N = \sum_j \sum_k P(A_k|N) \cdot P(X_j|A_k) \cdot X_j$$

上式中：

$P(A_k|I)$ ：在有資訊時，採取決策 A_k 的機率

$P(A_k|N)$ ：在無資訊時，採取決策 A_k 的機率

$P(X_j|A_k)$：在採取決策 A_k 時，報酬為 X_j 的機率

因此，此項由企業研究所提供之資訊的價值應為：

$$V_1 = EV_1 - EV_N$$

$$= \sum_j \sum_k P(A_k|I) \cdot P(X_j|A_k) \cdot X_j$$
$$- \sum_i \sum_k P(A_k|N) \cdot P(X_j|A_k) \cdot X_j$$

茲舉一例說明如何應用古典統計分析來估計資訊的價值。設某公司已發展出一種新產品，現正為是否在市場上推出此一新產品而傷腦筋。經估計，如新產品推出成功，將獲利 200 萬元；如推出失敗，將損失 100 萬元。營業部門建議先進行試銷，然後根據試銷結果作為決定是否推出此一新產品的參考。估計進行這項試銷需費 140,000 元，是否值得去做這項試銷呢？

令 A_1：推出新產品

A_2：不推出新產品

X_1：新產品推出後成功的報酬＝ 2,000,000 元

X_2：新產品推出後失敗的損失＝－1,000,000 元

X_3：新產品不推出的報酬　　＝ 0 元

設根據過去經驗，獲知：如未進行試銷，推出新產品的機率為 60%，不推出的機率為 40%。若一旦推出，成功與失敗的機會各為二分之一。即

$$P(A_1|N) = 0.6$$
$$P(A_2|N) = 0.4$$
$$P(X_1|A_1) = 0.5$$
$$P(X_2|A_1) = 0.5$$
$$P(X_3|A_1) = 0.0$$
$$P(X_1|A_2) = 0.0$$
$$P(X_2|A_2) = 0.0$$
$$P(X_3|A_2) = 1.0$$

如先進行試銷，則推出新產品的機率將降為 30%，不推出的機率將提高到 70 %（因管理者對推出新產品的結果常有過分樂觀的傾向，如未經過試銷，推出新產品的機會常有偏高的情形）。但若一旦決定推出新產品，成功的機會將大為提高，從 50% 提高到 80%。即

$$P(A_1|I) = 0.3$$
$$P(A_2|I) = 0.7$$
$$P(X_1|A_1) = 0.8$$

$$P(X_2|A_1)=0.2$$
$$P(X_3|A_1)=0.0$$
$$P(X_1|A_2)=0.0$$
$$P(X_2|A_2)=0.0$$
$$P(X_3|A_2)=1.0$$

代入上述 V_1 的公式，可得

$$\begin{aligned} V_1 &= EV_1 - EV_N \\ &= [0.3\times0.8\times2{,}000{,}000+0.3\times0.2\times(-1{,}000{,}000)] \\ &\quad -[0.6\times0.5\times2{,}000{,}000+0.6\times0.5\times(-1{,}000{,}000)] \\ &= 420{,}000-300{,}000 \\ &= 120{,}000 \end{aligned}$$

圖 1-6 是古典統計分析的決策樹圖，從決策樹圖中，也可求得 V_1 的數值。因 V_1 小於 C_1（140,000 元），故不值得去進行這項試銷。

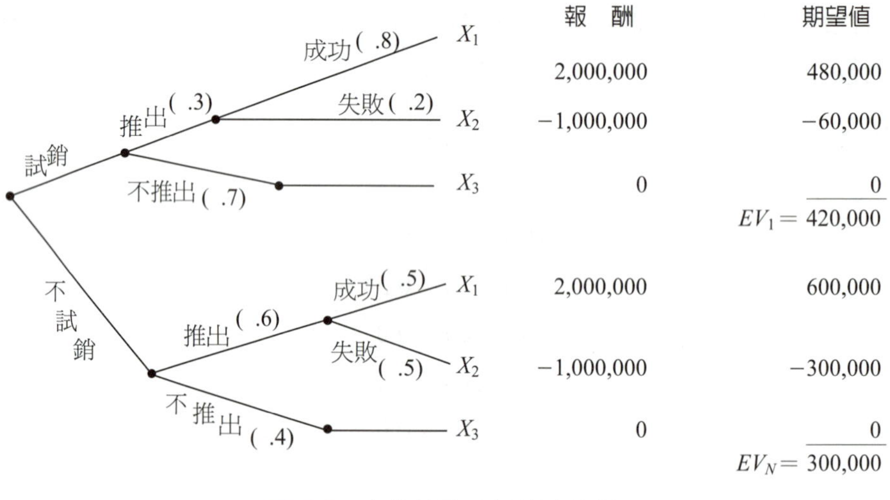

圖 1-6　古典統計分析的決策樹

附 1-1-2　貝氏分析

貝氏分析也可用來評估企業資訊的價值。古典統計方法只限於使用客觀機率或經驗機率。貝氏分析雖亦可使用客觀機率，但卻以使用主觀機率爲主，並可經由新資料的引入而不斷修正其先知機率，這是貝氏分析的特色。貝氏分析由於具備這些特色，因此特別適用於過去的經驗資料不足或欠缺的情況。

如何來決定貝氏分析中所需的主觀機率，並無一定的公式或規則可資遵循，可以請教專家的判斷，或由有關部門主管開會決定，或由決策者自行裁決。主觀機率一旦確定，即可利用下列貝氏分析來求得事後機率及邊際機率：

$$P(A_j|B)=\frac{P(B|A_j)\cdot P(A_j)}{\sum_{k=1}^{n}P(B|A_k)\cdot P(A_k)}$$

$$P(B)=\sum_{k=1}^{n}P(B|A_k)\cdot P(A_k)$$

上式中：

A_j：由互相排斥之事件（$A_1, A_2, \cdots, A_n$）所構成之集合中的一項特殊事件

B：事件 A_j 所能產生的一種結果

$P(B)$：邊際機率

$P(A_j|B)$：事後機率（posterior probability）

$P(A_k)$：先知機率（prior probability）

茲仍以前述某公司的例子，說明如何利用貝氏分析來評估研究資訊的價值。設該公司之管理當局判斷，新產品推出後成功的機率爲 0.6，失敗的機率爲 0.4。又如新產品推出後真正能夠成功，則試銷的結果將有 90% 的機會也預測新產品推出會成功（即試銷結果良好）；如新產品推出後將失敗，則試銷的結果將只有 20% 的機會預測新產品推出會成功（亦即試銷結果不好的機率爲 80%）。

令

S：新產品推出成功。

F：新產品推出失敗。

G：試銷結果良好，預測新產品推出會成功。

B：試銷結果不好，預測新產品推出將失敗。

即

$$P(S)=.6 \qquad P(F)=.4$$
$$P(G|S)=.9 \qquad P(B|S)=.1$$
$$P(G|F)=.2 \qquad P(B|F)=.8$$

事後機率及邊際機率的計算：

先知機率	條件機率	聯合機率	事後機率
$P(S)=.6$	$P(G\|S)=.9$	$P(S, G)=.54$	$P(S\|G)=.87$
$P(F)=.4$	$P(G\|F)=.2$	$P(F, G)=.08$	$P(F\|G)=.13$
	邊際機率	$P(G)=.62$	
$P(S)=.6$	$P(B\|S)=.1$	$P(S, B)=.06$	$P(S\|B)=.16$
$P(F)=.4$	$P(B\|F)=.8$	$P(F, B)=.32$	$P(F\|B)=.84$
	邊際機率	$P(B)=.38$	

從圖 1-7 之決策樹圖中，可知如進行試銷，期望值為 998,200 元，如不進行試銷，期望值為 800,000，故得試銷之價值為：

$$V_1 = EV_1 - EV_N$$
$$= 998{,}200 - 800{,}000$$
$$= 198{,}200 \text{（元）}$$

此值大於 140,000 元，故值得進行試銷。

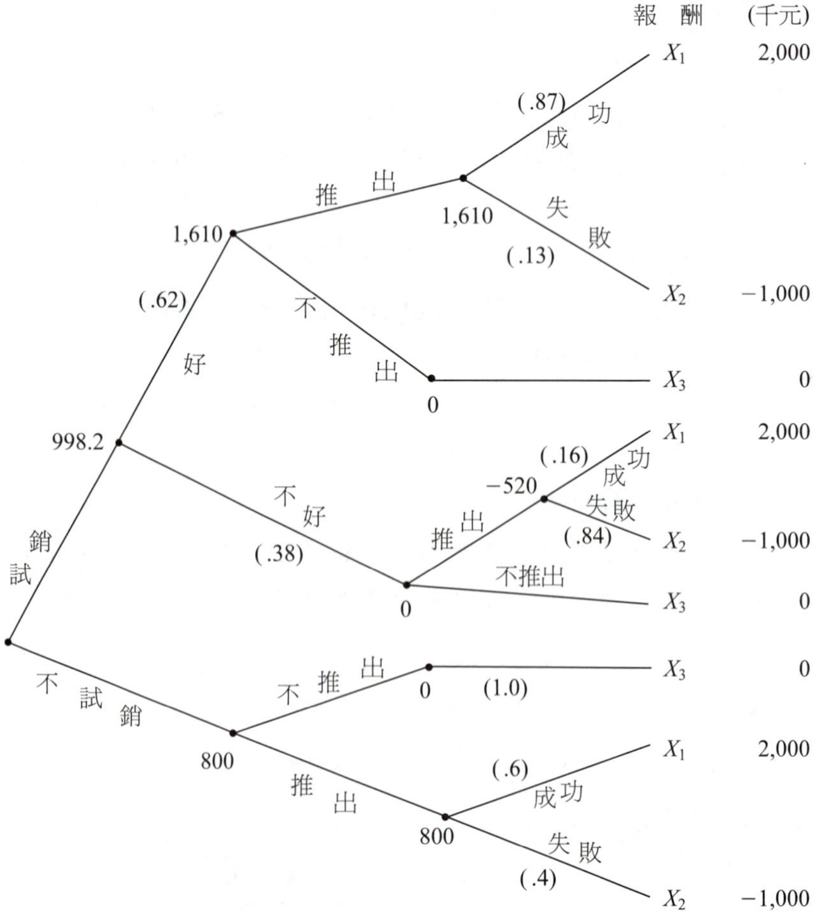

圖 1-7 貝氏分析之決策樹

第二章

科學方法的基本概念

本書將企業研究定義爲：運用科學的方法有系統地去蒐集和分析有關的資訊以解決企業管理問題的活動。本章將進一步探討有關科學方法的一些基本概念，以幫助研究人員認識科學方法的內涵，從而對企業研究的本質有更深入的了解。

2-1 科學的假定

科學方法奠基於一套未經證明且不可證明的基本假定（fundamental assumptions），它們是從事科學論述的先決要件。藉著檢查這些假定，我們更能了解科學方法及其所稱優於其他探尋知識方法的主張。 Nachmias and Nachmias 曾列舉下列六項基本假定（註 1）：

㈠ 自然界是有秩序的（Nature is orderly）

科學方法最基本的假定是在自然界的世界中有一明確的規律與秩序，事件並非偶然發生的。即使在一處快速變遷的環境裡，科學家假定有某種關係和結構繼續存在，他們也假定改變是有型態的，因此也能夠被了解。

㈡ 我們能理解自然界（We can know nature）

我們能理解自然界的假定與自然界是有秩序的的假定一樣是不可證明的。它表達一種基本的信念，即人類如同其他事物、條件和事件一樣，只是自然界的一部分；雖然我們每一個人具有獨特的特性，我們依然能以用來研究其他自然現象的相同方法來了解和解釋我們。個人及社會現象顯現出足以供科學調查之週期性的、有秩序的、及經驗上可驗證的型態。簡單地說，人類的心智不只能理解自然界，同時也能理解自己和其他人的心智。

㈢ 所有自然界的現象都有自然的原因（All natural phenomena have natural causes）

所有自然界的現象都有自然的原因之假定說明了科學革命的核心。它不接受那種認爲自然界以外的力量會導致自然事件發生的信念。科學家反對基本教義派的宗教、唯心論及巫術。在科學家能以自然界的觀點來解釋所發生的現象之前，他們不接受其他的論點，包括超自然的論點。一旦找出實證的規則性，那些規則性可作爲因果關係存在的證據。

㈣ 沒有任何事物是不證自明的（Nothing is self-evident）

科學知識不是不證自明的；真理的宣稱必須客觀地予以證明。科學家不能依賴傳統、主觀的信念和文化的規範去證實科學知識。錯誤的可能性永遠存在，即使是最簡單的主張也需要客觀的證實。由於此一特性，科學家的思考是懷疑的及批判的。

㈤ 知識奠基於經驗（Knowledge is based on experience）

假如科學是要幫助我們去了解真實的世界，它一定是實證的（empirical）；即是，它必須依賴知覺、經驗和觀察。知覺是科學方法的一種基本工具，但知識不能只經由觸覺、嗅覺、聽覺、味覺和視覺等五官所傳送的知覺而獲得。許多現象不能夠直接去經驗或觀察。

從歷史的角度來看，科學知識應奠基於實證觀察之假定，乃是反對知識是人類與生俱來的或單靠純推理（pure reason）就足以產生可證實之知識的這種信念的反應。

㈥ 知識優於無知（Knowledge is superior to ignorance）

與我們能理解自然界的假定有密切關係的是應爲知識本身及改良人類條件而探求知識之信念。知識優於無知的爭論並不意味著在自然界中的每一事物都能或都將被了解。科學家假定所有的科學知識是暫時的，也不斷在改變中。過去我們不知道的事物現在我們知道，目前我們認爲是知識的東西在未來可能被修改。科學中的真理永遠依賴所使用的證據、方法和理論，永遠都在接受檢視。

2-2 方法論的角色

科學的方法論（methodology）是一套用於從事研究及評估知識主張之明確規則與程序的系統。該系統既不是靜態的，也不是絕對可靠的。這些規則和程序是不斷地在改進；科學家不斷地在尋求觀察（observation）、推論（inference）和概化（generalization）的新方法。當這些發展出來的方法被發現與科學方法的基本假定相一致時，它們即被併入科學方法論的規則系統裡。方法論界定科學遊戲的規則（rules of the scientific game）；有了這些規則，才能夠進行溝通、產生建設性的批評和促進科學的進步。(註 2)

方法論的角色可從以下三方面來說明（註 3）：

2-2-1 方法論提供溝通的規則

方法論的主要目的之一是要幫助科學家看見、協助已分享或想要分享某一共同經驗的研究人員之間的溝通。藉著使方法論的規則明確、公開和易使用，可建立重複研究（replication）和建設性批評的架構。重複研究——即是由同一科學家或其他科學家以完全相同的方法重複進行相同的調查——是防止發生無心錯誤或欺騙的保證。建設性的批評係指當某人提出知識的主張時，我們能問下列的問題：由假定來推斷，解釋（或預測）是根據假定來推斷合理嗎？觀察正確嗎？觀察的方法是什麼？該試驗程序有效嗎？在做結論時沒有其他因素干擾嗎？研究發現應作為另一種可能解釋的證據嗎？等等。

2-2-2 方法論提供推理的規則

雖然實證上的觀察是科學方法的基礎，但它們並不能為自己說話。實證上的觀察或事實必須加以整理並整合成系統性的邏輯結構。科學方法論說明推理知識的邏輯基礎。科學方法（連同實證的觀察）的基本工具是邏輯——有效推理的系統，從觀察中引出可靠的推論。

2-2-3 方法論提供相互主觀的規則

科學的方法論提供決定實證的客觀性（objectivity）、選擇驗證證據及結論的適當方法和技術的公認準則。

邏輯關切的是有系統的推理，而非實證的真實或驗證的事實。當有客觀的證據來支持一項事實時，該事實就一定是或可能是真的。另一方面，只有在事前的假定已合理地推論出一項知識時，該知識的主張才是有效的。因此，如果科學家的推理不正確，他們能從已驗證的事實（真實陳述）做出錯誤的推論。即使他們有正確的推理（邏輯上有效的推理），但未使用已驗證的事實，他們也會做出錯誤的推論。

假使實證性的客觀性準則和驗證客觀性的方法是人類心智的產物（相對於真實是一種絕對的信念），相互主觀（intersubjectivity）比客觀性更能正確地描述此一過程。要做到相互主觀，知識——特別是科學方法論——必須是可溝通的。相互主觀的意義在於一名科學家能了解和評估其他科學家的方法，並做相似的觀察，以驗證實證的事實和結論。因此，如果某一科學家做了一項調查，另一位科學家能重做這項調查並比較這兩組發現；假如方法論是正確的，且（我們假定）進行研究的條件沒有改變，我們將預期這些發現是相同的。

2-3 科學研究的特性

2-3-1 非科學的方法

人類懂得運用科學的方法來解決問題還是最近幾個世紀的事，在科學方法發明以前，人類解決問題的方法是非科學的。這些非科學的方法包括（註 4）：

1. 傳統法（method of tenacity）：利用過去慣常使用的傳統方法來解決問題，認爲過去曾經有過的事情便是真實可信的，對任何與傳統的觀點相衝突的新證據視若無睹。
2. 權威法（method of authority）：訴諸權威人士，認爲某方面的權威所說的話，都是真實可信的。
3. 直覺法（method of intuition）：視某種假設的命題爲明顯的事實，相信直覺上以爲不可否認的事情，即使無法加以證實，也認爲是真實可信的。
4. 理性法（rationalistic method）：認爲只要推論過程是對的，則所得的結論便是真實可信的。

2-3-2 科學研究的特性

在進行研究解決問題時，應儘可能避免利用上述非科學的方法，而代之以科學方法的應用。然則什麼是科學的方法？爲了解答這些問題，了解科學研究的一些主要特性是有必要的。

(一) Zaltman 等人的觀點

Zaltman 等人曾列舉十三項科學和科學知識的特性如下（註 5）：

1. **科學知識是講求事實的**：科學首在證實事實，並設法去敘述及解釋事實。

2. **科學知識是超出事實的**：科學知識並不以那些容易觀察到和已經存在的事實爲限，不僅要敘述事實，而且要提供解釋，創造新的事實。新的事實應該是有根據的，研究人員應利用各種方法來證實新的事實。
3. **科學是分析性的**：科學研究人員要先分析個別的組成部分，然後分析各組成部分的相互關係，俾能了解全貌。
4. **科學研究是專業化的**：我們不能期望每一位研究人員都能熟悉各種研究方法或都是各種問題的專家，因此，應利用各方面的專家。
5. **科學知識是清晰和明確的**：科學知識力求達到精確和減少錯誤的目標。爲了達成這些目標，研究人員的問題應儘量清楚明晰，對觀念的定義不可含糊不清，並要儘可能完整和詳細地記錄觀察的結果，對所用或可用的衡量方法也應做明確的詳細說明。
6. **科學知識是能夠加以證實或否定的**：科學知識必須能用觀察或實驗方法做實驗性的驗證，這是科學的基本規則之一。
7. **科學研究是有次序的**：爲了要完成一些有意義的研究，研究人員必須有次序、有步驟地去進行研究。
8. **科學知識是系統性的**：研究人員爲解決某一特定問題而採用的各種科學觀念，彼此是互相關聯的，研究人員必須注意到各種獨立觀念間的相互關係，有系統地加以研究。
9. **科學知識是普遍性的**：研究人員應將個別的事實投入一般性的型態，俾能應用到許多種不同的現象。
10. **科學知識是有法則的**：科學尋求法則，我們試圖將某一特定的事實轉變成一種**一般性法則**的案例。
11. **科學是解釋性的**：科學研究不僅在敘述某些現象，而且要去解釋那些現象或去提供更好的解釋。
12. **科學是預測性的**：科學研究除了解釋某些現象之外，最好還能以合理的正確程度去預測未來。
13. **科學是開放的**：知識不斷在改變之中，所有的科學陳述必須可以加以驗證和否定，對現有的理論絕不能認爲是無法改進或不能改變。一般言之，現有的理論遲早會被否定，而代之以新的和改進的理論。

(二) Feigl 的觀點

Feigl 曾提出科學活動的五項標準，即：(1)客觀性（objectivity）、(2)可靠性（reliability）、(3)精確性（definiteness and precision）、(4)系統性

（coherence or systematic structure）和 (5)全面性（comprehensiveness or scope of knowledge）（註 6）。Feigl 的這五項標準雖是針對他所謂的事實的（factual）科學（如物理）而提出的，但這些標準似亦可相當程度地適用於應用科學的活動。

1. **客觀性**：客觀性的要素有二：一是應儘量避免摻雜個人的或文化的偏見，在社會和行爲科學的研究活動中，幾乎不可能完全消除個人和文化的偏見，因此應在研究報告中明白指出所用研究方法可能產生的偏見以及研究方法的限制。另一個要素是可試性（testability），即所提出的假設是可以加以檢定的，可以根據實證試驗的結果來推翻原先的假設；同時，對實證試驗部分，其他的研究人員也能仿效或複製。
2. **可靠性**：可靠性涉及意見（opinion）與具有充分證據的信念（belief），兩者間的區分是一項程度的問題。如何來劃分預感（hunch）和有充分證據的知識（knowledge），這時就要考慮到機率問題了。研究人員可利用實驗法和統計工具來估計某一特定的檢定結果純由運氣造成的可能性有多大。
3. **精確性**：精確性是指在科學知識的陳述中所用的觀念，必須儘可能明確地加以界定。觀念的說明應該很明晰清楚，也應該使用標準化的衡量方法來加以衡量。
4. **系統性**：這項標準要求蒐集的資訊和獲得的知識應該密切地結合起來，因此，相關的觀念應結合起來，以形成假設，相關的假設應結合起來，以形成結論。研究活動的目的應該是去彌補知識的缺口，或去重複以前還沒做得完全的研究工作。研究人員還應該試圖去消除其研究領域中的爭論，或將爭論中的觀點弄個清楚。
5. **全面性**：科學研究的目標之一就是要去發展具有全面適用性的法則，在大多數情況下，這是一項永遠達不到的目標。全面性係來自前述之系統性，按照系統性的標準，可將結成一體的假設與以前未連結的理論聯繫起來，同時也應考慮由於知識領域的擴大而有增加和改變的可能性。

㈢ Fox 的觀點

Fox 曾提出七項標準，用來評估研究的優劣。這些標準雖嫌比較含糊而不夠明確，但卻能反映出一般人對科學方法所持的觀點。這七項標準包括（註 7）：

1. **研究的目的或涉及的問題應清楚地加以界定，並儘量以明確的措辭加以敘述。**

   研究問題的敘述應包括對問題的最簡單要素、範圍及限制的說明，對研究具重要性的措辭，都應正確地詳加敘述其意義。研究人員若不能充分做到這一點，讀者可能會對研究人員是否全然了解所涉及的問題感到懷疑。

2. **應充分而詳盡地說明研究的程序，以使另一名研究人員能夠去重複這項研究。**

   除非是關係到國家利益的機密，否則研究報告應坦白揭示資料來源及研究方法。遺漏（省略）研究程序中重要的細節，將很難評估資料的效度及信度，使其他研究人員怯於參考。

3. **研究設計應小心規劃，以儘可能獲得客觀的結果。**

   涉及人口的樣本，報告中應包括樣本具有相當程度代表性的證據。當更可靠的證據可自記錄性資料或藉著直接觀察取得時，則不應採用問卷調查。文獻探討應儘可能完備而充分。實驗法應有令人滿意的控制。採用直接觀察時，應於事後儘快做記錄，選擇及記錄資料時，應儘量避免受到個人偏見影響。

4. **研究人員應十分坦誠地報告在程序設計上的缺陷，並估計這些缺陷對研究發現的影響。**

   完美的研究設計很難，某些缺陷可能對資料的效度及信度有影響，甚至使資料完全無效。一位稱職的研究人員應能發覺程序設計上的缺陷，並根據分析資料的經驗，評估這些缺陷對研究結果的影響。

5. **資料的分析應足以顯示它的重要性，也要使用適切的分析方法。**

   這是評斷研究人員是否稱職的一項很好方法，對初學者而言，適當的資料分析是研究中最困難的階段。

6. **所獲結論應以研究資料所能證實者和資料可提供充分基礎者為限。**

   研究人員常會太傾向於憑藉經驗和主觀認定來蒐集資料，這將減低研究的客觀性，並削弱研究發現的可信度。

7. **如果研究人員經驗豐富，在研究方面聲譽良好，而且是一位正直誠實的人，那麼人們對研究結果將有較大的信心。**

   一份研究報告的讀者是否對研究者有所認識，是評斷該研究可信程度的基本準則之一。因此，一項好的研究報告應提供有關研究人員之資格能力的證明。從報告本身也可發現一些適切印證，以評估研究人員是否稱職及誠實。研究人員能掌握文字用語，清晰而正確地敘述，謹慎提出主張並做適當保留，盡力使研究結果具有最大客觀性，將使讀者對研究者留下良好印象；反之，妄下斷語、誇張、冗贅的文字敘述，將使讀者對研究者產生不良的現象。

㈣ Cooper and Schindler 的觀點

Cooper and Schindler 曾提出九種科學方法的特性，包括（註 8）：

1. **清楚界定的目的**：研究的目的應該是將涉及的問題或是該制定的決策清楚地加以界定，並儘可能清楚地加以描述。將目的清楚界定，即使是在研究者與決策者是同一個人的情況下也是有價值的。決策問題的陳述應該包括它的範圍、限制以及對研究具重要性的所有字彙與名詞的精確意義。研究者如無法充分做到這一點，會讓研究報告的讀者對研究者是否充分了解問題並提出好的建議書產生合理的懷疑。
2. **詳細的研究過程**：應該詳細描述研究程序，讓另一位研究者可重複同樣的研究，包括挑選受試者的步驟、知情同意、抽樣方法與代表性以及資料蒐集的程序。除非是機密研究，否則研究報告應該要坦白地揭露資料的來源和獲得資料的方法。如果遺漏重要的程序細節，就難以或不能評估資料的信度與效度，並會削弱讀者對研究本身與做任何推薦的信心。
3. **全面規劃的研究設計**：研究的程序設計及其選擇都要清楚描述和小心規劃，用以產生儘可能客觀的結果。如果由文獻來源或直接觀察法可獲得更可靠的證據，則不應該採用意見或回憶的調查法。應該要儘可能全面且完整地搜尋書目文獻。實驗法應該要有良好的控制，減少對內部效度（internal validity）的威脅以及增強外部效度（external validity）的可能性（概化性）。直接觀察法應該要在事件發生之後儘快記錄，在選擇與記錄資料時，應致力於儘可能縮小人員偏差的影響。
4. **高道德標準的採用**：研究者通常獨立作業，並在設計與執行專案時擁有很大的自由。一個能夠防止參與者的身心受到傷害，並將資料完整性視爲第一優先考量的研究設計應受到高度肯定。研究的道德議題反映出對社會責任行爲實務的重要道德關切。

研究者經常發現自己在受試者的權利與遵循所選研究方法的科學指令兩者間舉棋不定。當這種情況發生，他們有責任去保障研究參與者的福祉，也要保障他們所屬的組織、他們的客戶、他們的同事以及他們自身。必須仔細考量那些可能傷害身心、剝削、侵犯隱私及（或）有損尊嚴的研究情境，考量這些對受試者的可能不利影響時，也要考量研究的需要。研究者也應該要準備好面對有時可以重新設計研究，但有時卻不行的難題。

5. **坦誠地揭露限制**：研究者應該完全坦誠地報告研究程序設計的缺點，並估計其對研究發現的影響。完美的研究設計很少見，某些不完美可能會對資料的效度（validity）與信度（reliability）產生很小的影響；有些卻可能使其完全無效。一位稱職的研究者應該要警覺不完美的研究設計所帶來的影響。研究者分析資料的經驗應爲估計研究設計缺失影響的基礎。作爲一名決策者，應該質疑沒有提出研究限制之研究的價值。
6. **為決策者的需要做充分的分析**：資料分析的範圍應該要廣闊到足以顯示其重要性，那就是管理者所謂的洞察力。應該使用適當的分析方法，衡量研究者能力的一種好方式端視符合這項準則的程度。對新手而言，資料的充分分析是研究中最困難的階段，要小心檢查資料的效度與信度，資料的分類方式要能協助研究者獲得適當的結論，並清楚展示導致那些結論的研究發現。當使用統計方法時，應選用適當的敘述和推論技術，估計誤差的機率，並應用統計顯著性的準則。
7. **明確地呈現研究發現**：在報告中可能會發現與研究者的能力和誠信有關的證據。例如嚴謹的、清楚的和精準的用詞；謹慎寫下的主張並適當保留餘地；研究者盡力達到最大的客觀性常能在決策者心中留下良好的印象。超出統計研究發現或其他證據的概化、誇張和不必要的用語常會給人不好的印象。對穿越組織決策制定地雷區的管理者而言，這類報告是沒有價值的。資料的陳述應該是廣泛的、合理解釋的、讓決策者容易了解的，且是有組織的、可讓決策者快速找到關鍵的研究發現。
8. **可視為正確的結論**：結論應只限於資料可提供足夠基礎的那些結論。研究者經常會嘗試以個人的經驗與解釋（資料不受研究的控制）來擴大歸納推理的基礎。經常將有限母體的研究所導出的結論應用在所有的情況，也是同樣不可取的。研究者也可能對預試所蒐集到的資料依賴太深，並據此解釋新的研究。這種作法有時會發生在研究專家身上，他們限定自己只替小型產業的客戶工作。這些行爲常會降低研究的客觀性，減弱讀者對研究者的信心。好的研究者總是明確說明使其結論有效成立的情況。

9. **反映研究者的經驗**：如果研究者是位有經驗、研究聲譽良好以及正直的人，就會讓人對這份研究有更大的信心。研究報告的讀者能否得到關於研究者的充分資訊，或可作爲判斷一份研究的可信程度和據以制定任何決策之價值的最好依據之一。根據這點理由，研究報告應該包含有關研究者資格的資訊。

以上已分別介紹了若干學者所提出的一些科學研究的特性。當我們在設計一項企業研究計畫、或在評估一份企業研究報告時，上述有關科學研究的特性，特別是 Cooper and Schindler 的九項特性，將可協助我們判斷該項研究工作是否合乎科學的要求、是否應用科學的方法，或用來評定該項企業研究合乎科學要求的程度。

2-4 研究的觀念基礎

本節將介紹觀念（concept）、構念（construct）、定義（definition）、變數（variable）、命題（proposition）、假設（hypothesis）、理論（theory）、模式（model）和推論過程（inference process）等重要的觀念基礎。

2-4-1 觀念和構念

觀念（或稱概念）是有關某些事件（events）、事物（objects）或現象（phenomena）的一組特性，它是代表事件、事物或現象的一種抽象意義。譬如，知覺（perception）、學習（learning）是消費者行爲研究中常用的觀念；距離（distance）是態度衡量中用以描述人們態度差異程度的觀念。

在社會科學研究中，觀念有四種重要的功能（註 9）：

1. **觀念提供溝通的工具**。如果沒有一套大家同意的觀念，則奠基於相互主觀的知識分享和了解是不可能的。觀念是以感官的知覺爲基礎，並用來傳送資訊的。觀念並非像實證的現象那樣確實存在；觀念不是現象本身，而是現象的一種抽象的象徵（abstract symbol）。

2. **觀念允許我們去發展一種觀點——一種觀看實證現象的方法**。透過科學的觀念化（scientific conceptualization），可以給知覺的世界一種在觀念化之前沒辦法知覺到的秩序和連貫性。
3. **觀念允許我們去分類和概化**。科學家係以觀念將他們的經驗和觀察建立結構，加以分類，排出順序，並予以概化。譬如，我們可以忽略松樹、橡樹、樅樹、棕櫚和蘋果等彼此不同之處，而透過**樹**這項觀念來了解它們的相似之處。樹是一種抽象的觀念，在觀念化過程中，松樹、橡樹等各種樹木間的特殊差異都不見了。這種抽象和概化的過程使科學家能夠描繪出實證現象的重要屬性。但觀念一旦形成，並不是它所代表之現象的一種完整象徵，因為它的內容必然會精簡到科學家認為重要的那些屬性。
4. **觀念是理論的要素，也是解釋（explanations）和預測（predictions）的要素**。觀念界定理論的形式和內容，因此，觀念是任何理論中關鍵的要素。譬如，權力（power）和合法性（legitimacy）這兩種觀念界定治理（governance）理論的本質；供給（supply）和需求（demand）這兩種觀念是經濟理論的支柱。這些例子可看出觀念形成和理論建構之間的密切關係。

觀念和構念常混淆不清，事實上，兩者也很難做明顯的區分。**構念**是指為某特定研究及（或）為建立理論的目的而特別發明的一種印象（image）或理念（idea）；我們結合一些較簡單、較具體的觀念來建立構念，特別是當我們想要傳達的理念或印象無法直接加以觀察時（註 10）。譬如，我們也許可結合字彙、語法和拼字這三種觀念來形成語言技能（language skill）這一項構念，因為字彙、語法和拼字這三種觀念合起來，可界定在工作說明中所要求的語言能力。

2-4-2 定　義

觀念必須具有清晰、明確和大家共同接受的意義，才能發揮其各項功能。觀念的意義如果混淆不清，將毀損科學研究的價值，因此，觀念必須加以界定，賦予清晰和精確的定義。在企業研究中，有兩種定義是非常重要的，即觀念性定義（conceptual definition）和操作性定義（operational definition）。

(一) 觀念性定義

所謂**觀念性定義**是指以其他觀念來描述觀念的定義（註 11）。譬如，態度（attitude）的觀念性定義可能是對某一刺激物（stimulus object）做有利或不利的反應傾向（predisposition to respond）；這項定義利用反應傾向和刺激物這兩項構念來界定態度（註 12）。

觀念是溝通的基礎，但觀念性定義可能有助於溝通，也可能無助於溝通。能夠促進溝通的觀念性定義應具備以下重要屬性（註 13）：

1. 定義指出它所界定之觀念的獨特要素或品質。必須包含它所涵蓋的所有事物，同時應該排除所有非由它界定的事物。
2. 定義不應該是迂迴的；亦即它本身必須不能容納它所要界定之事物的任何部分。將官僚界定爲具有官僚特質的人，或將權力界定爲有權力者具有的一種特質，並不能促進溝通。
3. 定義應正面陳述。將智力界定爲一種無色、無重、無性格的特質，顯然並無助於溝通，因爲有許多事物也是無色、無重、無性格的。
4. 定義應使用每個人都有相同意義的清晰用語。譬如，性騷擾一詞各人的意義不同，除非有一共同認定的意義，否則不應該在定義中使用此一用語。

(二) 操作性定義

觀念所代表的經驗特質或事件，如知覺、價值、態度等非行爲性的特質，常無法直接加以觀察。在這種情況下，一種觀念的經驗存在應以操作性定義加以推論。

一項**操作性定義**是指一套描述活動的程序。這些活動是爲了要以實證方法證實某一觀念的存在或存在的程度。經由操作性定義，可指明觀念的意義。操作性定義可視爲觀念-理論層次（conceptual-theoretical level）和實證-觀察層次（empirical-observational level）間的橋樑（註 14）。譬如，對前述態度的操作性定義可能是：在十個項目上以 5 點李克尺度（Likert scale）進行評量所獲得的綜合得分。

操作性定義可依研究目的及研究人員採用之衡量方式的不同而不同。譬如，爲了將家庭用戶區分爲某一產品的大量使用者、中度使用者、小量使用者及未使用者等四類，至少可以採用兩種不同的操作性定義。

第一種操作性定義是以各家庭在某一段期間內的使用數量來界定，如：

大量使用者：在過去半年內消費 100 個單位以上的家庭。

中度使用者：在過去半年內消費 40 至 99 個單位的家庭。

小量使用者：在過去半年內消費 39 個單位以下的家庭。

未使用者：在過去半年內未曾消費或使用此一產品的家庭。

第二種操作性定義也是以各家庭用戶的使用數量爲分類基礎，但係先將過去半年內未曾使用或消費此一產品的家庭劃歸爲**未使用者**；然後將其餘的樣本家庭用戶依過去半年內的消費量的大小次序排列，將各家庭的消費量累計加總，再除以三，然後可將樣本家庭分成三個總消費量相同（或大致相同）的組別，人數最少的一組稱爲**大量使用者**，人數最多的一組稱爲**少量使用者**，剩下的一組稱爲**中度使用者**。

操作性定義雖爲企業研究所必需，但應了解操作性定義和它所要去界定的觀念並非相同的東西，而且在不同的研究中，同一觀念所用的操作性定義也常不盡相同，甚至有相當程度的差異。因此，我們在參考有關研究報告時，必須注意它們對有關觀念所採用的操作性定義。

2-4-3 變　數

在從事實證研究時，研究人員要把命題轉化爲假設，並進行假設之檢定，此時研究人員就要去處理變數間的關係。變數可視爲構念的同義字，也是我們所要去研究的特質，我們可根據變數的特質把用數字表示的價值指派給變數。譬如：

1. 二分的變數（dichotomous variables）：只有兩個數值，分別代表存在或不存在某一特質。如用 1 代表男性，0 代表女性；用 1 代表已婚，0 代表未婚。
2. 不連續的變數（discrete variables）：有數個數值，分別代表不同的類別（categories）。如用 1 代表佛教，2 代表道教，3 代表基督教，4 代表天主教等等。
3. 連續的變數（continuous variables）：在某一範圍內有許多可能的數值。如所得、溫度、考試成績（從 0 分到 100 分）等一般都屬於連續的變數。

㈠ 獨立和相依變數

研究人員一向對變數間的關係感到興趣。在此關係中，被預測的變數就稱爲相依變數（亦稱應變數或依變數，dependent variable，DV）或準則變數（criterion variable），而構成預測基礎或用來預測相依變數的變數就稱爲獨立變數（亦稱自變數，independent variable，IV）、解釋變數（explanatory variable）或預測變數（predictor variable）。譬如，我們所建立的假設是：

加薪將可提高員工的生產力。

我們想要探討的主題是加薪對生產力的影響，此時，加薪就是獨立變數，生產力就是相依變數。

㈡ 調節變數

在最簡單的變數關係中，只有一個獨立變數（解釋或預測變數）和一個相依變數。但在許多情況下，研究人員可能需要利用另一種類型的獨立變數——即調節變數（moderating variable，MV）。調節變數是研究人員認爲會對獨立變數-相依變數（IV-DV）的關係產生重大影響，因而將之包含在 IV-DV 關係中第二個獨立變數。

前述的 IV-DV 假設關係是：

加薪（IV）將可提高員工的生產力（DV）。

如果我們認爲另一個獨立變數——員工的教育水準可能會影響上述的 IV-DV 關係，此時，可將教育水準視爲調節變數。則假設關係變爲：

加薪（IV）將可提高員工的生產力（DV），特別是對中等教育程度（MV）的員工。

㈢ 中介變數

中介變數（intervening variable，IVV）是指在理論上會影響被觀察的現象，但卻不能被看見、被衡量或被操弄的因素。它的影響必須從獨立變數（IV）和調節變數（MV）的影響中去加以推論。

如果上述簡單的 IV-DV 關係（加薪將可提高員工的生產力）中，我們猜想因爲加薪會提高員工的滿意度，所以才會提高員工的生產力。此時，員工的滿意度就是一個中介變數。我們的假設關係就變成：

加薪（IV）會提高員工的滿意度（IVV），因而將可提高員工的生產力（DV）。

如果把調節變數——教育程度也納進來，則我們的假設關係將變為：

加薪（IV）會提高員工的滿意度（IVV），因而將可提高員工的生產力(DV)，特別是對中等教育程度（MV）的員工。

㈣ 外生變數

有許多變數會影響相依變數，有些變數可以當作獨立變數、調節變數或中介變數來處理。但為了研究的便利或可以掌控，大多數的變數都必須排除在 IV-DV 的假設關係之外，這些被排除的可能影響變數就統稱為外生變數（extraneous variables，EV）。

2-4-4 命題和假設

假設（亦稱假說）和命題在研究中常被混為一談；兩者關係確甚密切，但還是有分別的。Cooper and Schindler 將命題界定為對可觀察之現象（觀念）的陳述，此一陳述可以判別其真偽；而當一命題用可供實證檢定的形式呈現時，此一命題即稱為假設(註 15)。任一假設在未經檢定之前，只能視為一項暫時性或猜測性的陳述。

假設可分為敘述性假設（descriptive hypotheses）和關係性假設（relational hypotheses）兩種（註 16）。敘述性假設是指說明某一變數之存在、大小、形狀或分配情形的命題。譬如，百分之八十的公司股東贊成增發現金股利即為一敘述性假設，此一假設之變數為股東贊成增發現金股利的態度。

關係性假設是指敘述兩個變數間某種關係的陳述。譬如，消費者認為外國車的品質比本國車好即為一關係性假設，此一假設之變數有二，即汽車原產國和知覺的品質。在關係性假設中，變數間的關係可能是相關關係（correlational relationship），也可能是解釋關係（explanatory relationship）或因果關係（causal relationship）。相關關係只說明兩個變數一起變動，而解釋或因果關係則指明一個變數的存在或變動會對另一個變數產生影響。

相關的假設，如：

1. 高所得家庭的儲蓄率比低所得家庭的儲蓄率為高。
2. 汽車廠牌的製造品質與顧客對該廠牌汽車的忠誠度成正比。

解釋或因果的假設，如：

1. 家庭所得提高會促使儲蓄率上升。
2. 汽車廠牌的製造品質會影響顧客對該廠牌的忠誠度。

假設具有引導研究方向的重要功能。一項良好的假設應具備以下三樣條件（註 17）：

1. 足夠（adequate for its purpose）：對研究目的而言，它是足夠的。
2. 可檢定（testable）：假設是可加以檢定的，而且簡單——只需要很少的條件或假定。
3. 比對手好（better than its rivals）：比起其他的假設，此一假設可解釋較多、較多樣或範圍較廣的事實。

表 2-1 是檢查一項假設是否是良好假設的查核表。

表 2-1　發展有力假設的查核表

準　則	解　釋
足夠	• 此假設可揭露原始問題的情況？ • 此假設可清楚認明相關和無關的事實？ • 此假設可依據對研究問題有意義之價值，清楚地說明變數的情況、大小和分配？ • 此假設可說明有需要去解釋的事實？ • 此假設可建議最適當的研究設計型態？ • 此假設可提供將所獲結論組織起來的架構？
可檢定	• 此假設可使用可接受的技術？ • 此假設是否需要對似尙合理的物質或心理法則提出解釋？ • 此假設可揭露爲檢定目的而導出之結果或導函數？ • 此假設是簡單的，僅需要極少的條件或假定？
比對手好	• 此假設可比對手解釋更多的事實？ • 此假設可比對手解釋較多樣或範圍較大的事實？ • 此假設可被知識淵博的人認爲是最可能的假設？

資料來源：Donald Cooper and Pamela Schindler, *Business Research Methods*, 10th ed. (Boston: McGraw-Hill/Irwin, 2008), p.67。

2-4-5 理　論

有關**理論**的意義非常分歧，而且有許多誤解。有人認爲理論與實務（practice）是相對的；譬如，常有人說**理論上是對的，但實務上卻行不通，或企管教育偏重理論，不合企管實務的需要**。這種說法認爲理論是不切實際的。原則上，**理論與實務**並非相對或相反的。一個好的理論是可靠知識的觀念基礎；理論幫助我們去解釋和預測我們關切的現象，因此，可幫助我們去制定有良好依據的、切合實際的決策。

有人也把理論與哲學（philosophy）——特別是道德哲學（moral philosophy）混爲一談，如柏拉圖、亞里斯多德、馬克斯等人的哲學都視之爲理論，其實，兩者是完全不同的。道德哲學說明價值的判斷，由於無法以實證方法驗證，因此無所謂真實或虛假；而科學的理論係代表實證世界某些方面的抽象概念，它關切的是實證現象中**如何**及**為什麼**的問題。

理論一詞似尚無一可被共同接受的定義。 Easton 認爲理論可依其範圍、功能、結構或層次（level）等加以分類（註 18）。譬如， Parsons and Shils 依層次將理論分成四個層次，即臨時分類系統（ad hoc classificatory systems）、分類系統（categorical system 或 taxonomies）、觀念性架構（conceptual frameworks）和理論系統（theoretical systems）（註 19）。

Cooper and Schindler 將**理論**定義爲：**可進一步解釋和預測現象（事實）的一組系統性的、相互關聯的觀念、定義和命題**（註 20）。根據此一定義，我們可以有許多理論，並可不斷利用這些理論來解釋或預測我們周遭的現象或事實。理論和事實不一定能配合，但兩者並非相對立的。

理論和假設的區別有時是不容易的，因爲兩者均涉及到觀念、定義以及變數間的關係。理論和假設的基本差異在於複雜性和抽象性的程度：理論常是複雜的、抽象的、涉及多項變數；而假設通常是簡單的、涉及具體事例的有限變數的陳述（註 21）。

2-4-6 模　式

模式是真實事物的代表。在社會科學中，模式通常是用符號來表示，用以描述真實世界的某些重要特性。在模式中，我們將某些經驗現象特性，包括其組成成分及各成分間的關係，以合乎邏輯的方式呈現出來。

在建立模式時，抽象化是很重要的一項特性。真實世界中的某些成分或要素可能被視爲無關緊要而故意予以省略，俾能達到簡單化的目的，以利分析。模式明白指出各變數或觀念間的重要關係，借助於模式的建立，研究人員可據以形成有關這些關係的假設或命題，並利用經驗的檢定方法來加以驗證，以增進對真實世界的了解。

模式和理論常交互使用，其實兩者是有區別的。理論的關鍵概念是解釋（explanation），模式的關鍵概念是敘述（description）和了解（understanding）；一項理論可能以一種模式的型式來表明，但並非所有的模式都是理論。

2-4-7 推論過程

推論過程有兩種主要的類型，一是歸納法（induction），一是演繹法（deduction）。歸納法是先觀察和記錄若干個別事件，探討這些個別事件的共同特性，然後將所得結果推廣到其他未經觀察的類似事件，以獲得一項普遍性的結論。譬如，我們如果觀察和記錄一家大型工廠中 100 位員工的出勤情形，發現這 100 位員工都常有上班遲到的情事；換言之，上班遲到是這些員工的共同行爲特徵。如果我們將此結果加以推廣，獲得一個**所有員工都常上班遲到**的普遍性結論，這便是歸納法。歸納法從個別事件推論到全體，因此，有可能從正確的前提中，導致錯誤的結論（註 22）。譬如在上例中，這 100 位被觀察的員工出勤行爲，並不一定就能代表該工廠所有員工的出勤行爲，除非這 100 位員工是經由可靠的抽樣方法抽選而得，本身能構成一個非常有代表性的樣本。

演繹法正好與歸納法相反，它自一項普遍性的陳述開始，根據邏輯法則，獲得一項個別性的陳述。如果普遍性的陳述是正確的，則個別性的陳述也必然是正確的。譬如，在下列三段論法的三個陳述中：

陳述一：**所有消費者的購買行為都會受商業廣告的影響。**

陳述二：**張太太是一個消費者。**

陳述三：**張太太的購買行為會受商業廣告的影響。**

如果陳述一（普遍性的陳述）是正確的，則陳述三（個別性的陳述）也必然是正確的；如果陳述一是錯的，陳述三就不一定對了。

演繹法必須真實（true）和有效（valid），它才是正確的；真實是指結論的前提（推論）必須符合真實的世界；有效是指結論必須從前提得來（註 23）。

摘　要

本章探討了有關科學方法的一些重要概念，包括科學的假定、方法論的角色和科學研究的特性，並介紹了觀念、構念、定義、變數、假設、理論、模式和推論過程等八種重要的觀念基礎，以幫助研究人員認識科學方法的內涵。

附　註

註 1：Chave Frankfort-Nachmias and David Nachmias, *Research Methods in the Social Sciences*, 6th ed. (Worth Publishers and St Martin's Press, 2000), pp.5-6。

註 2：同註 1, p.12。

註 3：同註 1, pp.12-14。

註 4：G. Helmstadter, *Research Concepts in Human Behavior* (New York: Appleton-Century-Crofts, 1970), Chapter 1。

註 5：G. Zaltman and P. Burger, *Marketing Research: Fundamentals and Dynamics* (Hinsdale, Ill. : The Dryden Press, 1975), pp.26-30。

註 6：H. Feigl, "The Scientific Outlook: Naturalism and Humanism", in H. Feigl and May Broadbeck, eds., *The Philosophy of Science* (New York: Appleton-Century-Crofts, 1958), p.11。

註 7：J. H. Fox, "Criteria of Good Research", *Phi Delta Kappan*, Vol.39 (March 1958), pp.285-286。

註 8：Donald Cooper and Pamela Schindler, *Business Research Methods*, 10th ed. (Boston: McGraw-Hill/Irwin, 2008), pp.13-15。

註 9：同註 1, pp.24-26。

註 10：同註 8, p.58。

註 11：同註 1, p.26。

註 12：A. Parasuraman, *Marketing Research*, 2nd ed. (Reading, MS: Addison-Wesley, 1991), p.415。

註 13：同註 1, pp.27-28。

註 14：同註 1, p.28。

註 15：同註 8, p.64。

註 16：同註 8, pp.65-66。

註 17：同註 8, p.67. Exhibit 3-4。

註 18：David Easton, "Alternative Strategies in Theoretical Research" in David Easton, ed.,

Varieties of Political Theory (Englewood Cliffs, N. J. : Prentice-Hall, 1966), pp.1-13.

註 19：Talcott Parsons and Edward Shils, *Toward A General Theory of Action* (New York: Harper and Row, 1962), pp.50-51。

註 20：同註 8, p.69。

註 21：同註 8, p.68。

註 22：同註 5, p.38。

註 23：同註 8, p.72。

第三章

研究程序與研究計畫書

3-1 企業研究的程序

企業研究係應用科學的方法，有系統地去蒐集和分析有關管理決策問題的資料。為符合科學方法的精神，在進行研究時宜儘可能依據一定的程序。對於科學的研究應包括哪些步驟，研究人員彼此間的意見並不完全一致。一般言之，企業研究的程序，如圖 3-1 所示，大致包括以下幾道步驟：(1) 界定研究問題，(2) 估計研究資訊的價值，(3) 發展研究設計（research design），(4) 蒐集資料，(5) 分析資料，(6) 提出研究報告。

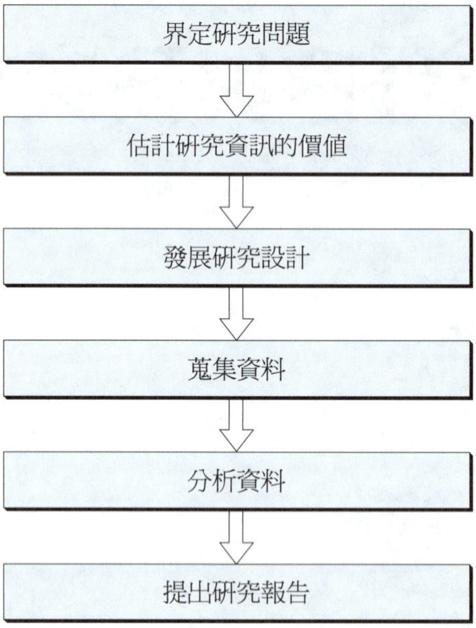

圖 3-1　企業研究的程序

3-1-1 界定研究問題

企業研究的首要工作就是要清楚地說明研究的問題，確定研究的目的。如果對問題的說明含混不清，或對所要研究的問題做了錯誤的界定，則研究所得的結果將無法協助主管訂定正確的決策。因此，在開始進行研究設計之前，應先清楚界定研究的問題，確定研究的目的。研究問題和目的之界定並不是研究人員單方面的責任，企業主管應積極參與，和研究人員共同確定研究的問題、界定研究的目的。

在界定研究問題和目的時，必須進行情勢分析（situational analysis），一方面蒐集和分析企業內部的記錄以及各種有關的次級資料，一方面訪問企業內外對有關問題有豐富知識和經驗人士。情勢分析通常可提供足夠的資訊，協助研究人員和企業主管共同界定研究的問題。情勢分析的結果有時甚至會指出原先所認定的問題其實並沒有問題，或根本是另外的問題。

爲了幫助研究人員能確實了解企業主管面臨的真正決策問題，有人提出研究請求步驟（research request step）的作法（註 1）。研究請求步驟要求決策人員和研究人員會面，先由決策人員說明決策問題和所需的資訊，然後由研究人員草擬一書面報告，說明研究人員對決策問題的了解。研究請求步驟的書面報告至少包括下列項目（註 2）：

1. 起源（origin）：導致有需要採取行動決策的事件；事件即使不會直接影響所要進行的研究，也可幫助研究人員更深入地了解研究問題的性質。
2. 行動（action）：根據研究結果打算採取的行動。
3. 資訊（information）：爲了採行其中一項行動方案，決策人員需要去答覆的問題。
4. 使用（use）：解釋將如何使用每一部分的資訊來幫助制定行動決策；爲研究的每一個部分提供合理的理由，可確使所有問題對將要採取的行動而言都是有意義的。
5. 目標群體和次群體（targets and subgroups）：說明必須從誰那裡蒐集資訊；詳細說明目標群體可幫助研究人員爲研究專案設計一個合適的樣本。
6. 後勤（logistics）：對可用於研究的時間和經費提出概略的估計；這兩項因素將影響最後採用的研究技術。

這份書面報告應向決策人員提出，並應取得決策人員的書面認可或批准。

另外一種確保研究能針對真正決策問題的方法是使用腳本（scenarios），即由研究人員根據他們對整體決策情勢的了解，預估最後研究報告的內容，準備虛擬的數字和項目，然後問決策人員：「如果我得出這樣的研究報告，你認爲如何？」這種方法的最大好處之一是可以增進研究人員和主管之間的溝通。

3-1-2 估計研究資訊的價值

研究資訊的取得是要花錢的，因此只有在研究所獲資訊的價值大於成本時，才值得進行企業研究，亦即：

資訊價值＜成本→停止研究

資訊價值＞成本→進行研究

許多基礎研究（basic research）並未先估計研究資訊的價值。基礎研究的目的是為了探索未知的世界，擴大人類的知識，通常是由大學或學術研究機構來進行這類研究。由於有政府和企業的資助，因此通常並未先行估計研究的價值。但企業研究多屬應用研究（applied research），是為解決企業以面臨的企業決策問題而進行的研究，常須講求成本效益，必須研究資訊的價值大於從事研究的成本，才值得去進行研究。

在第一章中，曾介紹估計資訊價值的一些方法，唯在實務上常多依賴企業主管的直覺或主觀判斷來估計資訊的價值。利用第一章所介紹的那些統計方法來估計資訊的價值，常費時甚久，而且有許多不確定性。因而依賴直覺和主觀判斷的主觀估計法乃廣被採用，企業主管認為某一研究值得去做，就去做了。當然依賴主管的直覺和主觀判斷容易產生偏差和判斷錯誤，這是主觀估計法的缺點。

3-1-3 發展研究設計

在確定所需資料之後，接著應著手進行研究設計。研究設計是一項總計畫（master plan），它明列蒐集和分析所需資訊的方法和程序（註 3）。研究設計是研究人員為取得解決問題所需資訊之方法及程序的詳細說明書，是研究專案的整體作業架構，它明定所要蒐集之資訊內容、資訊來源及蒐集的程序。研究設計可視為研究人員的道路圖（road map），是用來規劃資料蒐集工作以解答某一相關研究問題的工具（註 4）。

研究設計具有下列五項要素：（註 5）

1. 活動和時間基礎的計畫。
2. 永遠以研究問題為基礎的計畫。
3. 選擇資訊來源和類型的指引。
4. 明列研究變數間之關係的架構。

5. 每一項研究活動的程序大綱。

研究設計工作包括決定資料蒐集方法、設計蒐集資料的工具、決定抽樣計畫、估計時間進度和研究費用等。

㈠ 決定資料的種類及來源

研究人員應根據研究目的及研究假設，將所需的各種資料加以列舉，然後根據此一資料清單，決定資料來源。資料通常可分爲初級資料（primary data）與次級資料（secondary data）兩項。前者爲原始資料，即爲特定研究目的而直接蒐集的資料，後者爲企業內外的現有資料；表 3-1 列舉初級和次級資料的比較。

如有合適可用的次級資料，應儘先利用，尤其要儘先使用內部擁有的次級資料。無合用的現有的資料可資利用時，才考慮蒐集初級資料。誠如 Ferber and Verdoorn 所說：「一項良好的規則是把調查視同外科手術——只有在其他可能的方法都用盡了才動手術。」（註 6）

表 3-1　初級和次級資料的比較

項　目	初級資料	次級資料
蒐集目的	爲了手上的問題	爲其他問題
蒐集過程	非常複雜的	快速且簡單
蒐集成本	高	相對較低
蒐集時間	長	短

資料來源：Naresh Malhotra, *Marheting Research: An Applied Orientation*, 6th ed. (Boston: Pearson Education, 2010), p.132。

㈡ 決定蒐集資料的方法

1. **次級資料的蒐集**

研究人員可從企業內部和外部去蒐集已有的相關次級資料。政府機關、學術機構、民間商業調查機構是次級資料的重要來源。

許多最新的次級資料都可從網路上取得，因此網路搜尋引擎（search engine）是蒐集次級資料的重要工具。

2. **初級資料的蒐集**

蒐集初級資料的方法主要有訪問法、觀察法及實驗法。

(1) **訪問法**：利用人員訪問、電話訪問、郵寄問卷調查及網路調查等方式進行調查，是蒐集受訪者的社會經濟條件、態度、意見、動機及外在行爲的有效方法。各種訪問方式優劣互見，各有其適用環境，也各有其缺點，在選擇時應就成本、時間、訪問對象、調查時可能發生的偏誤、問題的性質等因素加以比較。

(2) **觀察法**：即觀察特定活動的運行以蒐集資訊。觀察法因受觀察員的影響較小，故對受測者（被觀察者）的外在行爲的觀察結果會比較客觀，是其優點；但無法觀察受測者的內在動機或企圖，且成本可能較高，在時間及地點方面所受的限制亦較大，是其缺點。

(3) **實驗法**：前兩法因未控制受訪者或受測者的行爲及環境因素，因此無法證實各變數間的因果關係。實驗法則對行爲及環境加以控制，俾能了解各變數間的因果關係。

㈢ 設計蒐集資料的工具

一旦決定了蒐集資料的方法之後，接著便應設計蒐集資料所需的各種工具。如決定利用訪問法來蒐集初級資料，應設計問卷；如擬利用觀察法，應設計記錄觀察結果的登記表或紀錄表；如決定採用實驗法，則應設計進行實驗時所需的各種道具。研究人員在設計蒐集資料所需的工具時，必須考慮到受訪者或受測者的知識程度、語言等因素。

㈣ 抽樣設計

在研究設計階段，應根據研究的目的確定研究的母體（population），然後決定樣本（sample）的性質、大小及抽樣方法。如採用訪問法，應決定要訪問多少人、如何分配；如採用觀察法，應決定觀察的次數及地點；如採用實驗法，應決定實驗的地點、時間長短以及實驗單位的種類及數目等等。

樣本愈大，研究的結果愈可靠；樣本過小，將影響結果的可靠程度。但樣本過大也是一種浪費，故樣本的大小應以適中爲宜。決定樣本的大小應考慮到四項因素：

1. 可動用的研究經費。
2. 能被接受或被允許的統計誤差。
3. 決策者願意去冒的風險。
4. 研究問題的基本性質。

㈤ 預　試

在進行大規模的調查之前，先做小規模的預試，根據預試的結果，再做一切必要的修正。預試的目的在找出問卷、觀察方法或實驗過程中潛在的問題。譬如，問卷中的語句可能含混不清，容易引起誤解；這些毛病如能在預試中發現，自應在正式調查前加以改正。

㈥ 估計所需的研究時間

在研究設計階段，應對進行研究所需的時間加以估計。在估計所需時間時，計畫評核術（Program Evaluation Review Technique，PERT）和要徑法（Critical Path Method，CPM）是非常有用的工具。計畫評核術將整套研究計畫劃分成一系列有順序的小活動，估計各項活動所需的時間，並將各項活動及時間估計顯示在一流程圖上。研究人員可根據時間估計，找出一條或數條費時最長的要徑（critical path）。計畫評核術及要徑法除了可用來估計完成研究所需的時間之外，還具有規劃及控制的功能。

假定有一項研究計畫的進行步驟及各項活動所需的時間如表 3-2 所示。根據表 3-2 之資料，可繪成一流程圖，如圖 3-2 所示。圖 3-2 中之粗線表示要徑，包括修正研究建議、問卷設計、問卷之預試、問卷之修改、印製問卷、實地訪問、問卷整理及打卡、資料分析、報告撰寫及提出研究報告等活動，共需費時 41 天。

㈦ 估計所需的研究費用

研究費用可大致分爲直接費用及間接費用兩部分。直接費用包括研究計畫主持人、訪問員、分析員及其他直接參與研究計畫人員之薪津、調查費、旅費、打字費、印刷費、郵費、電報電話費、訓練費、電子資料處理費用及其他可以直接劃歸到個別研究計畫的費用。

至於間接費用，如折舊費等，在估計研究費用時亦應加以考慮，以免低估了研究的總成本。

表 3-2　研究的進行步驟及時間估計

活動代號	活動內容	須先完成的活動	時間估計（天）
A	提出及修正研究計畫	—	5
B	抽樣設計	A	1
C	問卷設計	A	3
D	甄選訪問員	A	2
E	訓練訪問員	D	3
F	問卷之預試	C	1
G	問卷之修改	F	2
H	印製問卷	G	4
I	抽取樣本	B	2
J	實地訪問	E, H, I	10
K	問卷整理及打卡	J	2
L	設計電腦程式	G	2
M	資料分析	K, L	6
N	報告撰寫及打字	M	8
O	提出研究報告	N	—

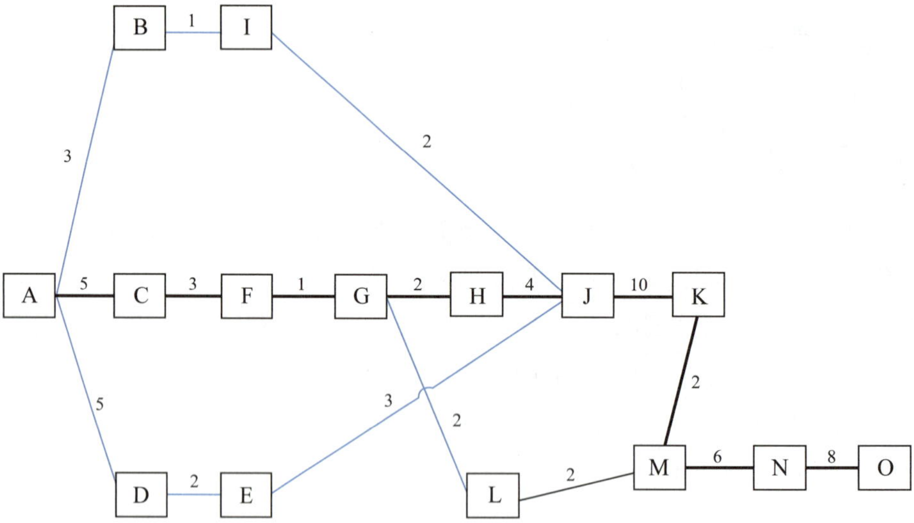

資料來源：根據表 3-2 之資料繪製，粗線表示要徑。

圖 3-2　**PERT** 流程圖

3-1-4 蒐集資料

根據研究設計中的抽樣設計進行抽樣工作，也根據研究設計中所提出的資料蒐集方法實地去蒐集各種資料。在實地蒐集資料時，對訪問員、觀察員或實驗人員的選擇、訓練及監督應特別重視；如果這些資料蒐集人員未能按照研究計畫去實地蒐集資料，可能使整體研究作業失去價值。不管研究計畫如何周詳細密，在實地蒐集資料時，往往會發生一些預料不到的問題，因此在實地蒐集資料期間，必須經常查核、監督和訓練資料蒐集人員，並和他們保持密切連繫。

3-1-5 分析資料

資料分析工作包括整理初級及次級資料、證實樣本的有效性、編表和統計分析等步驟。

㈠ 整理初級及次級資料

查看初級及次級資料，去除陳舊過時、不合邏輯、可疑及顯然不正確的部分，然後加以編輯，以供進一步分析之用。

㈡ 證實樣本的有效性

企業主管可能懷疑企業研究中樣本的真實性，研究人員如能證實樣本的有效性或可靠性，自能增加企業主管對研究結果的信心。

證實樣本有效性的方法有好幾種，如係利用機率抽樣（probability sampling）方法，可估計樣本本身的統計誤差；如係採用非機率抽樣（nonprobability sampling）方法，應先決定樣本是不是夠大，然後和其他來源相對照，以查看樣本的代表性。查核消費者樣本時，最常用的辦法是將樣本和普查的資料相比較，看看兩者之間在性別、年齡、經濟階層等種種特徵方面是否有重大的差異。如為工業研究，可比較樣本和普查結果在廠商的規模、類型、地點等各方面的分佈情形；如以中間商為樣本，則可比較樣本和普查資料中有關商店大小、經銷商品、商店類型的分配情形。

㈢ 編　表

將蒐集之初級及次級資料以最簡明有用的方式表列出來。

㈣ 統計分析

利用統計方法分析和解釋結果。

3-1-6 提出研究報告

最後應報告研究結果，提出有關解決企業管理問題的建議或結論。書面報告的寫作應針對閱讀者的需要與方便，力求簡明扼要而有說服力。研究報告大致可分爲兩種：一爲管理性報告（management report），一爲技術性報告（technical report）。前者主要是向企業主管報告之用，應以生動的方式說明研究的重點及結論；後者是完整的研究報告，內容較豐富，除說明研究發現及結論外，尚詳細說明研究方法，並提供參考文獻和資料。

3-2 研究計畫書

企業研究的目的在蒐集有關資訊，協助主管制定合理的決策。爲使企業研究能順利蒐集到主管人員或委託研究者所需要之資訊，研究人員通常會在實際蒐集資料之前，發展一份書面的研究計畫書（research proposal），作爲進行各項資料蒐集工作的準據。

3-2-1 研究計畫書的功用

一份正式的書面研究計畫書對管理者和研究人員都能提供很大的功用（註 7）：

㈠ 對管理者的功用

從管理者的觀點來看，一份好的書面研究計畫書能提供下列的益處：

1. **確保研究人員了解管理上的問題**：研究計畫書必須明確地陳述所要探討的問題與預期的成果。假如研究者誤解手邊的問題，或提出不能提供給管理階層所要資訊之研究計畫書，則在將寶貴的資源花費於沒有管理價值的調查之前，該研究就能加以修改或全部停止。
2. **作為一種控制的機制**：當一份研究計畫書被接受時，它可作爲研究者將提供給管理階層什麼成果的一項有拘束力的聲明。在委託外界研究機構時，它可作爲一種契約上的義務。因此，管理階層可將計畫書視爲一種控制工具，以確保所獲資訊係以指定的方法獲得，並且是原先承諾之資訊。

3. **允許管理者去評估擬議的研究方法**：研究方法的初步評估能有助於保證研究計畫將可獲得管理者想得到的資訊。再者，假如研究方法和技術不適合管理階層的目的，在投入研究資源費用前能加以修改。
4. **幫助管理階層判斷所擬調查的相對價值與品質**：可從兩方面來看：第一，由於預算有限，可能迫使管理階層針對不同問題的研究計畫排定優先次序，計畫書通常是達到此目的重要工具。第二，價值與品質方面是當某一特定的研究問題要委託給外界的研究機構時，有必要就價值與品質進行評估。在此情形下，可能有若干位競標者，計畫書在比較各競標者的相對價值時特別有用。

㈡ 對研究人員的功用

如果計畫書寫得好的話，研究人員也可得到實質的利益。研究人員可獲得的主要利益如下：

1. **可使研究人員確知他正要調查的問題是管理階層所要調查的問題**：企業研究功能存在的唯一理由是提供給管理人員制定決策時有價值的資訊。假如所要調查的問題，管理階層不認爲有用，那麼以管理階層的觀點來看，研究並未承擔其角色，且將不是一有用的功能。計畫書可把研究問題明確地顯示出來，假如管理階層認爲該問題並沒有加以研究的價值，則將拒絕該研究計畫。
2. **要求研究人員在研究開始之前謹慎地思考整體研究過程**：缺乏經驗的研究人員最常犯的錯誤之一是他們在研究開始之前未能充分地思考整體問題和研究的方法。研究計畫書迫使他們謹慎思考如何才能解決該問題，使調查人員檢查研究過程中的所有步驟，以確使該研究得以最有效的方法解決問題。
3. **提供研究人員一項行動計畫**：完整的計畫書是研究的一般目的和策略的行動計畫。該計畫書有助於將研究集中於陳述的問題上。
4. **陳述管理者與研究人員間的協議**：管理者對研究的預期時常是不切實際的。計畫書可說明研究計畫可提供什麼資訊或不能提供什麼資訊給管理階層。因此，計畫書應可減少由於管理階層不切實際的預期而產生對研究功能的不滿。

3-2-2 研究計畫書的分類

計畫書的形式極爲分歧。計畫書的長度和複雜性依其主題、研究的發起者和計畫書送給誰看而有不同。

依據研究計畫書的起源（公司內部或外部）和計畫書的目的地（公司內部或外部）爲基礎，將研究計畫書分成四種主要類型（註 8）。計畫書的起源考慮誰將是該研究成果的主要評估者和接受者。這四種類型包括（見圖 3-3）：

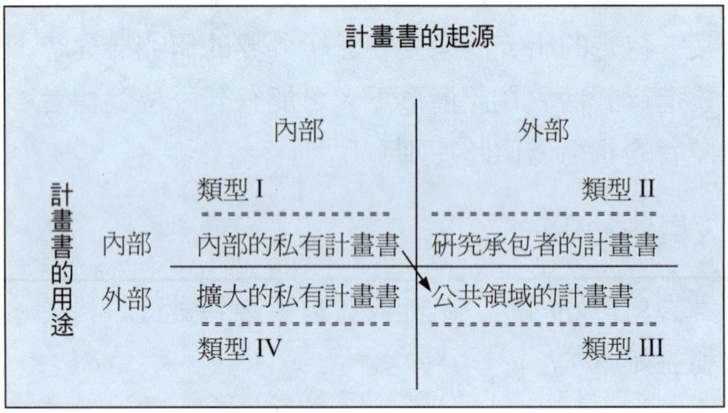

＊圖中的箭頭代表漸增的複雜程度

資料來源：Duane Davis, *Business Research for Decision Making*, 6th ed. (Thomson Brooks/Cole, 2005), p.109。

圖 3-3 研究計畫書的分類

類型 I：內部的私有計畫書

內部的私有計畫書（in-house proprietary proposals）起始於公司內部，並且預定爲組織內的管理階層所使用。通常這些計畫書是所有類型中最簡短及最不複雜的，一份簡短的備忘錄也許就夠了。

類型 II：研究承包者的計畫書

研究承包者的計畫書（research contractor proposals）是由組織內的決策者要求就某一特定的研究計畫邀請外界研究機構參加競標（或是不請自來的）。在此，研究競標起始於公司外部，但其成果卻將供公司內部使用。這類計畫書比類型 I 的計畫書更詳盡而且更長。

類型 III：公共領域的計畫書

公共領域的計畫書（public domain proposals）通常是所有類型中最長且最詳細的。決策者也許知道某一研究可能與受政府機關授權的組織有關，此組織有某些外部研究供應者（私人或其他）。這些計畫書和研究的成果都是屬於公共領域的。這類計畫書通常是高度結構化的，並且可能長達數百頁之多。

類型 IV：擴大的私有計畫書

擴大的私有計畫書（extended proprietary proposals）是公司的內部單位（如同一組織內的另一部門）請求公司總部的研究部門進行某項研究。由於研究的請求者通常不很熟悉公司總部內研究部門的能力或程序，這類計畫書比內部的私有計畫書更詳細。

3-2-3 研究計畫書的內容

研究計畫書的內容視研究性質的不同而有很大的差異。有的研究計畫書（如某些公共領域的研究計畫書）是高度結構化的，而且內容相當詳細，有的研究計畫書（如某些內部的私有計畫書）則相當簡單，可能只簡要敘述研究的問題、預期的利益或成果、研究方法、以及成本和時間的估計等。

一般言之，如表 3-3 所示，一份研究計畫書通常要包括以下的事項：

表 3-3 研究計畫書的大綱

1. 研究題目
2. 研究的背景或動機
3. 研究的目的及範圍
4. 研究設計的類型
5. 抽樣方法及樣本大小
6. 資料蒐集方法
7. 預期的成果
8. 預算、人力及時間的估計
9. 研究人員的背景

1. **研究題目**。
2. **研究的背景或動機**：說明內部和外在環境的變化，並檢討導致問題發生的事件或情勢發展，必要時引述相關的文獻。
3. **研究的目的及範圍**：清楚說明主管面臨的決策問題，並清楚地陳述研究的目的及範圍。研究的範圍是指哪些是要研究的，哪些是不去研究的，事實上也指出研究的限制。

4. **研究設計的類型**：說明爲達成研究目的所採行的研究設計類型（探索性、敘述性或因果性研究）。
5. **抽樣方法及樣本大小**：討論所要採用的抽樣方法（機率或非機率抽樣）以及所需的樣本大小。
6. **資料蒐集方法**：說明所需的次級資料及初級資料，並討論所要採行的次級與初級資料蒐集方法。
7. **預期的成果**：對於研究計畫執行後之預期成果應加列舉，並逐項說明。
8. **預算、人力及時間的估計**：研究計畫書中應就完成研究所需的預算、人力及時間加以估計。
9. **研究人員的背景**：如果研究計畫書爲組織外部的人員或機構而準備的，應在計畫書中提供研究人員的資歷。

3-2-4 研究計畫書的評估

研究計畫書提出後，主管部門或人員應就計畫書內容的可行性和適切性進行評估。評估作業的正式化程度和複雜程度常視研究的性質而有很大的差異。評估作業有時比較簡單而鬆散（如對前述類型 **I 內部的私有計畫書**的評估），可能只由上級主管人員根據某些評估標準，主觀評定可行或不可行、可予核准或不予核准；有時是比較複雜而嚴謹的（如對前述類型 **III 公共領域的計畫書**的評估），由相關主管和專業幕僚根據一正式的評估表格逐項評估。表 3-4 爲一項可行性研究計畫書的評估表。

在評估研究計畫書時，首先應確定評估的項目。評估項目常依評估目的之不同而不同。譬如，行政院國科會人文及社會科學發展處在審查專題研究獎助費的研究計畫書時，要求評估人員就各評估項目逐項評分，所用的評估項目包括：

1. **研究問題**：在學術或實用上是否重要。
2. **文獻檢討**：對有關文獻的檢討是否周詳。
3. **研究方法**：在理論概念、研究工具、取樣計畫以及資料之蒐集、運用、分析等方面是否適當而可行。
4. **成果預估**：獲得良好成果的可能性。
5. **預算及人力**：經費預算及人力配備是否合理。
6. **研究人員的研究能力**：研究人員研判文獻、運用方法及處理資料之能力。
7. **研究人員的研究成果**：研究人員五年內學術性著作之品質與數量。

表 3-4　一項可行性研究計畫書的評估表

<table>
<tr><td colspan="3">機　構：</td><td colspan="3">主要調查員：</td><td colspan="2">計畫書號碼：</td></tr>
<tr><td colspan="8">計畫書名稱：</td></tr>
<tr><td rowspan="2" colspan="2">評估項目：</td><td colspan="5">適當處打√</td><td rowspan="2">一般評語及評分理由</td></tr>
<tr><td>差</td><td>尚可</td><td>可</td><td>良</td><td>優</td></tr>
<tr><td colspan="2">1. 問題發展
A. 充分說明問題的背景
B. 列述導致問題陳述之情況
C. 計畫書顯示研究人員熟悉問題的複雜性
2. 研究策略和方法
A. 以簡潔的方法說明解決問題的研究策略
C. 研究設計是適當的
D. 抽樣設計是適當的
E. 資料蒐集程序是適當的
F. 擬議的資料分析是適當的
3. 預期的研究成果
A. 列舉將取得的資訊
B. 預期成果可滿足研究目標
4. 預算與時程
A. 時間分配對於研究目標而言是切合實際的
B. 預算對研究目標而言是適當的
C. 研究的價值足以證明公司資源的支出是合理的
5. 研究人員的背景
A. 研究人員的資格和經驗指出他或她能從事此項研究
6. 綜合評估分數</td><td></td><td></td><td></td><td></td><td></td><td></td></tr>
<tr><td colspan="8">請提供任何有關此計畫書的補充評論或評語：</td></tr>
<tr><td colspan="2">評估者姓名：</td><td colspan="5">評估者簽名：</td><td>日期：</td></tr>
</table>

資料來源：同圖 3-3, p.119.

評估後根據評分結果提出具體建議：(1) 優先推薦獎助，或 (2) 推薦獎助，或 (3) 不宜獎助，但可補助專題研究，或 (4) 不予推薦。

在一項可行性研究的研究計畫書評估表（表 3-4）中，評估項目包括問題發展、研究策略和方法、預期研究結果、預算和進度、研究人員的背景等項目，並由評估人員逐項評估，分別給予差、尚可、可、良、優等不同等級的評估。

摘　要

企業研究強調科學方法和科學精神，要有系統地去蒐集、分析和提出有關和有用的資訊，供企業主管解決管理問題之用。企業研究的程序包括以下六個步驟：(1) 界定研究問題，(2) 估計研究資訊的價值，(3) 發展研究設計，(4) 蒐集資料，(5) 分析資料，(6) 提出研究報告。

爲使企業研究能順利執行，研究人員通常會在實際蒐集資料之前，先發展一份書面的研究計畫書。

本章除介紹企業研究的各項程序或步驟之外，也分別介紹研究計畫書的功用、分類、內容和評估。

附　註

註 1：Paul Conner, “'Research Request Step' Can Enhance Use of Results” , *Marketing News* (Jan. 4, 1985), p.41。

註 2：Gilbert Churchill, Jr. and Dawn Iacobucci, *Marketing Research: Methodological Foundations*, 9th ed. (Mason, Ohio: South Western 2005), p.53。

註 3：William Zikmund, et al., *Business Research Methods*, 8th ed. (South-Western, 2010), p.66。

註 4：Duane Davis, *Business Research for Decision Making*, 6th ed. (Thomson Brooks/Cole, 2005), p.134。

註 5：Donald Cooper and Pamela Schindler, *Business Research Methods*, 10th ed. (Boston: McGraw-Hill/Irwin, 2008), p.141。

註 6：Robert Ferber and P. Verdoorn, *Research Methods in Economics and Business* (New York: Macmillan, 1962), p.208。

註 7：同註 4, pp.107-108。

註 8：同註 4, pp.109-110。

第四章

企業研究的類型

根據研究的基本目的，一般可將研究分為兩大類型，即探索性研究（exploratory research）和結論性研究（conclusive research）。探索性研究的主要目的在發掘出初步的見解，並提供進一步研究的空間；結論性研究的主要目的在幫助決策者選擇合適的行動方案。

探索性研究的資料需要是較模糊的，也沒有清晰的資料來源；結論性研究，則有清晰的資料需要，也有明確界定的資料來源，研究人員了解他們所需要的資料類型，也知道從什麼地方去取得所需的資料。此外，這兩種類型的研究，如表 4-1 所示，在資料蒐集表格、樣本、資料蒐集、資料分析以及推論或建議的性質等方面，均有某種程度的差異。

表 4-1　探索性研究和結論性研究的區別

研究計畫要項	探索性研究	結論性研究
研究目的	一般的：獲致有關某一情境的見解	特定的：驗證見解，並協助選擇行動方案
資料需要	模糊的	清晰的
資料來源	未明確界定	明確界定
資料蒐集表格	開放式；粗略的	通常是結構式的
樣本	較小；主觀選擇，使最能產生有用的見解	較大；客觀選擇，使研究發現能夠加以概化
資料蒐集	有彈性；沒有固定程序	僵硬；有明確訂定的程序
資料分析	非正式的；通常是非數量性的	正式的；通常是數量性的
推論／建議	比較是暫時性的	比較是決定性的

資料來源：A. Parasuraman, Dhruv Grewal, and R. Krishnan, *Marketing Research* (Boston: Houghton Mifflin, 2004), p.64。

4-1 探索性研究

探索性研究常被視為研究程序的第一步，其目的並不是要提供結論性的證據讓決策人員可據以選擇一項特定的行動方案，而是在協助決策人員和研究人員釐清含糊不清的情境，發現潛在的問題。譬如，公司在某一地區的銷量下降時，可能進行一項探索性研究，以找出銷量下降的可能原因。這種研究設計極具彈性，研究人員在資料來源及蒐集方法等各方面均擁有相當的自由，可視實際情況需要，隨時加以調整變動。

探索性研究極少使用詳盡的問卷，也很少利用機率抽樣方法來蒐集資料。探索性研究常用的方法有四：(1) 研究次級資料，(2) 訪問專家，(3) 分析相似案例，(4) 利用焦點團體訪問（focus group interview）。

4-1-1 次級資料的研究

研究次級資料可能是研究人員了解情況、發現假設最快速和最經濟的方法。次級資料的來源很多，主要有政府機關、學術研究機構、商業研究機構、產業組織、公司內部的檔案紀錄等等。由於網際網路的發展和普及，已使研究人員得以快速而有系統地搜尋各種已出版或未出版的次級資料。分析企業內外的各種次級資料，常可獲得許多寶貴的資訊。

4-1-2 專家訪問

訪問那些對研究主題有相當了解的人士也是進行探索性研究的一種有效方法。對受訪者的人選必須審慎選擇，俾能以最少的時間和精力取得所需的有用資訊。所選的人選必須對研究主題具有豐富知識，且能表達其意見者；有人將這種探索性研究方法稱之爲重要供訊者技術（key-informant technique）、專家意見調查（expert-opinion survey）或先用者調查（lead-user survey）（註 1）。

選擇專家時並不利用隨機抽樣方法，而宜利用判斷抽樣（judgement sampling）方法，這些人士是否具有代表性並不重要，當然也不能只聽一面之詞。訪問方法以能讓受訪者無拘無束暢所欲言爲宜，不宜利用結構式的問卷。

訪問具有豐富知識的相關人士，如妥爲運用，對促使研究人員認識研究問題的性質極有助益。在應用時，應注意以下兩點潛在的困難，並預先規劃，設法克服，以提高訪問的效率：

1. 許多人自稱對研究主題具有豐富知識，並熱切希望接受調查訪問，但實際上可能沒有什麼有用的資訊可提供。
2. 要找到真正具有豐富知識的相關人士，並取得他們的合作，可能並不容易，特別是當這些人士並不屬於從事這項研究的組織內部一份子的時候。

4-1-3 相似案例的分析

個案方法（case method）係對某些少數的情境或案例進行深入詳盡的研究，有時候甚至只對某一個案進行分析研究，其目的在對各案例中各種因素的相互關係有一完全的了解。

對某一個案深入研究常可獲得利用其他方法可能無法發現的關係。譬如，在一項改進銷售員生產力的研究中，研究人員對二、三位最好的銷售員和二、三位最差的銷售員進行深入研究，除了蒐集有關他們的背景及經驗的資料外，還花幾天的時間跟他們一起去拜訪客戶，結果發展出一項假設：檢查零售商的存貨量並指出存量低的商品項目是好的銷售員和差的銷售員兩者間最大的差別。（註 2）

個案方法有其優點，也有其缺點（註 3）。個案方法的優點包括：

1. 推論是從整體情境、實體的研究中獲得，而非僅從一個或若干個層面的研究中獲得。
2. 個案研究是對一真實事件或情境的敘述，而統計研究只是真實情境的抽象概念。
3. 可能是由於研究者和受訪者有較長時間和較親密的共處，通常可發展出較融洽的關係，以及少依賴正式化的問題，因此可獲得較可靠的資料。

但個案也有不夠客觀及樣本代表性不足的缺點：

1. 因爲個案方法係對整體情境做詳盡的描述，因此難以發展正式的觀察和記錄方法。非正式的方法可能不夠客觀，研究人員可能只看他們想看的部分。
2. 在分析個案資料時也會有不夠客觀的情事。由於未使用正式的統計方法，因此，資料係根據研究人員的直覺來做分析。
3. 在分析個案時，研究人員傾向於將個案分析的結果推廣到個案以外的群體。因爲樣本通常很小，個案係主觀選擇，而且有選擇不平常個案的傾向，因此將個案分析結果概括化是危險的。

4-1-4 焦點團體訪問

焦點團體訪問，亦稱深度集體訪問、集體座談或集體訪問，也是探索性研究常用方法之一。焦點團體訪問通常係邀請若干位受訪者聚集一室，由一位主持人就某一主題進行集體討論。主持人的角色是控制討論的進行，鼓勵或誘導參加人員踴躍發言，相互評論。焦點團體訪問的特色是要讓每一位參加人員都能聽到其他人的想法或觀點，同時也讓其他人能聽到他或她的想法或觀點，彼此相互激盪，達到集思廣益的效果。

焦點團體訪問在蒐集創意和見解時廣被採用，並已被用在許多用途上，包括（註 4）：

1. 產生可進一步做數量性檢定的假設。
2. 產生有助於設計消費者問卷的資訊。
3. 提供某一產品類別的背景資訊。
4. 獲取有關新產品觀念或廣告文案的顧客印象。

探索性研究的目的在使研究人員對某一問題的性質有基本的認識，希望從蒐集的資訊中，確定問題是否存在，或發掘問題的癥結。這種研究設計有時也可獲得其他研究設計難以蒐集到的資訊。

4-2 結論性研究

結論性研究的主要目的在提供資訊，協助決策者制定一合理的決策。結論性研究可分爲敘述性研究（descriptive research）和因果性研究（causal research）兩類；後者亦稱爲實驗性研究（experimental research）。

4-2-1 敘述性研究

敘述性研究常用於衡量和描述某一問題的特性，或某些相關群體（如供應商、顧客、銷售員、市場地區、組織等）的組成與特徵。譬如，決策人員想了解有關某產品消費者的年齡、性別、教育程度、地區等的分佈情形，或各種中間商的相對重要性，或傑出銷售員的特質等等，即可進行一敘述性研究。進行敘述性研究的目的有三（註 5）：

1. **描述某些群體的特徵**。如根據所得、性別、年齡、教育程度等資訊來描述品牌的使用者。
2. **估計有某種行為之人們的比率**。如估計在某一擬議中之購物中心的多少半徑範圍內居住或工作之民眾會到此購物中心購貨之比率。
3. **做特定的預測**。如預測未來五年的銷售水準，俾可據以規劃新銷售代

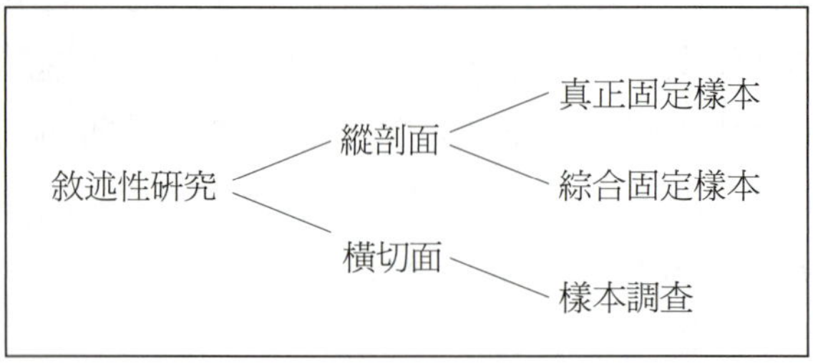

資料來源：Dawn Iacobucci and Gilbert Churchill, Jr., *Marketing Research: Methodological Foundations*, 10th ed. (South Western, 2010), p.86。

圖 4-1　敘述性研究的分類

表的僱用和訓練。

這種研究設計必先對問題有基本的了解，不像探索性研究那麼具有彈性，它必須明確說明所要衡量的項目以及有效的衡量技術。敘述性研究可分為縱剖面分析（longitudinal analysis）和橫切面分析（cross-sectional analysis）兩種，如圖 4-1 所示。縱剖面分析是對固定樣本（panels）重複衡量以蒐集時間數列的資訊；橫切面分析則只在某一時點對樣本單位做一次衡量。

(一) 縱剖面研究

縱剖面研究有真正固定樣本（true panel）和綜合固定樣本（omnibus panel）兩種。**真正固定樣本**是較古老、較傳統的一種，在每一次衡量時，對所有的樣本單位都進行衡量，而所衡量的特性或變數都是相同的。譬如，美國之全國購買日記（National Purchase Diary，NPD）有 13,000 戶的家庭消費者固定樣本，每戶家庭都要按月記錄購買多種產品之情形；尼爾遜（Nielsen）的零售商店稽核（Nielsen Retail Store Audit）擁有 10,000 家零售店固定樣本，按月查核每家商店的商品銷售情形（註 6）。

綜合固定樣本雖然也有一群固定的樣本，但每次向各樣本單位蒐集的資訊不一定相同。譬如，有時是詢問有關新產品的態度，有時是詢問有關廣告文案的意見。同時，也不一定每次都對全體樣本單位進行衡量，依研究計畫性質的不同，每次可能只對特定部分的樣本單位進行衡量。譬如，派克鋼筆公司（Parker Pen Co.）有一擁有 1,000 個人的固定樣本，這些人都對書寫文具有興趣，派克公司可找此固定樣本來試驗新鋼筆（註 7）。

縱剖面研究，相較於橫切面研究，有不少的優點：

1. 可做品牌轉換分析（turnover or brand-switching analysis）：固定樣本最

重要的優點是它在分析方面的長處。品牌轉換分析只有對固定樣本在不同的時間點就相同的變數做重複衡量，才能夠進行，亦即只有利用真正固定樣本才能做品牌轉換分析；綜合固定樣本因爲衡量的變數不斷改變，並不適合做品牌轉換分析。如採用橫切面研究，即使連續抽選橫切面的樣本進行調查，也不適合做品牌轉換分析。

2. 可獲得多時段的資訊：固定樣本可獲得多時段的資訊，這是縱剖面研究的獨特優點。從這些資訊中，研究人員可以看看個別樣本單位行爲的改變，並試著去找出這些改變和一系列企業決策（如廣告文案改變、薪資的改變、價格的改變等等）的關聯。同時，因爲可以在獨立變數改變之前和之後對相同的受測者進行衡量，因此相依變數的細微變動也比較容易看出來；如果對兩個或以上的獨立樣本分別做研究時，相依變數的變動也可能是因樣本的組成改變所致。
3. 可獲得較深入的資訊：固定樣本可以獲得較深入的資訊，特別是有關分類資訊，如所得、教育、年齡和職業。在許多研究中，我們需要取得許多分類資訊以供更深入分析之用。橫切面研究因只接觸受訪者一次而已，不易做長時間、費時的訪問；而利用固定樣本時，因爲固定樣本通常是給予報酬的，因此可以做較長時間或多次的訪問。而且分類資訊可以用在許多研究中，因此廠商也願意花較多的時間和力量來取得正確的分類資訊（註 8）。
4. 可獲得較正確的資訊：固定樣本資料一般認爲比橫切面資料正確，因爲它比較不會發生與陳述過去行爲有關的偏差。陳述過去行爲會造成偏差，因爲人們會因事過境遷而忘記過去的行爲，特別是對與個人的重要態度或信念不一致或威脅到個人的自尊時，人們更容易忘記過去的事件和經驗。但利用固定樣本時，因爲行爲是在發生時就記錄下來，因此較少依賴受訪者的記憶。當使用日記簿來記錄購物行爲時，因要求受訪者在回到家後立刻做購物記錄，更不會有忘記這個問題。日記簿的一項好處是它攜帶非常方便，任何地方都可塡寫，更增加其正確性。
5. 可減低互動偏差：由於受訪者和訪問員有不同的人格和社會角色，訪問過程中會有誤差發生。固定樣本的設計則可減低這種互動造成的偏差，因爲 (1) 重複接觸會使受訪者較信賴訪問員，(2) 較頻繁的接觸也會創造融洽的關係（註 9）。

不過，固定樣本也有不少的缺點。這些缺點包括：

1. 樣本代表性不足

固定樣本的主要缺點就是樣本的代表性不足。造成固定樣本不足以代表母體的原因主要有二，即抽樣偏差（sampling bias）和中途脫隊（dropout）。

研究機構在建立固定樣本時，常混合採用機率抽樣和配額抽樣（quota sampling）。被選上的樣本可能在第一次徵募時就斷然拒絕，或在徵募後才拒絕合作，或在合作一段時間後才中途脫隊；由於三個階段的拒絕情事，可能使固定樣本產生抽樣偏差。根據有關的文獻，在 12 項固定樣本研究中，第一次接觸樣本時拒絕合作的比率介於 15% 到 80% 之間，平均數和眾數大約是 40%；在第二階段拒絕合作的比率爲 8% 到 26% 之間，平均數爲 12%，眾數爲 10%；第一階段與第二階段間隔時間若在一週至三週之間，則第二階段拒絕合作的比率較低（註 10）。爲了降低拒絕合作的比較，宜利用介紹信及受過良好訓練的訪問員。

中途脫隊的原因主要有：(1) 死亡、(2) 住院治療、(3) 搬家、(4) 缺乏興趣。前三種原因爲自然的現象，較難避免，後一種原因則應加以注意。爲了要減少中途脫隊的比率，鼓勵樣本單位繼續合作，除了要與合作的樣本單位常保持聯繫、維持友好關係、並給予若干現金或其他財務報酬之外，最重要的還是要設法使他們感覺到參與是一件重要而有意義的工作。

2. 可能發生制約偏差

制約偏差（conditioning bias）有下列四種情況（註 11）：

(1) 早期提供了誇張或欺騙的回答，而在之後才提供較真實的答案。

(2) 制約效果可能促使受訪者改進其答案的正確性，或強化他們的態度，這種學習將導致以後反應的改變。

(3) 受訪者對某一主題原無特定的態度，但因被重複訪問，可能形成一特定的明確立場。

(4) 凍結效果（freezing effect）：由於一再回答同樣的問題，受訪者可能把上次回答的答案牢記在心，此後便一再填寫同樣的答案。如回答的間隔時間在兩週以內時，此種效果尤其嚴重。

3. 可能發生記錄誤差

發生記錄誤差（recording error）的原因主要有：(1) 記錄者不知道其他家人的購買；(2) 忘掉了他們的活動而漏記了應該加以記錄的事項；(3) 記錄時由於記憶模糊而記錯了；(4) 僞造或曲解問題（註 12）。

4. 可能發生反應偏差

反應偏差（response bias）是指人們可能因爲加入固定樣本而有了不正常的反應。譬如，一個家庭平常都喜歡收看某一電視節目，但在加入一項收視率調查的固定樣本之後，可能因警覺到他們的收視行爲將經由記錄器而自動記錄下來，因而改看其他節目。

5. 可能發生序列偏差

序列偏差（sequence bias）是指由於問卷中一序列的問題都在問某一特定產品或品牌，因而影響反應的正確性。譬如，在一項實驗研究中，研究人員設計一序列有關某品牌石油的問題，結果發現有 88% 的固定樣本成員皆答稱購買該品牌（註 13）。

6. 成本高

徵募和維護一群全國性的固定樣本，要比保持一群全國性的現場訪問工作人員的經費高出很多，這也是固定樣本的一項大缺點。

由於中途脫隊或爲避免某些偏差，因此不斷地徵募和訓練新的固定樣本成員是非常重要的。徵募新的固定樣本成員有三項目的（註 14）：

(1) 取代中途脫隊者。

(2) 取代那些受到制約偏差的成員。

(3) 取代現有成員以反映配額特徵的改變。

徵募和補充固定樣本成員的程序和一般的調查設計有其相同之處，預先用信函聯絡將有助於取得合作，有時現有的成員也可幫忙找到新的加入者。

由於固定樣本的成員會因感到疲倦和厭煩而減低報告的完整性，故給予某種金錢或非金錢的報酬或補償是不可免的，同時要設法和固定樣本成員保持友善的關係，以取得他們的合作；偶爾做做人員訪問或電話訪問是有幫助的，但也不能濫用，以免造成反效果。

㈡ 橫切面研究

橫切面研究是最重要的一種敘述性研究設計，它具有兩項特點：(1) 提供有關變數在某一特定時點的一張快照；(2) 抽選的樣本通常代表某一已知的母體，因此非常重視選擇樣本單位（註 15）。通常採用機率抽樣方法，這也是這種技術被稱爲樣本調查（sample survey）的一項原因。（註 16）

樣本調查有若干缺點，包括：

1. **只對現象做表面分析**：樣本調查通常未對現象做深入分析，調查工作常強調廣度而犧牲了深度。
2. **高成本**：調查研究費時費錢，研究人員必須完成全部的研究過程才能去驗證一項假設，常費時數月之久，所投入的時間、精力和金錢爲數可觀。
3. **需要精巧的技術**：調查研究需要很多的技術，研究分析人員本身必須擁有這些技術或能自他處取得這些技術。

4-2-2 因果性研究

因果性研究，又稱爲**實驗性研究**，主要目的在建立變數間的因果關係，說明產生某種現象的原因。譬如，在敘述性研究中，發現不同產業的員工流動率不同，但不知其原因爲何。因果性研究就是要去找出各產業的員工流動率不同的原因，要設法找出員工流動率與其他因素（如薪資福利、管理制度）的關係。因果性研究通常要利用各種實驗設計去了解和說明各種現象與環境因素間的因果關係。

因果性研究的目的在建立變數與變數間、事物與事物間、或事件與事件間的因果推論（causal inference）。

因果推論必須有非常特定的證據存在才能得到支持。因果證據有三個重要的部分（註 17）：

1. 時間順序（temporal sequence）：時間順序處理事件的時間次序，這是因果性的一個準則，因（cause）必須在果（effect）之前發生。如果 CEO 的更換造成股價的變動，則 CEO 必須在股價變動前就更換了。
2. 共同變動（concomitant variatioin）：當兩項事件共變（covary）或相關（correlate），亦即它們有系統性地改變了，共同變動就發生了。共同變動意指當原因（cause）變了，會看到結果（outcome）也變了。我們常用相關係數（correlation coefficient）來代表共同變動。當變數間沒有系統性的變動時，不可能存在有因果性。如果某家零售店從未改變其員工休假政策，則休假政策就不可能爲員工滿意度的變化負責。
3. 非虛假關聯（nonspurious association）：因與果之間的任何共變（co-variation）是真實的，而非受其他變數的影響。即使上述兩項條件存在也不能建立因果證據，因爲因和果兩者有某項共同的因，亦即因和果可能受到第三項變數的影響。

因此，因果性研究必須做到下列三件事：

1. 建立事件的適當因果先後順序。
2. 衡量假定之因與果之間的共同變動。
3. 考慮其他可能原因的存在，以檢查虛假的可能性。

4-2-3 研究類型的關係與選擇

研究依研究目的之不同，可分為探索性研究、敘述性研究和因果性研究等基本類型。這三種基本類型的目的和方法，如表 4-2 所示，雖各有不同，但各種類型可以視為是一種連續過程中的不同階段，彼此之間的關係，如圖 4-2 所示，是非常密切的。

表 4-2 各種研究設計的目的和方法

設計類型	目 的	方 法
探索性研究	• 形成和界定問題 • 發展研究假設 • 建立研究的優先性	• 次級資料分析 • 專家訪問 • 案例分析 • 焦點團體訪問
敘述性研究	• 描述某些群體的特徵 • 估計具有某種行為者的比率 • 做預測	• 樣本調查 • 縱剖面研究 －真正固定樣本 －綜合固定樣本
因果性研究	• 提供有關變數間因果關係的證據	• 實驗室實驗法 • 現場實驗法

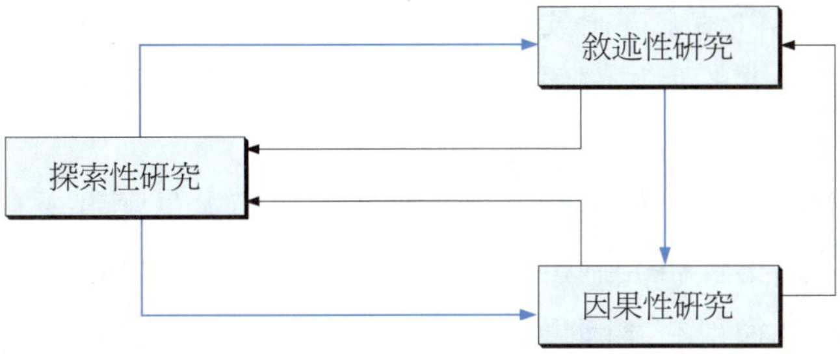

資料來源：同圖 4-1，p.75。

圖 4-2 研究類型間的關係

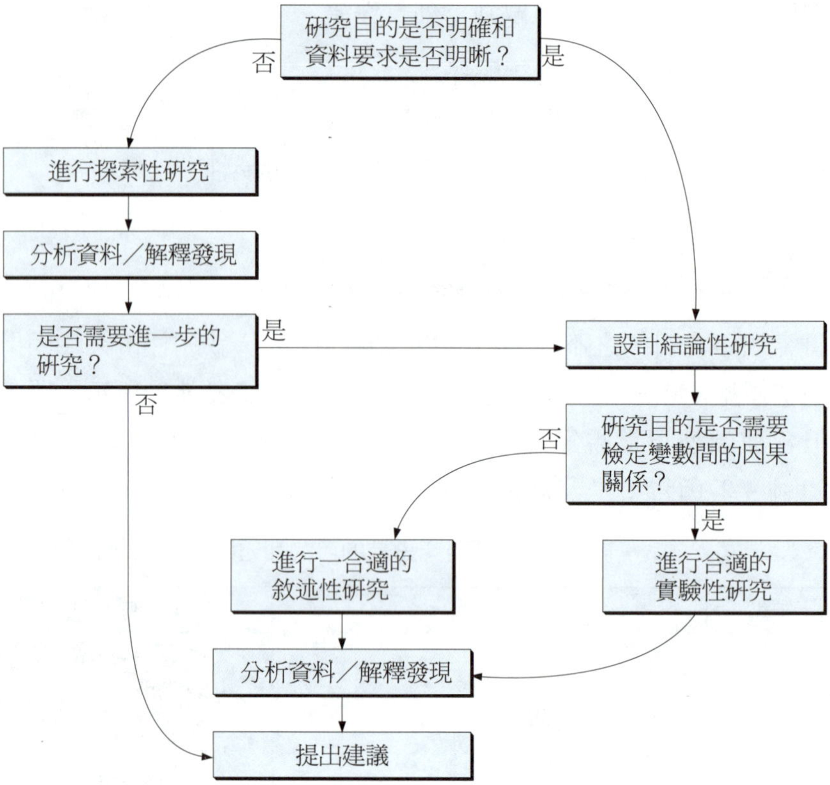

資料來源：同表 4-1, p.83。

圖 4-3　選擇適當研究類型的流程圖

研究類型的選擇是有些主觀的，不僅要考慮到研究情境的性質，也要看決策者的決策目的和他們所需要的資訊。從圖 4-3 可看出，如研究目的和資料要求都不明晰，適合採用探索性研究；而探索性研究的結果常可作爲進行正式結論性研究的基礎。

如果決定進行結論性研究，研究人員還要進一步考量主要的研究目的是否在檢定變數間的因果關係；如果是的話，須進行實驗性（因果性）研究；如果不是的話，可進行敘述性研究。

此外，在選擇研究類型時，也必須考慮決策人員願意或有能力支付的時間和金錢。因果性研究雖可提供較多的資訊，但通常最爲費時費錢，決策人員也許希望獲得有關因果關係的資訊，但不一定願意或有能力多花時間和金錢去取得那些資訊。

摘　要

依研究的基本目的，一般可將研究分為探索性研究和結論性研究兩大類。本章先分別比較這兩種研究類型在目的、資料蒐集、樣本、推論的性質等各方面的差異。

探索性研究的目的在幫助決策人員和研究人員發現問題之所在，常被視為是研究程序的第一步。探索性研究常用的方法有四，即研究次級資料、訪問專家、分析相似案例和利用焦點團體訪問。

結論性研究的目的在協助決策人員制定合理決策，一般可分為敘述性研究和因果性研究兩種。敘述性研究常用於描述某一問題的特性或某些相關群體的組成與特徵，可分為縱剖面研究和橫切面研究。因果性研究的目的則在建立變數間的因果關係。

研究雖可分為探索性、敘述性和因果性研究等基本類型，但彼此間的關係是非常密切的。

附　註

註 1：A. Parasuraman, Dhruv Grewal' and R. Krishnan, *Marketing Research*. (Boston: Houghton Mifflin, 2004), p.65。

註 2：H. Boyd, Jr., R. Westfall and S. Stasch, *Marketing Research: Text and Cases*, 6th ed. (Homewood, Ill.: Richard Irwin, 1985), p.51。

註 3：H. Boyd, Jr., R. Westfall and S. Stasch, *Marketing Research: Text and Cases*, 7th ed. (Homewood, Ill: Richard Irwin, 1991), p.108。

註 4：Dawn Iacobucci and Gilbert Churchill, Jr., *Marketing Research: Methodological Foundations*, 10th ed. (South-Western, 2010), p.63。

註 5：同註 4, p.84。

註 6：Gilbert Churchill, Jr. and Dawn Iacobucci, *Marketing Research: Methodological Foundations*, 9th ed. (South-Western, 2005), p.110。

註 7：同註 4, p.89。

註 8：同註 6, p.113。

註 9：同註 6, p.113。

註 10：J M. Carman, "Consumer Panels," in T. Ferber, ed., *Handbook of Marketing Tesearch* (New York: McGraw-Hill, 1974), pp.2:210-216。

註 11：同註 10。

註 12：Seymour Sudman, "On the Accuracy of Recording of Consumer Panels: I," *Journal of Marketing Research* (May 1964), p.14。

註 13：W. F. O'Dell, "Personal Interviews or Mail Panels?" *Journal of Marketing Research* (Oct. 1962), pp.34-39。

註 14：同註 10。

註 15：同註 4, p.93。

註 16：Gilbert Churchill, Jr. and Dawn Iacobucci, *Marketing Research: Methodological Foundations*, 8th ed. (South-Western, 2002), pp.121-122。

註 17：William Zikmund, et al., *Business Research Methods*, 8th ed. (South-Western, 2010), pp.57-59。

第五章

次級資料

5-1 次級資料的用途及優缺點

次級資料有許多種不同的分類方法，其中最常用的一種方法，如圖 5-1 所示，是按照資料的來源將次級資料分為內部次級資料和外部次級資料兩部分。內部次級資料是指組織內部的次級資料，外部次級資料是從組織外部免費取得或花錢購買的次級資料。如圖 5-2 所示，在著手蒐集初級資料之前，應先尋找可用的內部及外部次級資料。只有在無次級資料可用或次級資料不足時，才考慮利用各種資料蒐集方法去蒐集初級資料。

5-1-1 次級資料的用途

次級資料的用途可分成以下四類（註 1）：

1. **問題認識**：不斷地偵測次級資料可有助於認識問題所在。偵測過程通常包括持續檢視重要的環境資訊來源，以找出問題所在和市場機會。
2. **問題澄清**：次級資料可幫助澄清企業可能面對的特定問題。描繪情境的組成要素可使決策問題更易於進行研究。次級資料也可幫助研究人員規劃研究設計，並提供撰寫研究計畫書所需的資訊。

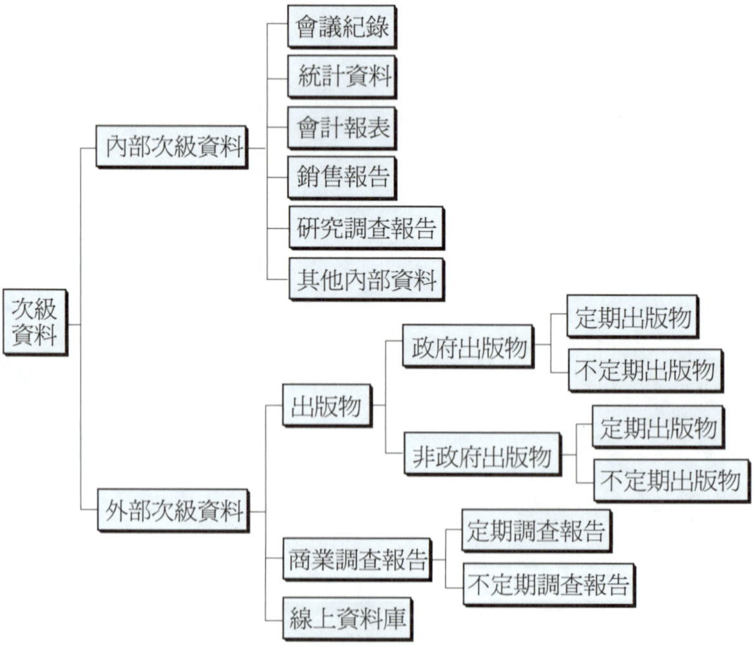

圖 5-1 次級資料的類型

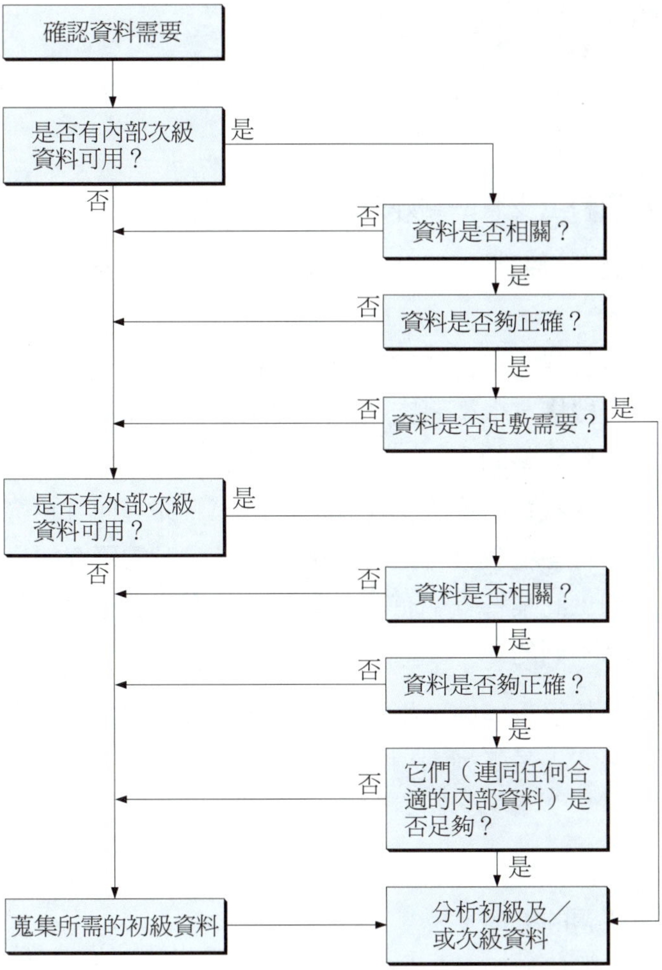

資料來源： A. Parasuraman, Dhruv Grewal and R. Krishnan, *Marketing Research* (Boston: Houghton Mifflin, 2004), p. 101。

圖 5-2　資料蒐集流程圖

3. **可行方案的形成**：可行方案必須在制定決策之前就形成，而次級資料對找出有用的可行方案通常是非常有用的。由於資料來源、研究方法和管理風格的多元性，研究人員應檢視各種可能性，如未使用次級資料，可能的方案（甚至有可能是最好的方案）可能就被忽略了。
4. **問題解決**：次級資料本身也常可提供問題的解決方案。許多次級來源可提供對問題的見解，有時還會提供解決方法。

5-1-2 次級資料的優缺點

(一) 優　點

利用次級資料至少有四點好處：

1. **經濟**：次級資料通常可免費或廉價取得，可以節省一大筆研究作業所需的費用。
2. **快速**：現有資料的取得往往較取得初級資料所需的時間快速得多。
3. **完整**：政府機構、學術研究機關、同業公會等通常較易獲得人們的信賴而願意提供完整的資訊，有時還可依法要求人們提供完整而正確的資訊，因此次級資料或許會比初級資料來得完整而且可靠。
4. **唯一來源**：有些次級資料是唯一來源，是一般的研究機構和人員無法獲得的，如工商業普查中有關商店的銷售、支出、利潤等資料是一般研究人員拿不到的。

次級資料雖然很少能完全提供一項研究計畫所需的各項資料，但次級資料能夠協助研究人員下列六項工作（註 2）：

1. 確認問題。
2. 把問題界定得更好。
3. 發展解決問題的途徑。
4. 構想出適當的研究設計（如確認關鍵變數）。
5. 回答某些研究問題和檢定某些假設。
6. 更有見識地解釋初級資料。

(二) 缺　點

不過，研究人員在使用次級資料時，也要非常小心，因爲次級資料也有一些缺點。使用次級資料時必須克服的主要困難有三：(1) 資料適合研究計畫的需要，(2) 資料具有足夠的正確性，及 (3) 資料具有足夠的時效性（註 3）。

1. **資料適合性問題**：次級資料是爲其他目的而蒐集，因此很少能完全滿足研究計畫的資訊需要。影響次級資料適合性的因素有二：

   (1) **衡量的單位**：衡量單位不同是次級資料常見的缺失。譬如，消費者所得依據來源的不同，有的以個人爲衡量單位，有的以家庭爲衡量單位。

(2) **分組的定義**：不同的研究計畫有不同的分組定義或方式，這是另一項常見的缺失。譬如，年齡的分組可分爲 20 歲以下、20 到 30 歲、30 歲以上，也可分爲 25 歲以下、25 到 40 歲、40 歲以上等等。

2. **資料正確性問題**：在使用次級資料之前，應先查核次級資料的正確性。次級資料的正確性難以評估，這是次級資料的一項重大限制。在研究過程中，發生誤差的來源不一而足，而研究人員由於未親自參與次級資料的蒐集和分析工作，因此不易評估次級資料的正確性，這是次級資料的一項重大缺點。

3. **資料時效性問題**：次級資料代表先前蒐集資料時的事實資料，在研究當時可能已失去時效。譬如，普查資料常因出版時日拖延多年，許多寶貴的資料待普查報告出版時，早已成爲明日黃花了。

5-2 外部次級資料的來源

外部次級資料的來源很多，主要包括政府機構、同業公會、廣告媒體和代理業、商業研究機構、學術研究機構。

5-2-1 政府機構

政府機構的統計和調查報告非常多，常定期或不定期出版，可提供許多有用的資訊。

(一) 政府統計資料

政府統計資料一般可分爲以下三類：

1. **地理、人口及社會統計**

地理及環境統計

人口統計

勞工統計

住宅統計

教育、科技、文化及大眾傳播統計

衛生統計
司法、公共秩序及安全統計
社會保障及福利統計
其他地理、人口及社會統計

2. **經濟統計**

國民經濟統計
農林漁牧狩獵業統計
工礦業統計
商業貿易統計
運輸、倉儲及通信業統計
財政金融統計
物價統計
其他經濟統計

3. **一般政務及其他統計**

政權行使統計
國務統計
行政統計
立法統計
司法統計
考試統計
監察統計
其他統計

(二) 利用政府統計資料的優缺點

利用政府統計資料有其優點，也有其限制：

1. **優點**：利用政府統計資料的優點主要有五：
   (1) **最新資料**：政府機關經由其行政程序，常能快速取得各項統計數據，並迅速予以編印出版，如許多機關按月或按季出版的月報、速報、季報等，可幫助企業快速取得最新的資料。
   (2) **快速**：現有之政府統計資料，除涉及國家機密外，均編印成冊，或公佈在網站上，對外公開，企業通常可從各機關的統計單位和各大學圖書館、公立圖書館、較具規模的民間圖書館、或從政府機關網站上快速取得所需的政府統計資料。

(3) 經濟：政府的統計資料通常可免費或廉價取得。

(4) 唯一來源：有許多統計資料是政府機關以外的任何研究調查機構和人員所無法獲得的，只有政府機關才能依其職權或業務關係而取得，因此，政府統計報告是企業取得這些資料的唯一來源。

(5) 可靠：政府統計通常由專業機構及專業人員辦理，以減少偏差及錯誤，因此，相對而言，政府的統計資料是相當可靠的。

2. 限制：政府統計資料雖有不少優點，但企業在利用政府統計資料時亦有若干限制：

(1) 資料適合性的問題：政府統計資料的蒐集和編印，有其特定目的，並非為企業管理的目的而蒐集和出版，因此很少能完全滿足個別企業經營管理的需要。譬如，衡量單位不同（如以個人或以家庭、以重量或以件數為衡量單位的不同）、分組定義不同（如年齡的分組不同）等，常影響政府統計對企業的適用性。

(2) 缺少微觀性資料的問題：政府統計資料通常只提供宏觀性或總體性的資料，而企業管理決策經常需要利用一些微觀性或個體性的資料。

5-2-2 政府機構以外的來源

1. 同業公會：許多組織比較健全的同業公會常定期或不定期地出版產業報告或其他出版物，這些同業公會的報告和出版物常可提供該產業的重要資料。

2. 廣告媒體和代理業：若干主要的廣告代理業常定期或不定期地出版有關的市場調查報告；此外報紙、雜誌、電視臺、廣播電臺等廣告媒體也常對其讀者、聽眾及觀眾做些調查工作；這些研究調查報告可提供有價值的資料。

3. 商業研究機構：商業研究機構經常主動或接受委託進行各種研究工作，其研究調查結果的報告也可提供甚多有用的資訊。

4. 學術研究機構：學術機構的研究報告及學術研究機構所出版的有關企業研究論文報告，常可提供有用的資料。

5. 其他機構：外貿推廣機構、金融機構、管理性學術團體和文化事業機構等，也是次級資料的重要來源。

5-3 外部次級資料的搜尋

許多寶貴的次級資料都可從已出版的外部次級資料來源取得。如圖 5-3 所示，企業研究人員可遵循或參考以下步驟，從已出版的外部次級資料來源中找到有關特定議題的次級資料（註 4）：

步驟 1：確認對你的主題你已經知道和你想要知道的事項，包括與主題相關的事實、與主題有關的研究人員或組織的名稱、你已經熟悉的關鍵文章和其他出版品。

步驟 2：發展一份關鍵用詞和名稱的清單。這些用詞和名稱將提供接觸次級資料的途徑。

步驟 3：準備使用網際網路或圖書館。最好先從若干通訊錄和網站等開始搜尋。

1. 確認對你的主題你想要知道和你已經知道的事項
2. 發展關鍵用詞和名稱的清單
3. 找尋論文及（或）報告的若干一般指南、通訊錄和網址
4. 編輯你已找到的文獻。如有需要，重新發展關鍵字和作者的清單
5. 諮詢參考圖書館員
6. 諮詢各種通訊錄指南
7. 確認在這領域的權威人士並諮詢他們

資料來源： Dawn Iacobucci and Gilbert Churchill, Jr., *Marketing Research: Methodological Foundations*, 10th ed. (South-Western, 2010), p.152。

圖 5-3　搜尋已出版之外部次級資料來源的步驟

步驟 4：編輯你已經發現的文獻。這些文獻是否與你的需要有關？或許你已被過多的資訊所淹沒，或許你所發現的幾乎都是無關的。如果是如此，重新列出關鍵字清單，並擴大搜尋多幾年的資料及若干新增來源。在完成此步驟後，你應該對你正搜尋之資訊的性質有一個清楚的概念，並有足夠的背景去利用較專門的來源。

步驟 5：一個非常有用的專門來源是一位參考圖書館員。參考圖書館員是專家，他們知道在圖書館內或在網站上許多關鍵資訊來源的內容，也知道如何以最有效的方法找到這些來源。

步驟 6：如果你還是找不到所要找的資訊，或是你的主題是高度專業化的，那就要去諮詢更一般性的指南，它們是通訊錄的通訊錄。

步驟 7：如果你還不滿意你已經找到的，那就去找一位權威人士，找出可能了解某主題的個人或組織。各種顧問和顧問組織名錄、協會百科全書、或研究機構名錄等應該可幫你找到來源。大學教師、政府官員、企業主管也都是有用的資訊來源。

5-4 外部次級資料的評估

外部次級資料固有不少好處，但有時因研究的目的不同或研究的方法有異而不合需要，我們在採用外部次級資料之前，應仔細評估其品質。

5-4-1 評估的準則

次級資料的品質應依照表 5-1 所列舉的準則做例行性的評估（註 5）：

㈠ 設計說明：用來蒐集資料的方法論

資料蒐集的設計說明（specifications）或方法論（methodology）應審慎予以檢查，以找出可能的偏差來源。有關方法論的考慮事項包括樣本的大小和性質、回應率和品質、問卷設計和執行、現場作業的程序和資料分析與報告程序。這些檢查可以提供有關資料信度和效度的資訊，幫助研究人員決定這些資料可否概化到手上的問題。

表 5-1　評估次級資料的準則

準　則	議　題	說　明
設計說明／方法論	資料蒐集方法 回應率 資料品質 抽樣技術 樣本大小 問卷設計 現場作業 資料分析	資料應該是可信賴的、有效的、可概化到手上的問題
誤差／正確性	檢查在研究途徑、研究設計、抽樣、資料蒐集、資料分析報告上的誤差	比較不同來源的資料來評估正確性
時效性	資料蒐集和出版之間的時間落差	由聯合服務廠商定期更新普查資料
目標	資料爲何蒐集？	目標將決定資料的相關性
性質	重要變數的定義 衡量的單位 使用的類別 查驗的關係	如果可能的話，重新組合資料來增加資料的有用性
可靠性	資料來源的專業知識、可信性、聲譽和可信賴性	資料應從原始來源取得，而非從次級來源取得

資料來源：Naresh Malhotra, *Marketing Research: An Applied Orientation*, 6th ed. (Upper Saddle River, NJ: Pearson Education, 2010), p.134。

㈡ 誤差：資料的正確性

研究人員必須要確定資料對研究目的而言是否夠正確。次級資料會有許多誤差（error）或不正確的來源，包括在研究途徑、研究設計、抽樣、資料蒐集、分析和報告等各階段中的誤差。因爲研究人員並未參與研究，因此對次級資料的正確性難以評估。一種方法是去尋找多種資料來源，然後利用標準的統計程序去做比較。如果從不同來源獲得的資料並不一致，則應做前導性研究或其他適當方法去驗證次級資料的正確性。

㈢ 時效性：資料何時蒐集

次級資料可能不是現時的資料，資料蒐集和出版之間的時間落差可能很長，許多普查資料就是如此。而且，資料可能未經常更新。研究要求時效性，次級資料一旦過時，其價值就減少了。

㈣ 目標：資料蒐集的目的

資料蒐集總有其目標（objective）。資料蒐集的目標最後將決定資訊的相關性和有用性。為某一特定目標而蒐集的資料在另一情境中不一定適用。

㈤ 性質：資料的內容

資料的性質或內容應加以檢查，特別是針對重要變數的定義、衡量的單位、使用的類別和查驗的關係。如果重要變數的意義未予界定，或界定的定義與研究人員的定義不一致，則資料的可用性就有限了。同樣地，次級資料的衡量單位對現有問題可能不合適，分類的方法（如所得的分類）可能與研究需要不同。最後，在評估資料性質時，所要查驗的關係也要考慮，譬如，如果所要研究的是實際的行為，則由自我報告的態度資料推論而得之行為資料的用途可能有限。有時可能需要重新組合已有的資料，如轉變衡量的單位，以使資料對手上的問題更有用。

㈥ 可靠性：資料有多可靠？

資料的整體可靠性可從檢查資料來源的專業知識、可信性、聲譽和可信賴性來獲知。可以查詢曾使用過該資料來源提供之資訊的其他人士來獲得這項資訊。對為促進銷售、推廣特定利益、或為宣傳目的而出版的資料應抱持懷疑的態度，對匿名或有意隱藏資料蒐集方法和過程之細節的出版資料亦應如此看待。也要檢查次級資料是來自自行產生資料的原始來源（original source）或從原始來源購得資料的次級來源（acquired source 或 secondary source）。一般的法則是次級資料應取自原始來源而非次級來源；其理由有二：一是原始來源會說明資料蒐集方法論的細節，一是原始來源可能更正確、更完整。

5-4-2 正確性的評估

在利用次級資料前，應先對其正確性加以評估。

Churchill 曾提出三項評估次級資料正確性的準則：(1) 來源，(2) 出版的目的，(3) 關於品質的一般證據（註 6）。

㈠ 來 源

次級資料可取自次級來源或初級來源（primary source，即「原始來源」）。初級來源是指產生資料的來源，次級來源是指從一初級來源取得資料的來源。在選用次級資料時，應利用初級來源而非次級來源，其理由主要有二：

1. 通常只有初級來源才會說明資料蒐集和分析方法，故研究人員只能從初級來源中尋求品質的一般證據。
2. 初級來源通常較次級來源正確而且完整。轉錄錯誤以及未能附上腳註及其他原文的評論能影響資料的正確性。

㈡ 出版的目的

第二項準則是要看研究的目的。有人指出：「爲了促進銷售、增進個人或商業或其他團體的利益、陳述政黨的理想、或進行任何宣傳等目的而出版者，是令人懷疑的。匿名出版的資料或由被攻擊之組織所出版的資料，或在可能產生爭議的情況下出版的資料、或表現出迫切想企求『坦白』的資料、或爲辯駁其他資料的推論而出版的資料，一般是可疑的。」（註 7）

上述資料並非不能採用，但研究人員在採用這些資料時必須特別審慎，以區別有價值的資料和那些別有用心者提供之受到扭曲的資料。

㈢ 品質的一般證據

證據之一是提供資料之組織的資料蒐集能力。譬如，稅捐稽徵機關比一家獨立的商業研究公司更具有蒐集所得來源的能力。

另外，應注意初級來源是否詳述資料蒐集的作業，包括定義、資料蒐集表格、抽樣方法等。如果初級來源未說明資料蒐集的細節，研究人員要非常小心，因爲這種情形通常表示在研究方法方面有相當缺失。

如果初級來源已提供有關來源蒐集的細節，則研究人員應評估其抽樣計畫、資料蒐集方法、現場作業的品質、問卷設計、資料分析方法等事

表 5-2 次級資料檢查表

1. 這項研究是在何種情況下進行的？
   (1)對所要解決的問題有沒有完整的說明？
   (2)誰資助這項研究？
   (3)什麼組織參與這項研究——他們有何利益？具備什麼資格或條件？有什麼發現？
   (4)何時蒐集資訊？蒐集期間對其前後的期間而言，所具的代表性如何？
   (5)哪一天提出公開報告？
   (6)對不常用的術語所做的解釋是否足夠？
   (7)有無蒐集資料所用的表格及有關資料可供檢查？
   (8)對研究方法說明是否足夠？
2. 研究設計是否適當？
   (1)使用何種的研究設計類型——是一種觀察設計或實驗設計？
   (2)一般的研究設計對所要研究的問題而言是否適當？
   (3)是否蒐集到適當的資訊？這應考慮到受訪者提供有效答案的能力及意願。
   (4)是否蒐集到足夠的資訊？實驗單位是否足夠？對一項調查而言，必須決定樣本大小的足夠性。
   (5)研究設計是否支持所取得的資訊？所取得資訊是否支持此研究所陳述的結論？這引起兩項問題：研究的發現是否支持關於實際被觀察單位所做的陳述，亦即此研究是否具有內部效度（internal validity）？如果有的話，是否能將結論推論到被觀察單位以外的單位？換言之，這項研究是否具有外部效度（external validity）？
3. 是否適當地去執行研究設計？
   (1)資訊蒐集的過程是否令人滿意？
   (2)資料是否適當地予以編輯、編表分析？
   (3)有無原始資料可供檢查？
   (4)有哪些非抽樣偏差（nonsampling bias）可能存在？通常值得去看看目標母體和抽樣的母體是否相同。調查而得的資訊可能會出現無反應偏差（nonresponse bias）。次級資料的使用者應了解各種偏差的來源。
4. 是否已經適當地採用正確的統計工具？
   (1)將標準差的公式應用於經由非機率抽樣設計所取得的資料是極爲常見的毛病。譬如，將信賴區間應用到配額抽樣的發現就沒有什麼意義可言。
   (2)是否將母數方法（parametric procedure）應用到無母數的資料（nonparametric data）？
   (3)樣本的發現是否適當地當做樣本統計或以機率的形式來報告？
   (4)對於不常見的數學或統計運算有沒有加以解釋（至少是在附註中）？
   (5)圖表是否正確地表現事實？有沒有歪曲或渲染真正的發現？

資料來源：B. Schoner and K. Uhl, *Marketing Research*, 2nd ed. (John Wiley & Sons, 1975), pp.179-180。

項，並注意圖表的標示、資料的內部一致性、資料是否支持研究的結論等等，以確認次級資料的品質。

表 5-2 是 Schoner and Uhl 設計的次級資料檢查表，可用來檢查次級資料的可用性。

摘　要

本章介紹次級資料的用途及優缺點、外部次級資料的來源及評估外部次級資料的方法。次級資料是企業內部或外界已有的資料，它具有經濟、快速、唯一來源等利益，研究人員應儘可能加以利用。但次級資料是爲其他目的而蒐集的，不一定能適合特定研究目的的需要，故在利用之前，應先就次級資料的適用性加以檢查，同時也要評估其品質及正確性。

附　註

註 1：Duane Davis, *Business Research for Decision Making*, 6th ed. (Thomson Brooks/Cole, 2005), pp.71-73。

註 2：Naresh Malhotra, *Marketing Research: An Applied Orientation*, 6th ed. (Pearson Education, 2010), p.133。

註 3：T. Kinnear an J. Taylor, *Marketing Research: An Applied Approach*, 5th ed. (New York: McGraw-Hill, 1996), pp.177-178。

註 4：David Stewart and Michael Kamins, *Secondary Research: Information Sources and Methods*, 2nd ed. (Thousand Oaks, CA: Sage Publications, 1993); Dawn Iacobucci and Gilbert Churchill, Jr., *Marketing Research: Methodological Foundations*, 10th ed. (South-Western, 2010), pp.151-153。

註 5：同註 2, pp.133-136。

註 6：Gilbert Churchill, Jr. and Dawn Iacobucci, *Marketing Research: Methodological Foundation,* 9th. ed. (South-Western, 2005), pp.170-172。

註 7：E. Nemmers and J. Myers, *Business Research: Text and Cases* (New York: McGraw-Hill, 1966), p.43。

第六章

訪問法與觀察法

在進行資料蒐集時，首先應儘可能找尋可用之內部和外部次級資料；唯一旦認定沒有可用的次級資料，或已有之次級資料不敷所需時，即應考慮著手蒐集初級資料。在決定著手蒐集初級資料時，首先就要決定蒐集所需資訊的方法。

關於蒐集初級資料的方法，可依在資料蒐集過程中有沒有針對研究事項提出問題而分爲主動法（active data collection）和被動法（passive data collection）這兩種主要方法（註 1）。主動法是利用人員或非人員（如線上調查）的方法去詢問受訪者；被動法是利用人員或非人員的方法去觀察研究事項的特性。前者即一般研究人員所說的訪問法，後者即一般研究人員所說的觀察法。譬如，我們要蒐集有關經理人的領導風格的資料，如果我們要求經理人填答問卷說明他們的領導風格，這就是主動法或訪問法；如果我們觀察經理人在工作環境中的行動，這就是被動法或觀察法。

6-1 訪問法

訪問法，亦稱調查法（survey）或溝通法（communication method），是利用人員訪問、電話訪問、郵寄問卷調查或線上調查等方式蒐集所需要的資料，這是企業研究採用最廣的一種資料蒐集方法。許多企業資訊，諸如人們的知識、意見和意圖，不容易甚至不可能用觀察法或實驗法來蒐集，通常係利用訪問法。

6-1-1 訪問法的優點和限制

(一) 訪問法的優點

訪問法的優點主要有三，即使用範圍廣、快速和便宜、以及可借助電腦輔助詢問。

1. **使用範圍廣**：多面性（versatility）是訪問法的一項主要優點。多面性是指它有蒐集不同類型之初級資料的能力。受訪者的人口統計、社經特性、生活型態、態度和意見、知曉和知識、意圖、行動背後的動機、甚至行爲都可能用訪問法來取得（註 2）。企業研究的每一道問題幾乎都可用訪問法來進行，而且有許多企業研究的問題還只能用訪問法來研究。有關人們的知識、意見、動機和意圖等，通常無法用觀察法取得；有關過去的事件，除非有記錄保存，否則也只能利用訪問法；私人的活動通常也不可能觀察得到。對這許多情境，常可用訪問法取得一些有關的資料。

2. **快速和便宜**：訪問法通常比觀察法快速而且便宜。訪問員較觀察員更能控制他們的資料蒐集活動，因此可減少時間的浪費。譬如，我們想了解人們每週上超級市場的次數，採用觀察法時需要費時甚長，利用訪問法時可能只要幾秒鐘的時間就可獲知。
3. **可借助電腦輔助訪問**：電腦的使用也大幅改變了調查訪問的作業方式。電腦最早是用來協助進行電話訪問，訪問員依照展示在電腦終端機螢幕上的問題向受訪者發問，並直接在鍵盤上輸入受訪者的答覆。這種電腦輔助的電話訪問可降低成本和節省時間，也可以減少訪問員錯誤的機會。由於電腦科技的不斷進步，已使電腦輔助訪問的應用更爲廣泛。

㈡ 訪問法的限制

訪問法雖廣被採用，但它也有若干重大的限制（註 3）：

1. **受訪者不願提供資訊**：在某些情況下，潛在的受訪者可能拒絕接受訪問，或拒絕回答某些問題。人們對有關所得或私人問題常不願作答。
2. **受訪者無力提供資訊**：受訪者即使願意提供資訊，但可能無力提供正確的資訊。譬如，許多動機是潛意識的，受訪者難以提供有用的資訊。受訪者也可能因未能記住事實或從不知道事實，以致無法提供資訊。有時受訪者對記不得或不知道的問題也能回答，這種回答有時是由於誠實的錯誤，有時也可能是爲了取悅訪問員而故意提供似是而非的錯誤回答。
3. **詢問過程的影響**：第三項主要的限制是詢問過程對所獲結果的影響。如果對某一問題的真正答案會損傷到受訪者的自我（ego）或會令人困窘時，有的受訪者可能會製造假的答案。受訪者也常提供他們認爲訪問員會喜歡聽到的答案。有些受訪者還會把訪問當作是消遣訪問員或問卷閱讀者、或使他們驚愕的機會。

6-1-2 訪問法應考慮的問題

在採用訪問法時，應考慮三項主要的問題：

1. 要不要使用結構式問卷（structured questionnaire）？
2. 要不要隱藏研究的目的？
3. 使用哪一種訪問方式？

㈠ 要不要使用結構式問卷

訪問法通常使用結構式的問卷。在結構式的問卷中，問題的內容、用詞和次序是確定的，受訪者通常只要在適當的地方劃上「√」即可。如採用郵寄調查或線上調查方式，固然要準備結構式的問卷，即使是採用人員訪問或電話訪問方式，通常也使用結構式的問卷，因爲結構式問卷的使用可避免或減少訪問員影響調查的機會。如果沒有結構式問卷，則訪問員對於問題的措辭不同，或對於答案的判斷不一，都會影響到調查的結果，減低調查的可靠程度。若有結構式問卷，當可減少這種因爲措辭或判斷不同而影響結果的機會，提高調查的可靠性。同時，因對每一位受訪者都以同樣的順序問同樣的問題，可對訪問過程有最大的控制。這種訪問對訪問員能力的要求也較少。

大規模的調查工作常須利用大量的訪問員，這些訪問員往往散佈各地，基於人力、財力或時間的限制，無法好好加以訓練。在這種情況下，必須使用高度結構式的問卷，以彌補訪問員能力的不足。此外，使用結構式問卷還可簡化資料的整理和編表工作，便於解釋結果。

不過，結構式問卷的使用多少也限制了訪問員所能發揮的作用，使那些能力高強的訪問員不能針對特殊的訪問對象和實際情況，善用他們的技巧和判斷，充分發揮所長，取得更多更有用的資料。

在不使用結構式問卷的情況下，對訪問員的能力依賴甚大，故對訪問員的甄選和訓練極爲重要。不使用結構式問卷時所費的訪問時間通常較長，往往長達一小時以上，訪問時間一長，一方面難以獲得受訪者的合作，一方面增加訪問的單位成本，如受預算的限制，常常只能利用較小的樣本。此外，因爲沒有一份一致的問卷，對於結果的解釋必須依靠研究人員的主觀判斷，不僅困難，而且難做比較。

㈡ 要不要隱藏研究的目的？

在進行企業研究向人們蒐集企業資訊時，有時我們可以直截了當地向受訪者說明研究的目的，甚至讓他們知道委託這項研究的公司行號或機構。但在某些情況下，如果讓受訪者知道研究的目的以及誰想蒐集這些企業資訊，則可能影響受訪者的合作態度和答案的內容，因此，必須隱藏研究的真正目的，並將委託或主辦研究的公司或機構加以適當的僞裝。

人們對於有關他們自己的態度和動機的問題，常常不願意提供正確的回答。在這種情況下，有時必須隱藏研究的目的，利用各種巧妙的技術，旁敲側擊，才能取得那些隱藏在受訪者心中的秘密。如果將研究的目的直截了當地告知，或間接地暗示給受訪者，恐將難以獲知人們真正的態度和動機，因此，研究人員有時會隱藏研究的目的。

㈢ 四種訪問型態

根據是否使用結構式問卷和是否隱藏研究目的這兩種特性，我們可將訪問法分成：(1) 結構-直接訪問（structured-direct interviews），(2) 非結構-直接訪問（unstructured-direct interviews），(3) 結構-間接訪問（structured-indirect interviews），與(4) 非結構-間接訪問（unstructured-indirect interviews）等四種訪問型態（註 4）。

1. 結構-直接訪問

在這種訪問型態下，訪問人員利用正式的結構式問卷，不隱藏研究目的，直接向受訪者按問卷上的問題一一詢問，或將問卷郵寄給受訪者，或用網路傳給受訪者。由於所有的問題都在事前訂定，因此訪問員可以有次序的進行詢問；問題的用語可小心選用，以減少誤解和影響回答的可能性。

結構-直接訪問型態，具備有上述使用結構式問卷和明示研究目的的那些優點，主要的缺點是對有關私人隱私和動機因素的問題較難獲得無偏差而完整的答案。

2. 非結構-直接訪問

在這種訪問型態下，研究人員只提供給訪問員有關所要蒐集之資訊類型的一般性指示，並未準備一份正式的問卷。然後允許訪問員不用隱藏研究目的，直接向受訪者進行訪問，訪問員可視受訪者的反應隨機應變，自由使用適當的用語和次序。

在探索性研究中，經常使用這種非結構-直接的訪問；爲了要取得有關人們動機的資訊，這種訪問型態也很有用。深度訪問法（depth interview）就是這種型態的訪問，它常用來發掘人們內心的動機和想法。

3. 結構-間接訪問

在結構-間接訪問型態下，研究人員設計一份隱藏研究目的的結構式問卷，讓訪問員按照問卷的次序和用語去向受訪者進行訪問，或將這份結構式的問卷郵寄給受訪者填答。

4. 非結構-間接訪問

非結構-間接訪問也是一種隱藏研究目的的訪問，它與結構-間接訪問唯一不相同之處是後者有一份結構式問卷，而前者則無。

間接訪問通常不是完全的結構式訪問，也不是完全的非結構式訪問。大部分的間接訪問至少是部分結構式的，訪問員通常都使用一些事先設計好的一組字彙、一些句子、一張或幾張漫畫或圖片等等，不過訪問員爲了取得充分的資料，通常在訪問過程中擁有相當大的自由。焦點團體訪問（focus-group interviews）就是一種廣被採用的間接訪問；主持人不用結構式的問答方法向一群（理想上是八至十二人）受訪者蒐集資訊。

圖 6-2 是決定採用哪一種訪問型態的流程圖。從圖中可知：只有受訪者和訪問員對所要尋求的資訊有共同的了解，而且受訪者能夠提供、也願意提供所需的答案時，才可採用結構-直接訪問；否則就須考慮採用其他的訪問型態。

(四) 使用何種訪問方式？

訪問的方式主要有四種：(1) 人員訪問（personal interview），(2) 電話訪問（telephone interview），(3) 郵寄問卷調查（mail survey），(4) 線上調查（Internet survey）。人員訪問是派出訪問員直接訪問受訪者，當面詢問問題蒐集資訊；電話訪問則利用電話向受訪者詢問以取得資訊；郵寄問卷調查是將問卷郵寄或用其他方法（如面交、轉交或附在雜誌報紙及產品上）送給受訪者，請他們答卷後寄回；線上調查則將問卷貼在網站上，讓受訪者利用網際網路直接填答後傳回問卷。以上這四種訪問方式都各有利弊。究竟採用哪一種方式，應視實際情況而定。

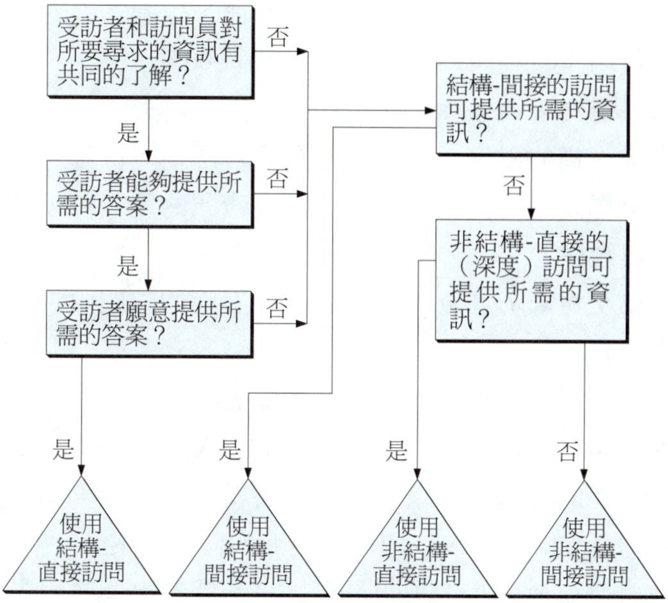

圖 6-2　決定訪問型態的流程

資料來源： D. Tull and D. Hawkins, *Marketing Research: Measurement & Method*, 5th ed. (New York: Macmillan Publishing, 1990), p.41。

6-1-3　各種訪問方式的優缺點

㈠ 人員訪問的優缺點

1. **人員訪問的優點**：人員訪問是企業研究中使用最廣的一種訪問方式，也是單位訪問成本最高的方式。人員訪問方式具有以下的優點：

   (1) **彈性**：人員訪問是所有資料蒐集法中最具彈性的方法。經由面對面的交談，訪問員可利用各種不同的訪問技巧。訪問的問題可能是非結構化的，或訪問員可能把問卷交給受訪者填答，或者是留下問卷，請受訪者填答後郵寄回來。訪問員也可借助於各種儀器或道具，或使用各種視覺輔助器材。

   (2) **可蒐集最多的資訊**：人員訪問所花的時間可能比其他方式長，訪問時間超過一個小時是很平常的，因此可以蒐集到最多且深入的資訊。

   (3) **回應率較高**：人員訪問的回應率（response rate）是比較高的，因爲它具有相當高的動機作用，而且訪問員對於訪問之時間及次數，具有完全的控制力量。一般而言，經過一次的原始訪問和二次的重訪（call-backs），回應率可達 60% 以上。

(4) **易取得受訪者的合作**：訪問員可以出示身分證件、印好的問卷以及專業人員的風度，以證實訪問的合法性，也可向不願接受訪問的人解釋調查的目的及取得受訪者資訊的重要性，以取得受訪者信賴與合作。

(5) **可確認受訪者的身分**：訪問員在面對面的訪問中，可以確認受訪者的身分。

(6) **易取得正確和完整的資訊**：如果受訪者不了解某些問題或用語，訪問員可加以解釋，以取得正確的答覆，但應小心為之，以免改變了問題的意義。如果受訪者的答覆不完整或含糊不清，訪問員可做進一步的探問，以取得完整而明確的答案。

(7) **可控制問題的順序**：訪問員可以按照問卷上問題的先後順序逐一加以詢問，可以完全控制問題的順序，避免發生序列偏差（sequence bias）。同時，訪問員除了向受訪者進行訪問外，也可以輔之以觀察，如他的居家擺設或面部表情等，可幫助驗證受訪者是否提供可靠的資訊。

(8) **受訪者的假定條件最少**：人員訪問對受訪者的假定條件最少。譬如，人員訪問不必像郵寄問卷調查時必須假定受訪者識字，也不必像電話訪問時必須假定受訪者有電話。

(9) **可訴諸受訪者的合作動機**：人員訪問是否成功，須視受訪者合作的程度而定，而訪問員在現場訪問對於促使受訪者合作是有作用的。促使受訪者合作的動機有三種：第一，利他主義（altruism），即幫助他人的欲望；第二，情緒的滿足（emotional satisfaction），即獲得表達本身意見的機會；第三，智慧的滿足（intellectual satisfaction），即跟別人討論有興趣的問題所獲得的滿足（註 5）。也有人使用內在及外在的動機來說明，前者是指受訪者在合作時認為表達自己的意見可以影響別人而得到的滿足，後者是指受訪者可與他人討論有興趣的主題的機會（註 6）。受訪者合作動機的強弱，可由合作率表現出來。

(10) **可探問複雜的答案**：人員訪問有機會利用探問（probing）進行追蹤。如果受訪者的答覆太簡略或不清楚，研究人員可運用探問方法要求提供較完整或較清楚的說明（註 7）。

2. **人員訪問的缺點**：人員訪問雖有上述的許多優點，但亦有不少的缺點或限制：

(1) **單位成本最高**：人員訪問比其他資料蒐集方式花錢，單位成本通常比郵寄調查、電話訪問和網路調查為高。

(2) **訪問控制困難**：訪問員係單槍匹馬在各地進行訪問，因此要控制訪問員不僅費錢，而且困難。

(3) **訪問員的影響**：有證據指出訪問員的人口統計特性會影響受訪者的答案。不同的訪問員技巧可能會是一種偏差的來源，改變問題的措辭、訪問員的音調和外表，都可能影響受訪者的回答（註 8）。

(4) **無法匿名**：受訪者對於不為社會所接受的行為，常不欲為他人知道，如採用郵寄調查，填答人可產生心理的匿名，而人員訪問因係面對面的訪問，就沒有心理匿名的作用了。

(5) **快速反應易生偏差**：訪問員出現於受訪者面前，對每一道問題受訪者皆須儘速回答，因此較沒時間做深入及詳細的考慮，且容易產生記憶錯誤的偏差。

(6) **排程的要求**：人員訪問的時間應配合受訪者的方便，須做事先的規劃，因此具有最長及最複雜的排程要求。一旦訪問開始，還必須嚴密監督訪問員是否依進度表進行，以免拖延時日而增加成本。

(7) **完成速度最慢**：完成人員訪問所需要的時間最長，完成的速度最慢，這主要是由於排程的要求較長所致。

(二) 電話訪問的優缺點

1. **電話訪問的優點**：電話訪問比其他的訪問方式（如人員訪問、郵寄調查等）有幾項優點（註 9）：

(1) **經濟**：電話訪問比人員訪問省錢，電話訪問可以省掉旅途時間和住宿等差旅費用。雖然有時電話費用亦相當可觀，但通常比人員訪問之費用節省。

(2) **快速和效率**：電話訪問所花費的時間較節省，效率也較高。在有限的時間內，電話訪問能完成較多的訪問。

(3) **特殊樣本的普遍性**：雖然電話訪問方法未能完全包括所有的社會大眾，但是有許多群體的人幾乎全都有電話，譬如，醫生、律師、汽車經銷商、電器行以及其他專業人員，他們幾乎已百分之百擁有電話，分類的電話簿已提供充分完整的樣本來源。某些研究對象僅限於少數幾類樣本的研究，電話訪問提供了有效的方式。

(4) **可以接觸到那些「不易接觸」的人**：人員訪問或是挨戶訪問的方式偶爾會被認為是推銷員而拒絕接受訪問；同樣地，訪問員去訪問大門常鎖的公寓住戶時，也往往會吃閉門羹。電話訪問則可以有較大的機會去接觸到這些不易接觸的人。

(5) **接受訪問的機會較大**：通常電話比按門鈴或其他直接的方式更能引起受訪者的注意。假若人們在家，他們總會去接電話，但是他們不見得會開門讓訪問員進入屋內接受訪問。訪問企業人士亦有相同的情況。

(6) **訪問結果受到訪問員的影響較少**：電話訪問中可能影響受訪者的僅有聲音而已，至於訪問員的衣著、個人特徵、獨特風格等等都不會造成影響。一般說來，電話訪問所產生的偏差較人員訪問為少。

(7) **易獲得坦誠的答案**：電話訪問較能獲得誠實的資料。有某些問題在面對面人員訪問時，往往無法獲取真實客觀的答案。譬如，有研究指出在電話訪問中，婦女較易招認喝酒。

(8) **隱密性**：郵寄問卷可能公開給家庭中的每一份子，假若你所希望的是完全個人的看法，你很難保證此份問卷是否已被多人檢查過，甚至是多人的傑作。而且你也無法保證太太不會去填答指定要給丈夫填答的問卷。

至於人員訪問，也常會碰到所欲訪問的人有親友在場，此時進行訪問，受訪者往往對較隱密性的問題拒不作答，或不誠實回答。電話訪問則較為隱密，儘管有親友在場，受訪者較敢也較容易回答一些個人觀念的問題。

(9) **控制**：電話訪問可以給予任何程度的控制，譬如，可讓訪問員自己選擇樣本、不受監督以及允許他們依自己方便的時間在他們自己家中打電話訪問。另一極端的控制方式是集中在一辦公室中進行訪問，同時給予預先準備好的樣本，並由監督人員在旁監聽。其實，對受訪者而言，這兩種方式均沒有差異。

(10) **完全自動化操作**：電話訪問可以電腦來操作。問卷內容被錄成音帶，受訪者被要求撥「1」表示同意的答案，撥「2」表示反對的答案等等。

2. **電話訪問的缺點**：電話訪問雖然有以上的優點，但在實用上仍然遭到許多的限制。這些限制大部分可以補救或消除，有些限制是其他方法也同樣有的。電話訪問有以下七項限制（註 10）：

(1) **不完全的母體**：由於並非每一個人都有電話，如果以電話簿爲抽樣基礎，所獲得的樣本並不具完全代表性。

利用電話訪問時，若某地區的電話普及率過低，可爲該地區單獨採取人員訪問方式。另外一種方法是由其他來源獲取全部母體的名單，抽樣後對有電話的採用電話訪問，沒有電話的樣本則採人員訪問。

雖然有許多的方法可以修正或補救電話訪問的抽樣偏差，但最常見的作法是以電話擁有者作爲母體，在報告中標明研究結果係以電話擁有者樣本爲基礎。

(2) **有的電話號碼沒有列在電話簿上**：主要是爲了避免不必要的打擾，有的人拒絕在電話簿中列出自己的電話號碼。採用電話訪問方式，這種人就無法訪問得到。

電話號碼未列在電話簿上的原因很多，包括（註 11）：

(a) 應電話用戶的要求，不將該用戶的電話號碼列入電話簿中。

(b) 該用戶係新遷入當地的居民，他們的名字與電話號碼要等到下一期的電話簿出版時才會印上。

(c) 該用戶最近曾遷居，改變了其所屬的電話交換區域。

(d) 因電話公司之疏忽或作業錯誤而未將某些用戶的電話號碼列在電話簿上。

(3) **電話簿過時**：由於常常有新的電話號碼出現，電話簿的涵蓋面並不完整。

(4) **難使用訪問的道具**：某些企業研究的調查必須有包裝、產品或示範品輔助說明，某些特殊的調查不使用電話訪問方式，主要就是這項原因。但有時可以利用替代的道具，或將產品或目錄等先寄達給受訪者，然後再進行電話訪問。

(5) **訪問時間**：電話訪問的時間無法像人員訪問時間那樣長。以往大家認爲電話訪問的時間要很短，否則受訪者會不耐煩而掛斷電話。但是進行 25 或 30 分鐘、問題多達 60 題的電話訪問已是司空見慣的事，關鍵在於問卷內容是否有趣或能引起受訪者興趣。電話訪問比人員訪問更需要有趣的問題。

(6) **獲得的意見較短**：開放性問題若採電話訪問，則所獲得的意見無法像人員訪問時所獲得的那樣詳細。由於電話訪問時，時間短促，受訪者又無法看到訪問員的記錄工作，因此訪問員可能會在匆忙中用較少的字來摘記受訪者的意見。

(7) **其他的限制**：電話訪問時無法獲取可觀察的資料，譬如，年齡、身體狀況、衣著、社會經濟地位、住家型態等等，甚至於受訪者的性別有時亦難以單憑聲音辨別。另外，電話訪問亦無法獲得行為上的暗示，譬如，談話姿勢、態度、表情等。

㈢ 郵寄問卷調查的優缺點

1. **郵寄問卷調查的優點**：郵寄問卷調查有下列優點（註 12）：

(1) **可做全國性的調查**：郵差可以毫無困難地將信件送至全國的任何一處角落，因此用不著去尋求具有代表性的城市或鄉鎮，可做較大地區之調查。

(2) **分佈偏差較少**：郵寄問卷調查並不會對某一鄰里、家庭或個人有所偏好，而這正是人員訪問所面臨的困難之一。再者，郵寄問卷調查可以避免找不到人。

(3) **沒有訪問員偏差**（interviewer bias）：郵寄問卷調查並不須任何訪問員的參與，不受訪問員的影響，故無訪問員偏差存在。同時，可以匿名回答，個人隱私不致為人知道，說假話的程度可以減少。

(4) **較能提供深思熟慮的答案**：受測者可以自由填寫，不受時間限制，也不受旁人干擾，因此較可能提供經過思考的答案。

(5) **省時**：郵寄調查比人員訪問省時，所調查的地區愈遼闊時，所節省的時間愈顯著。

(6) **集中控制**（centralized control）：可在一間辦公室中進行郵寄調查，控制各項作業。

(7) **節省成本**：郵寄問卷調查比人員訪問省錢，用少量的經費，就可以調查大量樣本。

2. **郵寄問卷調查的缺點**：郵寄問卷調查有許多的長處，許多大規模調查，多利用這種方式。不過，郵寄問卷調查也有許多限制，不能不加以考慮。郵寄問卷調查有下列缺點（註 13）：

(1) 有用的郵寄名冊，有時候無法獲得，因而無法利用郵寄問卷調查。
(2) 有些研究的主題或性質，可能須借助於某些訓練有素的訪問員始能完成。如有關於心理動機之研究，可能須借助心理學家去訪問受訪者。
(3) 問卷如果太長的話，很容易遭收件者（即受訪者）丟棄，因而降低回件率。
(4) 問卷內容如果太難作答、需要請教他人、太費時或複雜的話，可能不宜利用郵寄問卷調查。
(5) 所欲蒐集的資訊可能具有機密性質，此時郵寄問卷調查將遭遇困難。
(6) 有時候可利用之時間不足以從事郵寄問卷調查，例如研究者須於四十八小時內蒐集到資料，則郵寄問卷調查將不可行。
(7) 收回來的某些問卷是別人代填的，譬如，妻子代先生填答、秘書代主管填答。

進行郵寄問卷調查時一定先要有郵寄名單（mailing list）。對於取得之名單，不僅應有公司或機構的名稱及頭銜，還應有個人的名字，因爲郵寄給某一特定的個人時，回收率會較高。

名單可能會有構架偏差（frame bias）存在，應儘量予以避免；某些可能之偏差包括（註 14）：

(1) 名單中可能包括有不應屬於研究調查對象的人，或名單中應包括某些人但卻被遺漏。
(2) 名單可能太舊，不可靠。
(3) 名單中的全部或部分可能已被用爲調查、銷售或推廣之用，而這些調查、銷售或推廣工作可能會對目前的研究造成偏差。
(4) 名單中可能有姓名重複的部分。

在正式進行大規模的郵寄調查以前，應先進行預試（pretest 或 pilot study），預試的目的很多，諸如測定郵寄名單之品質、檢查問卷回件率、衡量能產生高回件率之各種方法的相對效能，也可測定事前通知、獎勵及各種追蹤技術之效果。預試也能發現問卷用語所造成之偏差而加以改進，並可檢查或修正調查成本的估計。

電子郵件（e-mail）日益普及，可用來處理問卷的分送、答覆和回收，以取代傳統的郵寄問卷調查。電子郵件調查有下列優點（註 15）：

(1) 發送電子郵件比一般郵件快速，問卷可在幾秒鐘內發出。

(2) 答覆和回饋較快速。
(3) 比一般郵寄問卷調查便宜。
(4) 沒有居間人——電子郵件的訊息通常只由收件人閱讀。
(5) 非同時的溝通。訊息可在使用者方便的時間送出、閱讀和答覆。

(四) 線上調查的優缺點

隨著網際網路的日益普及，線上調查（亦稱**網路調查**）的應用已愈來愈普遍。透過網際網路進行線上調查，有其優點與缺點（註 16）：

1. **速度和成本效益**：網路調查允許研究者可快速且具成本效益地去接觸大量的閱聽者（可能是全球的閱聽者）、提供個人化的訊息和取得保密的答案。這些電腦對電腦的問卷可消除紙張、郵資和資訊輸入的成本以及其他行政成本。網路問卷一旦完成，則接觸新增受訪者所增加的成本微不足道，因此，樣本可以比較大。即使樣本較大，調查也可在一週內或更短的時間內完成。
2. **視覺吸引力和互動**：在網路上做調查是能夠互動的。研究人員可根據受訪者先前的答案使用較複雜的線條。許多這種互動的調查使用顏色、聲音和漫畫，以提升受訪者的合作和花時間回答問卷的意願。對於視覺材料（如產品原型的照片、廣告、電影預告片等）的展示，網際網路是一種非常好的媒介。
3. **受訪者參與和合作**：由於電腦使用者有意操縱展示問題的特定網站，可達到受訪者參與的目的。許多網路調查最初是用電子郵件去接觸和邀請受訪者參加網路調查。網站上會有一個歡迎螢幕（welcome screen），歡迎螢幕有如郵寄調查中的面函一樣，是取得受訪者合作和提供簡短指令的一種工具。歡迎螢幕可能會提到**如果你對這項調查有任何問題，或如果你遭遇到任何技術上的困難，請聯絡（研究組織的名稱）**。
4. **代表性的樣本**：如果樣本只是那些訪問某一網頁並自動填答問卷的人，則樣本不可能代表母體。網路調查的一項主要缺點是母體中的許多人不能接近網際網路，而且所有能接近網際網路的人並沒有相同的技術水準。許多人只能用低速的網路連接（低頻寬），不能快速下載高解析度的圖形檔；有些人只具備最起碼的電腦技巧，他們可能不知道如何填答網際網路問卷。由於網路調查能在任何時間從任何地方去填答，因此研究人員能夠去接觸某些難以接觸的受訪者，如醫生。

5. **正確的即時資料取得**：網路調查具有電腦對電腦性質，使每一位受訪者的答案都能在問卷送回的同時立即直接進入研究人員的電腦中。此外，問卷的軟體設計可以拒絕不適當的資料進入。因此，問卷的蒐集是比較正確的。即時（real-time）的資料取得也允許即時的資料分析。
6. **再度告知**：當網路調查的樣本是從一消費者固定樣本中抽選時，很容易再去接觸那些未完成調查問卷的那些人。電腦軟體很容易就可自動送出提醒的電子郵件給那些未訪問歡迎網頁的人；電腦軟體也能找出只完成部分問卷的受訪者的密碼，並送給他們客製化的訊息：有時電子郵件還會提供誘因，鼓勵未完成問卷者把問卷填答完成。
7. **個人化和彈性的問題**：軟體可根據受訪者對過濾性問題的答覆，自動將問題分成兩個或以上的路線。受訪者直接和網站上的軟體進行互動，電腦軟體可依受訪者先前的答覆來依序問問題。
8. **受訪者匿名**：如能匿名，受訪者較可能去提供敏感或令人困窘的資訊。網路的匿名鼓勵受訪者對敏感的問題提供誠實的答案。
9. **回應率**：事先通知、前面一些有趣的問題、其他提高郵寄問卷回件率的各種技術、以及事後追蹤，都可用來提高網路調查的回應率。
10. **安全顧慮**：許多組織擔心駭客（hackers）或競爭者可能會侵入網站，用以發現新產品概念、新的廣告運動、和其他高度機密的創意。受訪者可能會擔心個人資訊的保密問題。沒有一套系統是 100% 安全的，但許多專精於網路調查的研究機構已開發出密碼保護的系統，它們是非常安全的。

線上調查的媒介

線上調查的媒介主要有電子郵件（e-mail）、電子佈告欄（bulletin board system，BBS）、新聞群組（news group）和全球資訊網（world wide web，www）等四種。

1. **電子郵件**：將問卷透過電子郵件寄到樣本單位的電子郵件地址，受訪者在填答完成後直接傳回研究者。
2. **電子佈告欄**：研究者可依調查主題選擇不同的電子佈告欄，將問卷貼在其討論區中，受訪者在填完問卷後再將問卷傳回。研究者如能事先取得電子佈告欄系統使用者的身分識別，也可先抽選出使用者樣本，再將問卷傳給這些抽選出的使用者，請他們填完問卷後傳回。

3. **新聞群組**：將問卷刊登在網路論壇的討論區上，讓在討論區的使用者填答問卷後，利用電子郵件將問卷傳回。
4. **全球資訊網**：上述三種媒介大都以純文字的形式將問卷呈現在受訪者面前，而利用全球資訊網時則是以圖形使用者介面（graphic user interface，GUI）來呈現問卷，以超文本標籤語言（hypertext markup language）撰寫問卷，放置在研究者架設的網路伺服器上，並配合CGI（common gateway interface）或 ASP（active server page）等網頁程式技巧來收回受訪者填答完成之問卷。由於使用跨平台的圖形介面，受訪者不需太多的電腦技巧就能輕鬆使用點選方式來填答問卷；問卷內容可隨受訪者填具的答案而調整，讓受訪者不會看到與自身無關的題目可降低受訪者的困惑；問卷資料回收後還可直接利用電腦進行編碼和統計工作，節省時間與人力，減少可能的錯誤。

6-1-4 四種訪問方式的比較

人員訪問、郵寄調查、電話訪問和線上調查這四種訪問方式都各有其優點和限制，以下就 (1) 成本，(2) 彈性，(3) 資訊的數量，(4) 資訊的正確性，(5) 無回應率，(6) 速度等項目加以比較。

㈠ 成　本

一般說來，人員訪問的成本最高，郵寄問卷調查的費用遠較人員訪問為低；電話訪問如不利用長途電話，成本甚低，如需使用長途電話，耗費較高；線上調查可以減少郵資、紙張、訪問費用、電話費等成本，單位成本通常亦較低。

㈡ 彈　性

人員訪問的成本雖高，但幾乎可應用到所有適用訪問法的研究項目，是彈性最大的一種訪問方式。電話訪問只能訪問那些有電話的人，郵寄調查需要有郵寄地址才行，線上調查只能接觸那些有電腦及會操作電腦的人，人員訪問不受這些控制。

在訪問過程中，人員訪問、電話訪問和線上調查可視受訪者的反應而調整或修改問題的內容或順序，對不清楚或不完全的回答可以打破沙鍋問到底；若受訪者的答覆有彼此矛盾之處，也可當場或透過電子郵件追根究底問個清楚。郵寄問卷調查就缺少這些變通性，一旦問卷寄出，只能希望早日收到回件，無法在中途改變問卷。

㈢ 資訊的數量

人員訪問通常可獲得較多的資訊，因爲人們比較不容易在面對面時中止訪問的進行，而且訪問員能夠善用其經驗和技巧，提出較多的問題，取得較多的資訊。電話訪問、郵寄調查和線上調查的問卷通常必須簡短才易獲得受訪者的合作，如果太長或太複雜的話，受訪者可隨時使訪問中斷或停止塡答問卷。

較長的問卷最好利用人員訪問，其次是利用郵寄調查和線上調查，不得已才用電話訪問。電話訪問的時間不宜過長，譬如，美國密西根大學調查研究中心進行電話訪問的時間是以 11 分鐘爲限，而其人員訪問的時間可長達 60 到 75 分鐘。

有些問卷必須借助於圖片的說明或道具的使用，甚至要展示真實的產品，在這種情況下，人員訪問自爲最理想的方式。此外，人員訪問還可在訪問時附帶觀察一些事項，諸如受訪者的年齡、家庭狀況、使用的產品及品牌等等，以證實受訪者的答覆。

㈣ 資訊的正確性

一般認爲人員訪問能夠獲得較正確之資訊，但這得看訪問員的經驗和能力如何而定，不可一概而論。一位高明的訪問員能夠察顏觀色隨機應變，所蒐集的資訊自較正確。不過，一般的訪問員素質不一，能力高強的固然也有，但濫竽充數的也不能說沒有，他們大多缺乏足夠的訓練和經驗，在訪問過程中又疏於監督，因此所蒐集的資訊是否有高度的正確性，不無疑問。電話訪問和人員訪問，兩者就資訊的正確性而言，有甚多相似之處，唯在電話訪問中，常會得到不確定的答覆，因爲人們往往不太願意在電話中回答那些有關私人的問題，如所得、購買計畫等等。

利用郵寄調查時，受訪者可能在看過後面的問題後，再回過頭來修改前面問題的答案，發生所謂的序列偏差。如果問題的先後順序與研究的目的有關，自會影響到資訊的正確性。受訪者也可能在回答問卷之前，先和朋友、同事或家人一起討論問卷中的問題，或翻閱資料，或詳加考慮，然後下筆答卷。若所要的資訊是受訪者的直覺或反應或是他自己的態度和意見，則受訪者經過深思熟慮或詳加討論後提供的答案自不合所需。但如所需的資訊不是受訪者可以馬上提供，而是要查閱檔案並加整理才能提供者，如商店的銷售量及收入支出等資料，郵寄調查不失爲一可行的方式。此外，對一些令人難以作答的問題，如有關夫婦生活的問題也以利用郵寄問卷調查爲宜。

有時，對某些事件的資訊應在事件發生的同時加以蒐集，以減少因記憶喪失而發生的誤差，此時利用人員訪問及電話訪問方式，常能蒐集到比較正確的資訊。譬如，要知道人們收聽某一電臺或收看某一電視節目的情形，電話訪問是較適宜的一種訪問方式。又在人員訪問及電話訪問時，訪問員以及受訪者之間可能互相影響交互作用，從而影響資訊的正確性，這種互動作用的不良效果以人員訪問方式最爲嚴重。

利用線上調查時，電腦軟體可自動拒絕不正確或不適當的資料進入研究人員的電腦中，資料是比較正確的。此外，研究人員也可即時取得資料。

㈤ 無回應率

郵寄調查的無回應率（即不回件率）通常較其他訪問方式爲高。回件率的高低主要受問卷的內容、問卷的設計及各種非研究人員所能控制的環境因素的影響。人員訪問的無回應偏差情形（訪問對象不在家及拒絕接受訪問）也不可忽視。

電話訪問也會遭到訪問對象不在家及拒絕接受訪問的情形，但比例可能比人員訪問方式爲低。受訪者或許不會讓一名陌生人登門造訪，但總是會去接聽電話。郵寄問卷調查雖不會遭到訪問對象不在家或不應門的問題，但不回件率常常較高。

線上調查如果是從消費者固定樣本中抽選樣本單位時，則其電腦軟體可容易地找出未回件的人，並可自動提醒他們儘速填答並傳回問卷，因此通常可使無回應率降至最低。

㈥ 速　度

如以速度論，線上調查全年無休，因此可非常快速地去接觸到大量的受訪者，是四種訪問方式中最快的一種。電話訪問的速度也很快，如問卷不長，以五分鐘完成一次訪問計算，一名訪問員在一小時就可完成十二次訪問。郵寄調查最爲費時，通常需要在問卷寄出二週後才能收到大部分的回件，如果二週後又再寄出一封追蹤函件給那些未回件的人，就得再等二週，等回件收齊，常費時甚久，因此如時間緊迫，不宜採用。但郵寄調查有一個好處，即不論樣本大小，所費的時間大致一樣，不像人員訪問及電話訪問那樣，樣本愈大，所費的時間愈長，如要縮短完成訪問所有樣本單位的時間，必須增加訪問員。

茲將上述四種訪問方式在成本、彈性、資訊的數量及正確性、無回應率、速度等各方面的比較結果，表列於表 6-1。

表 6-1　四種主要訪問方式的比較

項　目	郵寄調查	電話訪問	人員訪問	線上調查
(1) 單位成本	較低	如利用長途電話，耗費較高	最高	較低
(2) 彈　性	須有郵寄地址	只能訪問有電話的人	最具彈性	須有電腦和會操作電腦
(3) 資訊的數量	問卷不宜太長	訪問時間不宜太長	可蒐集到最多的資訊	問卷不宜太長
(4) 資訊的正確性	通常較低	通常較低	通常較正確（視訪問員素質而定）	通常可取得正確的即時資訊
(5) 無回應率	最高	較低	較低	電腦軟體可使無回應率降至最低
(6) 速度	費時最久	非常快速	如地區遼闊或樣本大，也很費時	非常快速

以上已就人員訪問、電話訪問、郵寄調查及線上調查等四種訪問方式的優缺點分別加以比較。各種方式都有比較適用的場合，在選擇時應就所需資訊的數量和正確程度以及成本、速度等因素加以比較，求取適當平衡，俾能在特定時間的限度內，以適當的成本，取得足夠且正確的資訊。

6-1-5　訪問法的可能誤差

各種方式的訪問法都有可能發生誤差，從而影響所蒐集之資料的正確性。如圖 6-1 所示，訪問法的誤差有兩種主要的來源：隨機抽樣誤差（random sampling error）與系統性誤差（systematic error）（註 17）。

㈠ 隨機抽樣誤差

大多數的訪問法都想要取得對一特定目標母體（target population）有代表性的資料。但在抽樣過程中，即使是採用適當的隨機機率抽樣，還是會因爲所選樣本單位的機會變動（chance variation）而發生統計上的誤差。除非樣本很大（＞ 400），否則這些統計上的問題是無可避免的。不過，隨機抽樣誤差的範圍是可以加以估計的。

㈡ 系統性誤差

系統性誤差，又稱爲非抽樣誤差（nonsampling errors），來自於研究設計的不完美或研究執行中的錯誤。系統性誤差可分爲受訪者誤差（respondent error）和執行誤差（administrative error）。

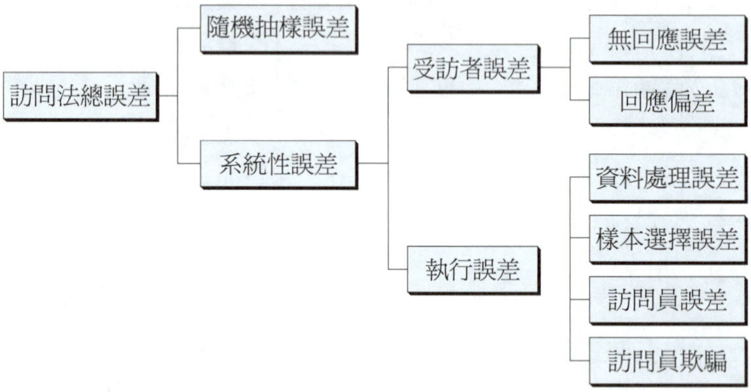

圖 6-1　訪問法誤差的來源

1. **受訪者誤差**：訪問法要求受訪者提供真實的答案，如果受訪者不合作，受訪者誤差就產生了。受訪者誤差包括無回應誤差（nonresponse error）和回應偏差（response bias）。
   (1) **無回應誤差**：訪問法極少能獲得 100% 的回應率或回件率。一項只包括有回應之受訪者的調查和一個包括所有有回應和無回應之受訪者的調查，兩者間的統計差異就是無回應誤差。在郵寄調查和線上調查中，此一問題特別嚴重，但無回應一樣會威脅到電話和面對面的訪問。
   (2) **回應偏差**：受訪者傾向於提供具個人特別觀點的答覆時，就會發生回應偏差。受訪者可能故意或非故意地提供虛假或不符事實的答案，因而造成回應偏差。

2. **執行誤差**：執行誤差是不適當地執行研究工作的結果，包括下列四種型態：

(1) 資料處理誤差（data-processing error）：資料由人編輯、編碼和輸入電腦時可能發生錯誤，要在資料處理的每一道步驟都建立小心查核的程序，才能儘可能減少這種誤差。

(2) 樣本選擇誤差（sample selection error）：由於樣本設計或執行抽樣過程中的錯誤導致樣本沒有代表性，此即樣本選擇誤差。

(3) 訪問員誤差（interviewer error）：訪問員勾錯答案、不能逐字記錄答案、或因選擇性知覺而錯誤記錄不合訪問員自己的態度和意見的資料，皆會造成訪問員誤差。

(4) 訪問員欺騙（interviewer cheating）：訪問員通常係按件計酬，有些訪問員會自行造假塡答整份問卷、有意漏問某些問題、避免去問敏感的題目、或儘快結束訪問。

6-2 觀察法

觀察法是對人們、事物及發生的事件進行觀測。觀察法與訪問法不同，後者係向受訪者提出問題取得資訊，前者則從觀察受測者（被觀察者）的行爲而取得資訊。譬如，要知道受訪者收看哪些電視節目，如利用訪問法，可用各種訪問方式提出詢問獲得答案；若採用觀察法，則用各種觀察方法觀測他收看電視節目的情形。

6-2-1 觀察法的性質

㈠ 可觀察的現象

許多有關人們行爲和事物的資訊是可以被觀察的，包括 (1) 身體行動，如工人在生產線上的移動；(2) 語言行爲，如航空旅客在排隊等候時的談話；(3) 表情行爲，如聲音語調、臉部表情和肢體語言；(4) 空間關係和地點，如中階主管辦公室和總經理辦公室的距離有多遠；(5) 時間型態，如訂購存貨的時間；(6) 實體事物，如回收材料與垃圾的百分比；(7) 語言和圖畫紀錄，如在一本訓練小冊子中案例的數目（註 18）。

觀察法可利用觀察人員或機器來進行。人員觀察最適合用來觀察不容易在研究之前加以預測的情境或行爲；而機械觀察，如超級市場的掃描器或交通量計數器，能夠非常正確地記錄那些例行的、重複的或程式化的情境或行爲（註 19）。

觀察法，不論是人員觀察或機械觀察，有時可以不用去打擾被觀察的對象。譬如，一家速食店的經理想了解顧客停留在店中的時間有多長，他可以不讓顧客知曉，派員觀察顧客進入速食店的時間和離開速食店的時間，而不必去詢問顧客。這種不讓被觀察的對象知曉正在進行觀察的觀察法，通稱爲不干擾的觀察（unobtrusive observation）或隱藏的觀察（hidden observation）。不干擾的觀察根本不需要請求受測者參與研究，受測者也不知道他的行爲正被觀察中，因此可使受測者誤差降到最小。

㈡ 觀察法的優點與限制

和訪問法比較起來，觀察法的優點有三：

1. **客觀**：觀察法不問問題，可減少或避免訪問員因對問題的措辭不同而影響受訪者的答案；可減少發生訪問者與受訪者之間互動影響的機會。觀察法可消除在訪問法下遭遇到的許多主觀偏見，是比較客觀的一種方法。不過，如果用人來進行觀測，觀察者也可能會因參與被觀察的事件而喪失其客觀性。譬如，爲了要觀察商店店員的活動，觀察員也許裝作一名顧客的身分進入商店，此時的觀察就不完全客觀，因爲觀察者和店員之間可能發生互動作用。改進方法有二：一是加強對觀察員的訓練，使其成爲高度客觀的觀察者；一是使用照相機、錄音機或其他觀測儀器。
2. **正確**：觀察員只觀察及記錄事實，受測者本身不知道自己正在被人觀察，因此一切行爲均如平常，所獲的結果自然比較正確。不過，在某些情況下，很難完全隱瞞觀測的行動，如果受測者獲知他的行爲正被觀察之中，他的行動很可能與平常不同。
3. **有些事物只能觀察**：有些事物無法由受測者正確報告，只能加以觀察。譬如，人的音調或嬰孩的行爲，對這些事物的資訊，只有用觀察法來蒐集。

觀察法雖有上述的三項優點，但其應用並不普遍，因爲它有下列三項缺點，因而限制了它在企業研究上的應用：

1. **只能觀察外在行為**：觀察法只能觀測人們的外在行爲，無法觀察人們的態度、動機、信念和計畫等內在因素及其變化情形，這是其缺點之一。

2. **有些行動難予觀察**：有些外在行動也是很難去觀察的，譬如，有關過去的活動及個人私下的活動，常非觀察法所能奏效。
3. **費時費錢**：觀察法的成本較高，所費的時間較長。爲了觀測的目的，研究人員必須事先在適當的地點安置或埋伏觀察人員或儀器，等待事件的發生，所花費的時間及費用常較訪問法爲高。

6-2-2 觀察法考慮的問題

利用觀察法蒐集資料時，必須考慮三項主要的問題：

1. 要去觀察什麼行爲？
2. 何時去觀察以及如何記錄？
3. 需要做多少的推論（inference）？

㈠ 行為的類型

行爲有非言辭的行爲（nonverbal）、空間的行爲（spatial）、語言外的行爲（extralinguistic）或是語言的行爲（linguistic behavior）（註 20）。

1. **非言辭的行為**：非言辭的行爲是指身體動作而言。行爲的研究指出非言辭的行爲是社會和心理過程的一種有效的指標。Ekman 認爲觀察非言辭的行爲得到的資料可以重複、反駁或取代言辭的信息，也可強調某些話，維持溝通的流動，反映與特定的言辭信息有關聯之關係的改變，以及指出一個人對其言辭聲明的感覺（註 21）。
2. **空間的行為**：空間的行爲是指個人試圖去建造圍繞在他們四周的空間。譬如，人們移近或遠離某一個人或某一事物；他們能保持接近、和保持距離。這些移動的範圍、頻率和結果都可提供重要的資料。
3. **語言的行為**：語言的行爲是指文字、談話的主要內容和言辭溝通的各種屬性。在有關社會互動（social interaction）的研究中，語言行爲的衡量曾廣被採用。
4. **語言外的行為**：文字本身只代表言辭行爲的一小部分。言辭行爲的非內容（noncontent）部分，如講話的速率、聲音大小、打斷談話的傾向、發音的特色——這些特徵通常被視爲語言外的行爲，是相當有價值的資料來源。許多的研究已指出，對人類行爲研究而言，語言外的行爲是蠻重要的。譬如，聲音的特徵，如聲音的高低，可正確地顯示情緒狀態。

㈡ 觀察的時間和記錄

關於觀察的時間方面可以利用時間抽樣（time-sampling）方法。時間抽樣是指在特定的時間點選擇觀察單位進行觀察的過程（註 22）。我們可用一種有系統的方法來選出觀察單位，以確保觀察單位的代表性。譬如，我們可以先以每週的日和每日的小時作爲分層的基礎加以分層之後，再於每一小時中隨機抽選十五分鐘作爲觀察的時間。不過，這種時間抽樣方法雖可適用於觀察繼續在進行中的事件或行爲，但不適用於去觀察罕見的事件或行爲。

除了發展時間抽樣設計之外，也應設計一套記錄觀察的編碼系統（coding system）（註 23）。我們可以用演繹法或歸納法去發展記錄方法。演繹法係由研究人員先發展一種觀念性的定義，再指定此特質的指標，然後將之標準化，並予認定。在使用演繹法記錄觀察結果時，係將觀察所見記入不同的類別。另一方面，歸納法要求研究人員在資料蒐集初期先選擇指標，然後直到認明某種型態之後才來發展觀念性的定義。這兩種方法都有一些風險：利用演繹法時，難以預見我們所發展的觀念性定義是否正確；而利用歸納法時，則在解釋觀察結果時會有困難。理想的作法是結合這兩種方法一起使用。Weick 曾建議研究人員先利用經驗法蒐集大量的觀察記錄，從記錄中歸納出某些觀念，然後再蒐集第二組觀察記錄，第二組記錄會更特定，更直接地指向歸納而得的觀念（註 24）。

㈢ 推論的程度

大多數的觀察法都涉及某種程度的推論。研究人員觀察某一特定行動或行爲之後，他必須去處理觀察而得的資訊，並推論出此一行爲是否指出某一研究中的變數（註 25）。有些觀察所需的推論程度低，如**問個問題、打斷某人的談話**等等行動；並不需研究人員去做什麼推論；但有許多行動則需要較高程度的推論，譬如，**一名大人打一名小孩**這項行動，可能代表侵犯、攻擊的行爲、敵意、暴力或其他變數。推論的可靠性大半要依賴觀察者的能力，受過良好訓練的觀察員才可能做較可靠的推論，故對觀察員應有一套訓練計畫，以提高推論的可靠性。

6-2-3 觀察法的類型

觀察法可依五種基礎予以分類：(1) 觀察的情境是自然的或設計的，(2) 觀察是干擾的或不干擾的，(3) 觀察是有結構的或無結構的，(4) 對所要觀察的事物是直接觀察或間接觀察，(5) 是由觀察員觀察或利用機械方法觀察（註 26）。每一種分類對在特定情況下蒐集的資料品質都有些影響。

㈠ 自然、直接、不干擾的觀察

當一名配置在雜貨店內的觀察員注意每一位購物者在選定某一品牌的罐裝湯之前，要拿起多少種不同品牌的罐裝湯時，這就是在自然的情境中進行不干擾的、直接的觀察。假如該觀察員看起來像是另一位購物者，則正常的購物者並不知道他們正被觀察。假如安裝一部相機來記錄購物行爲，這是利用機械方法的觀察。假如觀察員計算購物者拿起多少罐，這種觀察是有結構的；但假如觀察員只觀察購物者如何去選擇罐裝湯的品牌，這種情境是非結構的。

抽樣是自然觀察的另一項常見的問題。因爲需要讓事件自然的發生，所以常難以取得橫切面的樣本。通常係在不同的地點（如不同的商店）抽樣，並按照時段選出一具有代表性的樣本。

㈡ 設計的觀察

當研究者依賴自然的直接觀察時，他們常發現觀察員在等待渴望發生的事件上浪費大量的時間。爲了減少這類問題，去設計可使觀察更有效率的情境可能是值得的。例如，爲了研究汽車經銷商和顧客之間的討價還價行爲，研究者可以把他們的觀察員裝扮成顧客，並採取從最想買到最會殺價的各種討價還價的態度。在每則案例中，觀察員將注意銷售人員的反應。只要銷售人員相信觀察員是一名真實的顧客，在觀察中就不會有偏差。因此，設計的觀察常具有效度及經濟的優點。

㈢ 機械的觀察

在自然的直接觀察和設計觀察之討論中，係假定以人作爲觀察員。許多富有想像力的機械觀察方法和做此種觀察的器具已經發展出來。這類器具中最廣爲人知的一種是廣播電視收視自動記錄器（audimeter），這是尼爾遜公司（A. C. Nielsen）用來記錄收音機和電視機收聽及收視情形的一種器具，該器具記錄帶上所記錄的資訊定期郵寄給尼爾遜公司，供該公司分析之用。該系統新一代係使用貯存瞬間廣播電視收視自動記錄器（storage instantaneous audimeter），可自動將電視臺收視資料存入電腦記憶中。尼爾遜公司有一部中央電腦，每天與這些記憶體通兩次電話，並藉此蒐集資訊。

㈣ 間接觀察

以上討論的方法都屬於直接觀察。但有一種觀察是針對所要觀察之事物所殘留的實體痕跡，這些痕跡有兩種類型——留下的附著物（accretions）或導致的侵蝕（erosion）——性質上如同河口處形成的三角洲以及同一河流切割成的峽谷。為了界定城市的商業區，研究者已發現觀察農場道路進入通往市區之主要公路的銜接處是有用的；在通往某一城市的道路交叉口的轉角處的道路都已磨平了，我們就有把握認為農人進入主要公路時大多數是轉往該城市，事實上他們是該城市商業區的一部分。在道路開始向相反方向磨平時，農人就屬於另一城市的商業區。當飛越某一地區時，兩座商業區的分界點常能清晰地看出。

其他附著物的研究包括觀察在垃圾桶中的酒瓶，以估計城市內酒的消耗量；以及藉著觀察送去汽車經銷商處修理的汽車內收音機所設定的電台頻率，以決定對汽車收聽者做廣告的最好電台。品牌偏好的研究常以觀察消費者食品架上的品牌為根據，而藉著觀察陳列之存貨量的多少也可了解商店對不同品牌的相對重視程度。

侵蝕觀察在企業研究中較不常用，但也有一些例子。如藉著觀察展覽場周圍地磚的相對磨損程度來研究不同的博物館展覽相對受歡迎的程度，以及藉著衡量書頁的磨損和破裂情形來了解百科全書不同部分讀者的多寡。

對過去行動結果的觀察如果只觀察一次將不會造成資料偏差。食品稽查能了解先前已購買的產品，但假如此種稽查如同某些商店稽查一樣係定期舉行的話，則可能造成資料偏差。例如，製造業者的代表可能企圖找出受稽查的商店並對這些商店施以特別的銷售努力，他們希望商店稽查結果能看起來好像已讓他們的零售店客戶儲存有大量的存貨。

㈤ 記錄觀察

不管何時研究者使用為另一目的而蒐集的資料，他們正使用在性質上與觀察實體痕跡非常相似的觀察方法。在某方面來說，先前的活動記錄——譬如，銷售、存貨、報紙記載、人口普查、公路使用——都是早期的實體痕跡。近些年來，電腦化的倉庫存貨及出貨資料和零售店銷售掃描資料已成為品牌佔有率的主要資訊來源。

摘　要

蒐集初級資料的方法主要有訪問法和觀察法。訪問法是利用人員訪問、電話訪問、郵寄問卷調查和線上調查等方式去蒐集資料。在利用訪問法時，應考慮 (1) 是否使用結構式問卷、(2) 是否隱藏研究的目的、(3) 使用哪一種訪問方式等三項問題。

人員訪問、電話訪問、郵寄調查和線上調查這四種訪問方式，都各有其不同的特性，各有其不同的適用場合。本章分別說明這四種方式的特徵及其優點和限制，並就成本、彈性、資訊的數量、資訊的正確性、無回應偏差和速度等項目，比較這四種訪問方式的優劣。

觀察法是利用人員或儀器來觀測人們的行為，以取得所需的資訊。本章除討論採用觀察法時應考慮的三項問題——觀察什麼行為、觀察的時間及記錄、以及所需的推論程度，也分別介紹觀察法的五種類型。

附　註

註 1：Duane Davis, *Business Research for Decision Making,* 6th ed. (Thomson Brooks/ Cole, 2005), p.271。

註 2：Dawn Iacobucci and Gilbert Churchill, Jr., *Marketing Research: Methodological Foundations*, 10th ed. (South-Western, 2010), pp.186-187。

註 3：H. Boyd, Jr., R. Westfall and S. Stasch, *Marketing Research: Text and Cases*, 7th ed. (Homewood, Ill.: Richard Irwin, 1991), pp.212-215。

註 4：P. Green, D. Tull and G. Albaum, *Research for Marketing Decisions*, 5th ed. (Englewood Cliffs, N J.: Prentice-Hall, 1988), pp.158-161。

註 5：S. A. Richardson, et al., Interviewing (New York: Basic Books, 1965)。

註 6：R. Kahn and C. Cannell, *The Dynamics of Interviewing* (New York: John Wiley & Sons, 1957)。

註 7：William Zikmund, et al., *Business Research Methods*, 8th ed. (South-Western, 2010), p.210。

註 8：同註 7, pp.221-212。

註 9：S. Payne, "Data Collection Methods: Telephone Surveys," in R. Ferber, ed.,

Handbook of Marketing Research (New York: McGraw-Hill, 1974), pp.2: 105-123。

註 10：同註 9。

註 11：S. Cooper, "Random Sampling by Telephone—An Improved Method," *Journal of Marketing Research* (Nov. 1964)。

註 12：Paul Erdos, "Data Collection Methods: Mail Surveys." in R. Ferber, ed., *Handbook of Marketing Research* (New York: McGraw-Hill, 1974), pp.2: 90-104。

註 13：同註 12。

註 14：同註 12。

註 15：D. Aaker. V. Kumar and G. Day, *Marketing Research*, 6th ed. (New York: John Wiley, 1998), p.168。

註 16：同註 7, pp.227-231。

註 17：同註 7, pp.188-195。

註 18：同註 7, p.239, Exhibit 11.1。

註 19：同註 7, p.240。

註 20：Chave Nachmias and David Nachmias, *Research Methods in the Social Sciences*, 6th ed. (Worth Publishers and St. Martin's Press, 2000), pp.191-193。

註 21：Paul Ekman, "Communication through Nonverbal Behavior: A Source of Information about Interpersonal Relationship," in S. Tomkins and C. Izard, eds., *Affect Cognition and Personality* (New York: Springer, 1965), p.441。

註 22：同註 20, pp.193-194。

註 23：同註 20, p.204。

註 24：Karl Weick, "Systematic Observational Methods," in G. Lindzey & E. Aronson, eds., *The Handbook of Social Psychology* (Reading, Mass.: Addison-Wesley, 1968), p.102。

註 25：同註 20, p.195。

註 26：同註 3, pp.251-256。

附6-1 如何取得受訪者的合作？

在進行人員訪問時，經常會碰到受訪者在一開頭就誤解訪問來意而擺出不合作的姿態，使訪問工作難以開始進行，訪問者在碰到這種情形時，千萬不可感情用事，必須以冷靜的頭腦，察言觀色，隨機應變，迅速找出問題的癥結，設法消除受訪者的疑慮與誤解，打開僵局，以便在融洽友好的氣氛中開始訪問，使受訪者能無憂無慮開懷暢談。

在開始訪問時所可能碰到的情況很多，許許多多想像不到的情況都可能發生，誰也無法將之一一列舉，以下只舉出若干較常碰到的情況以供參考：

1. 受訪者可能懷疑你的身分。

訪問員應向受訪者出示身分證、學生證、職員證或其他證明文件，以消除受訪者的疑慮。

2. 訪問員說明來意之後，受訪者推說太忙。

「我的工作忙得很，沒空來回答你的問題，你最好去問問隔壁的王先生（或王太太），他們閒得很呢！」受訪者推說太忙，可能是實情，也可能是託詞。如果是實情，最好等他有空時再訪；如果是託詞，應向受訪者強調他的意見是非常重要的。譬如：「李先生，打擾您實在非常抱歉，不過，您知道我們的目的是在蒐集各種人士的意見，除了找一些有空閒的人士外，也要找一些像你這樣忙的人士，這樣才不會忽略某部分人的意見，因此，您的意見對我們所做的研究是非常重要的，我們非常需要您的意見。」

3. 受訪者可能奇怪為什麼訪問員知道他家？為什麼會找到他問問題呢？

碰到這種問題時，通常要告知抽樣的方法，如：「我們是從區公所的戶口資料中找出您家的，事實上，事前我們一點都不知道您家，我們是用一種機械的抽選方法從本市所有家庭中把您家挑出來的。」

4. 受訪者有時會懷疑你是藉訪問為名，而實際上是來推銷東西的。

「你是不是來推銷什麼雜誌的？我不喜歡人家向我推銷書報雜誌或其他物品。」遇到這種情形時，訪問員不要因受到委曲而感到憤怒，因爲受訪者可能遇到過這種以訪問爲名行推銷之實的情形，因此應誠懇地向受訪者說明自己純粹是爲某項研究或調查工作而來訪問。譬如：「劉太太！請

資料來源：黃俊英：「如何取得受訪者的合作」，市場研究，第 20 期（1980 年 4 月），頁 52 及 58。

您千萬不要誤會，我知道確實有人是假裝成某一研究機構的訪問員而實際上是來推銷物品的，但請相信我，我絕不是那種人，我的手提包內裝的並不是什麼書報雜誌或要向您推銷的物品，而只是一些問卷和要送給受訪者的贈品罷了。（打開手提包，讓受訪者看看。）」

5. **受訪者可能說他從不隨便向一名陌生人表示任何意見，而拒絕接受訪問。**

「對不起，我向來不對一名陌生者表示任何意見，你去問別人好了。」遇到這類受訪者時，應向其說明本研究的目的，並不想知道某一個人的意見，而只想知道大家的集體意見。譬如：「謝先生，明哲保身，這是很聰明的。不過，您知道，這是一項有意義的研究，我們並不是想來偵察您的心事，我們所想知道的並不是某一個人的意見，而是許多人的共同意見。因此，將來研究結果發表，只是全部受訪者的統計結果，而不是哪一個人的意見，如果您還不放心的話，我在問卷上連您的名字都不用寫上。」

6. **有時受訪者可能擔心不會回答訪問員的問題而拒絕接受訪問。**

「我對這項問題知道的很少，沒有辦法回答你的問題。你不如去問問對面的張太太，她上過大學，知道得很多。」遇到這種情形時，應向受訪者說明我們只想知道他的感想或意見，而不是要測驗他對某項問題知道的多少。譬如：「陳太太，您太客氣了，我們所想知道的只是您個人對某問題的感想而已。事實上，我們的問題很簡單，讓我從頭唸幾個問題讓您來答，您就知道了。第一個問題：請問您是否每天到菜市場買菜？」

7. **有的受訪者會認為這項研究工作無聊沒用，因而拒絕接受訪問。**

「這種調查有什麼用？別來浪費我的時間，也不用浪費你自己的大好光陰。」遇到這種情形，應向受訪者說明此項研究的重要性。譬如：「這項調查是受××機構（或公司）委託的，研究結果將供該機構（或公司）作爲改善服務工作的參考。以前因爲大家都太忙，或不知道透過這種方式向該機構（或公司）表示自己的意見，因此使該機構（或公司）的服務工作可能做得不夠完善。相信透過這次調查，該機構（或公司）可以知道大家的意見，請讓我耽擱您幾分鐘的時間來請教您一些問題，一定可以協助該機構（或公司）改善他們的服務。」

附6-2 訪問員需知之實例

一、注意事項

1. 訪問時間：1995 年 3 月 22 日至 5 月 16 日。
2. 訪問必須攜帶之物品
   (1) 問卷。
   (2) 學生證。
   (3) 給各醫院之公文。
   (4) 贈送之禮品。
   (5) 筆及筆記本等文具。

二、調查時抽樣注意事項

1. 各醫院的樣本數如下：

- 醫院（150 份）
  - 門診部分（90 份）
    - 病患（60 份）
      - 內科（30 份）
      - 外科（30 份）
    - 工作人員（30 份）
      - 內科（15 份）
      - 外科（15 份）
  - 住院部分（60 份）
    - 病患（30 份）
      - 內科（15 份）
      - 外科（15 份）
    - 工作人員（30 份）
      - 內科（15 份）
      - 外科（15 份）

共四家醫院，合計 600 份問卷

2. 內科包括：(1) 一般內科 (2) 神經內科 (3) 胃腸科 (4) 家庭醫學科 (5) 胸腔、血液、腎臟等內科

外科包括：(1) 一般外科 (2) 神經外科 (3) 骨科 (4) 整型外科 (5)胸腔、血液等外科

資料來源：陳正男、曾倫崇，醫院之服務品質研究與新服務開發，行政院國科會專題研究計畫成果報告，1995 年 7 月。

3. 抽樣時注意下列事項：
   (1) 雖醫院工作人員中以女性居多，但男女比例不要超過 1：3。
   (2) 年齡不要集中於 21～30 歲，儘可能平均分配。
   (3) 因住院和門診工作人員常重複，訪問以住院工作人員（尤其是護理人員）爲優先訪問對象，住院工作人員訪問完再訪問門診工作人員（不可重複）。
4. 訪問地點除醫院外亦可選擇圖書館或餐廳，唯必須屬於內、外科之工作人員方可。
5. 工作人員中各類型人員都至少要訪問到二人以上（尤其是醫師和護理人員）。
6. 問卷中之行政人員指櫃臺掛號、批價以外之行政服務人員，包括行政主管。
7. 初診之門診病患不在抽樣訪問之內（初診之住院病患則在抽樣訪問之內）。

三、問卷釋義（以門診病患為例）

訪問前先將訪問員姓名及醫院名稱填好，並在抽樣後填好科別。

問卷問題：

第一部分

第 1 題　若是初診患者，則須重新訪問。

第 2 題　複選，若有問卷以外的答案，務請對方詳細說明，並儘量能深入訪談。

第 4 題　此題請訪問員詳加說明，注意是否填錯或漏填，並儘量能深入訪談。

第 5 題　若受訪者未填，請訪問員能耐心詢問，儘量深入訪談。

第二部分

此部分分爲 (1) 服務結構和 (2) 服務過程和結果兩部分，請訪問員先詳細說明何謂**預期**的服務品質。其中第二大項部分注意是否漏填，尤其是第 1、4、8、9、15、16 題。

第三部分

題目類型同第二部分，其中未參與該服務過程者免填，注意**重視程度**方面是否漏填。其中第 1, 4, 8, 9, 15, 16 題最好能深入訪談，並在問卷上註明該受訪者爲何填該項答案。

第四部分

工作滿意度（工作人員部分）和基本資料都爲單選題，請受訪者真實填寫，並告知資料絕不公開。

四、一般注意事項

(一) 訪問之前

1. 詳讀訪問員手冊與問卷，有疑問請向督導員或研究人員請教，待問卷全無問題時，方可進行訪問。
2. 請隨身攜帶身分證、學生證及其他有效證件，以備受訪者查詢。
3. 不要忘了應帶的文具、問卷。
4. 訪問前請注意儀表之端莊及衣著的整潔，以免給人不良之印象。
5. 訪問員請注意本身的安全，並儘可能將行蹤預先通知家人或督導員。
6. 訪問之前請先將問卷中之訪問員姓名、醫院名稱和科別塡寫清楚。

(二) 訪問進行時

1. 請出示身分證、學生證，以取得受訪者之信任。
2. 開場白應清晰明白，並說明將來不會公開受訪者個人的意見。
3. 如果受訪者拒絕接受訪問，訪問員切勿立刻放棄訪問，應儘量禮貌地請受訪者接受訪問，經說服無效時，再考慮其他受訪者。下面是受訪對象拒絕接受訪問時，可能提出的理由及訪問員應有的應對方法：
   (1) 受訪者：太忙或沒時間接受訪問。
   (2) 受訪者：實在不懂，請訪問別人。
   (3) 受訪者：對這項研究不感興趣，或這項研究跟我沒關係。
   訪問員：有禮貌地說：「您的意見對我們很重要，而且不會花太多的時間。」
   (4) 受訪者：仍然拒絕訪問。
   訪問員：可先拿出禮物以促使受訪者接受訪問，並且說：「請您幫忙，不然無法交差，拜託嘛。」或是說：「學生打工很辛苦，請您行行好，幫個忙嘛。」
4. 訪問時儘量避免第三者干預，如有此情形，訪問員須技巧地提醒受訪者表示自己的意見。

5. 訪問員要保持輕鬆、友善的態度，不要讓受訪者有接受考試的感覺。
6. 受訪者難以作答時，訪問員應中立，不可應受訪者之請，代填答案或暗示受訪者回答某答案，並應有禮貌地向受訪者說：「請依照您個人的感覺回答。」
7. 如果受訪者對問卷有疑問時，訪問員可適度解釋題義，但以不超過本手冊各題義之界定爲原則。
8. 訪問完畢，請當場核對有無遺漏或矛盾的地方，並立即請受訪者補答或解釋。
9. 離去前，請別忘了致贈禮物，並說聲謝謝。

㈢ 訪問之後

1. 問畢當晚，請再仔細核對問卷有無遺漏及矛盾的地方，如發現遺漏及矛盾，請儘可能當面或以電話請求該受訪者補充或解釋。（本調查之問卷數目以有效問卷爲範圍）
2. 訪問過程中，如發現有重大問題，請立即與督導員聯絡，請求協助解決。
3. 應配合進度，儘早完成訪問工作。

附6-3 提高郵寄調查回件率的方法

郵寄問卷調查的較低回件率以及隨之而來的無反應偏差是一項嚴重的問題，歷年來曾有許多的研究人員積極在研究如何提高郵寄問卷調查的回件率。提高回件率的方法很多，可大致分爲 (1) 事前通知，(2) 追蹤技術，(3) 問卷外觀，(4) 激勵技術等四類。如以時間來區分，事前聯繫是問卷寄出前所做的努力，追蹤技術是問卷寄出後的工作，至於問卷外觀和激勵技術則與原始問卷同時存在。

一、事前通知

一般認爲在郵寄問卷給樣本之前，先以電話、明信片、信件或人員通知他們某項調查將要開始，將可提高回件率。

在臺灣一項有關郵寄問卷回件率的研究中，以十二歲至十八歲青少年的家長爲抽樣對象，發現未事前連繫即直接寄給問卷，回件率爲 21.1%，而事前以信函告知受訪者在幾天之內會收到問卷，然後再寄出問卷，回件率爲 27.6%，兩者間有顯著差異。在一項以臺北地區 4,000 位電話用戶爲調查樣本的郵寄調查研究中，其中一半以電話事先通知（實驗組），回件率爲 39.6%；另一半未事先通知（控制組），回件率只有 11.3%，兩組的回收情況差異頗大。如以有效問卷的比率來看，差異更大，前者爲 31.3%，後者只有 5.6%；事前通知不僅提高了回件率，也提高了有效問卷的比率。

事前通知等於重複要求受訪者合作，說服他填答回件，可減少問卷被拋棄而成爲廢棄郵件的可能性。在各種事前聯繫的方法中，一般認爲電話通知比信件和明信片通知更個人化，故效果較大。

二、追蹤技術

爲了提高郵寄問卷調查的回件率，追蹤技術曾廣被採用，而且收效甚大。Scott 認爲這種追蹤技術是**提高回件率最有效的技術**。利用追蹤技術常常可以獲得相當高的回件率。譬如，美國健康資訊基金會曾利用追蹤函件、追蹤電報和電話而獲得百分之百的回件率。有一項以電話用戶爲調查

資料來源：黃俊英，*行銷研究——管理與技術*，第八版（台北：華泰，2008），頁 171-175。

對象，經過二次電話追蹤後，獲得 98.5% 的回件率（未追蹤前回件率只有 16.8%，第一次追蹤後提高到 45.2%，第二次追蹤後提高到 98.5%）。另外有若干研究報告均指出，利用多次追蹤可以顯著地提高郵寄問卷調查的回件率。

前述臺灣地區郵寄問卷調查的研究亦發現，未追蹤組之回件率 21.1%，用信函追蹤一次組之回件率爲 28.5%，追蹤二次組爲 33.3%，追蹤三次組爲 37.3%，追蹤四次組之回件率更達 47.9%（比追蹤三次組增加 10.6%，研究者認爲可能是抽樣誤差或樣本太小導致的結果）。

利用航空郵件和快遞郵件進行追蹤，其效果似乎會比利用一般郵件爲佳。在一項對醫院的郵寄問卷調查中，進行了三次追蹤，在第三次追蹤時係以航空郵件和快遞郵件爲之，結果得到了（第二次追蹤後）未回件者當中 72.8% 的回件。

如果只進行一次追蹤，其效果自然比不上多次追蹤的效果，但對回件率的提高也有不少助益。譬如，對二次大戰退伍軍人的一項大規模郵寄問卷調查中，只進行一次追蹤，結果使回件率從 23% 提高到了 49.7%。在一項有關管理碩士教育的研究中，曾對當時管理研究所碩士班的所有 65 位專任教師進行郵寄問卷調查，也只進行一次函件追蹤，結果使回件率從 73.8% 提高到 92.3%（經剔除無效問卷後，有效回件率爲 87.7%）。

除了那些無論如何拒絕回件的**死硬份子**以及住址不詳無法投遞的情形之外，對其他的樣本單位，只要時間和經費許可，繼續以函件或電話請求填答問卷，大多數是會回件的。在一項對某一雜誌的訂戶所做有關男裝的郵寄問卷調查中，先收回 80.2% 的回件，經過一番努力，又再收到 369 份回件，使回件率提高到 93%。分析這 369 位後回件者的答案，發覺與原先那 80.2% 的回件者的答案並無顯著差異。他們進一步問這 369 位後回件者未答覆原始問卷的原因，結果如下表所示，在各種未答覆原始問卷的原因中，以**忘記**所佔的比例最大。

許多人雖然能夠回件，但由於種種客觀因素（如忙碌、遺忘、遺失、離家、生病等原因）的影響而未能回答。如能繼續追蹤催促，再寄出一次或多次問卷，將可以收到較高的回件率。

爲了便於對未來回件者寄出追蹤函件，通常須將寄出之問卷加以編號，以便隨時可以掌握未回件者的名單。但將問卷編號，將使受訪者無法以匿名的方式作答，可能會影響某些受訪者的答案，甚至減少其填答回件的意願，從而降低回件率。爲了要避免影響受訪者的答案或回件的意願，有時不宜將問卷編號。在這種情況下，只要經費許可，可以對所有樣本寄出追蹤函件及問卷，函中表示：如果他們已經回卷，謝謝他們的合作；如果尚未回卷，請求他們填答回件。美國 *Business Week* 利用這種方法進行追蹤，曾收到很大的成效。

未答覆原始問卷的原因

原　因	百分比（%）
忘了放在何處	22.4
忘了填答	20.8
已經填答並寄出	14.8
當時太忙	10.0
出外離家	10.0
未收到問卷	8.8
對調查主題不感興趣	4.2
不答覆問題	3.0
當時生病	2.1
喜歡這份問卷並予保留	1.2
其他或未作答	2.7
樣本數	369（人）

三、問卷外觀

問卷的外觀包括問卷的長度、紙張、顏色、印刷方式和回件信封的使用。

1. 問卷的長度

不管問卷的內容如何有趣或如何重要，如果問卷的題目太多，問卷的頁數過多的話，則回件率必然是很低的。一般常識認爲較短的問卷，受訪者較願意填答，因此短問卷的回件率要比長問卷爲高；但是有關的實證研究結果，並未能支持此種觀點。多數的實證研究結果似顯示長問卷和短問卷的回件率並無顯著的差異，有的甚至發現長問卷的回件率竟比短問卷的回件率爲高。

問題是否有趣可能比問卷的長度更重要。曾有研究發現在三至六頁長的問卷上再加上一頁或二頁，並不會影響回件率；又在**無趣的**問卷上加上一些**有趣的**的問題之後，儘管問卷加長了，但回件率反而增加了。

2. 問卷的紙張、顏色和印刷

問卷所用的紙張應令人看起來有賞心悅目的感覺；厚度要夠，以便於做各種處置；不易浸透，俾能兩面印刷而不至於會透視反面的問題；紙張要夠輕，使問卷不要超過預定的郵件重量；適合用於鋼筆、原子筆或鉛筆在上面書寫；硬度要夠，俾能經受得起在整理資料和編表時的磨損和撕裂。

問卷不應該設計得像廣告郵件一樣，以免引起誤會。除非是為了便於說明，或為了縮短問題，問卷中不應使用插圖，色彩鮮豔的問卷也應予避免，以免收件者打開信封後誤以為是廣告函件。至於問卷紙張如顏色是白色好呢？還是其他顏色好呢？有關的研究極少。有項研究以獎助金的接受者為調查對象，發現用白色紙張和綠色紙張的回件率並沒有顯著差異。

問卷究竟應鉛印（或打字影印）還是油印？有人認為問卷應該使人看起來是由專業人員設計出來的，因此不應該使用油印，但也不需要採用最昂貴的紙張和印刷。

3. 回件信封

在寄給收件者的問卷中附上貼好郵票（或利用廣告回郵）和寫好回件地址的回件信封，是郵寄問卷調查中普遍採行的一種方法。一般認為附上回件信封將使受訪者的回件工作便利不少，因此對提高回件率大有幫助。一項實證研究發現在郵寄問卷中附上貼好郵票的回件信封，使回件率提高到 62%（實驗組）；未附上回件信封時，回件率只有 26%（控制組）。

回件信封上可以貼上回件郵票，也可以利用廣告回郵方式，先不貼上郵票，俟收到回件後再到郵局付郵資。這兩種方式哪一種好呢？若干有關的實證研究結果均指出，利用貼上郵票的回件信封可獲得較高的回件率。譬如，在一項消費者調查中，發現貼郵票的一組回件率為 36.4%，利用廣告回郵的一組回件率為 30.3%，這兩組回件率之差異已達到統計上的顯著水準。

四、激勵技術

對受訪者提供某種激勵往往可收到提高回件率的效果。激勵技術包括面函、調查的贊助者、匿名、報酬與贈品、及限期回件等。

1. 面　函

郵寄問卷通常應附一份面函，說明進行該項問卷調查的性質和目的。有人認為面函中只應就調查目的做一般性的說明，而不要太過具體，因為一項比較特定的目的較易於受到受訪者的反應，後者可能因不贊同調查的目的而不予合作。此外，面函尚具有個人化的效果，可增加和受訪者的個人認同。面函中以手寫再啟（P.S.）方式要求受訪者塡答回件，似也可以顯著地提高回件率。

2. 調查的贊助者

有許多人認爲郵寄問卷調查應儘可能取得某種官方的贊助或支持，以提高回件率。但也有人認爲主辦或贊助機構爲大學時，比政府機構或私人企業主辦或贊助時的回件率爲高。事實上，贊助的主辦單位對回件率的影響和受訪者的某些特徵，可能具有互動的關係。有項研究發現主辦單位是大學時，其回件率雖然較高，但其效果僅是地區性的。一所大學主辦者在其有競爭性的大學附近從事調查時，其回件率會受到該區居民的區域忠誠性的影響而降低。

3. 匿　名

許多郵寄問卷調查都在面函中聲明允許受訪者匿名作答，或保證對受訪者的身分保密，因爲一般認爲允許匿名將提高回件率，也可減少無效的回答。但匿名和面函之個人化相互牽制，個人化是要利用增加和受訪者的個人認同以增加回件率，而匿名則希望隱藏受訪者的身分以提高回件率。匿名是否會提高回件率，有關的實證研究似未能獲得一致的結論，有的認爲匿名有效，有的認爲匿名無效。匿名對回件率的影響似與受訪者的某些特徵有關。譬如，有項研究發現保證匿名對較高所得和較高教育水準的群體較爲有效，而對成員流動率較高的群體，保證匿名反而會壓低回件率。

雖然有的研究發現指出受訪者對於匿名問題並不在意，但如果問卷中有某些問題是比較敏感的，則爲了使受訪者比較願意作答或比較願意提供正確的答覆，似仍以允許匿名或保證對受訪者的身分和提供之答案予以保密較爲適宜。

4. 報酬與贈品

報酬與贈品也是提高郵寄問卷調查回件率的一種常用的方法。作爲報酬與贈品的東西很多，包括金錢、贈品券、未使用過的郵票、集郵者的郵票、開信刀、日記本、書本、鉛筆、鋼筆、牙膏、塑膠識別卡、洗髮粉、領帶夾等等；其中金錢似乎是最有效的，最易於取得和郵寄，對收受人最有用，也最不會導致偏差的贈品。又對企業組織做郵寄問卷調查時，有時也可以提供調查報告作爲報酬。

關於金錢報酬與回件率的關係，很早即有學者開始研究。絕大部分的研究似乎都指出，金錢報酬能有效地提高郵寄問卷調查的回件率。譬如，有項研究曾使用一份長而複雜的問卷對兩組樣本做郵寄問卷調查，一組附有 1 美元之報酬，另一組則無；結果有金錢報酬者之回件率爲 70%，無金錢報酬者之回件率只有 22%。另一項類似的研究結果也發現附有美金 1 元之報酬時，回件率高達 71%，無金錢報酬者回件率僅 39%。

有人可能認爲只有窮人才會受有無金錢報酬的影響，但實際情況可能不是如此。有人曾對兩組美國大公司的高級主管做調查，結果發現美金 25 分的報酬使回件率從 40% 升到 63%，提高 23% 之多。

在大多數情況下，提供報酬和贈品確實可以提高回件率，特別是當問卷的內容並不有趣而且複雜的時候更是如此。但在考慮贈品或報酬物品之選擇時，必須考慮以下四點：

1. 必須能確定報酬可以提高回件率。
2. 報酬不會引起反應上的偏差。
3. 成本必須適合研究案所能支用之經費。
4. 贈品必須小而輕，便於郵寄。

至於贈送報酬和贈品的方式有兩種：一種是隨問卷一同寄出，另一種是在面函中承諾回件者在收到他們的回件後，即行將贈品或報酬寄出。這兩種方式各有利弊，但對回件率而言，後一種方式似乎效果較小。譬如，在一項研究中，發現如未提供任何金錢報酬，回件率只有 18%；如附上美金 25 分的報酬，回件率提高到 40%；但如承諾在收到回件後將寄上 25 美分的報酬，則回件率只提高到 20%。

附6-4 提高電話訪問回應率的方法

電話訪問無回應的情形主要有 (1) 聯絡不到訪問的對象，以及 (2) 訪問對象拒絕接受訪問兩種。爲提高電話訪問的回應率，宜從這兩種情形著手。

㈠ 接觸不到訪問對象時的處理

電話訪問接觸不到訪問對象的原因可能包括：

1. 當進行電話訪問時，訪問對象正好不在家。
2. 訪問對象在家裡，但來不及接電話，電話就掛斷了。
3. 訪問對象的電話正好佔線。
4. 訪問對象的電話號碼未列在電話號碼簿上。
5. 訪問對象沒有電話。
6. 接電話的人拒絕將電話轉給訪問對象。

電話訪問不能夠訪問到那些沒有電話的人，這是電話訪問先天上的一項限制。不過，隨著電話普及率的提高，這項限制將愈來愈可獲得解決。至於訪問對象的電話號碼可能沒有列在電話號碼簿上的問題，已有多種抽樣技術可用來處理這項缺點。

訪問對象不在家，或雖在家但來不及接聽電話，可能是影響電話訪問反應率的主要原因。以下是一些預防或處理這種無反應偏差的方法：

1. 如果訪問對象不在家，則必須多打幾次電話。訪問對象不在家通常是電話訪問未能接觸到訪問對象的主要原因，因此採用小樣本，而當電話訪問不在家時，繼續再打 4～6 次的電話，通常要比採用大樣本只打一次電話爲佳。有的研究亦發現試圖打愈多次的電話，將可以大幅降低接觸不到訪問對象的比率。
2. 有時候訪問對象明明在家裡，但可能因離電話機太遠或手中正有工作在忙分不開身，還來不及接電話，電話就掛斷了。因此，訪問時讓電話鈴多響幾聲才掛斷電話，將可以降低接觸不到訪問對象的比率。
3. 在晚間進行電話訪問可以降低接觸不到訪問對象的比率。

資料來源：黃俊英，行銷研究——管理與技術，第八版（台北：華泰，2008），頁 175-177。

㈡ 訪問對象拒絕接受訪問時的處理

訪問人員在聯絡上訪問對象之後，訪問對象也可能會因種種原因而拒絕接受訪問。以下的作法可以減低這種拒絕接受電話訪問的情形：

1. 如果受訪者認爲訪問的時間不佳，則宜與受訪者約好下次再打電話去訪問的時間，將可以減少拒絕率。
2. 受訪者可能一開始就拒絕接受訪問，訪問員應盡力去說服受訪者接受訪問，力求減少拒絕率。
3. 事先以信件通知受訪者將對他進行電話訪問，以減少拒絕率。
4. 有時候受訪者可能會因曾遭遇到推銷員冒充電話訪問人員而推銷產品的困擾，此時訪問員可以請受訪者打電話到研究機構去證實，以取得受訪者的信賴。

電話訪問無回應率過高，將影響樣本的代表性。研究人員應多做努力，如多打幾次電話、事先通知、安排或選擇適當的訪問時間等等，以減少無回應偏差。

第七章

問卷設計與觀察表格

在利用訪問法或觀察法蒐集資料時，常須依據研究的目的及實際情況，設計一份適用的問卷或觀察表格，俾能將蒐集的資料標準化，利於做直接的比較，增進資料處理的速度和正確性。

問卷和觀察表格的設計是一件具高度專業性的工作，並不是一般人所想像的那麼簡單。問卷或觀察表格的設計不當，將影響調查的結果。研究人員在設計問卷或觀察表格時必須極爲小心，以免因問卷或觀察表格的設計不當而破壞了整體的調查研究工作。

7-1 問卷設計

問卷設計首重相關（relevancy）和正確（accuracy），這是問卷爲達成研究目的必須做到的兩項基本準則（註 1）。所謂**相關**是指問卷所蒐集的資訊都不是不需要的，而且爲解決企業問題所需要的資訊都已蒐集了；所謂**正確**是指資訊是可靠而且有效。

爲使問卷能達到相關與正確這兩個準則，問卷設計者須做以下決定（註 2）：

1. 應問些什麼？
2. 問題應如何措辭？
3. 問題的順序應如何安排？
4. 何種問卷編排（layout）最適合研究目的？
5. 問卷應如何加以預試？問卷是否需要加以修改？

㈠ 問卷的組成

問卷通常包括：(1) 確認身分的資料，(2) 合作的要求，(3) 指令，(4) 尋求的資訊，(5) 分類資料等五部分（註 3）。

1. **確認身分的資料**：問卷的第一部分通常是要確認受訪者身分的資料，包括受訪者的姓名、地址和電話號碼。另外，可能還包括訪問的日期和時間、訪問員的姓名和編號。
2. **合作的要求**：這是用來取得受訪者協助的開場白；通常首先指明訪問員及（或）訪問的組織，其次解釋研究的目的以及完成訪問所需的時間。

   利用郵寄調查和網路調查時，通常會附有一封面函，向受訪者提出合作的要求。面函通常包括以下事項：

(1) 稱呼：愈個人化的稱呼通常愈能取得合作。
(2) 請求幫忙。
(3) 研究目的和重要性。
(4) 受訪者填答問卷的重要性。
(5) 受訪者是如何抽選而得的。
(6) 填答問卷費時不長及（或）容易填答。
(7) 匿名答覆或身分保密。
(8) 如提供贈品或報酬，宜表明只是表達感謝的一點心意。
(9) 附有回郵信封。
(10) 請求儘速填答回件。

3. **指令**：這是對訪問員或受訪者就如何填答問卷所做的說明。如採用郵寄調查或線上調查，這些說明是直接印在問卷上；如採用電話或人員訪問，可印在另外一張紙上。

4. **尋求的資訊**：這是問卷的主要部分。

5. **分類資料**：指受訪者的背景資料。在郵寄調查和線上調查時，這些資料直接由受訪者提供；在人員訪問或電話訪問時，則由訪問員向受訪者蒐集而得。對較敏感的資料，如所得，有時訪問員得根據自己的觀察來加以估計。分類資料通常在訪問的最後階段才蒐集，但有時則須在訪問開始時就蒐集，以確定受訪者是否符合抽樣計畫的要求。

㈡ 問卷的格式

問卷可依其結構化的程度分為結構式問卷和非結構式問卷，亦可依是否將研究目的及主辦者身分加以偽裝而分為偽裝的問卷（disguised questionnaire）和不偽裝的問卷（nondisguised questionnaire）。

1. 結構式問卷——非結構式問卷

在一份結構式的問卷中，包括有一系列的特定問題，受訪者通常只要回答「是」、「否」或在適當的地方劃個「×」或「√」號即可。郵寄調查問卷和線上調查問卷的問題應力求結構化，少用開放式問題。如果郵寄調查或線上調查的問卷中有開放式問題的話，受訪者可能略過這些問題，或只填上簡單答案，敷衍了事。如果開放式問題太多的話，受訪者可能乾脆不填答回件。

利用人員訪問時，則可允許採用比較非結構式的問卷，讓訪問員可以隨機應變，根據受訪者的答覆來提出問題，設法得出完整答案。

2. 僞裝的問卷——不僞裝的問卷

問卷依是否將調查研究目的及主辦者身分加以僞裝而有僞裝的問卷與不僞裝的問卷之分。不僞裝的問卷明白向受訪者表明研究目的以及主辦該項研究的人員或機構，僞裝的問卷則將研究目的以及主辦者的身分加以巧妙的僞裝。

一項研究之問卷結構及僞裝程度如何，應視該項研究所要蒐集的資訊爲何、受訪者是誰、訪問方式及其他情境因素而定。

(三) 問卷設計的步驟

問卷設計多半要依賴研究人員的經驗和技巧，迄今似尚無一項可以放諸四海而皆準的程序可供研究人員遵循。一般言之，如圖 7-1 所示，問卷設計包括以下九道步驟：(1) 列舉所要蒐集的資訊，(2) 決定訪問的型態，(3) 決定訪問的方式，(4) 決定個別問題的內容，(5) 決定每一個問題的形式，(6) 決定每一個問題的用語，(7) 決定問題的先後順序，(8) 決定問卷的編排及外觀，(9) 預試及修訂。

茲依上述步驟逐一分述於後：

1. 列舉所要蒐集的資訊

問卷的目的在向受訪者蒐集所需的資訊，研究人員必須先了解並確定所要的資訊爲何以及受訪者是誰，而後才能著手設計問卷。對於所要蒐集的資訊，應儘可能具體說明，不可籠統含糊。

2. 決定訪問的型態

訪問的型態有結構-直接訪問、非結構-直接訪問、結構-間接訪問和非結構-間接訪問等四種型態。在決定所要蒐集的資訊之後，應決定要利用哪一種訪問型態來進行訪問，因爲不同的訪問型態常需要設計不同的問卷。譬如，採用結構-直接訪問時，只要設計一份不需要隱藏研究目的之結構式問卷；採用非結構-間接訪問時，則需要設計一份隱藏研究目的之非結構式問卷。

3. 決定訪問的方式

人員訪問、郵寄調查、電話訪問及線上調查是訪問法常用的資料蒐集

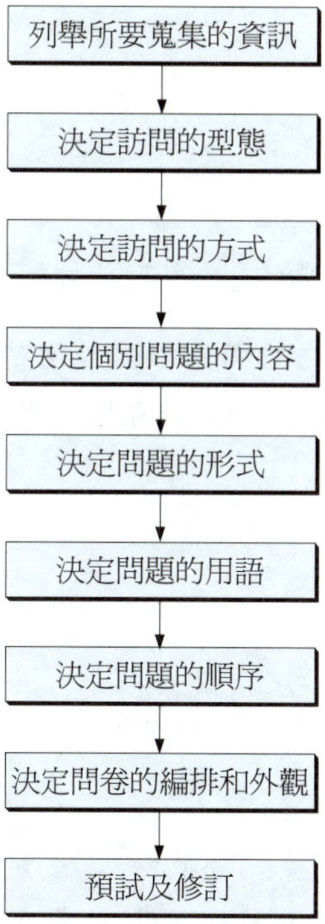

圖 7-1　問卷設計的步驟

方式。各種方式所用的問卷類型往往都不一樣，研究人員應依據研究的目的及對象，選擇一種適當的訪問方式，然後才能據以設計一份合適的問卷。

訪問的方式會影響問題的格式（format）和問卷版面的編排。一般言之，郵寄調查、線上調查和電話訪問的問題必須比人員訪問的問題較不複雜，而電話和人員訪問的問卷應以交談式的語氣來撰寫（註 4）。問題的格式必須依資料蒐集方式的不同而加以修改。譬如，想了解員工對公司福利措施的滿意程度，採用人員訪問、郵寄調查、線上調查或電話訪問時，問題的格式可能會稍有不同：

採用人員訪問、郵寄調查或線上調查時，問題可以稍微複雜一點：

「你對公司現行福利措施的滿意程度如何？

1. 非常滿意
2. 頗為滿意
3. 還算滿意
4. 略感滿意
5. 無所謂滿意或不滿意

6. 略感不滿意
7. 並不滿意
8. 頗不滿意
9. 非常不滿意」

採用電話訪問時，常須減少選擇的項目，以降低問題的複雜程度：

「你對公司現行福利措施的滿意程度如何？你是非常滿意、還算滿意、無所謂滿意或不滿意、有些不滿意、或非常不滿意？
1. 非常滿意
2. 還算滿意
3. 無所謂滿意或不滿意
4. 有些不滿意
5. 非常不滿意」

4. 決定個別問題的內容

在確定所要蒐集的資訊及問卷的類型之後，即可決定問卷中應包括的問題或項目。在決定問題的內容時，應考慮下列問題：

(1) 這個問題是否必要？

問卷中儘量不要包含與研究目的無關的問題，以免增加受訪者的負擔及資料蒐集與處理的時間和費用。但有例外，有時爲了要引起受訪者的興趣，可以酌量包括一些無關但有趣的問題。

(2) 受訪者能否答覆？

有些問題是受訪者無法答覆的，其原因有四：

(a) 受訪者本身沒有答案，不能做有意義的答覆。
(b) 受訪者缺乏經驗。譬如，受訪者沒有在某家公司服務的經驗，可能很難去答覆有關主管的領導風格與激勵措施方面的問題。
(c) 受訪者無法用文字或語言表達意思。
(d) 受訪者雖有經驗，但已記不得了。譬如，受訪者多年前雖曾參加某項國外旅遊活動，但在接受調查時，可能已忘得一乾二淨了，即使利用各種幫助回憶的方法，也不能保證得到有關該項旅遊的正確回憶。

在擬訂問題時應考慮這些因素，將問題做適當的修訂；如可在問問題之前，先用直接法或間接法確定受訪者是否有過經驗。

(3) 受訪者願不願意答覆？

人們常常不願意正確答覆那些令人困窘的問題。有關金錢、家庭生活、政治信仰等問題，是一般人不太願意答覆的問題，除非必要應予避免，如有必要，應注意提出的技巧。常用的方法有（註 5）：

(a) 將這類問題混雜在其他不令人爲難的問題之中，並迅速把問題問完。

(b) 訪問者在提出這類問題之前，先聲明這種行爲是很平常的，設法沖淡受訪者侷促不安的感覺。

(c) 問題措辭可以提到「其他人」。譬如，可問受訪者「如果帳單上少列了金額，大多數人是否會指出帳單上的錯誤？」受訪者通常會以他們自己的作法作答。

(d) 提供給受訪者特別設計的紙條，讓受訪者親自塡答後投入一只封好的票箱。這種方法只有在利用人員訪問時才能使用。

(e) 利用人員訪問時，可將各種可能的答案用字母或數字代表，讓受訪者用字母或數字來答覆。

(f) 要問所得的資料時，可從某一中間數額開始問，然後再往上或往下調整。

(4) 受訪者是否要費很大的力氣去蒐集答案？

有些問題所要的資訊不是受訪者馬上就可以答覆，必須花費相當的時間和力氣才能整理出來，很少人願意爲了答覆一份問卷的問題花費那麼大的力氣，因此他可能胡猜亂答，甚至將問卷丟到字紙簍去。除非絕對必要，應儘可能避免這類問題。

5. 決定問題的形式

個別問題的內容一旦決定，即可著手擬訂問卷的問題。在確定問題的用語之前，先要決定問題的形式。問題的形式主要有三種：(1) 開放題，(2) 選擇題，(3) 是非題或二分題。

(1) 開放題

開放式問題不提供可能的答案，允許受訪者用他自己的話自由答覆。譬如：

「你最喜歡穿哪一個品牌的球鞋？為什麼？」

「你為什麼決定到統一企業服務？」

「你贊不贊成新的勞工退休制度？為什麼？」

開放題不提示任何可能的答案，在探索性研究時最常採用開放式問題。在開始進行訪問時，先問一個開放題，也有助於帶動整段詢問過程的氣氛。開放題比較不會影響受訪者的答覆，而且允許受訪者自由答覆，暢所欲言，容易引起受訪者的興趣，取得他們的合作。不過開放題也有幾項缺點：

(a) 成本較高：開放題的編輯、編碼和資料分析工作相當繁雜，每一個受訪者的回答都有些獨特，歸類和彙總費時而且困難，因此處理成本會遠較其他非開放題爲高（註 6）。

(b) 易發生訪問員偏差（interviewer bias）：在人員訪問時，訪問員通常無法記錄受訪者的每一句話，只能摘要記下，摘要時很可能摻雜訪問員的意見在內，因此調查的結果可能是受訪者與訪問員的綜合意見，而不單是受訪者的意見（註 7）。

(c) 易發生不合理加權的現象：所得及教育程度較高的人比較能言善道，他們在答覆開放式問題時會提供較長的答案，提供最多的資訊，無形中發生一種不合理的加權現象。

在整理開放題的答案時，通常是由一、二位編輯者先將部分或全部答案瀏覽一遍，決定幾個類別，然後將各題答案併入各類，應避免因編輯者主觀判斷的錯誤而影響結果的正確性。

(2) 選擇題

選擇題提供一些可能的答案，讓受訪者從中選擇其一。譬如：

「你為什麼反對某公司的員工資遣計畫？請在下列你認為合適的理由上打個“√”號。

☐ 違反勞基法及其他相關法規的規定
☐ 未顧及員工的權益，對員工不公平
☐ 影響公司的對外形象
☐ 被資遣員工的家庭生計將遭到困難
☐ 其他（請說明）＿＿＿＿＿＿＿＿」

選擇題應包括所有可能的答案，且應避免重複現象，以免令受訪者有無所適從之感。譬如：

「你每天平均花多少時間看電視節目？

☐ 一小時到二小時

□ 二小時到三小時
□ 三小時到四小時
□ 四小時到五小時」

如果某一答卷者平均每天花半小時看電視，他將不知如何答覆；又若答卷者平均每天看電視的時間正好是三小時，他也不知如何選擇。因此上述問題似可修訂為：

「你每天平均花多少時間看電視節目？

□ 一小時以下
□ 一小時到二小時以下
□ 二小時到三小時以下
□ 三小時到四小時以下
□ 四小時到五小時以下
□ 五小時或以上」

選擇題列舉所有可能的答案，故不會發生研究人員解釋上的偏差，整理及編表工作也比較簡單，是其優點。但問題中所建議的答案可能影響答卷者的選擇。問題中所提示的理由，可能使答卷者認為合理而加以選擇；至於真正的理由，如果問題中未予提示，反而可能被忽略了。此外，各項可能答案出現或排列的順序也可能影響答卷者的選擇；一般言之，排在第一項的答案被選出的機會較大。

(3) 二分題

二分題只有兩種選擇：是或非，贊成或反對，喜歡或不喜歡，應該或不應該等等。譬如：

「你的辦公室有沒有設置電子信箱（e-mail）？ □有 □沒有」
「你贊不贊成某公司的員工資遣計畫？ □贊成 □不贊成」

二分題易於整理編表，答卷者也容易答覆。不過有些問題表面上看起來只有兩種選擇，事實上並非如此，譬如：

「某公司明年會不會到台中設立分公司？ □會 □不會」

這道問題表面上好像只有兩個答案：會或不會。其實不然，因為受訪者可能不能確定是否會設立分公司，只知道可能會（在某些條件下）或可能不會，受訪者甚至可能連會或不會都不知道，因此這道問題的可能答案有五個，即 (1) 會，(2) 不會，(3) 可能會，(4) 可能不會，(5) 不知道。

有些問題雖然只有兩種選擇，但對某些答卷者而言，這兩種選擇並不互相排斥。譬如：

「你是自己開車上班或是搭大眾運輸工具上班？

□自己開車　□搭大眾運輸工具」

有的人有時自行開車上班，有時搭大眾運輸工具上班；在這種情況下最好改用選擇題，或在題目中加上「兩者都有」這項答案。

6. 決定問題的用語

(1) 使用適當用語的重要性

問題的用語必須小心使用，務使受訪者和研究人員對問題的意義有共同的了解，以免造成嚴重的衡量誤差（measurement error）。每一道問題中有關 6W—Who（誰）What（什麼）、Where（何地）、When（何時）、Why（爲何）及 hoW（如何）——之事項必須說明清楚。

相同的問題，但因用語或措辭不同，也可能得到不同的結果。譬如，在一項實驗研究中，研究人員對同一問題設計了兩種不同的用語（註 8）：

1. 您認為美國應允許公開演說反對民主嗎？
2. 您認為美國應禁止公開演說反對民主嗎？

其結果如下：

問題 1		問題 2	
應允許	21%	不應禁止	39%
不應允許	62%	應禁止	46%
沒意見	17%	沒意見	15%
合計	100%	合計	100%

其實「不應禁止」與「應允許」是相同的態度，「應禁止」與「不應允許」也是相同的，但用「應禁止」的措辭可能激起很多人的反感，故比率較「不應允許」爲低。

1967 年在紐約市所做的兩項有關美國轟炸北越的民意調查，因用語不同而得到截然不同的結果（註 9）。

第一項調查問：

「你是否贊同最近將轟炸北越的行動擴大到河內和海防周圍的儲油庫和其他戰略性補給站的決定？」

結果：是　　　　　　66%

　　否或不知道　　　34%

第二項調查問：

「你是否認為美國應該轟炸河內和海防？」

結果：是　　　　　　14%

　　否或不知道　　　86%

(2) 設計問題用語的原則

以下是設計問題用語的一些重要的原則：

(a) 使用簡單的文字：問卷中要儘量使用簡單的文字或用語，避免使用複雜的文字或用語，同時使用的文字或用語應與受訪者的知識水平相一致。譬如，爲小孩設計的問題用語必須比爲大學生設計的用語簡單。

(b) 使用意義明確的文字：問題的用語要儘量避免使用含糊不清的文字。譬如，經常、有時、偶爾、許多、不多等文字，對不同的受訪者可能有不同的意義，使用這些用語時，應明確地界定其意義。

問題的文字對所有受訪者而言，必須只有一個意義。有人建議研究人員應參閱一本好字典和同義字與反義字的字典，並對問題中的每一個字提出以下六個問題（註 10）：

(a) 它的意義是否正是我們的意思？

(b) 它有無其他的意義？

(c) 如果有的話，則該字之上下文是否使其意義明確？

(d) 該字是否有一種以上的發音方式？

(e) 有無發音相似的字可能造成混淆？

(f) 是否可改用更簡單的字或句？

(3) 避免引導性的問題

引導性的問題（leading question）會引導受訪者以某一特定答案作答，它們通常反映研究人員或決策者對問題答案的觀點，會造成衡量誤差。譬如：

「週末或假日時，你通常做什麼休閒活動？看電視或其他活動？」

這是一個可能導致衡量誤差的引導性問題，因爲它可能使受訪者傾向於回答，「看電視」這項答案。爲避免此種誤差，上述問題宜改爲

「週末或假日時，你通常做什麼休閒活動？」

(4) 避免帶有情緒的問題

帶有情緒的問題（loaded question）是指文字或用語中具有情緒性的色彩，或含有社會認同的感覺。譬如，有一家電視臺用 10 秒鐘的時間播出下列的問題，要求觀眾提供對其節目的意見（註 11）：

「當你喜歡第七頻道的節目時，我們很高興；當你不喜歡第七頻道的節目時，我們會不高興。請寫信給我們，讓我們知道你對我們節目的想法。」

由於很少有人想讓人不高興，因此這家電視臺可能只會收到正面或肯定的意見。

(5) 避免隱含的備案

除非有特殊原因，最好將所有與問題相關的備案（alternative）都清楚列出。下面兩道問題是針對非職業婦女的兩份隨機樣本所做有關外出工作態度的調查，其中分別使用的問題（註 12）：

(a) 如果可能的話，妳想要有份工作嗎？
(b) 妳喜歡有份工作，或喜歡只做妳的家事？

這兩道問題表面上看起來非常相似，但卻得到不同的反應。對第一道問題，只有 19% 的受訪者指出她們不想要有份工作；而對第二道問題，則有 68% 的受訪者提到她們不喜歡有份工作。差別在於第二道問題把在第一道問題中隱含的備案明白表達出來。

(6) 避免隱含的假定

問題中應避免有隱含的假定，應將有關的假定事項明確陳述，以免高估受訪者對某一問題的了解程度。譬如：

「你贊成嚴格管制汽車的廢氣排放量嗎？」

各人可能會因對管制措施的後果有不同的假定而有不同的反應。爲避免隱含假定的問題，可把問題改爲：

「如果嚴格管制汽車的廢氣排放量會使汽車售價提高一倍，你贊成採取嚴格的管制措施嗎？」

(7) 避免雙重目的之問題

雙重目的之問題（double-barreled question）是指在同一問題中同時涵蓋若干議題，應儘可能避免。譬如，下列問題就是一道雙重目的之問題：

「搭大眾運輸工具上班和開自用車上班，哪一種比較經濟和方便？」

受訪者對此問題可能不易作答，因爲搭大眾運輸工具上班或許比較經濟，但可能較不方便，而開自用車上班可能正好相反，因此研究人員可能無法從本題的答覆了解受訪者的看法。

7. 決定問題的順序

問卷中問題的先後順序和調查的結果很有關係。在個別問題確定之後，應考慮其排列順序問題：

(1) 第一道問題特別重要，必須一開始就能引起受訪者的興趣和注意，有時爲了達到這個目的，不妨穿插一道或幾道與調查目的無關但有趣的問題作爲開場白。
(2) 前面的幾道問題必須是簡單易答的問題，以培養受訪者的信心，讓他感覺到有能力去回答所有問題。
(3) 考慮前面的問題對下一道問題的可能影響。
(4) 問題的先後應按照一個合理的順序來排列，避免突然改變問題的性質，以免受訪者感到混淆，難以作答。

在決定問題的順序時，問卷的流程圖（flow chart）是非常有用的。圖 7-2 是一則問卷流程圖的例子。利用這種流程圖，可以看清楚問卷的結構，也可使問題的順序合乎邏輯的程序。

8. 決定問卷的編排和外觀

問卷的編排和外觀將影響受訪者對研究的態度和配合的程度。不論是在郵寄問卷調查、人員訪問、電話訪問或網路調查，好的編排可方便訪問員問問題，或方便受訪者填答問卷，而有吸引力的問卷外觀也有助於爭取受訪者的合作，讓受訪者願意用心答覆。

(1) 書面問卷

書面問卷的編排要整齊且有吸引力，給訪問員看的指令要讓訪問員很容易去了解和遵循。如果書面問卷的紙質低劣，印刷不好，可能使受訪者認爲這項調查無足輕重，不值得重視，因此也不值得花時間去回答；相反地，如果紙張好，印刷精美，可能會使受訪者認爲這項研究有價值、有意義而樂於作答。

Business Research Method

```
                    ┌─────────┐
                    │  說　明  │
                    └────┬────┘
                         │
                ┌────────┴────────┐
                │ 上個月你曾惠顧過速 │
                │ 食店嗎？         │
                └────────┬────────┘
                   是 ◇ 否
         ┌──────────┘   └──────────┐
┌──────────────┐              ┌──────────────┐
│ 你惠顧過哪幾家 │              │ 你曾經惠顧過 │
│ 速食店？      │              │ 速食店嗎？   │
└──────┬───────┘              └──────┬───────┘
       │                          否 ◇ 是
┌──────┴───────┐              ┌──────┘    └──────┐
│ 惠顧多少次？  │   ┌──────────────┐              │
└──────┬───────┘   │ 為何從未惠顧速食店？ │        │
       │           └──────┬───────┘              │
┌──────┴───────┐          │              ┌──────────────┐
│ 你為何決定惠顧 │         │              │ 上一次惠顧是 │
│ 這些速食店？  │          │              │ 在什麼時候？ │
└──────┬───────┘          │              └──────┬───────┘
       │                  │                     │
┌──────┴───────┐          │              ┌──────────────┐
│ 你是在店內吃或 │         │              │ 上個月為何不 │
│ 是帶到外面吃？ │         │              │ 到速食店？   │
└──────┬───────┘          │              └──────┬───────┘
  在店內◇帶到外面          │                     │
   ┌───┘  └───┐           │                     │
┌──────────┐ ┌──────────────┐                   │
│在店內吃，你│ │你在車上吃、帶回家│                │
│感覺怎麼樣？│ │吃，或在哪裡吃？ │                │
└─────┬────┘ └──────┬───────┘                   │
      │             │                            │
      └─────────────┴──────┬─────────────────────┘
                    ┌──────┴───────┐
                    │ 下個月你計畫去惠顧 │
                    │ 速食店嗎？        │
                    └──────┬───────┘
                           │
                    ┌──────┴───────┐
                    │  分　類　資　料  │
                    └──────────────┘
```

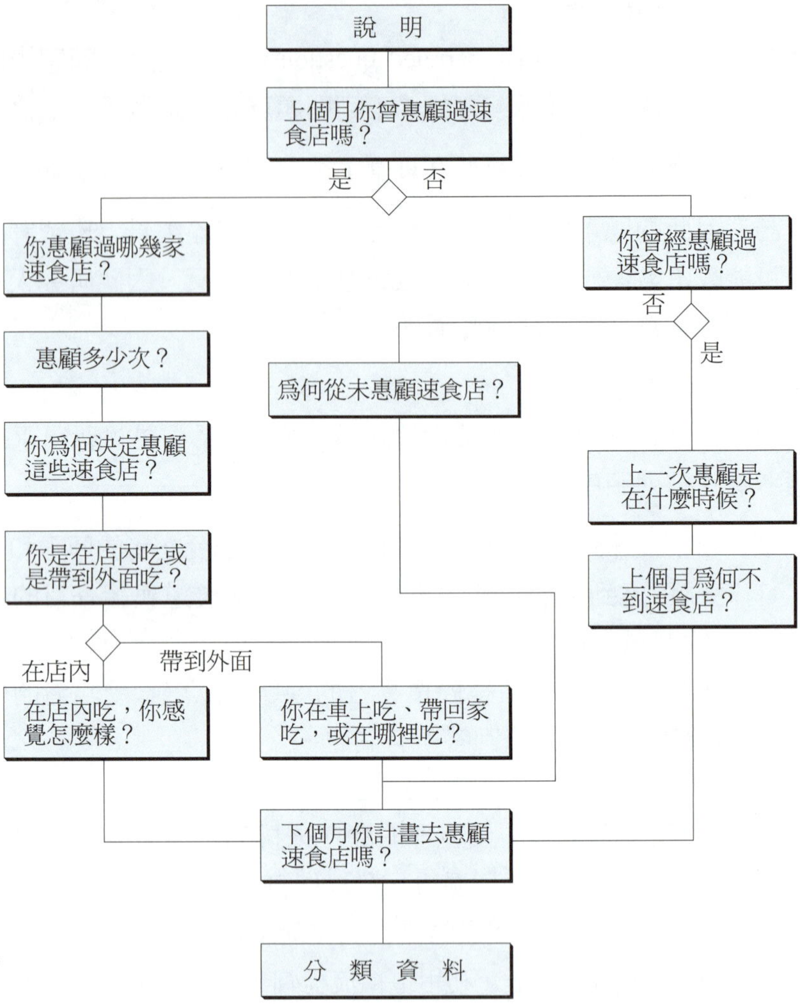

資料來源：T. Kinnear and J. Taylor, *Marketing Research: An Applied Approach*, 5th ed (New York: McGraw-Hill, 1996), p.372。

圖 7-2　問卷流程圖

　　如果問卷的頁數超過一頁，每頁都應編號，便於檢查問卷是否齊全；同樣地，問卷中的問題也要依序編號，以防止在整理結果及編表時發生錯誤。

　　問卷的大小應適中，太大或太小都不適宜，其大小應考慮到攜帶、分類、存檔或郵寄的方便。問卷應有足夠的空間供填寫答案之用，如果是採用開放式問題，此點尤應注意。問卷版面的佈局應很清楚，使訪問員容易依序發問，也使答卷者容易依序作答，不至發生錯誤和不便。附錄 7-1 是一項人員訪問調查使用的問卷，附錄 7-2 是一項電話訪問使用的問卷。

(2) 網路問卷

對放在網際網路上的問卷，編排也是很重要的。網路問卷的編排應使受訪者容易閱讀和容易填答。利用電腦軟體的製圖功能，研究人員可對展現在電腦螢幕上的背景、顏色、字體、動畫及其他視覺上的特色用心設計，俾能在受訪者（電腦使用者）和線上調查兩者間創造一個有吸引力和容易使用的介面，讓受訪者只要在適當的答案上按下鍵盤，而不用打字輸入答案。附錄 7-3 是一項線上調查中所使用的網路問卷。

有時候，因問卷設計者的電腦螢幕構形和受訪者不同，會導致問卷中的問題不能完整出現在受訪者的電腦螢幕上，或問卷的排列亂了，使得受訪者無法或不容易看到問卷的全貌。這種情形應特別注意，並加以改善。

受訪者在填答書面問卷時，可以知道整份問卷的長度。但在填答網路問卷時，常常不知道問卷有多長。因此，如果網路問卷較長的話，讓受訪者知道問卷的長度並隨時讓受訪者知道他已填答完成的比例，會讓受訪者比較樂意去填答完成整份問卷。

9. 預試及修訂

在問卷設計完成之後，正式調查展開以前，應先加以預試，以發覺問卷的缺點，改善問卷的品質。第一次預試最好採用人員訪問法，俾能直接了解受訪者的反應和態度，如果將來正式調查時是利用郵寄或電話訪問的方式，則以後的預試可採郵寄或電話訪問法，以發覺在特定的訪問方式下可能發生的問題，及早謀求解決之道。

通常每次預試的人約十至二十人左右，唯預試時的樣本與正式調查時的樣本（受訪者）在某些重要特徵方面應力求相似。預試時應儘可能利用第一流的訪問員，只有那些經驗豐富能力高強的訪問員，才能夠看出受訪者對問卷的微妙態度和反應。

經過預試之後，常要更改問題的用語字句，使問題的意義更為明確清晰，改變問題的先後順序，甚至要增加或刪除一些問題。預試通常只做一次就夠了，唯在某些情況下，必須一做再做，直到問卷令人滿意為止。根據預試的結果修訂問卷，如果沒有再修訂的必要，即可最後定稿並付印。

7-2 觀察表格

利用觀察法蒐集初級資料時，研究人員應事先準備觀察表格供觀察員記錄觀察結果之用。觀察表格的設計通常較問卷設計單純，因為在設計觀察表格時，研究人員不用去顧慮問題的用語、次序和問問題的方式對受測者反應的影響。如果採用機械觀察的話，觀察表格的設計更是非常單純。研究人員只要決定什麼是要去觀察的事項以及行爲的類別或單位，通常就能設計出一份適用的觀察表格。

觀察表格的設計應力求簡單，儘量讓觀察員能用簡單的打勾來記錄觀察結果。觀察表格在正式定案之前，最好能先做預試，然後依據預試的結果修改原設計的觀察表格。附錄 7-4 是一份評估銀行員工服務表現的觀察表格。

摘　要

在利用訪問法蒐集資料時，常須依據研究目的及實際情況，設計一份適用的問卷。設計問卷的步驟大致如下：(1) 列舉所要蒐集的資訊，(2) 決定訪問的型態，(3) 決定訪問的方式，(4) 決定個別問題的內容，(5) 決定問題的形式，(6) 決定問題的用語，(7) 決定問題的先後順序，(8) 決定問卷的編排和外觀，(9) 預試及修訂。

利用觀察法蒐集初級資料時，常須設計一份適用的觀察表格。觀察表格的設計雖比問卷設計單純，但仍須用心設計。

附　註

註 1：Donald Warwick and Charles Lininger, *The Sample Survey: Theory and Practice* (New York: McGraw-Hill, 1975), p.127。

註 2：William Zikmund, et al., *Business Research Methods*, 8th ed. (South-Western, 2010), p.336。

註 3：T. Kinnear & J. Taylor, *Marketing Research: An Applied Approach,* 5th ed. (New York: McGraw-Hill, 1996), pp.354-355。

註 4：William Zikmund, *Exploring Marketing Research*, 8th ed. (South-Western, 2003), p.370。

註 5：H. Boyd, Jr. R. Westfall and S. Stasch, *Marketing Research,* 7th ed. (Homewood, Ill: Richard Irwin, 1991), pp.275-276。

註 6：同註 2, p.339。

註 7：同註 2, p.339。

註 8：Donald Rugg, “Experiments in Wording Questions: II,” *Public Opinion Quarterly*

(March 1941), pp.91-92。

註 9：Leo Bogart, “No Opinion, Don’t Know and Maybe No Answer,” *Public Opinion Quarterly* (Fall 1967)。

註 10：S. L. Payne, *The Art of Asking Questions* (Princeton, N.J.: Princeton Univ. Press, 1951), p.41。

註 11：同註 4, pp.372-373。

註 12：Gilbert Churchill, Jr. and Dawn Iacobucci, *Marketing Research: Methodological Foundations,* 8th ed. (Mason, Ohio: South-Western, 2002), pp.342-343。

附 7-1 人員訪問問卷實例

（手機調查問卷）

您好：我是○○市場研究公司的訪問員，現在正在進行一項有關於手機的消費行爲研究，耽誤您一些時間，接受我們的訪問，問卷結束後，我們會贈送一份精美禮物答謝您。

過濾題

S1. 性別：(1:1)　1. ○男性　2. ○女性

S2. 年齡：(1:1:1)　1. ○20～24 歲　2. ○25～29 歲　3. ○30～35 歲

S3. 職業：(1:1)　1. ○上班族　2. ○學生（含兼職學生）

S4. 請問您更換手機的頻率大約如何？（平均多久會更換一次手機）
1. ○一年以內
2. ○一年以上…………………………………… 停止訪問

S5. 請問您個人或同住在一起的家人是否有人從事「手機」買賣或維修等相關工作？
1. ○沒有
2. ○有…………………………………………… 停止訪問

正式問卷

Q1. 請問手機在您的生活中扮演的角色是什麼？

（不提示）

（提示）：我提示以下六句，請您照認同程度排序前三名：
1. (　) 手機外型很重要，就像是配件之一
2. (　) 手機代表個人品味和風格
3. (　) 手機應具備遊戲娛樂的功能
4. (　) 有手機我隨時可以上網
5. (　) 我喜歡手機功能很多樣
6. (　) 手機只是通話工具功能，不必太複雜

Q2. （未提示）您聽到行動電話手機，第一個會聯想到什麼品牌？（塡數字）還有嗎？（直接勾選）

1. (　) 華碩〔ASUS〕	9. (　) 國際〔Panasonic〕
2. (　) 摩托羅拉〔Motorola〕	10. (　) 三洋〔SANYO〕
3. (　) 諾基亞〔Nokia〕	11. (　) BENQ
4. (　) 索尼易利信〔Sony Ericsson〕	12. (　) DBTEL
5. (　) OK WAP	13. (　) G. PLUS
6. (　) 三星〔Samsung〕	14. (　) 樂金〔LG〕
7. (　) 阿爾卡特〔ALCATEL〕	15. (　) 其他（註明）＿＿＿＿
8. (　) 西門子〔Siemens〕	16. (　) 不知道

Q2-1. （未提示）如果您現在要買手機，您心目中理想的品牌是？其次呢？第三呢？

1. (　) 華碩〔ASUS〕	9. (　) 國際〔Panasonic〕
2. (　) 摩托羅拉〔Motorola〕	10. (　) 三洋〔SANYO〕
3. (　) 諾基亞〔Nokia〕	11. (　) BENQ
4. (　) 索尼易利信〔Sony Ericsson〕	12. (　) DBTEL

5. (　) OK WAP
6. (　) 三星〔Samsung〕
7. (　) 阿爾卡特〔ALCATEL〕
8. (　) 西門子〔Siemens〕
13. (　) G. PLUS
14. (　) 樂金〔LG〕
15. (　) 其他（註明）＿＿＿＿＿＿＿＿
16. (　) 不知道

Q3. 若您現在要購買手機，您較可以接受的預算範圍是多少？（指空機，不綁門號）
1. ○3,000 元（含）以下
2. ○3,001 元～6,000 元
3. ○6,001 元～9,000 元
4. ○9,001 元～12,000 元
5. ○12,001 元～15,000 元
6. ○15,000 元以上

Q4. 您覺得手機功能中，哪些功能較會吸引您？（提示，挑選前三名並排序）
1. (　　) 攝影照相
2. (　　) 遊戲軟體
3. (　　) 和絃鈴聲
4. (　　) MMS
5. (　　) PDA
6. (　　) MP3
7. (　　) 上網
8. (　　)
9. (　　)
10. (　　)

Q5. 購買手機時，您會預先想好買哪一個牌子嗎？
1. ○會預設品牌：而且固定一個品牌
2. ○會預設品牌：從 2～3 個品牌中挑選
3. ○會預設品牌：預設的品牌超過 4 個以上
4. ○不會預設品牌，只要是喜歡的手機都可以接受
5. ○其他 （註明）＿＿＿＿＿＿＿＿

現行手機

Q6. 請問您目前最常使用的手機品牌是？＿＿＿＿，其他呢？＿＿＿＿、＿＿＿＿
（填寫代號，同 Q2 的答項）

〔Q7～Q11 均針對 Q6 目前最常用的手機〕

Q7. 請問您當初選購這支手機的訊息來源是？〔複選題〕
1. □電視廣告／報導
2. □報紙廣告／報導
3. □雜誌廣告／報導
4. □收音機廣告／報導
5. □網路廣告／報導
6. □公車廣告
7. □傳單DM／店面海報
8. □通訊器材行
9. □戶外廣告／看板
10. □手機銷售業務人員
11. □親友、同事
12. □展覽會
13. □向系統業者查詢（如中華電信，遠傳電信……）
14. □促銷活動
15. □其他（註明）

Q8. 購買地點是哪裡？
1. ○3C 連鎖賣場
2. ○各個品牌的專賣店（如 Nokia、Motorola……等）
3. ○連鎖通訊行（如全虹、震旦行……等）
4. ○一般通訊行（非連鎖）
5. ○連鎖電器行（上新聯晴、全國電子……等）
6. ○量販店
7. ○百貨公司
8. ○網路上
9. ○其他通路（註明）＿＿＿＿＿＿＿＿

Q9. 請問您當初購買這支手機的考慮因素有哪些？

（不提示）

（提示）（複選）

1. □收訊品質
2. □價格
3. □親友推薦
4. □廣告吸引人（包括喜歡代言人）
5. □品牌與知名度
6. □外觀造型
7. □型式（如滑蓋、摺疊、旋轉式）
8. □待機時間（通話時間）
9. □售後服務
10. □耐久性、實用性
11. □輕薄短小
12. □螢幕大小
13. □操作簡單
14. □促銷活動／優惠折扣
15. □功能較多
16. □其他（註明）

Q10. 請問您最後決定購買目前所使用手機的關鍵因素是什麼？〔單選〕
________（填寫 Q9 的答項）

Q11. 請問您對目前所使用手機的滿意程度是？
1. ○非常不滿意
2. ○不滿意
3. ○普通
4. ○滿意
5. ○非常滿意

（1-5 的原因）

Q12. 請問您知道以下品牌的手機嗎？（可同時檢查 Q2）

1. Nokia	1.○知道	2.○不知道
2. BenQ	1.○知道	2.○不知道
3. ASUS －發音與拼字	1.○知道	2.○不知道
4. 華碩	1.○知道	2.○不知道
5. 請問您知道 ASUS 就是華碩嗎？	1.○知道	2.○不知道

針對 Q12 知道的品牌

Q13. 請問您對下列手機品牌的印象爲何？若您沒使用過也沒關係，只要依照您平時的印象直覺回答。
（1 分是最不認同，2 分是不太認同，3 分是普通，4 分是有點認同，5 分是非常認同）
——若無法回答，可以塡 0 分）

項　目	品牌 1	品牌 2	品牌 3
1. 品牌形象佳			
2. 手機有質感			
3. 具有科技感、專業性			
4. 外觀流行、造型好看			
5. 著重實用性／耐用性			
6. 售後服務好			
7. 收訊品質佳			
8. 廣告令人印象深刻			
9. 功能多			
10. 操作簡單人性化			

知道＿＿＿品牌手機者

Q14. 請問您知道＿＿＿品牌系列手機的訊息來源是？〔複選題〕

1. □電視廣告／報導
2. □報紙廣告／報導
3. □雜誌廣告／報導
4. □收音機廣告／報導
5. □網路廣告／報導
6. □公車廣告
7. □傳單DM／店面海報
8. □通訊器材行
9. □戶外廣告／看板
10. □手機銷售業務人員
11. □親友、同事
12. □展覽會
13. □向系統業者查詢（如中華電信，遠傳電信……）
14. □促銷活動
15. □其他（註明）＿＿＿＿＿＿＿＿

Q15. 請問您喜不喜歡＿＿＿品牌這個手機品牌？爲什麼？

1. ○非常不喜歡
2. ○不太喜歡
3. ○普通
4. ○有點喜歡
5. ○非常喜歡

（1-5 的原因）

Q16. 您覺得＿＿＿品牌系列手機有哪些特色或功能？

（不提示）

提示功能	Q16-1 知道有這個功能嗎？		Q16-2 對您有吸引力嗎？（不知道功能者也要問）	
1. 外螢幕大	1. ○知道	2. ○不知道	1. ○有吸引力	2. ○沒吸引力
2. 鋁合金霧面外殼	1. ○知道	2. ○不知道	1. ○有吸引力	2. ○沒吸引力
3. 體積超小	1. ○知道	2. ○不知道	1. ○有吸引力	2. ○沒吸引力
4. 超大果凍按鍵，操作方便	1. ○知道	2. ○不知道	1. ○有吸引力	2. ○沒吸引力

無使用品牌者

Q17. 請問您當初購買現在這支手機時，是否有將＿＿＿品牌列爲考慮？

1. ○有考慮，爲什麼？＿＿＿＿＿＿＿＿＿＿＿＿＿＿
2. ○沒有考慮，爲什麼？＿＿＿＿＿＿＿＿＿＿＿＿＿

1. 訪問地區：① ○臺北地區	② ○高雄地區	
貴姓或大名：＿＿＿＿＿＿＿＿	聯絡電話：＿＿＿＿＿＿＿＿	
訪員：	督導：	日期：

以下訪問員請勿填寫：

QC 項目	QC 結果	簽字
a. 過濾正確 b. Close 題 c. Open 題 d. 跳題	A. 問卷 OK B. 問卷補做 C. 問卷重做	QC 員： Key In 員：

資料來源：聯廣公司。

附7-2 電話訪問問卷實例

(電視廣告效果調查問卷)

您好，我是○○市場調查公司的電話訪問員，現在正在進行一項電視廣告的調查研究，請問25-44 歲的老闆在嗎？可以接受我們簡短的訪問嗎？謝謝！

Area. 地區 □1. 北 □2. 中 □3. 南

Age. 年齡 □1. 25-29 歲 □2. 30-34 歲 □3. 35-39 歲 □4. 40-44 歲

Edu. 教育程度 □1. 國中及以下──(謝謝您，為了研究的客觀性，無法訪問您，希望下次還有機會，抱歉打擾了)
□2. 高中(職) □3. 專科 □4. 大學及以上

過濾題

S1. 請問您自己本身是不是(自己開店的老闆)自營商？
- □ 1. 是 ── (續問 S2)
- □ 2. 不是 ── (謝謝您，為了研究的客觀性，無法訪問您，希望下次還有機會，抱歉打擾了)

S2. 請問您半年內有沒有接受過類似的訪問？
- □ 1. 有 ── (謝謝您，為了研究的客觀性，無法訪問您，希望下次還有機會，抱歉打擾了)
- □ 2. 沒有 ── (續問 S3)

S3. 請問您或您的家人是否有在汽車公司／廣告公司／市調行銷顧問公司上班？
- □ 1. 有 ── (謝謝您，為了研究的客觀性，無法訪問您，希望下次還有機會，抱歉打擾了)
- □ 2. 沒有 ── (開始正式問題)

【正式問題】

Q1. 請問一提到商用車，您第一個會想到哪一個牌子的商用車？(單選，不提示)

Q2. 您還會想到哪些牌子的商用車？(複選，不提示)

Q3. 請問您最近三個月內看過哪些商用車的廣告？(單選，不提示，第一提及請註明)

Q4. 您最近三個月內還看過哪些商用車的廣告？(複選，不提示)

品　牌	Q1 第一提及知名	Q2 知名度	Q3 第一提及廣告	Q4 廣告接觸度
01. 中華／三菱商用車 MITSUBISHI	01	01	01	01
02. 中華／三菱 威利 MITSUBISH VARICA	02	02	02	02
03. 中華／三菱 堅達 MITSUBISHI CANTER	03	03	03	03
04. 中華／三菱 得利卡 MITSUBISHI DELICA	04	04	04	04
05. 中華／三菱 菱利 MITSUBISHI VERYCA	05	05	05	05
06. 中華／三菱 MITSUBISHI FREECA	06	06	06	06
07. 中華／三菱 MITSUBISHI SPACE GEAR	07	07	07	07
08. 豐田 TOYOTA	08	08	08	08
09. 豐田 瑞獅 TOYOTA ZACE	09	09	09	09
10. 福特 FORD	10	10	10	10
11. 福特 好幫手 FORD PRONTO/PRZ	11	11	11	11
12. 福特 FORD WINDSTAR	12	12	12	12
13. 福特 載卡多	13	13	13	13
14. 裕隆(日產)NISSAN	14	14	14	14
15. 裕隆(日產)勁勇	15	15	15	15
16. 裕隆(日產)好馬	16	16	16	16
17. 裕隆(日產)福滿多	17	17	17	17

18. 裕隆（日產）NISSAN QUEST	18	18	18	18
19. 本田 HONDA	19	19	19	19
20. 本田 HONDA CR-V	20	20	20	20
21. 馬自達 MAZDA	21	21	21	21
22. 馬自達 MAZDA BONGO	22	22	22	22
23. 福斯 VOLKSWAGEN	23	23	23	23
24. 福斯 VOLKSWAGEN T4/CARAVELLE	24	24	24	24
25. 鈴木 SUZUKI	25	25	25	25
26. 鈴木好伙伴 SUZUKI CARRY 1.3（轎卡）	26	26	26	26
27. 鈴木 SUZUKI EVERY 1.3（廂型）	27	27	27	27
28. 五十鈴 ISUZU	28	28	28	28
29. 五十鈴 一路發 ISUZU ELF	29	29	29	29
30. 五十鈴 福豹 ISUZU PANTHER	30	30	30	30
31. 速霸陸／大慶 SUBARU	31	31	31	31
32. 速霸陸／大慶 金福相 SUBARU ESTROTO	32	32	32	32
33. 雷諾 紅龍	33	33	33	33
96. 其他（請註明）__________	96	96	96	96
99. 不知道／忘記	99	99	99	99

Q5. 請問您有沒有聽過下列的商用車？（循環提示，可複選）

Q6. 請問您最近三個月內有沒有看過下列商用車的電視廣告？（循環提示，可複選）

PS：Q5 及 Q6 提示的品牌待提供（以近期內亦有廣告播出的品牌為主）

品　牌	Q5 提示品牌（複選）	Q6 提示廣告品牌（複選）
1. 中華／三菱商用車 MITSUBISH	01	01→續問 Q7A
2. 豐田 瑞獅 TOYOTA ZACE	02	02
3. 福特好幫手 FORD PRONTO / PRZ	03	03
89. 都沒聽過	89	89

《Q6 中若有看過 xxx的廣告則續問 Q7A，否則跳問 Q8A》

Q7A. 請您描述您所看到的廣告內容有哪些？（看到什麼？說些什麼？還有沒有？）

Q7B. 請問您覺得這支廣告片主要想告訴我們什麼？還有沒有？（如果回答推銷產品，請繼續追問除了推銷產品之外，還想表達什麼？）

Q8A. 現在讓我告訴您一個汽車廣告的一些片段和內容，在我唸完之後， 請您告訴我有沒有看過這支廣告？畫面一開始××××××××××

☐ 1. 有——Q8B. 請問您知道這支廣告是哪一個牌子商用車的廣告嗎？

☐ 1. ××××　　☐ 2.××××××

☐ 96. 其他（請將答案記錄在答案紙上）　　☐ 99. 不知道，忘記

☐ 2. 沒有——跳問背景資料

Q8C. 請問您覺得這支廣告片令你印象最深刻的部分是什麼？

____

Q8D. 請問您覺得這支廣告片主要想告訴我們什麼？還有沒有？（如果回答推銷產品，請繼續追問除了推銷產品之外，還想表達什麼？）

____

Q9A. 整體來說，您喜不喜歡這支廣告片？
□ 1. 非常不喜歡　□ 2. 不喜歡　□ 3. 普通　□ 4. 喜歡　□ 5. 非常喜歡
Q9B. 為什麼？
____

Q10A. 請問您想不想再看這支廣告片？
□ 1. 一點也不想　□ 2. 不想　□ 3. 普通　□ 4. 想　□ 5. 非常想
Q10B. 為什麼？
____

Q11A. 假設您有購車意願，請問您看過這支廣告後會不會到展示間看這個牌子的車？
□ 1. 一定不會　□ 2. 不會　□ 3. 不一定　□ 4. 會　□ 5. 一定會
Q11B. 為什麼？
____

【背景資料】

Mary. 請問您目前是已婚還是未婚呢？　□ 1. 已婚　□ 2. 未婚
Own. 請問您目前有沒有商用車？
□ 1. 有⇒B1. 請問是什麼廠牌、車款？用 List (1)________ (2)________
□ 2. 沒有⇒續問 ZOcc

Occ. 請問您目前的行業？________________

Music. 請問您平時喜歡的臺語歌曲有哪些呢？________________

Music. 請問您平時喜歡的臺語歌手有哪些呢？________________

訪問時間：94 年 10 月____日　上午／下午／晚上____點____分

受訪者電話：__________　姓名：__________　訪問員：__________

資料來源：聯廣公司。

附 7-3 線上調查問卷實例

（韓劇與韓國觀光吸引力）

您好：

這是一份學術性研究問卷，目的在了解韓國的觀光吸引力以及國人赴韓國旅遊的動機。本問卷採不記名方式，所有的資料僅供學術研究，個別資料不會對外公開，請安心作答。您的寶貴意見將是本研究成功的關鍵，在此衷心感謝您的協助。敬祝

身體健康　萬事如意

計畫主持人黃俊英　　研究助理林育珊　敬上

【第一部分】篩選樣本	
1. 請問您過去半年內有沒有收看韓劇？	○有，而且經常收看（至少每星期看一次） ○有，但是不常收看 ○沒有
2. 請問您平均一星期約花多久時間收看韓劇？	○不看　○1 小時以內　○2 小時以內 ○3 小時以內　○4 小時以內 ○4 小時或以上
3. 請從下列挑選您最喜愛的一部韓劇？	○冬季戀歌　○All In　○藍色生死戀 ○夏日香氣　○浪漫滿屋　○大長今 ○巴黎戀人　○天國的階梯　○悲傷戀歌 ○對不起我愛你　○其他
4. 過去五年內是否去過韓國旅遊？	○去過 ○沒去過，但是想去 ○沒去過，也不會想去（請跳到【第四部分】作答）
5. 是否因爲喜愛的韓劇而去或想去韓國？	○是　○不是

【第二部分】下列是使韓國具有觀光吸引力的可能因素，請問您認爲各項因素的重要性如何？	
1. 韓劇拍攝場景	○一點都不重要　○不重要　○普通　○重要　○非常重要
2. 韓劇主角／角色	○一點都不重要　○不重要　○普通　○重要　○非常重要
3. 韓劇動人的劇情	○一點都不重要　○不重要　○普通　○重要　○非常重要
4. 容易到達	○一點都不重要　○不重要　○普通　○重要　○非常重要
5. 當地的美食	○一點都不重要　○不重要　○普通　○重要　○非常重要
6. 一流的飯店	○一點都不重要　○不重要　○普通　○重要　○非常重要
7. 公共交通便利	○一點都不重要　○不重要　○普通　○重要　○非常重要
8. 增加知識的機會	○一點都不重要　○不重要　○普通　○重要　○非常重要
9. 博物館／美術館	○一點都不重要　○不重要　○普通　○重要　○非常重要
10. 表演／劇場	○一點都不重要　○不重要　○普通　○重要　○非常重要
11～38 項（略）	

【第三部分】 下列是人們選擇去韓國或想去韓國旅遊的可能原因。對您而言，這些原因的重要性如何？					
1. 遠離每天的例行生活	○一點都不重要	○不重要	○普通	○重要	○非常重要
2. 釋放工作壓力	○一點都不重要	○不重要	○普通	○重要	○非常重要
3. 休息／放鬆	○一點都不重要	○不重要	○普通	○重要	○非常重要
4. 體驗不同的生活型態	○一點都不重要	○不重要	○普通	○重要	○非常重要
5. 學習新事物並增加知識	○一點都不重要	○不重要	○普通	○重要	○非常重要
6. 娛樂且有樂趣	○一點都不重要	○不重要	○普通	○重要	○非常重要
7. 喜歡享受	○一點都不重要	○不重要	○普通	○重要	○非常重要
8. 到安全的地方旅遊	○一點都不重要	○不重要	○普通	○重要	○非常重要
9. 自在地照著感覺行動	○一點都不重要	○不重要	○普通	○重要	○非常重要
10. 勇敢且愛冒險刺激	○一點都不重要	○不重要	○普通	○重要	○非常重要
11～30 項（略）					

【第四部分】個人基本資料	
1. 性別	○男 ○女
2. 年齡	○18 歲以下 ○18～35 歲 ○36～50 歲 ○50 歲以上
3. 婚姻狀況	○未婚 ○已婚 ○離婚 ○喪偶
4. 教育程度	○高中職或以下 ○大專畢業 ○研究所畢業
5. 月收入	○新臺幣 20,000 元以下 ○20,000～39,999 元 ○40,000～59,000 元 ○60,000～79,000 ○80,000 元以上
6. 職業	○軍警公教 ○工商企業 ○自由業（律師、會計師、醫師、專業技師等職業） ○農林漁牧 ○學生 ○退休 ○無業 ○其他

問卷到此全部結束，請再次檢查是否有漏答之處，非常感謝您的協助！另外，我們將提供 7-11 禮卷讓填寫問卷者抽獎，請留下您的 E-mail。

E-mail：____________________

送出問卷

附7-4 觀察表格實例

（評估銀行員工服務表現的觀察表）

觀察員扮成客戶進行觀察

銀行名稱＿＿＿＿＿＿＿＿

日期＿＿＿＿＿ 時間＿＿＿＿＿ 客戶姓名＿＿＿＿＿＿

交易性質：☐親自 ☐電話

（進行方式）

詳細內容＿＿＿＿＿＿＿＿＿＿＿＿＿＿＿＿＿＿＿＿＿＿＿＿＿＿＿＿

＿＿＿＿＿＿＿＿＿＿＿＿＿＿＿＿＿＿＿＿＿＿＿＿＿＿＿＿

＿＿＿＿＿＿＿＿＿＿＿＿＿＿＿＿＿＿＿＿＿＿＿＿＿＿＿＿

A、親自交易

銀行行員姓名＿＿＿＿＿＿＿＿＿＿＿＿＿＿＿＿＿＿＿＿＿＿＿＿＿＿

如何取得該行員姓名？ ☐胸前名牌
☐桌上或櫃台的名牌
☐我必須親自詢問
☐其他行員告知
☐其他＿＿＿＿＿＿＿＿＿＿＿＿＿＿＿＿＿＿＿＿

＿＿＿＿＿＿＿＿＿＿＿＿＿＿＿＿＿＿＿＿

B、電話交易

銀行行員姓名＿＿＿＿＿＿＿＿＿＿＿＿＿＿＿＿＿＿＿＿＿＿＿＿＿＿

如何取得該行員姓名？ ☐行員接聽電話時報出姓名
☐其他行員告知
☐我必須親自詢問
☐行員在電話交談中告知
☐其他＿＿＿＿＿＿＿＿＿＿＿＿＿＿＿＿＿＿＿＿

＿＿＿＿＿＿＿＿＿＿＿＿＿＿＿＿＿＿＿＿

C、顧客關係技巧	是	否	不適用
1. 該行員是否注意到你並立即招呼你？	☐	☐	☐
2. 該行員是否微笑並愉悅地談話？	☐	☐	☐
3. 該行員是否迅速接聽電話？	☐	☐	☐
4. 該行員是否知道你的姓名？	☐	☐	☐
5. 在交易進行中該行員是否稱呼過你的姓名？	☐	☐	☐
6. 該行員是否請你就坐？	☐	☐	☐
7. 該行員是否對你有幫忙？	☐	☐	☐
8. 該行員的桌子或工作範圍是否整齊並井然有序？	☐	☐	☐
9. 該行員是否展現出對你作爲一位顧客的真誠服務？	☐	☐	☐
10. 該行員是否感謝你的惠顧光臨？	☐	☐	☐
11. 該行員是否熱切地支持該銀行和其服務？	☐	☐	☐
12. 該行員是否有效地處理突發的打擾？（如接聽電話等）	☐	☐	☐

請就交易進行中任何值得特別注意的正面或負面的詳細情況加以評論。

＿＿＿＿＿＿＿＿＿＿＿＿＿＿＿＿＿＿＿＿＿＿＿＿＿＿＿＿＿＿＿＿

＿＿＿＿＿＿＿＿＿＿＿＿＿＿＿＿＿＿＿＿＿＿＿＿＿＿＿＿＿＿＿＿

＿＿＿＿＿＿＿＿＿＿＿＿＿＿＿＿＿＿＿＿＿＿＿＿＿＿＿＿＿＿＿＿

＿＿＿＿＿＿＿＿＿＿＿＿＿＿＿＿＿＿＿＿＿＿＿＿＿＿＿＿＿＿＿＿

＿＿＿＿＿＿＿＿＿＿＿＿＿＿＿＿＿＿＿＿＿＿＿＿＿＿＿＿＿＿＿＿

D、銷售技巧	是	否	不適用
1. 該行員確定你在該銀行是否有任何帳戶？	□	□	□
2. 為獲得你的相關資料，該行員是否使用開放的問題？	□	□	□
3. 該行員是否注意聆聽你所說的話？	□	□	□
4. 該行員是否告知該銀行能為你提供的服務項目，俾向你推銷該銀行的服務？	□	□	□
5. 在你詢問某項服務項目後，該行員是否要求你採用該項服務？	□	□	□
6. 該行員是否要求你與該銀行建立往來業務？	□	□	□
7. 該行員是否要求你再來該銀行時同樣再與他（她）接洽？	□	□	□
8. 結束交易時，該行員是否詢問你有無任何問題或是否了解銀行服務？	□	□	□
9. 該行員是否給你其他有關服務項目的冊子？	□	□	□
10. 該行員是否給你他（她）的名片及電話？	□	□	□
11. 該行員是否說明日後他們會以電話、卡片或信函和你保持聯繫？	□	□	□
12. 該行員是否要求你開戶或使用其他的服務項目？	□	□	□

若曾提及以下業務，請打勾

□儲蓄帳戶
□支票帳戶
□自動存款
□Mastercharge
□MasterChecking
□保險箱
□貸款業務
□信託業務
□貸款自動轉帳
□銀行營業時間
□其他______________

請就該行員銷售技巧的整體效果加以評論。

____
____
____
____

資料來源：Dawn Iacobucci and Gilbert Churchill, Jr., *Marketing Research: Methodological Foundations,* 10th ed. (South-Western, 2010), pp.227-228。

第八章

實驗設計

在企業研究中，經常會看到有人利用敘述性研究的結果來推論變數與變數間的因果關係。事實上利用敘述性研究來建立變數間的因果關係是不適當的，因爲它們並未提供推論因果關係是否存在所必須的**控制**。要推論變數間的因果關係時，必須利用因果設計——實驗設計。

8-1 實驗法的性質

一般言之，實驗法是指在控制的情況下操縱一個或以上的變數，以明確地測定這些變數之效果的研究程序。爲了實驗的目的，實驗者通常要設法創造一種**假造的或人為的**情況，俾能取得所需的特定資訊，並正確地衡量取得的資訊。假造性或人爲性是實驗法的要素，它使研究者對所要研究的因素或變數有較多的控制，能有計畫地變動某一變數的數值，觀察並記錄其對另一變數的影響，從而了解任何二項變數間的因果關係。

8-1-1 現場實驗法 vs 實驗室實驗法

實驗法有現場實驗法（field experiment）和實驗室實驗法（laboratory experiment）之分：**現場實驗法**是由實驗者在儘可能小心控制的條件下，在一真實的狀況中操縱一個或以上的獨立變數（實驗變數）（註 1）；而**實驗室實驗法**則是將研究工作加以孤立，使之脫離正常活動的常規，然後在嚴格控制的條件下操縱一個或以上的獨立變數，使實驗者能夠在其他有關變數的變異最小的狀況下，觀察和衡量被操縱的獨立變數（實驗變數）對相依變數（準則變數）的影響。

現場實驗法，因係實地在現場進行，易於維持實驗的外部效度（external validity），但難免喪失一些內部效度（internal validity）；實驗室實驗法正好相反，因爲係在實驗室中實施，對有關變數可嚴格控制，故易於保持實驗的內部效度，但難以維持其外部效度。

8-1-2 實驗組和控制組

在實驗設計時，爲了正確衡量實驗變數的效果，常將實驗單位劃分成控制組（control group）和實驗組（experimental group）兩部分。

控制組的單位是不接受實驗變數的單位，我們只在實驗的過程中觀察並記錄其相依變數數值的變化情形。由於控制組的單位不受實驗變數的影響，因此我們可假定控制組之相依變數數值的任何變動都非來自實驗變數的效果。

實驗組的單位是接受實驗變數的單位，在接受實驗變數之後，實驗組的相依變數數值可能會有所變動，但這些變動不一定能代表實驗變數的效果，實驗變數以外的許多外在因素也可能使相依變數的數值發生變動。

譬如，我們想測定減價對銷售量的效果，選擇某地區的幾家商店爲實驗單位，實施減價，結果發覺減價後銷售量果然增加了，從原來的 Y_1 增加到 Y_2。我們能就此下結論說：減價的效果爲 $Y_2 - Y_1$ 嗎？很顯然是不能的，因爲銷售量之增加（或少）除了可能受到減價的影響外，還可能受到許多其他因素（如經濟情況、廣告活動、競爭品牌的行銷活動等）的影響。因此 $Y_2 - Y_1$ 是這些可能影響銷售量之所有因素的總效果，並非只是減價的效果。

如前所述，我們假定控制組之相依變數數值的任何變動都是實驗變數以外之其他外在因素的效果，因此可以控制組來孤立外在因素的影響，從而正確測定實驗變數的效果，這也正是設置控制組的目的。譬如，我們可在同一地區或相似地區找幾家商店作爲控制組，不讓他們減價，然後觀察並記錄它們在實驗期間銷售量的變動，假設控制組商店的銷售量也增加了，從 Y_1' 增加到 Y_2'，則 $Y_2' - Y_1'$ 可視爲外在因素的效果。

比較控制組和實驗組的變動情形，我們即可獲知實驗變數的效果。如用數學式子來說明：

設　E：實驗變數的效果

　　N：非實驗變數（即外在因素）的效果

已知　$E + N = Y_2 - Y_1$　（實驗組）

　　$N = Y_2' - Y_1'$　（控制組）

得　$E = (Y_2 - Y_1) - (Y_2' - Y_1')$

8-1-3 實驗法的優缺點

實驗法比其他任何初級資料蒐集方法都更能驗證變數間的因果性。和其他資料蒐集方法相比較，實驗法有若干優點，也有若干缺點（註 2）：

(一) 實驗法的優點

1. 實驗法最大的優點是研究人員有能力去操控獨立變數。而控制組則可用來作爲比較的基礎以估計操控作用的存在和力量。

2. 實驗法比其他設計更能有效地控制外在變數的污染。
3. 實驗法的便利性和成本優於其他方法，可允許實驗者俟機排定資料蒐集的時程和彈性調整變數和情境。
4. 可用不同的受試群體和情境重複進行實驗。
5. 研究人員可利用自然發生的事件和某種程度的現場實驗法，來降低受測者視研究人員為干預來源的知覺或偏離他們的日常生活。

㈡ 實驗法的缺點

1. 實驗室的人為性是實驗法的最主要缺點。
2. 即使隨機指派，將非機率樣本概化到其他群體總會造成問題。
3. 儘管成本低，實驗法的許多應用會遠超過其他初級資料蒐集方法的預算。
4. 實驗法針對現在的問題或不久之未來的問題最為有效。用實驗法去研究過去是不可行的，去研究意圖或預測是有困難的。
5. 管理研究通常關心人的研究，對涉及倫理的操控和控制是要受到限制的。

8-2 實驗的效度

實驗的效度（validity）係指實驗的設計及實施是否妥當或有無偏差而言。效度分為兩種：(1) 外部效度及 (2) 內部效度。

8-2-1 外部效度

外部效度是指參與實驗的單位與所要研究的母體是否存在著系統性的差異（即非由機會造成的差異）。一項實驗如不能維持其外部的效度，則實驗的結果將甚難加以延伸或推廣。實驗者對實驗單位的選擇常基於便利原則而不是從母體中隨機抽選，此時即可能喪失外部的效度，如許多實驗都是以大學生作實驗單位，這些實驗的結果將難以應用到大學生以外的母體。

如前所述，實驗室實驗法因不在現場進行，多少缺乏真實感，故較之現場實驗法，更不易保持外部效度。

可能威脅外部效度的因素很多，主要包括下列互動的可能性（註 3）：

1. **試驗對實驗變數的反應**：預試（pretest）使受測者對實驗感到敏感，因此他們對實驗的刺激物將有不同的反應。在態度研究中，這種事前衡量效果（before-measurement effect）會特別明顯。
2. **選擇和實驗變數的互動**：選樣的母體與研究人員想把研究結果推廣和應用的母體可能不同。譬如，我們只從某一部門抽選出一群工人來進行按件計酬的實驗，其結果能否外推到所有的工作不無疑問。
3. **其他反應因素**：實驗的環境本身對受測者的反應可能會造成偏差效果（biasing effect）。從一處人爲的實驗環境中所獲得的結果將不能代表母體的真正反應。譬如，受測者如果知道他正在參與一項實驗，他可能會有角色扮演（role-play）的傾向，從而扭曲了實驗變數的效果。

8-2-2 內部效度

實驗法的內部效度有如訪問法的反應偏差，它是指實驗過程本身有無任何不當之處以致使實驗的結果無法解釋。換句話說，除了實驗變數之外，是否還有其他變數介入，以致混淆了實驗的結果。造成內部效度喪失的原因可分成八項（註 4）：

1. 歷史（history）：兩次衡量之間，其他變數的變動可能影響實驗的結果。間隔的時間愈長，因歷史效果而喪失內部效度的可能性愈大。
2. 成熟（maturation）：實驗單位本身隨著時間的變動而日漸成熟也可能影響實驗的結果。譬如，在進行實驗時，實驗單位可能變得疲倦、饑餓、或注意力分散。實驗的時間愈長，愈可能發生成熟效果。
3. 試驗（testing）：試驗效果是指第一次試驗對第二次試驗結果的影響。譬如，在第一次試驗時，我們問受測者使用哪一品牌牙膏，受測者可能因此而得到暗示，知道在下次試驗時還會被問到同樣的問題，或許會影響他的正常購買行爲。
4. 衡量工具（instrumentation）：實驗時通常無法同時衡量實驗組及控制組中的所有單位，實驗場地不同，甚至音調之抑揚頓挫不同，都可能影響實驗單位的反應。又在二次或以上的衡量時，可能因所用的衡量儀器、技術及人員不同而影響衡量的結果。
5. 迴歸（regression）：迴歸效果起因於只選那些特殊的分子來參加實驗。譬如，實驗者想知道銷售競賽對銷售成績的效果，他可能只選擇那些上年度銷售成績不佳的銷售員來參加競賽，此時將發生迴歸效果。

6. 選擇（selection）：實驗單位如非按照隨機的基礎分派到實驗組和控制組，則實驗組和控制組的組成分子可能不相似，兩組的實驗結果將難以做有意義的比較。
7. 死亡（mortality）：如果實驗的時間較長，可能會有些受測者中途脫離，這些脫離者有如訪問法中的無回應者或拒絕回件者，他們對實驗變數的反應可能和那些做完全部實驗過程的實驗單位有所不同。
8. 互動（interaction）：此即指實驗組和控制組之間的互動作用所造成的效果。譬如，一家實驗組的商店減價，可能促使一家控制組的商店也跟著減價。

要保持一項實驗的內部效度並非易事。實驗室實驗法雖可控制實驗環境及有關變數，但喪失內部效度的危機始終存在，應小心防範；至於現場實驗法，因對實驗環境及有關變數的控制較為不易，故保持內部效度更為困難。

內部效度和外部效度常常不能兼而有之。為了要改進實驗的內部效度，常要犧牲其外部效度；同樣地，為了提高實驗的外部效度，也往往要以其內部效度為代價，這是令實驗者最感到困擾的一件事。

8-2-3 改善實驗的內部和外部效度

實驗設計的目的是要找出實驗變數與準則變數間真正的因果或功能關係，因此研究人員必須儘量避免讓外生變數去破壞實驗的結果。研究人員可以運用若干技術去對付那些可能威脅內部和外部效度的因素，包括（註5）：

1. 納入控制組：控制組不受到操弄，納入控制組是確保內部效度的最好方法。
2. 操弄接觸的時間次序：研究人員必須決定哪一個變數（獨立或相依變數）會先發生。可在操弄之前對變數做實驗前衡量，或在操弄發生之前就讓實驗組和控制組對相依變數的影響並無不同。
3. 排除不相似的受測者：為提高內部效度，研究人員可只選擇具有相似和可控制之特性的受測者。譬如，研究人員想了解一個目標消費者群體的某些產品購買行為，如果受測者的年齡和職業不同，則實驗結果可能會受到破壞；為消除因年齡和職業不同而造成的差異，研究人員可以只選擇那些與目標市場的年齡和職業特性相似的受測者。
4. 讓外生變數相匹配：經由匹配的過程，研究人員可在個別基礎上衡量某些外生變數。將對外生變數有相似反應的那些人分派到實驗組和控制組，此一過程可控制選擇偏差，並提升內部效度。

5. **將受測者隨機分派到實驗組和控制組**：隨機分派受測者到實驗組和控制組可有助於讓實驗組和控制組相等。爲提升外部效度，研究人員也應依據所要調查的母體或事件隨機選擇實驗的場景和時間。能夠遵循上述的程序，研究人員即可增進實驗正確找到真正因果或功能關係的能力。而且，這些程序可幫助研究人員去管制獨立變數和相依變數間的關係受到污染。

8-3 實驗的重要活動

研究人員在進行實驗時，必須完成下列七項活動（註 6）：

1. 選擇相關的變數。
2. 確定實驗變數的水準。
3. 控制實驗的環境。
4. 選定實驗設計。
5. 選擇和指派受測者。
6. 預試、修改和測試。
7. 分析資料。

㈠ 選擇相關的變數

研究人員的任務是要把一個沒有組織的管理問題變成最佳說明研究目的之研究問題或假設。

設想有一個研究問題如下：

「在做銷售展示時，在前言時就說出產品利益是否會讓產品知識更容易被記住？」

上述問題可改寫成假設的形式：

「在十二分鐘銷售展示中，在前言時就說出產品利益會比在結論時才說出產品利益更容易讓產品知識被記住。」

此時，研究人員的挑戰是要：

1. 選出最能操作、最能代表原始觀念的變數。
2. 決定要測試多少個變數。

3. 選擇或設計這些變數的適當衡量。

在本例中，研究人員需要去選擇最佳操作化原始觀念的變數，即銷售展示、產品利益、記住、產品知識。

到底要測試多少個變數應受預算多寡、可用時間、可用之適當控制、受測者數目的限制。統計上，受測者數目必須多於變數數目。

衡量方式的選擇則需對相關文獻及工具做全盤的探討。此外，衡量方式也必須適應研究情境的獨特需要。

㈡ 確定實驗變數的水準

實驗變數（獨立變數）的水準是研究人員對獨立變數內部所做的任意或自然的區分。譬如，如果研究人員假設薪資會影響員工購買股票的決定，則可將獨立變數（薪資）分爲高、中、低三種水準。實驗變數水準的決定必須以簡單和常識爲基礎。

㈢ 控制實驗的環境

許多外生變數可能會扭曲實驗變數對相依變數的效果，因此必須加以控制或消除。如在前述銷售展示的例子中，報告人的年齡、性別、種族、服裝、溝通能力和許多其他特徵的差異以及信息或情境等外生變數，都會扭曲實驗變數的效果。

㈣ 選定實驗設計

研究人員選定一種最適合研究目的的實驗設計。（有關實驗設計的類型將在下一節再加以介紹。）

㈤ 選擇和指派受測者

選擇實驗的受測者應具有母體的代表性，俾可將實驗的結果概化到母體。實驗受測者的隨機抽樣程序原則上和選擇調查的受訪者是相似的。研究人員首先要準備一個抽樣構架（sampling frame），然後利用隨機技術將受測者指派到不同群體。如果抽樣構架沒有週期性的型態，或可採用系統抽樣（systematic sampling）。由於抽樣構架通常較小，受測者是徵求來的，因此，他們是一個自我選擇的樣本。但是，如果採用隨機過程，那些指派到實驗組的受測者和指派到控制組的受測者可能是相似的。如果不可能隨機指派受測者到實驗組和控制組，則可利用配對（matching），配對採用非機率配類抽樣（quota sampling）方法。

㈥ 預試、修改和測試

預試可用來發現實驗設計上的錯誤，找出對外生或環境條件的不當控制，可以改善實驗工具。

㈦ 分析資料

如果有足夠的規劃和預試，實驗的資料會有較方便的安排，統計方法的選擇也相對簡化。

8-4 實驗設計的類型

實驗設計可分爲預實驗設計（preexperimental design）、真實驗設計（true experimental design）和準實驗設計（quasi-experimental design）等三大類型（註 7）。各類型實驗設計的特性和內容如下：

㈠ 預實驗設計

在這種設計下，研究人員對於要讓誰和在何時去接受實驗變數以及要在何時和對誰進行衡量，都幾乎沒有任何控制力。一次個案研究（the one-shot case study）、一組前後設計（the one-group pretest-posttest design）和靜態組間比較（the static-group comparison）都屬於此種設計。

㈡ 真實驗設計

隨機性（randomization）是這種設計的特點，實驗者可以隨機指定實驗變數給隨機選出的實驗單位。實驗者不僅可以控制要讓誰和在何時去接受實驗變數，也可控制在何時和對誰進行衡量。這種實驗設計包括前後加控制組設計（before-after with control group design）、四組六研究設計（four-group six-study design）、事後加控制組設計（after-only with control group design）等。

㈢ 準實驗設計

這是介於預實驗設計和真實驗設計之間的一種設計。在準實驗設計下，我們雖可控制某些變數，但通常不能經由隨機過程來建立相對的實驗組和控制組，也不能決定要在何時和要讓誰去接受實驗變數，但通常我們可以決定何時及對誰進行衡量。時間數列設計（time-series design）、多重時間數列設計（multiple time-series design）、相對等時間樣本設計（equivalent time-sample design）、不相對等控制組設計（nonequivalent control group design）都屬於準實驗設計。

本章中所用的符號分別代表的意義如下：

X：讓實驗單位接受實驗變數

O：觀察或衡量相依變數的過程

R：隨機過程

8-4-1 預實驗設計

(一) 一次個案研究

這種設計可描述如下：

X　　　　O

（實驗變數）　（觀察或衡量）

譬如，爲了要測定某項員工訓練計畫對生產量的影響，我們可在完成此項訓練計畫之後一個星期，衡量實際生產量。這種設計的主要缺點有二：

1. 無法控制外在變數：譬如，實際生產量的變動很可能受到訓練計畫以外的許多其他變數的影響，對這許多變數，我們無法加以控制。
2. 缺少比較的過程。

這種設計雖有缺點，但在某些情況下是唯一可行的選擇。

(二) 一組前後設計

設計者在讓受試者接受實驗變數之前後，兩度衡量相依變數的數值，以前後數值的差異代表實驗變數的結果。一組前後設計可描述如下：

O_1　　　X　　　O_2

實驗變數的效果 $= O_2 - O_1$

譬如，我們要測定某一員工訓練計畫的效果，在讓受試者接受訓練以前，他們的生產量爲 O_1，在接受訓練以後，生產量增加到 O_2。$O_2 - O_1$ 即可視為此一訓練的效果。

前後設計容易發生一些內部效度的問題：

1. **歷史效果**：因在前後兩次衡量之間有一段間隔的時間，可能發生所謂的歷史效果。
2. **試驗效果**：在第一次（即實驗前）衡量時，可能因問題問得不當，使受測者得到暗示，得知實驗的目的，因而影響到第二次衡量的結果，亦即所謂的試驗效果。
3. **衡量工具效果**：可能因前後兩次衡量所用的儀器、技術或人員不同而造成所謂的衡量工具效果。
4. **成熟效果**：受測者在第二次衡量時，可能對實驗的情況感到厭煩，影響他的反應，此即所謂的成熟效果。
5. **死亡效果**：有些受測者可能在實驗前衡量之後及實驗後衡量之前的這段期間因故開溜，因而發生了所謂的死亡效果。

這種設計雖有許多缺點，但基於時間和成本的考量，在企業研究中廣被採用（註 8）。

(三) 靜態組間比較

這種設計與前述兩種設計的主要不同處在於它除了有一實驗組之外，還有一控制組，不過樣本單位究竟分派到哪一組並非由隨機過程來決定。這種設計可描述如下：

實驗組	X	O_1
控制組		O_2

實驗變數的效果 $= O_2 - O_1$

這種設計最重要的缺點是研究人員無法確知實驗組和控制組在比較之前是相似的。

8-4-2 真實驗設計

(一) 前後加控制組設計

這種傳統的實驗設計除了有一組接受實驗變數的實驗組之外，還有一組不接受實驗變數的控制組。實驗組和控制組的構成分子係由同一母體中隨機指派，兩組應力求相似，衡量時間也要相同。控制組在實驗前和實驗後的差異表示其他未控制變數的影響，實驗組在實驗前後的差異則表示實驗變數加上其他未控制變數的影響。實驗組的差異減去控制組的差異，即得實驗變數的效果。這種設計可描述如下：

實驗組	(R)	O_1	X	O_2
控制組	(R)	O_3		O_4

實驗變數的效果 $=(O_2-O_1)-(O_4-O_3)$

譬如，在上例中，我們另選了一群和實驗組相似的員工作爲控制組，同時衡量他們的生產量，結果爲 O_3 及 O_4，則訓練計畫的效果應爲：

$$(O_2-O_1)-O_4-O_3$$

這種實驗設計較前述之前後設計爲優，因爲在前後設計中可能發生的歷史、試驗、衡量工具及成熟等效果對實驗組及控制組的影響相同，故不至於影響到實驗變數的效果。不過，當受測者對研究主題敏感時，可能會有試驗結果，且可能因實驗組及控制組的選擇不當而發生所謂的選擇效果。

㈡ 四組六研究實驗

這種設計包括有兩個實驗組和兩個控制組，其中有一半（實驗組和控制組各一）只做實驗後衡量，不做實驗前衡量，另一半則兩次都衡量。受試者應隨機分配到各組，使四個組都儘可能相似。此種設計可描述如下：

第一實驗組	(R)	O_1	X	O_2
第一控制組	(R)	O_3		O_4
第二實驗組	(R)		X	O_5
第二控制組	(R)			O_6

因四個組都相似，故 O_1 應等於 O_3。如果實驗前衡量不影響相依變數，則 $O_2=O_5$ 及 $O_4=O_6$。如果實驗變數對相依變數確有影響，O_2、O_5 和 O_4、O_6 之間應有顯著的差異；若無顯著差異存在，表示實驗變數沒有什麼效果。如果 O_2、O_5、O_4、O_6 這四個數值都不同，表示實驗前衡量會直接影響到受測者的反應，並和實驗變數有互動作用。

從實驗前衡量及實驗後衡量兩者間的差異，也可獲知下列資訊：

差　異	構成差異的因素
(1) O_2-O_1	實驗變數＋實驗前衡量＋實驗前衡量和實驗變數的互動作用＋未控制變數
(2) $O_5-\frac{1}{2}(O_1+O_3)$	實驗變數＋未控制變數
(3) O_4-O_3	實驗前衡量＋未控制變數
(4) $O_6-\frac{1}{2}(O_1+O_3)$	未控制變數

從上面的資訊中，可計算出：

1. 實驗變數的效果

$$=(2)-(4)=O_5-O_6$$

2. 實驗前衡量的影響

$$=(3)-(4)$$
$$=O_4-O_3-O_6+\frac{1}{2}(O_1+O_3)$$
$$=O_4-\frac{1}{2}O_3-O_6+\frac{1}{2}O_1$$

3. 實驗前衡量和實驗變數互動的影響

$$=(1)-(2)-(3)+(4)$$
$$=O_2-O_1-O_5+\frac{1}{2}(O_1+O_3)-O_4+O_3+O_6-\frac{1}{2}(O_1+O_3)$$
$$=O_2-O_1-O_5+O_3-O_4+O_6$$

此種設計雖然理想，但因需要有四個相等的組別，實施起來費錢費事，而且通常我們只想測定實驗變數的效果 (O_5-O_6)，只要第二實驗組及第二控制組就夠了，用不著需要四個組。這種設計在企業研究上似極少採用。

㈢ 事後加控制組設計

這種設計是由上述的四組六研究設計修正而得，只包括一個實驗組及一個控制組，而且不做實驗前衡量。

實驗組	(R)	X	O_1
控制組	(R)		O_2

實驗變數的效果 $=O_1-O_2$

在一項消費者行爲的研究中，曾利用這種實驗設計來研究人們對使用即溶咖啡的家庭主婦的印象（註 9）。他們選擇一群主婦，將之分成一個實驗組和一個控制組，要求每位主婦在看一份購物清單之後，說出她對準備這一份清單之家庭主婦的印象。購物清單有兩份，一份包括雀巢（Nescafe）即溶咖啡，是給實驗組的家庭主婦看的，另一份包括麥斯威爾（Maxwell House）咖啡，是給控制組的家庭主婦看的。除了咖啡不一樣之外，兩份清單都相同，實驗結果如下：

實驗前衡量	—	—
實驗變數（購物清單）	雀巢即溶咖啡	麥斯威爾咖啡
實驗後衡量（對購物者的描述）	懶　惰　18%*	懶　惰　10%*
	節　省　36%	節　省　55%
	浪　費　23%	浪　費　5%
	壞主婦　18%	壞主婦　5%

（*表示在各組主婦中提及某種特徵的百分比）

實驗變數的效果可由實驗組及控制組的百分比差異得知，即：

懶　惰 (18% − 10%) = 8%
節　省 (36% − 55%) = − 19%
浪　費 (23% − 5%) = 18%
壞主婦 (18% − 5%) = 13%

這種設計因不做實驗前衡量，故可避免發生試驗效果及實驗前衡量與實驗變數兩者互動的問題。這種設計和四組六研究設計比較起來，簡單易行，便宜得多，是企業研究採用甚廣的一種實驗設計。

8-4-3 準實驗設計

(一) 時間數列設計

這種設計的特點是在實驗前後進行一系列的衡量，從相依變數在實驗前後的變動趨勢來測定實驗變數的效果。時間數列實驗可描述如下：

$$O_1 \quad O_2 \quad O_3 \quad O_4 \quad X \quad O_5 \quad O_6 \quad O_7 \quad O_8$$

利用時間數列設計時，研究人員應被允許對同一實驗單位進行重複的衡量或觀察。固定樣本的資料很適合做時間數列實驗，故時間數列設計通常使用固定樣本資料。

假定我們想測定包裝改變對某廠商市場佔有率的影響，利用時間數列實驗的結果，得到五種可能的反應型態，如圖 8-1 所示。各種型態所表示的意義都不一樣，我們可從各種情境中得到不同的結論：

1. **情境** *A*：包裝改變產生了正面的影響，它提高了該廠商的市場佔有率。
2. **情境** *B*：包裝改變產生了正面的影響，它阻止了市場佔有率的下降。
3. **情境** *C*：包裝改變並無長期的影響，第五期 (O_5) 的銷售量雖然提高，但第六、七期的銷售量卻下降了，第五期銷售量之增加部分似乎是提前出售而已。
4. **情境** *D*：包裝改變沒有影響，因為該廠商的市場佔有率的成長並未因包裝改變而變動。
5. **情境** *E*：包裝改變沒有影響，市場佔有率的波動情形並未因包裝的改變而改變。

未能控制歷史效果是時間數列設計最基本的弱點，但如能小心執行，這種設計確能提供一些有用的資訊。另一項缺點是它可能受到互動的試驗

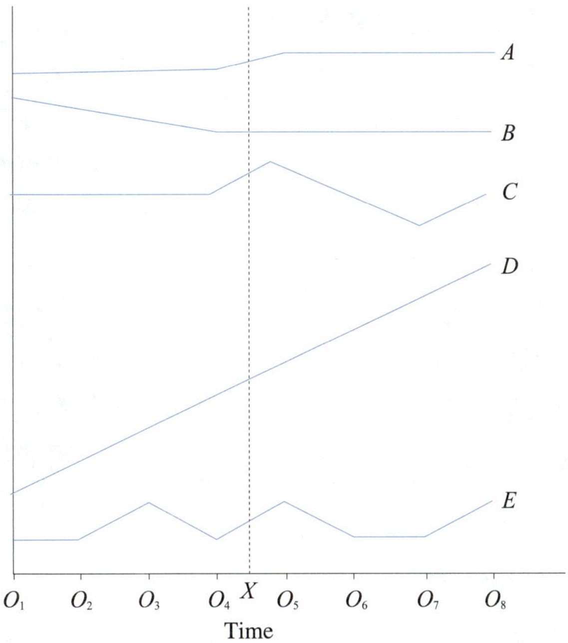

資料來源：Dawn Iacobucci and Gilbert Churchill Jr., *Marketing Research: Methodological Foundations*, 10th ed. South-Western, 2010), p.117。

圖 8-1　時間數列實驗的可能結果

效果的影響，實驗變數可能具有某些特質，使得實驗變數只會影響那些接受重複試驗的樣本單位（註 10）。

㈡ 多重時間數列設計

在利用時間數列設計做研究時，有時也可另找一組樣本作爲控制組，這種設計就是多重時間數列設計，可描述如下：

實驗組	O_1	O_2	O_3	X	O_4	O_5	O_6
控制組	O_7	O_8	O_9		O_{10}	O_{11}	O_{12}

如果控制組的選擇適當，此一設計將可更正確衡量實驗變數的效果。

㈢ 相對等時間樣本設計

這種設計的特色是利用實驗組作爲它自己的控制組，可描述如下：

$$O \quad X_1 \quad O \quad X_0 \quad O \quad O \quad O \quad X_1 \quad O \quad O \quad X_0 \quad O$$

其中 X_1 代表讓實驗單位接受實驗變數，X_0 代表不讓實驗單位接受實驗變數。在從事研究時，實驗變數重複出現，同時也重複進行衡量。當實驗變數的效果是易變的或不定的，最適合利用此種設計（註 11）。

譬如，可利用此種設計來檢定商店內情況（如音樂），對每位顧客購買金額的效果或影響。即選擇某一家商店，以其顧客作爲實驗單位，在好幾個月的實驗期間中，在某些日子播放音樂，某些相對等的日子不播放音樂。

相對等時間樣本設計最大的問題在於它可能發生互動的試驗效果。爲避免發生試驗效果，此種設計適用於重複的衡量不會引起反作用的場合（註 12）。譬如，在前述檢定商店內音樂效果的實驗中，我們可計算每位顧客的購買額，而不必使顧客注意到有沒有播放音樂，就不會有試驗效果的問題。如果我們重複訪問顧客有關商店內音樂的問題，可能就難免產生試驗效果的問題。

㈣ 不相對等控制組設計

這種設計有一實驗組和一控制組，兩者均做事前衡量和事後衡量，唯實驗組和控制組的組成單位並非由同一母體中隨機指派。這種設計可描述如下：

實驗組	O_1	X	O_2
控制組	O_3		O_4

在此種設計中，實驗組和控制組的組成分子愈相似，同時事前衡量的時間愈接近，控制組的功能就愈大。如能符合這些準則，這種設計可有效地控制歷史、成熟、試驗、衡量工具、選擇和死亡等效果。如果實驗組或控制組係由特殊分子來組成，則迴歸效果將是一主要問題；此種設計也可能產生互動的試驗效果（註 13）。

8-5 統計的實驗設計

在上一節中，爲了要簡明地介紹各種實驗設計的觀念性基礎，只限於討論單一實驗變數在單一水準上的結果。唯在實際運作時，研究人員爲了決定最佳的水準（如最佳的價格水準、最佳的訓練課程等等），常須採用包含若干水準的設計；或爲了了解兩個或以上變數的聯合效果，必須利用包含若干變數的設計；有時還須控制某些潛在的外在影響，以免混淆了實驗變數的效果。在這些情況下，均須應用統計的實驗設計方法，以分析實驗的結果。本節將介紹四種統計實驗設計的基本概念。這四種統計實驗設計是：

1. 完全隨機設計（completely randomized design）
2. 隨機區集設計（randomized block design）
3. 拉丁方格設計（Latin square design）
4. 因子設計（factorial design）

8-5-1 完全隨機設計

假定我們想測定某一實驗變數的效果，而該變數只須爲名目尺度，可分成若干種水準，此時可利用完全隨機實驗。譬如，研究人員想了解不同的訓練方法（有 A 演講、B 討論、C 實作等三種訓練方法）對員工生產力之效果。亦即以訓練計畫爲實驗變數，此變數有三種水準，以員工的生產量爲準則變數。

完全隨機設計的特點是各種實驗變數的水準係以完全隨機的方式指派給實驗單位。假定以某工廠爲實驗單位，首先將這間工廠的員工隨機分成三組，對第一組員工採行演講（A），對第二組員工採行討論（B），對第三組員工採行實作（C）。然後分析這三組員工的平均生產量，以找出最適宜的訓練方法。

8-5-2 隨機區集設計

在完全隨機設計中，如果各組實驗單位在某些重要特徵上有顯著差異，則將可能導致錯誤的結論。譬如，上述三組員工的教育程度如有顯著差異，則所獲結論恐難獲信賴。此時，宜利用隨機區集設計。

隨機區集設計係先依據某些外在的變數將實驗單位分成若干區集（block），使區集因素能吸收相依變數的某些變異，從而縮小抽樣的誤差。如實驗變數有 m 種水準，每個區集中也有 m 個實驗單位。譬如，在上例中可先將員工依教育程度分成高學歷、中學歷及低學歷等三個區集，每區集中抽選出三名員工，將各區集中的員工隨機選出一名接受 (A) 演講的訓練，隨機抽選另一名員工接受 (B) 討論的訓練，最後一名員工接受(C)實作的訓練，然後分析 A 組、B 組及 C 組員工的平均生產量，則所獲結論自較可信賴。這三個區集如表 8-1 所示。

表 8-1 三個區集的員工描述

區　集	員工描述
區集 1	高學歷
區集 2	中學歷
區集 3	低學歷

用來劃分區集的變數並不一定以一個為限，必要時可用兩個或以上的變數來將實驗單位分成區集。譬如，在上例中除以教育程度來劃分區集外，還可以年資（如分為年資長和年資短兩類）來劃分區集；此時可根據教育程度和年資這兩個變數，將實驗單位分成 3×2＝6 個區集，如表 8-2 所示。

表 8-2 六個區集的員工描述

區　集	員工描述
區集 1	高學歷，年資長
區集 2	高學歷，年資短
區集 3	中學歷，年資長
區集 4	中學歷，年資短
區集 5	低學歷，年資長
區集 6	低學歷，年資短

8-5-3 拉丁方格設計

如果研究人員想控制並衡量兩個外在變數的效果，可採用拉丁方格設計。譬如，仍以訓練方法爲實驗變數，有三種訓練方法（A、B、C），準則變數爲生產量，另以教育程度（分成高學歷、中學歷和低學歷等三類）及工廠地點（分成北區、中區和南區等三類）爲外在變數，則拉丁方格設計如表 8-3 所示。

表 8-3　拉丁方格設計

工廠地點	教育程度		
	高	中	低
北區	A	B	C
中區	B	C	A
南區	C	A	B

在本例中，由於實驗變數有三種水準，故兩個外在變數都分成三類，這是拉丁方格設計的一項要件。實驗變數有 h 種水準，外在變數就須分成 h 類，表 8-4 列舉四種拉丁方格的排列。如實驗變數有 h 種水準，就需要 $h \times h$ 個實驗單位（如本例中，我們需要 3×3 名員工），並以隨機方法將實驗變數的水準分派到各個實驗單位，但每一實驗變數水準都只能在每一行和每一列中出現一次。

表 8-4　拉丁方格排列

3×3	4×4
A B C	A B C D
B C A	B C D A
C A B	C D A B
	D A B C

5×5	6×6
A B C D E	A B C D E F
B C D E A	B C D E F A
C D E A B	C D E F A B
D E A B C	D E F A B C
E A B C D	E F A B C D
	F A B C D E

8-5-4 因子設計

完全隨機設計、隨機區集設計和拉丁方格設計都適用於衡量一個實驗變數（即獨立變數）的效果。如果我們想衡量兩個或兩個以上的實驗變數的效果，就得利用因子設計。假設有兩個實驗變數（均爲名目尺度）如下：

A（訓練方法）：A_1（演講）、A_2（討論）、A_3（實作）。

B（訓練時間）：B_1（上午）、B_2（下午）。

A 有三種水準，B 有兩種水準，故可得 $3\times2=6$ 的因子設計排列如表 8-5。如有三個設計變數，各變數分別有 2、3、4 種水準，則可得 $2\times3\times4=24$ 的因子設計排列。如果有 k 個實驗變數，第一個變數有 n_1 種水準，第二個變數有 n_2 種水準，依此類推，第 k 個變數有 n_k 種水準，則所需的變數組合應爲 $n_1\times n_2\times n_3\times\cdots\cdots\times n_k$。不過有時因受到成本或其他限制，可排除若干實驗變數組合，此即所謂的不完全因子設計或部分因子設計。

表 8-5　3×2 因子設計

	B_1	B_2
A_1	A_1B_1	A_1B_2
A_2	A_2B_1	A_2B_2
A_3	A_3B_1	A_3B_2

因子設計可衡量各項實驗變數的個別效果，稱爲主效果（main effects），其結果與完全隨機設計的衡量結果完全相同；但因子設計尙可進一步衡量各實驗變數的互動效果（interaction effect）。當一個實驗變數與相依變數的關係因另外一個實驗變數的不同水準而有不同時，就產生了互動現象。譬如，在本例中當生產量（準則變數）與訓練方法（第一個實驗變數）的關係隨著訓練時間（第二個實驗變數）的不同而有不同時，訓練方法和訓練時間這兩個實驗變數就有互動現象。

隨機區集設計假設區集因素和實驗變數兩者間沒有互動關係，拉丁方格設計假設在兩個區集因素（即外在變數）之間沒有互動關係。只有因子設計才能處理互動現象。

有關各種統計實驗設計的統計分析方法——變異數分析（ANOVA）將在第十五章中加以介紹。

摘　要

實驗法是指在控制其他變數的情況下，操縱一個或以上的實驗變數，以明確地測定實驗變數之效果的研究程序。實驗法有現場實驗法和實驗室實驗法之分，前者是在現場中進行，後者是在實驗室中實施。現場實驗法較易於維持實驗的外部效度，但不易於維持內部效度；實驗室實驗法則較易於保持實驗的內部效度，但難以維持外部效度。

實驗設計依實驗者對實驗過程控制力之強弱，可分為預實驗設計、真實驗設計和準實驗設計等三種類型。在預實驗設計下，實驗者對實驗過程幾乎沒有任何控制；在真實驗變數下，實驗者對整個實驗過程具有最大控制力；而準實驗變數則介於兩者之間。本章分別介紹十種比較具有代表性或在企業研究中較常用的實驗設計，並討論如何分析實驗結果。

此外，本章亦介紹了完全隨機設計、隨機區集設計、拉丁方格設計及因子設計等四種統計的實驗設計方法。

附　註

註 1：Fred Kerlinger and Howard Lee, *Foundations of Behavioral Research*, 4th ed. (Fort Worth, TX: Harcourt College Publishers, 2000), p.581。

註 2：Donald Cooper and Pamela Schindler, *Business Research Methods,* 10th ed. (Boston: McGraw-Hill/Irwin, 2008), pp.245-246。

註 3：同註 2, pp.255-256。

註 4：D. T. Campbell, "Administrative Experimentation, Institutional Records, and Nonre-active Measures", in W. M. Evan, ed., *Organizational Experiments* (Harper & Row, 1971), pp.169-179。

註 5：Joseph Hair, Jr., Robert Bush, and David Ortinau, *Marketing Research: Within a Changing Information Environmert*, 3rd ed. (Boston: McGraw-Hill/Irwin, 2006), p.281。

註 6：同註 2, pp.246-252。

註 7：D. T. Campbell and J. C. Stanley, *Experimental and Quasi-Experimental Designs for Research* (Chicago Rand McNally, 1966)。

註 8：William Zikmund, et al., *Business Research Methods*, 8th ed. (South-Western, 2010), p.279。

註 9：F. E. Webster, Jr. & F. von Pechmann, "A Replication of the Shopping List

Study", *Journal of Marketing,* 34 April 1970, pp.61-63。

註 10：Dawn Iacobucci and Gilbert Churchill, Jr, *Marketing Research: Methodological Foundations*, 10th ed. (South-Western, 2010), p.117。

註 11：T. Kinnear and J. Taylor, *Marketing Research: An Applied Approach,* 5th ed. (New York: McGraw-Hill, 1996), p.281。

註 12：同註 11, p.282。

註 13：同註 11, p.282。

第九章

抽樣方法與樣本大小

抽樣（sampling）是企業研究的重要工具之一，企業研究人員對於抽樣的程序、抽樣的方法、樣本大小的決定等等，應有相當深入的了解。

9-1 抽樣的基本概念

抽樣與普查（census）有別。普查對整個母體（population）加以觀察或調查，是一種完全列舉的程序；抽樣則觀察或調查母體的一部分，是一種部分列舉的程序。

9-1-1 抽樣的常用名詞

在談到抽樣理論及抽樣方法之前，有幾個常用的名詞應先加以解釋。

(一) 母　體

母體是我們所要研究調查的對象，它是由一群具有某種共同特性的基本單位所組成的一個群體。母體可以是一群人，如十八歲以上的臺灣男人；也可以是一群事物，如某工廠出品的產品。

(二) 基本單位

基本單位係指母體中的個別份子。基本單位係根據抽樣調查的目的而決定，不受抽樣設計的影響。譬如，抽樣調查的目的若在估計每人的所得，則組成該母體的基本單位爲每一個人；若抽樣調查的目的在估計每戶的所得，則基本單位爲每一家戶。又在同一抽樣調查中，可以有兩種或以上的基本單位。譬如，調查的目的在了解每人的所得及每戶的生活費用，則其基本單位有兩種，即每一個人及每一家戶。

(三) 樣　本

樣本（smaple）是母體的一部分。在抽樣調查中，我們只蒐集及分析樣本的資料，然後根據樣本提供的資訊來了解母體，因此樣本必須具有代表性。

(四) 母　數

母數（parameter）亦稱參數，代表母體某一屬性（attribute）或變數（variable）的數值，如母體的平均數和標準差。

㈤ 統計值

統計值（statistic）又稱估計值（estimate），係根據樣本資料求得，用以估計母體的數值。

㈥ 抽樣構架

抽樣構架（sampling frame）指母體的名單、索引、地圖或其他記錄。在進行抽樣調查之前，必須先了解什麼是抽樣的母體，抽樣構架乃是母體定義的一種說明，是對母體範圍的一種界定。

㈦ 抽樣偏差

抽樣有時會有抽到某些具有特殊特徵之基本單位的傾向，即所謂的抽樣偏差（sampling bias）。抽樣偏差有時是有意的，有時是因抽樣計畫不好而發生。

㈧ 抽樣誤差

抽樣誤差（sampling error）是指在樣本中包含某些特殊的基本單位，破壞了樣本的代表性。造成抽樣誤差的原因有二，一是運氣（或機會），一是抽樣偏差（註 1）。

9-1-2 抽樣構架的評估

抽樣構架的選擇對抽樣調查的成敗關係重大。在機率抽樣（probability sampling）中，抽樣設計（即抽樣的方法及規劃）大半受到現有抽樣構架所左右，抽樣設計者先要考慮有哪些現有的抽樣構架可資利用。如果沒有合適的現有構架，應設法建立一個合乎調查目的所需的抽樣構架。機率抽樣技術的好壞主要看是否能夠選出合適的、且能及時加以利用的抽樣構架。

一個抽樣構架是否合適，當然要視調查的目的而定。Yates 曾提出五項評估抽樣構架的標準（註 2）：

1. 足夠：一個好的抽樣構架應包括足夠調查目的所需的母體。
2. 完整：一個抽樣構架包括母體中的所有單位。
3. 不重複：抽樣構架中的基本單位，不應該在同一構架中重複出現。

4. **正確**：抽樣構架中所列舉的單位應力求正確。在甚多情況下，由於母體的動態性，很難獲得一個完全正確的抽樣構架。
5. **便利**：一個抽樣構架應易於取得，易於使用，且可配合抽樣的目的而做適當的調整和變動。

9-2 抽樣的程序

抽樣包括許多的工作及決策，如能對整體抽樣的過程有一個概括的認識，自可有助於對各種抽樣原理及抽樣方法的了解。抽樣的程序，如圖 9-1 所示，通常可劃分成以下的八道步驟，即 (1) 界定母體，(2) 決定資料蒐集方法，(3) 確定抽樣構架，(4) 選擇抽樣方法，(5) 決定樣本大小，(6) 選出樣本單位，(7) 蒐集樣本資料，(8) 評估樣本結果。

㈠ 界定母體

這是極爲重要的第一步，抽樣設計者應根據研究設計界定抽樣的母體，亦即目標母體（target population），對目標母體的特徵或屬性應明確說明，劃定母體的界定。一項說明很明確的研究目的，對於抽樣母體的界定是非常有幫助的。

㈡ 決定資料蒐集方法

根據研究目的、問題界定及資料需求等考量，選定適當的資料蒐集方法，如訪問法或觀察法。資料蒐集方法決定之後，將可引導研究人員去確定合適的抽樣構架。

㈢ 確定抽樣構架

第三步是要確定抽樣構架。抽樣構架雖係對母體定義的一種說明及對母體範圍的一種限界，但抽樣母體和抽樣構架很少是完全一致的。譬如，在電話訪問的研究中，母體可能是某地區的全體住戶，而研究人員可能以電話號碼簿作爲抽樣構架，此時因爲有些住戶未裝設電話，也有些住戶裝置兩部或多部電話，因而造成抽樣構架和抽樣母體不一致的情事。

在有些情況下，不一定有現成的抽樣構架可茲利用，有賴研究人員發揮創意，發展出一合適的抽樣構架。

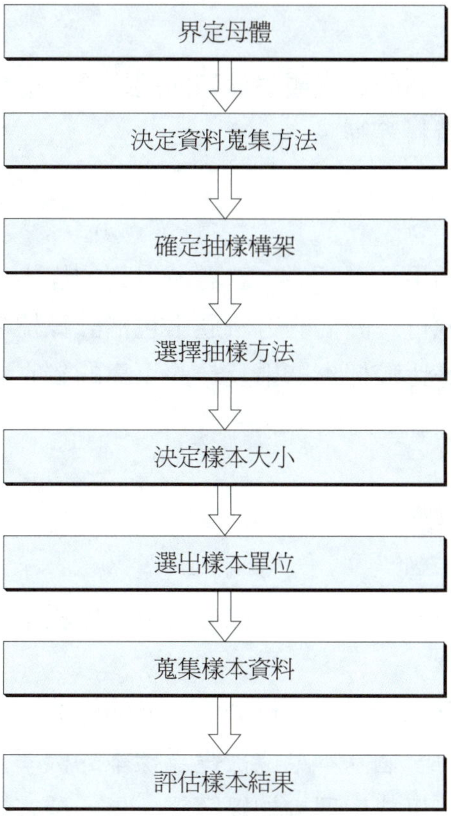

圖 9-1　抽樣的程序

㈣ 選擇抽樣方法

第四步要決定選擇樣本的抽樣方法。抽樣方法可大致分爲**機率抽樣**及**非機率抽樣**兩大類，每一類的抽樣方法又各有種種不同的型態。研究人員應視研究目的及採用之抽樣構架而選擇適合的抽樣方法。

㈤ 決定樣本大小

第五步是決定樣本的大小。如採用機率樣本，可依據樣本誤差的容忍限度去決定樣本的信賴區間（confidence interval）及信賴水準（confidence level），並據以決定所需樣本的大小。

㈥ 選出樣本單位

在決定抽樣方法和樣本大小之後，接著就要從抽樣構架中實際去選出樣本單位。

(七) 蒐集樣本資料

研究人員應指示訪問員或觀察員如何選擇及確認樣本單位、預試抽樣計畫、選樣及蒐集資料等等。

(八) 評估樣本結果

最後應對樣本結果加以評估，看看所得到的樣本是否適合所需，抽樣計畫是否忠實地被執行。評估的方法通常包括計算標準差的大小以及檢定統計的顯著性，或是比較樣本結果及一些可靠的獨立資料，看看兩者之間是否有重大的差異。

9-3 機率抽樣

抽樣方法可大致分爲兩大類，已如前述，即機率抽樣與非機率抽樣。本節先介紹機率抽樣。

機率抽樣又稱爲隨機抽樣（random sampling），在這種抽樣方法下，我們知道母體中的每一個基本單位被選爲樣本的機率。機率抽樣具有健全的統計理論基礎，可以機率理論加以解釋，是一種客觀的抽樣方法。隨機樣本（random sample）可避免發生抽樣偏差，因爲在機率抽樣中，並沒有特別要去抽取任何一個基本單位的傾向。但這並不是說在機率抽樣時不會發生抽樣誤差，因爲抽樣偏差只是發生抽樣誤差的原因之一，另一項原因——運氣——也會造成抽樣誤差。不過，只有在機率抽樣時，才可利用機率理論來估計樣本統計值的可靠性；如果是採用非機率抽樣，因有抽樣偏差存在，對樣本估計值的可靠性無法做客觀的估計。換言之，只有隨機樣本才有一套統計理論基礎可對樣本的品質做一種數量性的評估。

機率抽樣有好幾種不同的類型，較常用的有：

1. 簡單隨機抽樣（simple random sampling）
2. 系統隨機抽樣（systematic or quasi-random sampling）
3. 分層隨機抽樣（stratified random sampling）
4. 集群抽樣（cluster sampling）
5. 地區抽樣（area sampling）

9-3-1 簡單隨機抽樣

簡單隨機抽樣是隨機抽樣的一種特例，在這種抽樣方法下，母體中的每一個單位被選入樣本中的機會都完全相同。譬如，在一萬人中要選出一百人爲樣本，在簡單隨機抽樣下，每一個人被選入樣本中的機率都是百分之一。

常用的簡單隨機抽樣方法有二，即 (1) 摸彩法和 (2) 利用亂數表（random number tables）。採用摸彩法時，每一個基本單位都用一個號碼來表示，將每個號碼寫在一張紙條上，放入箱中，經完全混合後隨機抽出號碼，直到預定的樣本數抽夠爲止。理論上，在每次抽出一張紙條之後，應先將該紙條放回箱中，然後再抽下一張，使每一張紙條在每次抽選時被抽出的機率都完全相同。

另一種方法是利用亂數表中的隨機數字（random numbers），隨機數字是用一種使每一個可能的數字在下次出現的機率都相同的方法所產生，統計教科書上一般都在附錄中附有亂數表。附表 1 爲一亂數表。

使用亂數表時應先將母體中的每一個基本單位編號，然後從表中挑選數字，編號與選出的數字相同的單位即包括在樣本中，如果在樣本數抽夠以前，發生數字重複現象，該數字應予跳過。從亂數表中挑選數字時，可用的方式不一而足，只要前後一致、有組織、有系統就行了。譬如，可以先選出任何一個數字開始，然後從左到右，或從上而下，或按照對角線來選。如果母體在 10 個單位以內，每次可抽選一個數字，如果母體在 100 個以內，每次可抽選兩個數字，依此類推。

上述這兩種方法不受抽樣者的主觀判斷所左右，可收隨機選樣的效果，唯在實用方面，則有不少的限制和困難（註 3）：

1. **成本**：隨機樣本中的單位可能散佈在各角落，要對他們進行觀察或訪問，在時間及金錢上所費的成本可能較高。
2. **母體名冊**：簡單隨機抽樣需要有周詳完備而且最新的母體名冊，這種名冊通常不容易得到。
3. **統計效率**：如樣本大小相同，標準誤愈小，表示樣本設計的統計效率愈高。倘若抽樣設計者對母體的某些特性已有初步的認識，可將抽樣的程序加以若干限制，以改進樣本設計的統計效率。但在簡單隨機抽樣下，抽樣設計者無法運用他對母體的知識，適當地限制抽樣程序，統計效率較差。

4. **執行困難**：簡單隨機抽樣的觀念簡單，但實際選樣工作並不如此簡單。要從一個大母體中隨機選出少數的樣本單位，是一項繁雜的工作；另外，因樣本單位散佈較廣，對訪問員的監督工作困難而且費錢。

儘管有上述這些缺點，簡單隨機抽樣仍適用於具備有下列四項條件的母體（註 4）：

1. 母體小。
2. 有令人滿意的母體名冊。
3. 單位訪問成本不受樣本單位地點遠近的影響。
4. 除母體名冊外，沒有其他有關母體的資訊。

9-3-2 系統隨機抽樣

系統隨機抽樣比簡單隨機抽樣法簡單。它只要將母體的每一單位編號，先計算**樣本區間**（即 $\frac{N}{n}$，N 表示母體的數目，n 表示樣本的大小），如樣本區間為分數，可按四捨五入法化為整數，然後從 1 到 $\frac{N}{n}$ 號中隨機選出一個號碼作為第一個樣本單位，將第一個樣本單位的號碼加上樣本區間即得第二個樣本單位，依此類推，直到樣本數足夠為止。

譬如，母體有 1 萬人，樣本大小決定為 200 人，則樣本區間為 $10{,}000 \div 200 = 50$，假定從 01 到 50 中隨機抽出了 05，則樣本單位的號碼依次為 5、55、105、155、205、……直到樣本數達到 200 人為止。

系統隨機抽樣有發生抽樣偏差的可能，因為有時某些特別的號碼被指定給特殊單位的機率較高，特殊的第一個隨機數字及樣本區間，可能會使樣本中包括過多或過少的特殊單位。譬如，我們想做一項有關電話費的抽樣調查，此時自可以電話號碼簿作為抽樣構架，但因商業電話常喜歡爭取容易記憶的號碼，如×××××55，若隨機抽出的第一個號碼為 05，樣本區間為 50，則樣本中有一半的單位最後兩個數字為 55，樣本中可能包括過多的商業電話，因商業電話的電話費通常較家用電話多，難免有抽樣偏差的現象發生；即使隨機抽出的第一個數字不是 05，而是其他數字，如 09，也還是會發生抽樣偏差，因為此時樣本中可能包括過少的商業電話（註 5）。

系統隨機抽樣是各種機率抽樣方法中最接近簡單隨機抽樣的一種方法，故又稱為準隨機抽樣。它的資料蒐集程序比簡單隨機抽樣簡便得多，但不像後者那樣，可免於發生抽樣偏差，這是它為簡化資料蒐集工作所付出的代價。此外，在系統抽樣中，對於統計值的隨機誤差也難以做一種不偏的估計，除非假設母體的名冊是按照一種隨機的次序編列；如果基本單位本身的排列，對所要研究的特徵而言，是隨機的，則系統抽樣的結果將接近於簡單隨機抽樣的結果（註 6），自可應用在簡單隨機抽樣下估計隨機誤差的公式來估計系統抽樣的隨機誤差。

9-3-3 分層隨機抽樣

分層隨機抽樣係先將母體的所有的基本單位分成若干互相排斥的組或層，然後分別從各組或各層中隨機抽選預定數目的單位爲樣本。分層隨機抽樣與簡單隨機抽樣的區別在於後者從全體母體中隨機抽選樣本，而前者只從各組或各層中隨機抽樣，兩者都需要有完整的母體名冊爲抽樣構架。分層抽樣的過程可圖示如圖 9-2（假設將母體分成三層）。

抽選分層隨機樣本有三道基本的步驟（註 7）：

1. 將目標母體劃分成同質的次群體或分層。
2. 從各分層中抽選隨機樣本。
3. 將各分層的樣本總合起來成爲目標母體的一個單一樣本。

將母體分層抽樣是否適宜，主要看調查的目的爲何而定。分層隨機抽樣在抽樣調查中廣被採用，其原因如下：

1. **可靠性較高**：採用分層隨機抽樣，樣本統計值的可靠性通常較高。在母體中常有少數特殊單位，在簡單隨機抽樣下，除非樣本甚大，否則

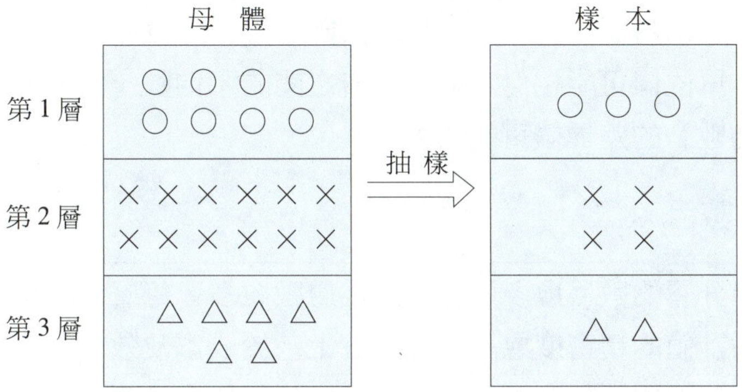

圖 9-2 分層抽樣的過程

樣本中這些特殊單位所佔的比例可能過高或過低，影響樣本估計值的可靠程度。但在分層抽樣時，抽樣設計者可根據他對母體特性的知識將母體分層，以防止少數特殊單位在樣本中的份量太重或太輕的現象。

2. **利於比較**：因各層分別獨立抽樣，故能加以比較。譬如，我們想比較不同行業之廠商的員工生產力，就宜採分層抽樣法，按照行業別將母體（所有的廠商）分層。
3. **選樣方便**：每層可視實際情形採取不同的機率抽樣方法，選樣工作比簡單隨機抽樣方便。

在採用分層隨機抽樣時，有三個特殊的問題必須加以考慮：(1) 分層的基礎，(2) 分層的數目，(3) 分層樣本的大小。

㈠ 分層的基礎

所謂**分層**就是要根據母體的某一或某些變數將母體分成幾層，但到底要以母體的哪些變數作為分層的基礎，則有賴抽樣設計者的經驗和判斷。理論上最適宜的分層基礎應該是所要調查的主要變數的次數分配，不過這有兩點困難：第一，如所要調查的主要變數有兩項或以上，到底以哪一項變數為準？第二，這種次數分配的現成資料應該是沒有的，如果我們已經知道所要調查的母體變數的次數分配，那就不用去做這項抽樣調查了。在這種情況下，可行方法是以某些被認為與所要調查的母體變數有密切關聯的其他變數作為分層的依據。

分層的基礎可以是單一的變數，如單一商店銷售額，也可以是複合的變數，如某地區的商店銷售額，視資料的多寡及分層的數目而定。常用的分層基礎有地區、城市大小、都市化程度、人口密度、年齡、所得、教育程度、職業、銷售額、資本額、員工人數等等。一個好的分層基礎應使各層內的樣本單位儘可能相似，使層與層之間的平均數（指所要調查之主要變數的平均數）的差異儘可能擴大。

㈡ 分層的數目

理論上分層的數目愈多愈好，因為層數愈多，每層內的樣本單位愈相似，樣本估計值的精密度愈高，唯事實上基於成本及效率的考慮，分層的數目必須有個限制。依照 Cochran 的意見，如果只是要估計整個母體的單一母數，則層數不宜超過六個，如果還要按照地區、城市大小或其他標準將母體劃分成幾個子母體，然後去估計各子母體的母數，則所需的層數自然較多（註 8）。

㈢ 分層樣本的大小

分層的數目決定之後，必須就各層抽樣的數目做一決定。決定各層樣本數的方法主要有等比例分配法和不等比例分配法兩種，將在本章稍後介紹。

9-3-4 集群抽樣

集群抽樣的步驟如下：

1. 將母體分成互相排斥的若干群，使母體中的每一個單位都可劃歸到其中的一群，而且只能劃歸到一群。
2. 從各群中隨機抽選出一群或幾群作爲樣本群。如果研究人員把抽選出的樣本群中的所有單位都作爲樣本，此種方法爲一階段集群抽樣（one-stage cluster sampling）；如果只是從各樣本群中隨機抽選出部分單位作爲樣本，此種方法爲二階段集群抽樣（two-stage cluster sampling）（註 9）。

譬如：母體中有 32 個單位，分成如下的四群：

群　別	單　位				
1	X_1	X_2	X_3	…………	X_8
2	X_9	X_{10}	X_{11}	…………	X_{16}
3	X_{17}	X_{18}	X_{19}	…………	X_{24}
4	X_{25}	X_{26}	X_{27}	…………	X_{32}

假定要從其中選出 4 個單位爲樣本，如採集群抽樣的方法，可從四群中以簡單隨機抽樣方法選出一群，如第二群，然後在第二群中的 8 個單位中隨機選出 4 個單位爲樣本，此爲一種二階段集群抽樣。此法也是一種機率抽樣方法，因爲母體中的每一個單位被選入樣本的機率均爲已知，在本例中，其機率均爲 $1/4 \times 1/2 = 1/8$。

集群抽樣和分層抽樣都是把母體分成幾層或幾群，兩者的差異在於：

1. 分層抽樣時，所有的層或群中至少都有一個單位被選入樣本中，但在集群抽樣時，只有部分的群或層被選爲樣本。

2. 分層抽樣只在每一群或層中抽選部分單位作爲樣本，一階段集群抽樣則在被抽選的群或層中進行普查。
3. 分層抽樣的目的在減少或消除抽樣偏差，提高樣本估計値的可靠性，集群抽樣的目的在減低抽樣的成本。

集群抽樣方法之所以廣被採用，主要是因爲它具成本-效益（cost-effectiveness），且簡便易行。集群抽樣的主要缺點是集群通常是同質的，集群愈同質，樣本估計値愈不精確（註 10）。譬如，在消費者調查時，爲了方便可抽選某一職業的消費者爲樣本，由於同一職業的消費者的家庭背景、所得、教育程度及消費習慣等可能都有相似之處，因此樣本的代表性可能不夠。

9-3-5 地區抽樣

上述的各種抽樣方法都需要有一份包含母體中所有個別單位的名冊作爲抽樣構架，但有許多企業問題，這種母體名冊或許不齊全，或是根本就沒有，此時，就必須借助一種很巧妙的集群抽樣方法——地區抽樣（area sampling）。

(一) 一階段地區抽樣

一種常用的地區抽樣方法是從一座城市的所有 N 個街道區（city blocks）中隨機抽選 n 條街道區爲樣本區，然後在各樣本區中進行普查。這種抽樣程序也是一種機率抽樣方法，因爲各住戶被抽選爲樣本的機率爲已知，即 n/N。地區抽樣事實上是將一個沒有名冊的原始母體轉變成一個有名冊（即地區圖）的地區母體，使機率抽樣成爲可行。

上述的地區抽樣通常稱爲一階段地區抽樣（one-state area sampling），其特點係將被選爲樣本之街道區中的所有單位都完全列入樣本中。由於住在同一街道區內的家庭在所得、職業、種族、家庭大小、社會階層等方面常較爲相似，因此，如樣本大小相同，此種地區抽樣的統計效率通常比簡單隨機抽樣爲差。不過，由於樣本單位的居住地點集中，可降低資料蒐集的成本。

(二) 二階段地區抽樣

上述之簡單一階段地區抽樣係將樣本街道區中的所有單位完全列入樣

本，事實上並不需要如此，可就樣本街道區中的所有樣本單位再做抽樣。譬如，要在一都市中抽選一些家庭作爲樣本，可先抽選部分街道區爲樣本街道區，然後再從抽選出的樣本街道區中抽選部分家庭爲樣本單位，這種抽樣方法稱爲二階段地區抽樣（two-stage area sampling）。

二階段地區抽樣又可分爲簡單二階段地區抽樣（simple, two-stage area sampling）和依樣本大小的機率比例地區抽樣（probability-proportional-to-size area sampling）（註 11）。

1. 簡單二階段地區抽樣

在簡單二階段地區抽樣下，第二階段的樣本單位（如家戶）是分別從每一個第一階段單位（如街道區）中抽選出來的。譬如，母體有 100 個街道區，每個街道區有 20 戶家計單位，總共有 2,000 戶家計單位；假定我們要從這 2,000 戶家計單位的母體中抽選出 80 戶家計單位，則整個抽樣比率是 80/2,000 ＝ 1/25。有許多方式可抽選出 80 戶家計單位：

(1) 選出 10 個街道區，每個街道區選出 8 戶家計單位。
(2) 選出 8 個街道區，每個街道區選出 10 戶家計單位。
(3) 選出 20 個街道區，每個街道區選出 4 戶家計單位。
(4) 選出 4 個街道區，每個街道區選出 20 戶家計單位。（在此方式下，每個被選出之街道區的所有家計單位都是樣本單位。）

第 (4) 種方式是一階段地區抽樣，而前三種方式則爲二階段地區抽樣。

簡單二階段地區抽樣之特點有二：

(1) 每一個第一階段的單位被選爲樣本的機率都相等。
(2) 在被選爲樣本的第一階段單位中，所有的第二階段單位被選爲樣本的機率都相等。

2. 依樣本大小的機率比例地區抽樣

簡單二階段地區抽樣假設所有單位在各階段都有相同的機會被選爲樣本，如果第一階段各子母體所含的單位數大致相等，則相當有效。不過，如果各階段的子母體所包括的單位數有很大的差異，簡單二階段地區抽樣將會造成估計值的偏差。譬如，從下列的四個街道區（母體）中選出一個街道區，再從此一樣本街道區中選出 5 戶爲樣本戶，我們要以樣本戶的平均家庭所得來估計母體的平均家庭所得，此爲簡單二階段地區抽樣。

街道區	住戶數目	年平均家庭所得
1.	60	NT$2,000（千元）
2.	20	NT$1,000
3.	10	NT$ 200
4.	10	NT$ 100
合計	100	

在此例中，因各街道區被抽選的機率為 0.25，故樣本估計平均值為：

$$0.25 \times \text{NT\$}(2{,}000+1{,}000+200+100)$$
$$=\text{NT\$}825\text{（千元）}$$

但母體平均值為：

$$\text{NT\$}(60\times 2{,}000+20\times 1{,}000+10\times 200+10\times 100)\div 100$$
$$=\text{NT\$}1{,}430\text{（千元）}$$

可見如第一階段子母體（即各街道區）內所含的第二階段單位（即住戶）數目不相等時，簡單二階段地區抽樣只能得出一個有偏差的估計值。

依樣本大小的機率比例地區抽樣係為克服簡單二階段地區抽樣的缺點而設計的，是不等機率抽樣的一種特例。仍以上述在四個街道區的家庭住戶中選出 5 家樣本戶的例子來說明此法的運用。

先按各街道區中的單位大小（即家庭住戶數目）決定各街道區在第一階段被抽樣的機率如下：

街道區	機　率
1.	0.60
2.	0.20
3.	0.10
4.	0.10

如何按照上述的機率來選出一個樣本街道區呢？第一步先求出累積住戶數目，並據此而指定各街道區的選擇數目如下：

街道區	住戶數目	累積住戶數目	選擇數目
1.	60	60	1 到 60
2.	20	80	61 到 80
3.	10	90	81 到 90
4.	10	100	91 到 100

然後從 1 到 100 中隨機抽出一個數目，此一隨機數目屬於哪一街道區的選擇數目，就以那個街道區爲樣本街道區，如隨機抽出的數目爲 65，則第 2 街道區爲樣本街道區。第二階段即從樣本街道區（第 2 街道區）中隨機選出 5 戶爲樣本戶。此時，樣本的估計平均家庭所得爲：

$$0.60 \times \text{NT\$}2{,}000 + 0.20 \times \text{NT\$}1{,}000 + 0.10 \times \text{NT\$}200 + 0.10 \times \text{NT\$}100 = \text{NT\$}1{,}430 \text{（千元）}$$

此數值正好是母體的平均值。

9-4 非機率抽樣

如前所述，在抽樣時如能得知母體中的每一個單位被選爲樣本的機率，即爲一種機率抽樣；如其機率爲不可知，則爲非機率抽樣。非機率抽樣的類型也很多，常用的有以下五種：

1. 便利抽樣（convenience sampling）
2. 配額抽樣（quota sampling）
3. 判斷抽樣（judgment sampling）
4. 逐次抽樣（sequential sampling）
5. 雪球抽樣（snowball sampling）

9-4-1 便利抽樣

便利抽樣係純粹以便利爲基礎的一種抽樣方法，樣本的選擇只考慮到接近或衡量的便利。廣播電台或電視台開放聽觀眾電話叩應（call in），表達他們對某一議題的看法，這是一種便利抽樣；訪問過路的行人有關他們的購物行爲，也是其中一例。

便利抽樣最爲省錢省事，但抽樣偏差很大，結果可能極不可靠，通常不應利用一個便利樣本來估計母體母數的數值，因爲一個母體中的**便利**單位極可能和其他**不便利**的單位有顯著的不同。但有時一個母體中的所有單位都類似，在這種特殊的情況下，採用便利抽樣自無不可。又在抽樣調查時，常需經過一個預試的階段以改進問卷的內容及形式，在預試階段爲了便利起見，常採用便利抽樣。

9-4-2 配額抽樣

配額抽樣或許是最常用的一種非機率抽樣法，它包括四項步驟：

1. 選擇控制特徵（control characteristics）作爲將母體細分的標準。選擇時通常根據：(1) 控制特徵與所要研究的特徵具有相關性，以及 (2) 可以取得母體內有關這些控制特徵之分配情形的最新資訊。
2. 將母體按其控制特徵加以細分，分成幾個子母體。細分母體時所依據的控制特徵可以只有一個，也可以有兩個或兩個以上。譬如，可按家庭所得及家庭大小這兩項控制變數，將一個以家庭住戶爲基本單位的母體細分成如下的四個子母體：

子母體	家庭大小	家庭每月收入	在母體中所佔百分比
1.	四口以下	10 萬元以下	30%
2.	四口以下	10 萬元以上	25%
3.	四口以上	10 萬元以下	25%
4.	四口以上	10 萬元以上	20%
			100%

3. **決定各子母體的樣本大小**：通常是將總樣本按照各子母體所佔的比例分配。譬如，總樣本數已定爲 200 戶，要按比例分配到上述的四個子母體，則各子母體的樣本應分別爲 60 戶、50 戶、50 戶、40 戶。
4. **選擇樣本單位**：各子母體的樣本數決定後，即可爲每一個訪問員指派**配額**，要他在某個子母體中訪問一定數量的樣本單位。譬如，在上例中某一訪問員可能被要求在子母體 1. 中找出 6 戶、在子母體 2. 中找出 5 戶加以訪問。有時還可對樣本單位的選擇加以若干其他的限制，如可限制樣本單位應在某些地區中尋找。

配額抽樣和分層抽樣有相似之處，兩者都是將母體細分成若干子母體，然後把總樣本數分配到各子母體。兩者的區別在於如何抽選各子母體中的樣本單位：分層抽樣時，樣本單位係以隨機抽樣方法從各子母體（各層）中抽選；但在配額抽樣時，訪問員有較大的自由去選擇子母體中的樣本單位，訪問員只要完成配額即可。

配額抽樣既然不是按照機率抽樣，自不可應用在機率抽樣時所用的原理來決定其樣本大小及抽樣誤差。同時，由於樣本單位的選擇係交由訪問員去決定，並非根據機率原理而產生，受訪者常常是那些訪問員較易接近和能言善道的人，所選擇的樣本不見得能代表母體。因此，通常要對配額樣本的代表性下一番證實的功夫，常用的方法是比較樣本和母體的主要特徵（控制特徵除外）的分配情形，如果兩者沒有顯著的差異，通常就假設樣本具有代表性。譬如，在上例中，可比較那 200 戶樣本與母體在小孩數目及家長職業等特徵的分配。

9-4-3 判斷抽樣

判斷抽樣亦常被稱爲立意抽樣（purposive sampling）（註 12），係根據抽樣設計者的判斷來選擇樣本單位，設計者必須對母體的有關特徵具有相當的了解。在編製物價指數時，有關產品項目的選擇及樣本地區的決定等常用判斷抽樣；在探索性研究中，專家的選擇也是一種判斷的抽樣。

很顯然地，判斷抽樣極易發生抽樣偏差。唯在某些場合亦有其價值，如物價指數的編製，若不借助於判斷樣本，將無法完成。判斷抽樣通常適用於母體的構成單位極不相似而樣本數又較少的情況。

9-4-4 逐次抽樣

在決定樣本大小及選擇抽樣方法時，抽樣設計者至少對母體應有一些認識。不過在許多情況下，設計者事前對於母體的認識極爲貧乏，此時可利用逐次抽樣。逐次抽樣亦稱多段抽樣（multiphase sampling），係先對母體做一次初步抽樣，蒐集一些有關母體的資訊，然後根據所獲得的資訊作基礎，再抽出一個次樣本（subsample）做進一步的研究。

逐次抽樣可以餐飲俱樂部的例子來說明：先利用電話訪問或其他較便宜的調查方法，來了解哪些人有興趣加入此一俱樂部以及他們感興趣的程度，然後再對那些有興趣加入的人做分層抽樣，以他們感興趣的程度作爲分層的基礎，選出較小的一個樣本，做深入的訪問，以了解他們的預期消費型態及對各項服務的反應等等（註 13）。

逐次抽樣與二階段地區抽樣不同。在二階段地區抽樣中，各階段抽樣單位的類型不同，如第一階段的抽樣單位是街道區，第二階段可能是住戶；但在逐次抽樣中，第一次抽樣和第二次抽樣的樣本單位類型都相同。

9-4-5 雪球抽樣

雪球抽樣通常先利用隨機方法選出一群原始受訪者，完成訪問後再要求這些原始受訪者提供屬於所要調查之目標母體的其他受訪者，然後再從提供的受訪者名單中抽選新一批的受訪者，這種過程可能持續若干梯次，以達到滾雪球的效果。雖然原始受訪者通常是用機率抽樣方法抽選出來，但最後的雪球抽樣樣本還是一個非機率樣本。雪球抽樣的一項主要目的是為估計在母體中稀少的特性（註 14）。

在一項國際旅遊的研究中，研究人員要去詢問曾在美國開國二百週年那一年訪問美國的英國、法國和德國人士。據估計，在這三個國家的大多數地區，具備受訪資格的成年人不到 2%，因此，乃採用雪球抽樣方法。先利用分層機率抽樣抽選原始受訪者，然後再經由原始受訪者的推介，找到的第二組的受訪者。在該項研究中，並未再進一步從第二組受訪者那裡去尋找其他的受訪者（註 15）。但在其他研究中，常繼續尋找下去，以達到滾雪球（snowballing）的效果。

9-5 抽樣方法的比較

9-5-1 樣本的效度

抽樣設計的好壞主要就看它所抽選出來的樣本，對母體的代表性有多大，代表性愈大，樣本的效度（validity）愈高，抽樣設計也就愈好。樣本的效度視其正確性（accuracy）及精確性（precision）而定（註 16）。

㈠ 樣本的正確性

樣本的正確性是指樣本沒有偏差（bias）存在的程度。一個正確的（或不偏的）樣本中，各樣本單位的數值高於和低於母數的情形會達成平衡。一個正確的樣本不會有系統性差異（systematic variance）的情形。系統性差異是指由於某些已知或未知因素的影響，而使數值較常傾向某一方向所造成的衡量上的差異。

系統性差異的一則典型例子是 1936 年文學文摘（*Literary Digest*）所做的美國總統選舉的民意測驗。那次測驗樣本數達二百萬人以上，測驗結果指出 A. Landon 會打敗 F. Roosevelt，結果 Roosevelt 大勝。這項民意測驗的樣本雖很大，但因樣本是從中、高階層的選民中抽選出來的，樣本的正確性不夠，故預測失敗。

(二) 樣本的精確性

好的樣本設計的第二項標準是估計的精確性。精確性係用估計值的標準誤（standard error of estimate）來衡量。估計值的標準誤和樣本精確性的關係如下：標準誤愈小，樣本精確性愈高；反之，標準誤愈大，樣本的精確性就愈低。因此，在抽樣設計時，一方面要設法消除或減少發生偏差，即儘量提高正確性，一方面也要儘量縮小估計值的標準誤。但是，並不是所有的樣本設計都能提供精確程度的估計。

9-5-2 機率與非機率抽樣的比較

抽樣方法大致劃分為機率抽樣及非機率抽樣兩大類，已如前述。這兩種方法優劣互見，各有其適用的場合，此處將就 (1) 估計值的可信性、(2) 統計效率的評估、(3) 母體的資訊、(4) 經驗和技巧、(5) 時間、(6) 成本等六項分別來比較機率和非機率抽樣的優劣。

(一) 估計值的可信性

只有採用機率抽樣才能求得不偏的估計值，算出估計值的抽樣誤差，並可估計包含母數的信賴區間。在非機率抽樣下，估計值可能包含大小難以衡量的偏差，也無法根據非機率的樣本客觀地評估樣本估計值的正確性。我們雖然也能算出其信賴界限，但無法用客觀的方法，求出這個信賴界限能包含母數的可信程度。

(二) 統計效率的評估

只有在採用機率抽樣時，才能評估各種不同的樣本設計的統計效率，但沒有任何客觀的方法可用來比較各種非機率抽樣設計的相對效率。譬如，我們可比較簡單隨機抽樣和簡單集群抽樣的相對效率，看看兩者的抽樣誤差孰大孰小，但無法用客觀的統計方法比較在某一情況下配額抽樣和判斷抽樣孰優孰劣，也沒有一種客觀的方法可用來決定在何種情況下配額抽樣會比便利抽樣更有效率。

㈢ 母體的資訊

機率抽樣所需有關母體的知識很少，基本上只要知道 (1) 認明每一母體單位的方法，及 (2) 母體中基本單位的總數，就可以進行機率抽樣（註17）。當然，如果能夠獲知有關母體的較詳細資訊，將可增進一個機率樣本的抽樣效率。非機率抽樣，特別是配額抽樣，所需的母體資訊較多，對母體資訊的依賴較大。

㈣ 經驗和技巧

機率抽樣的設計和執行通常需要高度專業化的技巧和經驗。非機率抽樣的設計和執行都比較簡單，通常比較不需要有很多的經驗和技巧。

㈤ 時　間

規劃及執行一個機率樣本所費的時間，通常要比設計及執行一個範圍相同的非機率樣本費的時間長，因爲機率抽樣的事前準備工作較多較繁，實際抽樣工作也比較費事費時。

㈥ 成　本

如樣本大小相同，一個機率樣本的成本通常要比一個非機率樣本大得多。機率抽樣的設計費錢較多，因爲我們要經由這種樣本設計以計算各單位被選爲樣本的機率；機率抽樣的執行也較花錢，因爲我們要去觀察或訪問預先指定的單位。此處只是比較兩者的單位調查成本，並未考慮調查結果的品質，由於非機率樣本的可靠性無法客觀地衡量，我們無法比較這兩類抽樣方法在同一可靠程度下的相對成本。

從上面的討論中，我們知道機率抽樣和非機率抽樣都各有其長處，也各有其缺點。在實際選擇抽樣方法時，自應針對研究目的及實際情況做通盤的考慮。下面的四點原則或可供選擇時的參考：

1. 如果一定要獲得不偏的估計值，則應採用機率抽樣；如果只要概略的估計值就夠了，則可考慮採用非機率抽樣。
2. 如要以客觀的方法評估樣本設計的精密程度，則應利用機率抽樣；否則，可考慮採用非機率抽樣。
3. 如預期抽樣誤差是研究誤差的主要來源，宜採用機率抽樣；如預期非抽樣誤差是研究誤差的主要來源，則可考慮非機率抽樣。

4. 如抽樣調查的可用資源極爲有限，以採用非機率抽樣爲宜。

實際上，要從動態的母體單位中取得一個純粹的機率樣本，即使不是不可能，也是極爲困難。機率抽樣能客觀地衡量並控制抽樣誤差，使調查的結果具有較大的說服力，易爲眾人接受。不過客觀性固然重要，但不應是選擇抽樣方法的唯一標準。在實際運用時，抽樣人員應權衡利害，比較各種方法的優劣，並考慮到人力、財力和時間的種種限制，然後選擇一種能達成研究目的，並在可用資源限制之內的抽樣方法。有時也可以機率抽樣和非機率抽樣兩法並用，各取其長。譬如，要在某都市抽取若干家庭住戶爲樣本，可先以機率抽樣方法抽選若干街道區，再從樣本街道區中利用配額抽樣或其他非機率抽樣方法抽選若干住戶爲樣本戶。

9-6 電話訪問的抽樣方法

電話訪問的抽樣方法可大致分爲兩大類，一是電話號碼簿抽樣法（telephone directories smapling），一是隨機數字撥號法（random-digit dialing，簡稱 RDD）。

9-6-1 電話號碼簿抽樣法

電話號碼簿抽樣法是以電話號碼簿爲基礎進行抽樣。

㈠ 傳統的電話號碼簿抽樣法

傳統的電話號碼簿抽樣法係以所欲研究之地區的電話號碼簿作爲抽樣構架，以系統性的方法或隨意自其中選取樣本單位。因爲有現成樣本構架可供抽樣，使用非常簡便，如果是以家計單位爲抽樣對象，在抽樣之前即可先刪除一些不屬於家計單位的電話號碼。

但是，電話號碼簿抽樣法在使用上亦有其限制：

1. 在全國性或是跨地區性的研究時，採用這種抽樣方法必須蒐集一大堆電話號碼簿，實際抽樣工作將相當繁雜。因此，傳統的電話號碼簿抽樣法比較適用於地方性的調查研究。
2. 有些電話用戶的電話號碼並未登在電話號碼簿上，傳統的電話號碼簿抽樣法實際上是以電話號碼登在電話號碼簿上的人來代表所有家中設有電話的人（包括那些未將電話號碼登在電話號碼簿上的人）。然而，將電話號碼登在電話號碼簿上和未將電話號碼登在電話號碼簿上的人，他們的特性可能有很大的不同。

㈡ 改良的電話號碼簿抽樣法

傳統的電話號碼簿抽樣法的主要限制是未能包含那些未將電話號碼登在電話號碼簿上的電話用戶，而改良的電話號碼簿抽樣法，亦是以電話號碼簿作爲抽樣構架，但是它不直接以電話號碼簿中抽選出的電話用戶當作樣本單位，而係將該號碼經由特定程序之修正，以新修正的電話號碼來抽選爲樣本單位，俾使電話號碼未登在電話號碼簿上的電話用戶亦有機會被抽選爲樣本。

改良的電話號碼簿抽樣法依修正方式之不同而有不同的作法，如加一抽樣法（plus-one sampling）、加十抽樣法（plus-ten sampling）、兩位隨機數字法（two-random digits）、倒數抽樣法（inverse sampling）等等。其中加一抽樣法似是最簡便、也常被採用的一種改良方法。

加一抽樣法係將從電話號碼簿上所抽到的電話號碼加上一個整數（從 1 到 9），作爲樣本單位的電話號碼。加一抽樣法使用簡便，但並不像傳統法那樣，每一位把電話號碼登在電話號碼簿上的用戶都有機會被選中爲樣本單位，必須某用戶號碼的前幾號是另一用戶的電話號碼，該號碼且要登在電話號碼簿上，該用戶才有機會被選中爲樣本，這是該法的主要限制。

9-6-2 隨機數字撥號法

隨機數字撥號法是一種不須利用電話號碼簿的抽樣方法，在這種方法下樣本的電話號碼中至少有一部分是以隨機的方法產生的，可以克服有些電話用戶的電話號碼並未登在電話號碼簿上的問題。但採用隨機數字撥號法所花費的成本通常較大，因爲它有很大機率會抽到空號，故要接觸到有效樣本的成本比起利用電話號碼簿抽樣法常要大得多。

利用隨機數字撥號法通常也較費時，因爲這種抽樣方法所產生的電話號碼，包括下列三種情形：

1. 未被使用的電話號碼（即**空號**）。
2. 目前被使用的電話號碼，但該電話號碼並非屬於家計單位。
3. 目前由家計單位使用的電話號碼。

某一電話號碼究竟是上述三種情況中的哪一種很難事先決定，尤其當撥了號卻無人接聽時，更無法知道是屬於上述三種中的哪一種情形，因此必須再打幾次電話，或詢問電話公司，才能獲知它究竟是屬於哪一種情形。如此一來，往往要多費不少時間。

利用隨機數字撥號法進行抽樣訪問時，在撥了電話號碼接通後，不要立即進行訪問，應先證實對方的電話號碼是否無誤，以免因接錯、撥錯或有些空號會接到特定的電話號碼上去，而影響了抽樣的隨機性。

如果接錯號碼，應該重新撥號，萬一還是會接錯，通常可將之歸爲電話號碼有問題，而放棄這個號碼。對於沒有人接聽的電話，應該再多撥幾次，以減少無回應偏差。如果一直都沒有人接，可向電話公司查詢，以確認該電話號碼是否爲空號。

9-7 線上調查的抽樣方法

線上調查（online survey）或網路調查（Internet survey）日益普遍，但線上或網路抽樣有一些比較特殊的問題。首先，線上調查允許研究者快速接觸到大量的樣本，而且常常很快就能獲得足夠的樣本數。不過，線上抽樣也有一些缺點，包括：

1. 基本上是一種便利抽樣，只能取得便利樣本。許多線上調查的受訪者都是在研究者的網站上看到問卷後自動填答問卷（有些研究者會提供獎品或贈品等誘因），因此只能獲得便利樣本，有樣本代表性不足的問題。
2. 線上調查只能調查到那些有電腦可用也有機會接觸到網際網路的樣本，而這個樣本充其量只代表網路使用者。

爲了克服線上抽樣的缺點，一些擅長於線上調查的機構曾採用一些特殊的線上抽樣技術。譬如，調查網站公司（SurveySite）使用它的跳出調查（pop-up survey）軟體，隨機抽選網站的訪客，在螢幕上跳出一個小的 Java Script 窗口，詢問這位訪客是否願意參與一項評估調查；如果訪客敲下「是」的話，一個線上調查的新窗口就會出現，訪客可在任何時間參與調查表示意見。不過這種隨機選擇訪客的方法較可能會抽到那些經常訪問網站的常客，因此樣本所代表的可能是網站訪問，而不是訪客（註 18）。

哈里斯互動公司（Harris Interactive）則使用固定樣本。該公司在美國有一個超過 650 萬人的固定樣本，這個這麼大的資料庫允許該公司從固定樣本中抽選簡單隨機樣本、分層樣本和配額樣本。爲確保調查結果的代表性及測試線上調查的正確性，這家研究公司同時利用電話訪問和線上調查進行平行研究。研究人員比對電話調查和線上調查的結果，然後考量線上和非線上母體在動機和行為上的差異去調整線上調查和電話調查的結果（註 19）。

9-8 樣本大小的決定

在樣本設計時應決定樣本的大小，樣本不宜太大，也不可太小。樣本太大是一種浪費；樣本太小，將發生抽樣誤差過大的危險。

在機率抽樣的情況下，有關樣本大小決定及樣本統計顯著性的判斷，尚可借助於機率法則的運用；至於在非機率抽樣的情況下，除了依靠抽樣人員的主觀判斷或假設之外，似尚無客觀之科學法則可茲應用。

樣本愈大，統計值的可靠性愈高，因此，我們可以經由樣本大小的選擇來控制統計值的可靠性。樣本不宜太小，以免可靠程度不夠；但亦不宜太大，因為樣本愈大成本愈高，樣本過大將造成不必要的浪費。樣本的大小應該要考慮取得樣本的成本及估計錯誤的風險。換言之，應該在可靠性和經濟這兩項因素中做一適當的平衡。

估計錯誤的風險大小取決於兩項因素：錯誤的處罰及錯誤的機會。前者是指由於估計錯誤導致行動錯誤所造成的一切損失，譬如，企業主管對明年銷售額的估計過高，將發生許多不必要的生產、財務、倉儲及其他費用；後者則指估計錯誤的機率。可依據估計錯誤的損失及發生錯誤的機率來推算抽樣誤差的成本。

9-8-1 簡單隨機抽樣的樣本大小

(一) 估計平均數時的樣本大小

1. 母體變異數（σ^2）已知的場合

在重複抽樣中每一樣本的平均數（$\bar{X}$）與母體的平均數（μ）常有差異，但我們希望差異的絕對值小於所能容忍的某一數值（e）的機率為既定的信賴係數（$1-\alpha$），亦即

$$P(|\bar{X}-\mu| \leq e)= 1-\alpha$$

假設 $\bar{X}$ 的分配爲常態，則可從常態分配機率累積表中查出一個標準化常態變值 $Z_{\frac{\alpha}{2}}$，此時 Z、e 及 $\sigma_{\bar{X}}$（$\bar{X}$ 的標準誤）三者之間的關係如下：

$$Z=\frac{e}{\sigma_{\bar{X}}} \tag{1}$$

$$\sigma_{\bar{X}}=\frac{\sigma}{\sqrt{n}} \tag{2}$$

將 (2) 代入 (1) 可得決定樣本大小（n）的公式如下：

$$n=\frac{Z^2\sigma^2}{e^2} \tag{3}$$

從這個公式中，可知樣本的大小取決於三項因素（註 20）：

(1) **母體變異數（σ^2）的大小**：母體變異數和樣本大小成正比，在相同的風險水準及相同的可容忍誤差範圍下，母體愈分散，所需的樣本要愈大。

(2) **可容忍的誤差（e）的大小**：可容忍的誤差愈小，所需的樣本要愈大，反之愈小。樣本大小和 e 的平方成反比。

(3) **常態變值（Z）的大小**：樣本大小和 Z 值的平方成正比。Z 值係由風險水準的大小所決定，可從常態分配表（附表 2）中查得。

譬如，台灣電力公司於 1978 年 12 月舉辦「台灣地區家用電器普及狀況調查研究」（註 21），在決定樣本大小時，係依據 1977 年該公司舉辦家用電器普及狀況調查時所求得之當年 1 月份台電 14 個營業處（不含花蓮、臺東及澎湖）3,082,502 用戶每戶平均用電量 142 度，變異數 45,077 度，作爲母體之平均數及變異數，並限定樣本對母體之誤差不超過 4 度，利用公式 (3) 求得樣本大小如下（設 $e \leq 4$ 度，$\alpha=0.05$）：

$$n=\frac{(1.96)^2 45{,}077}{(4)^2}=10{,}823\ (\text{戶})$$

爲顧及實際調查時樣本不在家、不合作等情形，將樣本數略爲擴大，抽取 12,000 戶，適爲 1978 年 8 月份電燈用戶數 3,600,200 戶之 0.333%。

若母體（N）較小，因

$$\sigma_{\bar{X}}=\frac{\sigma}{\sqrt{n}}\sqrt{\frac{N-n}{N-1}} \tag{4}$$

故公式 (3) 應修正為：

$$n=\frac{NZ^2\sigma^2}{(N-1)e^2+Z^2\sigma^2} \tag{5}$$

利用公式 (3) 或 (5) 求 n 時，應先決定 e 值及 Z 值。e 值及 Z 值的選擇，事實上是互相關聯不能分開的，在選擇可接受的風險水準時，應考慮到可容忍的誤差大小，同樣地，在決定可容忍的誤差大小時，也應考慮到願冒多大的風險。

2. 母體變異數未知的場合

在大多數的情況下，σ^2 是未知的，此時可用 σ 的估計值來代替 σ，利用下列公式求出 n 值：

$$n=\frac{Z^2(\text{估計的}\sigma)^2}{e^2} \tag{6}$$

一旦樣本選出後，可求得樣本的標準差 s，並用 s 取代原先估計的 σ 值，以建立信賴區間。

在決定樣本大小並進行抽樣之前，如何求得估計的 σ 值呢？如果過去有類似研究，可以過去研究所獲知之資料來估計 σ 值。如過去並無類似研究，可先做一試查，從母體中隨機抽選部分單位為樣本，並以此一樣本的標準差作為估計的 σ 值。

在進行大規模正式調查之前，往往先要進行小規模的抽樣試查，如試查的樣本係用隨機法抽選，則可利用試查的樣本資料求出估計的 σ 值，然後再用公式 (6) 求出 n 值。

此外，亦可從估計變數的全距（range）著手。對一常態分配的變數而言，其全距約等於 $\pm 3\sigma$，亦即全距等於 6σ。由於在許多情況下全距是比較容易估計的，因此可以全距除 6 之值作為母體標準差 σ 的估計值。

3. 相對精確度

上述方法均係利用絕對精確度（absolute precision）來決定樣本的大小。絕對精確度是指估計的數值應在母數加或減多少單位的範圍之內。有時，我們亦可利用相對精確度（relative precision）的觀念來決定樣本的大小。相對精確度是指估計值應在母體平均數多少百分點之內；如果要求估計值應在平均數的 ±10% 之內，若平均數為 50，則區間將介於 45 到 55 之間，如平均數 100，則區間將介於 90 到 110 之間（註 22）。

假定我們決定估計值的精確度須在母體平均數的 $\pm R\%$ 之內，亦即估計值應在（$\mu-\mu R\%$）及（$\mu+\mu R\%$）之間，μ 代表未知之母體平均數。因為一個樣本平均數幾乎百分之百會在 $\mu\pm 3\sigma_{\bar{X}}$（$\sigma_{\bar{X}}$ 為樣本平均數的標準誤）之間，因此樣本的大小（n）應使下式能夠成立：

$$3\sigma_{\bar{X}}=\mu R\%$$

$$3\frac{\sigma}{\sqrt{n}}=\mu R\%$$

$$\frac{\sigma}{\mu}\left(\frac{1}{\sqrt{n}}\right)=\frac{R\%}{3}$$

令 $r=R\%$（r 代表相對精確度）

$C=\frac{\sigma}{\mu}$（C 為相對標準差，或稱為母體的變異係數）

則 $$n=\frac{3^2C^2}{r^2}$$

若 $$C=.5，r=10\%=.10$$

則 $$n=225$$

假若我們願冒 5% 的風險，即只要求有 95% 的機會樣本估計值會在母體平均數（μ）的 $R\%$ 之內，此時樣本之大小應使下式能夠成立：

$$1.96\sigma_{\bar{X}}=\mu R\%$$

經演算後可得

$$n=\frac{1.96^2C^2}{r^2}\cong 96$$

決定樣本大小的一般公式為：

$$n=\frac{Z^2C^2}{r^2} \qquad (7)$$

要利用這個公式，必先估計 C 值，對於 C 值的估計，通常可借助過去研究的資料爲估計的基礎，也需要依靠抽樣設計者的經驗、技巧和想像力。

又公式 (7) 是假設母體（N）夠大。母體夠不夠大，係針對樣本（n）而言，通常 n/N 不可超過 5%，才可應用這個公式。如果超過 5%，這個公式將高估樣本大小，故應修改爲

$$n' = \frac{n}{1 + \frac{n}{N}} \tag{8}$$

譬如前例中，當我們願冒 5% 的風險時，樣本大小爲 96。假若母體爲 1,000，此時因 $\frac{n}{N} = 9.6\%$，超過 5%，故樣本大小應用公式 (8) 調整爲：

$$n' = \frac{96}{1 + \frac{96}{1{,}000}} = 87.6$$

即樣本大小應爲 88。

(二) 估計比率時的樣本大小

1. 絕對精確度

在估計比率（proportion）時，可容忍的誤差（e）、樣本比率（$\bar{p}$）的標準誤（$\sigma\bar{p}$）與 Z 值的關係爲

$$Z = \frac{e}{\sigma\bar{p}} \tag{9}$$

設 p 代表母體的比率

$$\sigma\bar{p} = \sqrt{\frac{p(1-p)}{n}} \tag{10}$$

將 (10) 代入 (9) 可得樣本大小（n）的公式如下：

$$n = \frac{Z^2 p(1-p)}{e^2} \tag{11}$$

公式 (11) 中的 p 值爲母體的真正比率，因無法確知其大小，故應先予猜測。譬如，我們要做一項比率的估計，希望估計值與 p 值的差異在 2%

或以下的機率（或風險水準）爲 10%，亦即 $e=.02$，$Z=1.64$，經猜測 $p=.10$，則

$$n=\frac{(1.64)^2(.10)(1-.10)}{(0.20)^2}=605.16$$

故樣本大小應爲 606。

如果我們對 p 值一無所知，無法加以估計，此時若預算許可，亦可採取保守的態度，設定 $p=0.5$，俾使 n 值爲最大。譬如，在上例中，若設定 $p=0.5$，則

$$n=\frac{(1.64)^2(.5)(.5)}{(.02)^2}=1{,}681$$

若 N 較小時，因

$$\sigma\bar{p}=\sqrt{\frac{p(1-p)}{n}}\sqrt{\frac{N-n}{N-1}}$$

故公式 (11) 應修正爲：

$$n=\frac{NZ^2p(1-p)}{(N-1)e^2+Z^2p(1-p)} \tag{12}$$

調查的項目有時不止一項，此時可擇其中較重要的幾個項目，分別按照所需的精確程度及信賴係數計算所需的樣本大小。如各 n 值均很接近，則只要不超過預算的範圍，宜採用其中最大的 n 值；如各 n 值間差異甚大，若採用最大的 n 值恐非預算允許，此時可考慮降低某些項目的精確度，採用較小的 n 值。

2. **相對精確度**

在估計母體比率時，也可以設定估計值之相對精確度來決定樣本的大小。相對精確度係指區間的大小將是數值的函數，亦即不論數值的大小如何，區間大小都將在此數值的某一百分比範圍內。如果將相對精確度設定在 ±10% 之內，若樣本比率爲 0.20，則區間將爲 0.18 至 0.22；若樣本比率爲 0.30，則區間將爲 0.27 至 0.33（註 23）。用相對精確度的觀念來決定樣本大小時，其公式如下：

$$n = \frac{Z^2}{r^2}\,\frac{(1-p)}{p} \qquad (13)$$

上式中，r 代表相對精確度的水準

譬如，我們要估計某公司員工支持新薪資制度的比率，並要求有 95% 的信賴水準，相對精確度設定為 $r = 0.1$。若估計有 40% 的員工支持新薪資制度，即 $p = .40$，則

$$n = \frac{(1.96)^2}{(0.1)^2}\,\frac{(1-0.40)}{0.40} = 576.25$$

即樣本大小應為 577。

9-8-2 分層隨機抽樣的樣本大小

(一) 各層樣本大小的分配

假定預算固定，各層的單位觀察或訪問成本均相同，且為已知，則總樣本數為固定；在這種情況下，各層樣本大小的決定，主要有兩種方法，即 (1)等比例分配法，(2) 不等比例分配法。

1. 等比例分配法

等比例分配法係按各層所含單位數的多寡將總樣本數按等比例分配到各層，以得到各層的等比例分層樣本（propotional stratified sample）。譬如，總樣本數經決定為 1,000，母體有 10,000 單位，樣本比例為：

$$\frac{\text{樣本大小}}{\text{母體大小}} = \frac{1{,}000}{10{,}000} = 10\%$$

若將母體分成三層，各層所含單位數如下：

層	單位數
1	2,000
2	3,000
3	5,000

按 10% 的比例抽樣，各層之樣本數應分別為 200、300 及 500。

等比例分配法計算簡單，無須任何加權。如果調查目的在估計母體的平均數，而且各層所含單位數是唯一可得的資料，則等比例分配法不失爲一良好的方法。

2. 不等比例分配法

如果各分層內部的變異性（variability）大小不一，則宜採用不等比例分配法，以得到不等比例分層樣本（disproportional stratified sample），亦即對層內單位的變異性比較大的層抽選比較多的樣本單位，層內變異性比較小的層則抽選比較少的樣本單位。不等比例分配法需要對各層母體的相對變異性有較多的了解。尼爾遜行銷研究公司（ACNielsen Marketing Research）爲編製全國零售指數（National Retail Index），就是採用不等比例分配法抽樣。由於預期大零售商店在商品銷售上的變異會比小商店爲大，因此，大商店的抽樣比例比小商店爲高。譬如，大連鎖商（年銷售額在 200 萬美元以上）的家數在母體中只佔 12.4%，在樣本中卻佔 67.1%，小連鎖商店（年銷售額在 200 萬美元以下）的家數在母體中佔了 14.2%，在樣本中卻只佔了 7.9%；同樣地，大的獨立零售店（200 萬美元以上）家數在母體中只佔 6.1%，在樣本中卻佔了 11.8%，而小的獨立零售店（200 萬美元以下）家數在母體中的比例高達 67.3%，但在樣本中所佔的比例只有 13.2%（註 24）。

㈡ 總樣本數的決定

以上係討論在總樣本數爲已知之情況下如何決定各分層的樣本大小，唯有時總樣本數並非已知，因此在決定各分層樣本大小之前，應先決定要達某一特定可靠水準所需的總樣本數。計算在分層抽樣下的總樣本數的公式甚繁，非本書所能討論。此處僅提供三個原則以供決定總樣本數的參考：

1. 在一定的可靠程度下，不等比例分配法所需要的樣本數較等比例分配法所需要者爲少。
2. 在一定的可靠程度下，等比例分配法所需要的樣本數較簡單隨機抽樣所需要者爲少。
3. 在採用等比例或不等比例分配法時，可以簡單隨機抽樣所需的樣本數作爲上限。

摘　要

由於普查並不經濟，有時甚至根本行不通，必須利用抽樣調查來代替普查。抽樣的程序包括界定母體、決定資料蒐集方法、確定抽樣構架、選擇抽樣方法、決定樣本大小、選出樣本單位、蒐集樣本資料、評估樣本結果等步驟。

抽樣方法可大致分爲機率抽樣和非機率抽樣兩大類。常用的機率抽樣有簡單隨機、系統、分層、集群和地區抽樣；常用的非機率抽樣有便利、配額、判斷、逐次和雪球抽樣。各種抽樣方法都各有其優點與缺點，各有其適用的場合，在選擇抽樣方法時，應針對抽樣調查的目的及客觀情況做通盤的考慮。由於電話訪問和線上調查的抽樣方法比較獨特，本章也簡要地介紹電話訪問和線上調查的抽樣方法。

在抽樣設計時，除決定抽樣方法外，尚應決定樣本的大小，樣本過大或過小都不適宜，樣本的大小應該考慮可靠性和經濟這兩項因素。在實際抽樣時，我們通常是先決定一種可容忍的誤差水準，再決定樣本的大小。本章介紹簡單隨機抽樣和系統隨機抽樣下如何決定樣本的大小。

附　註

註 1：L. Lapin, *Statistics for Modern Business Dicisions*, 2nd ed. (Harcourt Brace Jovanovich, 1978), pp.74-75。

註 2：F. Yates, *Sampling Methods for Censuses and Surveys,* 2nd ed. (London: Griffin, 1953)。

註 3：H. Boyd, Jr., R. Westfall, and S. Stasch, *Marketing Research: Text and Cases,* 7th ed. (Homewood, Ill.: Richard Irwin, 1991), pp.382-383。

註 4：同註 3, p.383。

註 5：同註 1, pp.83-84。

註 6：P. Green, D. Tull and G, Albaum, *Research for Marketing Decisions*, 5th ed. (Englewood Cliffs N. J.: Prentice-Hall, 1988), p.332。

註 7：Joseph Hair, Jr., Mary Wolfinbarger, David Ortinau and Robert Bush, *Essentials of Marketing Research* (Boston: McGraw-Hill/Irwin, 2008), p.133。

註 8：W. G. Cochran, *Sampling Techniques* (New York: John Wiley & Sons, Inc., 1963), pp.133-135。

註 9：Dawn Iacobucci and Gilbert Churchill, Jr., *Marketing Research: Methodological Foundations,* 10th ed. (South-Western, 2010), p.304。

註 10：同註 7, p.135。

註 11：同註 9, pp.306-307。

註 12：同註 9, p.286。

註 13：Donald Cooper and Pamela Schindler, *Business Research Methods*, 8th ed. (Boston McGraw-Hill Irwin, 2003), p.198。

註 14：Naresh Malhotra, *Marketing Research: An Applied Orientation*, 6th ed. (Boston: Pearson Education, 2010), p.381。

註 15：同註 6, p.328。

註 16：Donald Cooper and Pamela Schindler, *Business Research Methods*, 10th ed. (Boston: McGraw-Hill/Irwin, 2008), pp.376-377。

註 17：同註 3, p.415。

註 18：William Zikmund, et al., *Business Research Methods*, 8th ed. (South-Western, 2010), p.407。

註 19：同註 18, pp.407-408。

註 20：同註 1, pp.262-263。

註 21：台灣電力公司，臺灣地區家用電器普及狀況調查研究報告（1979 年 6 月），7 頁。

註 22：同註 9, p.317。

註 23：同註 9, p.320。

註 24：同註 9, p.303。

第十章

態度的衡量

10-1 衡量的性質與水準

10-1-1 衡量的性質

衡量（measurement）是指將有關人們、事件、觀念或事物的資訊做系統性的特徵化或數量化的過程（註 1）。衡量的目的是要將實證事件（empirical event）的特性或特質轉變成研究人員可加以研究的形式；衡量是指用來象徵性地代表研究人員分析世界中的真實面的程序。衡量是要依據一組規則（rule）將數字（number）指派給實證事件；這種指派的實際程序一般稱之爲衡量過程（measurement process）（註 2）。

㈠ 衡量的要素

要進行衡量，必須有三件要素，即 (1) 可觀察的實證事件，(2) 使用數字來代表這些事件，(3) 一組對應規則（mapping rule）；這三項要件亦即所謂衡量的成分（註 3）。

1. **實證事件**：實證事件係指某一事物、個人或群體的一組可觀察的特性。**可觀察的**意指人們可知覺（perceive）或至少可推論（infer）某一事物、個人或群體擁有某一特別的特性。譬如，我們要研究主管的性別和其部屬的工作滿足兩者間的關係。首先，要確定分析單位（unit of analysis）。分析單位是我們要調查的主要事物、個人或群體；在本例中，分析單位是個別的主管和部屬。分析單位確定之後，研究人員要進一步確定哪些是他們想要研究的特性，在本例中是指主管的性別和部屬的工作滿足。
2. **使用數字來代表實證事件**：第二件要素是要利用數字把意義（meaning）賦予研究人員所要研究之事物的特性。數字本身是沒有意義的，但研究人員在徹底研究現象的性質之後，把意義指定給數字，使數字能代表衡量的適當水準。
3. **一組對應規則**：第三件要素是要有一組對應規則。對應規則是指如何把數字指派給實證事件的陳述。這些規則最後是要描述研究人員所衡量的特性。衡量過程最後是要得到與真實情形儘可能一致的象徵性陳述。

圖 10-1 係以上述研究主管性別與部屬工作滿足關係的例子爲例，說明這三項衡量要素之間的關係。

衡量主管的性別			衡量部屬的工作滿足		
實證事件	對應規則	數字	數字	對應規則	實證事件
主管的性別	如爲男性，指定 1 如爲女性，指定 2	1 或 2	−2,−1, 0, 1 或 2	如非常不滿意，指定−2 如不滿意，指定−1 如無所謂滿意或不滿意，指定 0 如滿意，指定 1 如非常滿意，指定 2	部屬的工作滿足

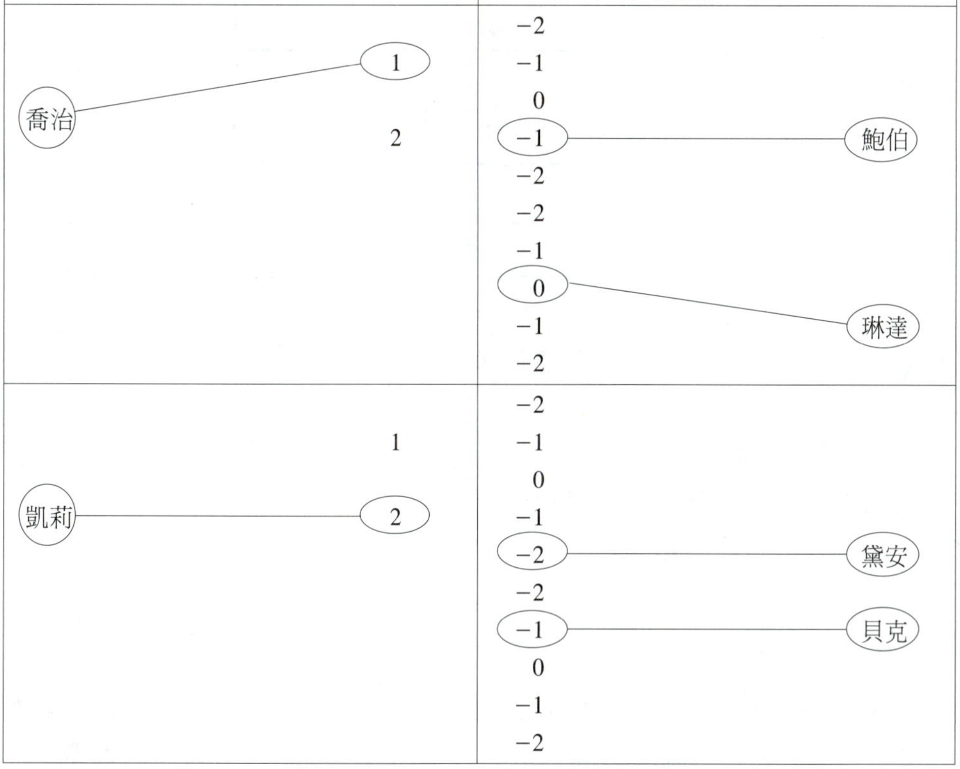

資料來源：Duane Davis, *Business Research for Decision Making,* 6th ed. (Thomson Brooks/Cole, 2005), Figure 7.1, p.176。

圖 10-1　衡量三要件之間的關係

(二) 衡量的程序

衡量的程序可視爲是從孤立實證事件開始一直到特性的實際衡量爲止的一組相互關聯的步驟。如圖 10-2 所示，進行衡量的步驟如下：

1. 孤立實證事件

衡量過程要從將研究人員所要衡量的實證事件予以孤立開始。

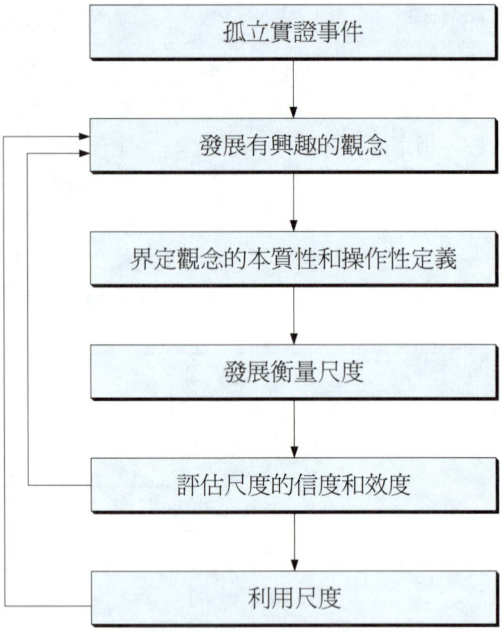

資料來源：同圖 10-1，p.177。

圖 10-2　衡量的程序

2. 發展有興趣的觀念

理論通常會決定所要衡量的事件。本質上，實證事件是以觀念及（或）構念的形式來說明，並經由問題的陳述予以連結。

3. 界定觀念的定義

接著要清晰地界定所確認的觀念。觀念的定義通常有本質性的（constitutive）和操作性的（operational）兩種類型。本質性的定義，亦稱**觀念性的定義**，是用其他的觀念和構念來界定觀念的意義。一項觀念如果界定得好的話，則與其他觀念之間的分野就會很清楚。本質性的定義模糊不清就會影響到研究的可解釋性和可信性。

本質性的定義一旦決定，還要進一步決定操作性的定義。操作性的定義詳細說明實際衡量變數時所用的對應規則（mapping rules）和方法，並說明研究人員將某些數字指派給觀念時必須遵循的程序。

4. 發展衡量尺度

觀念的定義一旦界定，研究人員就可開始選擇和發展適當的衡量尺度（measurement scale）。衡量尺度可視爲將數字指派給事物和事件的工具。

5. 評估尺度的信度和效度

發展衡量尺度之後，要進一步就尺度的信度（reliability）和效度（validity）做一評估。

6. 利用尺度

所發展之衡量尺度如合乎信度和效度的要求，即可利用此尺度進行衡量。

10-1-2 衡量的水準

衡量的水準可分爲名目（nominal）、順序（ordinal）、區間（interval）及比率（ratio）等四種水準。

1. 名目水準

名目水準係爲了標示目的而指定的數字。譬如，公司員工的編號、學生的學號等等，均爲名目水準。名目水準無法用來衡量態度，其加減乘除的運算也毫無意義。

2. 順序水準

順序水準在企業研究中應用最廣。譬如，可依據員工的某些特性，如對公司調薪計畫的贊同程度，將員工按順序排列；也可依照消費者的偏好程度，將產品、品牌或商店排列。順序水準只指出人或事物的順序或等級，但不表示不同順序或等級間的差異程度；換言之，它只能指出等級或順序，但不能衡量不同等級間的距離。

3. 區間水準

區間水準具有一種相同的衡量單位，不僅可表示順序或等級，還可表示不同等級間的距離。在此種水準上的第 n 個點與第 $n+1$ 個點間的距離，相等於第 $n-1$ 個點與第 n 個點間的距離。區間水準的零點因係任意選定，因此，我們不能說第 $2n$ 個點的強度比第 n 個點高（或低）一倍。譬如，華氏或攝氏溫度即爲區間水準，溫度從攝氏 10° 上升到攝氏 20°，並不表示溫度上升了一倍。

4. 比率水準

比率水準與區間水準的區別在於前者有一個獨一無二的零點，後者的零點係自行選定。長度和重量都是比率尺度，因爲其距離都是從一個絕對的零點算起；銷售量也是一種比率水準，銷售 100 台冰箱就是比銷售 50 台冰箱多一倍。

表 10-1 列舉各種水準的基本用途、典型的統計等重要特性。

表 10-1　四種主要的衡量水準

水　準	描　述	基本的實證作業	基本用途	典型的統計	
				敘述性	推論性
名目	利用數字來認定事物、個人、事件或群體	決定相等／不相等	分類	百分比／眾數	無母數
順序	除了認定之外，數字還提供有關某一事件、事物等所具有之某些特性的相對數量的資訊	決定較大或較小	等級評價	中位數（平均數／變異數）	無母數（母數）
區間	除擁有名目與順序水準的所有特質外，連續點間的區間是相等的	決定區間的相等性	複雜觀念／構念的偏好性	平均數／變異數	母數
比率	包含上述三種水準的所有特質，並有一絕對的零點	決定比率的相等性	當有精密工具可用時	幾何平均數／調和平均數	母數

資料來源：同圖 10-1, p.181。

10-2 衡量態度的技術

衡量態度的技術可分爲溝通技術和觀察技術兩大類（註 4），各類技術的內容如下：

㈠ 溝通技術

1. **自我報告（self-reports）**：要求受訪者回答問卷的問題，報告他們的態度。
2. **對非結構或部分結構之刺激物的反應**：向受訪者展示有關圖片，或展示其他情境，然後要求受訪者表明他們對此刺激物的反應。
3. **客觀活動的表現（performance of objective tasks）**：要求受訪者記住及報告有關的事實性資訊，然後分析受訪者的反應，並推論受訪者的態度。譬如，研究人員想評估人們對環境保護的態度，可要求受訪者記住許多有關環保的事實性資料，這些資料反映贊成和反對雙方的觀點，然後去了解哪些事實是受訪者吸收或接受的，並據以推論受訪者對環保的態度。這種方法假定人們較容易記住那些與他們的立場最一致的論點。

㈡ 觀察技術

1. **公開的行為**：將受訪者置於一可展現其行爲型態的情境中，然後從受訪者的行爲中推論其態度。這種觀察公開行爲的方法假定人們的行爲是受他們的態度所規範，因此，可利用觀察到的行爲來推論其態度。
2. **生理反應**：讓受訪者接觸產品或廣告，然後利用電子或機械儀器衡量他們的生理反應，如手上流汗及眼睛瞳孔擴大等反應。不過，人們的生理反應只能表示感覺的強度，而不能反應正面或反面的態度。

在這些方法中，自我報告技術是使用最廣的一種方法。本節將介紹幾種主要的自我報告方法。觀察技術已在第六章中加以介紹。

10-2-1 評價尺度

評價尺度（rating scale）是一種順序尺度，不過在使用時，如同使用其他順序尺度一樣，研究人員常設法使各尺度水準間的距離看起來相等，然後當作區間尺度來處理。在使用評價尺度時，受訪者係在一連續帶上或從依序排列的類別中指出與其態度相一致的位置。在此一尺度上可能列明數值，或在做資料分析時，才將數值指派給各尺度水準。

評價尺度有三種最常見的類型：圖形的評價尺度（graphic rating scale）、逐項列舉的評價尺度（itemized rating scale）及比較的評價尺度（comparative rating scale）。圖 10-3 是三種評價尺度的例子。

㈠ 圖形的評價尺度

圖形的評價尺度容易設計，而且容易使用，是企業研究最常用的一種順序尺度。圖形的評價尺度的兩端是態度的兩種極端，受訪者只須在此尺度上的適當位置上劃一「×」號。這個尺度（即直線）可以是水平的，也可以是垂直的，它可以附上分數，也可以不附分數。圖形的評價尺度有很多種不同的形式，圖 10-3 之(1) a 為圖形的評價尺度的一種形式，受訪者可在各屬性水平線上的適當位置劃一「×」號來表示各屬性的重要性，然後研究人員可從線的左端到「×」號的長度來推論在受訪者心目中各屬性的重要程度。

圖 10-3 之(1) b 是圖形的評價尺度的另一種形式。受訪者在適當的數字上劃一「×」或「√」號來表示他對各屬性的看法或態度。在本例中，數字愈大代表愈高的正面態度。

圖 10-3 之(1) c 也是一種圖形的評價尺度，受訪者可在適當的圖畫上劃一「×」或「√」號，以表示他對某公司的薪資和工作環境的態度。

㈡ 逐項列舉的評價尺度

逐項列舉的評價尺度通常只允許受訪者從較有限的類別中做一選擇。類別的數目以五至七類居多，但也有人將尺度劃分為十類或以上，每一類別通常都有文字敘述，其次序並依據各類別在尺度上的位置而排列。圖 10-3 之 (2) 為此評價尺度的一種形式，五項類別都有文字敘述。

逐項列舉的評價尺度容易設計，易於使用，它雖不能像圖形的評價尺度那樣可做精細的區分，但通常可獲得較可靠的評價。

類別的數目是偶數好，還是奇數好呢？似無明確答案。如採用奇數的類別，則中間的類別通常代表中立的態度。如採用偶數，則沒有中立的態度，受訪者必須採取一種正面或反面的立場，那些對某一問題真正持中立態度的受訪者可能會因須被迫選擇正面或反面立場而有挫折感。

(1) 圖形的評價尺度

a. 請依照你的感覺，在各屬性的水平線上的適當位置劃一「×」號。

屬性	不重要　　　　　　　　　很重要
薪資合理	________________________
工作環境良好	________________________
工作地點方便	________________________

b. 請在下列尺度的適當位置劃一「×」號，以表示你對（某公司）的看法。

	1	2	3	4	5	6	7	
薪資不合理	1	2	3	4	5	6	7	薪資合理
工作環境不好	1	2	3	4	5	6	7	工作環境良好
工作地點不方便	1	2	3	4	5	6	7	工作地點方便

c. 請在適當的圖畫上劃一「×」號或「√」號，以表示你對（某公司）的滿意程度。

薪資　☺　☺　😐　☹　☹

非常滿意　　　　　　非常不滿意

工作環境　☺　☺　😐　☹　☹

非常滿意　　　　　　非常不滿意

(2) 逐項列舉的評價尺度

請依照你的意見，在各屬性的適當方格中劃一「×」號。

屬性	非常不重要	不重要	無意見	重要	非常重要
薪資合理	□	□	□	□	□
工作環境良好	□	□	□	□	□
工作地點方便	□	□	□	□	□

(3) 比較的評價尺度

請依據各屬性對你的相對重要性，將 100 點分配給各屬性。

薪資合理　________ 點

工作環境良好　________ 點

工作地點方便　________ 點

圖 10-3　三種常見的評價尺度

㈢ 比較的評價尺度

和圖形與逐項列舉的評價尺度不同，比較的評價尺度要求受訪者在對各屬性做判斷時，應直接和其他屬性做比較。圖 10-3 之 (3) 是比較評價尺度的一種形式，受訪者將把 100 點依各屬性的重要程度分配給三種屬性，設若某受訪者把 50 點分配給薪資合理，把 25 點分別分配給工作環境良好和工作地點方便，即表示這位受訪者認爲薪資合理這種屬性的重要性是另外兩種屬性的重要性的兩倍，而工作環境良好和工作地點方便這兩種屬性的重要性是相等的。

評價尺度廣被採用，因爲它具有若干優點：費時較少，有趣，用途甚廣，而且可用來處理大量的特質或變數。但是評價尺度的價值有賴於研究人員的良好判斷，因爲這種方法容易發生仁慈誤差（error of leniency）、中間傾向誤差（error of central tendency）與暈輪效果（halo effect）等三種誤差（註 5）。發生這三種誤差的情形如下：

1. **仁慈誤差**：有些人在做評價時，總是給予較高的評價，這就發生了正向仁慈誤差（error of positive leniency）；相反地，有些人總是給予較低的評價，這就發生了負向仁慈誤差（error of negative leniency）。處理正向仁慈誤差的一種方法是設計一種不對稱的評價尺度，如只有一項不利的描述和四項有利的描述（不好－普通－好－很好－極好），設計者預期平均評價會落在「好」的附近，並會在「好」的兩邊有對稱的分配（註 6）。
2. **中間傾向誤差**：有些評價者不願意給被評之人或事物很高或很低的評價。預防發生這種誤差的方法有四（註 7）：
   (1) 調整敘述性形容詞的強度。
   (2) 使中間的敘述性語句在尺度上隔得更開。
   (3) 使尺度兩端附近各水準間在意義上的差異較中間附近各水準間的差異爲小。
   (4) 在尺度中使用較多的點。
3. **暈輪效果**：評價者如對被評之事物有一種概化的印象，就容易導致系統性的偏差。一種預防的方法是對所有被評之事物，每次只評定一種特質，或問卷每一頁上只列一種特質，而不是將一位被評者的所有特質都列在同一頁上。

10-2-2 等級法

等級法（ranking）要求受訪者按照他的態度或意見，將所要研究的事物分成等級。下面是利用等級法評估公司績效的一則例子。

「下列四項評估公司績效的指標，每一指標下各有四家公司。請按你對各公司的評估，分別給予 1、2、3、4 四個等級，等級 1 表示你認為最好的公司，依此類推，等級 4 表示您認為最不好的公司。」

1. 財務表現：____統一企業____鴻海____宏碁____中華電信
2. 員工滿意：____統一企業____鴻海____宏碁____中華電信
3. 社會責任：____統一企業____鴻海____宏碁____中華電信
4. 顧客滿意：____統一企業____鴻海____宏碁____中華電信

10-2-3 對比法

對比法（method of paired comparisons）由 Thurstone 發展而成（註 8），其進行步驟如下：

1. 將所要比較的 n 個事物配成 $n(n-1)/2$ 對，要求受訪者按照某種標準將每對事物一一比較，分其高下。
2. 將比較結果彙總於一個次數矩陣中，矩陣中的次數代表受訪者認爲事物 i 高於或優於事物 j 的次數。
3. 將矩陣中之次數轉變爲比例。
4. 利用 Thurstone 的比較判斷法則（Thurstone's law of comparative judgment）求得各事物的尺度值。

茲舉一例說明對比法之運用。某企業研究機構接受委託比較三家百貨商店（A、B、C）的服務態度，經向 100 名家庭主婦取得成對比較資料，其結果如表 10-2 之次數矩陣所示。

表 10-2 之次數矩陣可轉變爲比例矩陣，如表 10-3。在 $i=j$ 之情況下，即同一商店自己與自己比較時，其比例均假定爲 0.50。

表 10-2 商店 i 的服務態度優於商店 j 的次數

	i	A	B	C
j	A	–	70	10
	B	30	–	25
	C	90	75	–

表 10-3 商店 i 的服務態度優於商店 j 的比例

	i	A	B	C
	A	0.50	0.70	0.10
j	B	0.30	0.50	0.25
	C	0.90	0.75	0.50
總和		1.70	1.95	0.85

根據 Thurstone 的比較判斷法則，可從表 10-3 之比例資料，查常態變值表，得常態變值之估計值 Z_{ij}，如表 10-4 所列。

表 10-4 商店服務態度的 Z_{ij} 矩陣

	i	A	B	C
	A	0	0.525	−1.281
j	B	−0.525	0	−0.674
	C	1.281	0.674	0
合計		0.756	1.199	−1.955
平均數		0.252	0.3997	−0.6517
平均數+0.6517		0.9037	1.0514	0

從表 10-4 可知三家百貨商店之服務態度，以商店 B 最好，A 次之，C 較差，其尺度數值分別爲 1.0514、0.9037 及 0。此處所用之衡量水準爲一種區間水準，零點是爲了方便的目的而任意選定。我們可將 A、B、C 三家商店之服務態度圖示如圖 10-4。

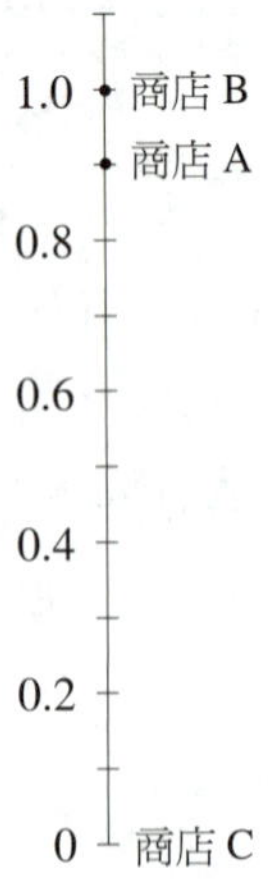

圖 10-4 商店服務態度之區間尺度

10-2-4 語意差異法

語意差異法（semantic differential）係利用一組由兩個對立的形容詞構成的雙極尺度來評估產品、品牌、公司或任何觀念。雙極尺度的兩個對立的形容詞通常係由分成七段（或五段，或十一段）的一個連續集所分隔。圖 10-5 是語意差異尺度的兩種常用的形式。

1. 請就下列各屬性說明你對（某家公司）的看法。請在適當位置上劃上「×」號。

負責的	___:___:___:___:___:___:___	不負責的
可靠的	___:___:___:___:___:___:___	不可靠的
高績效的	___:___:___:___:___:___:___	低績效的
現代的	___:___:___:___:___:___:___	古老的

2. 請就下列各屬性說明你對（某家公司）的看法。請在能反映你的看法的數字上畫個圓圈。

負責的	1	2	3	4	5	6	7	不負責的
可靠的	1	2	3	4	5	6	7	不可靠的
高績效的	1	2	3	4	5	6	7	低績效的
現代的	1	2	3	4	5	6	7	古老的

圖 10-5 語意差異尺度的兩種形式

受訪者可在分隔兩項形容詞的連續集上勾出最能代表其態度的那一段，根據受訪者在所有雙極尺度上所表示的態度，即可獲得公司、員工、產品、品牌、商店或其他事物在受訪者心目中的印象。語意差異法所得的結果可用圖形表示，圖 10-6 就是一項例子。

利用語意差異法時，最理想的情況是每一個雙極尺度都各自獨立，不相關聯。在實際應用時，雖無法做到這種理想地步，但應儘可能減少尺度的數目，常用的方法是利用因素分析法找出構成某事物印象的那些因素，然後選擇最少數目的雙極尺度來解釋每一項因素。

語意差異法的原始發展者Osgood等人，曾利用因素分析（factor analysis）將在大多數心理學研究中使用的尺度歸併成下列三項因素（註 9）：

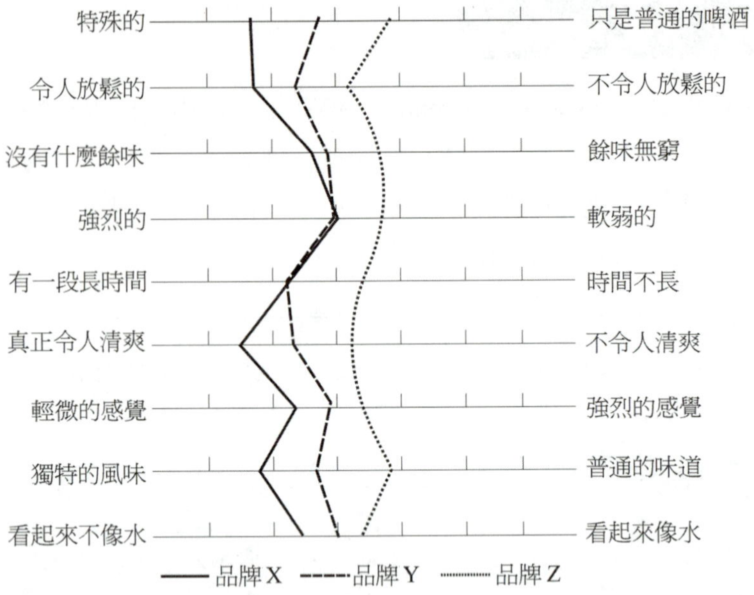

資料來源：William A. Mindak, "Fitting the Semantic Differential to the Marketing Problem," *Journal of Marketing* (April 1961), pp.28-33。

圖 10-6　啤酒品牌的形象

1. **評估**：即好-壞的品質，包括優美的-庸俗的、美麗的-醜陋的、清潔的-骯髒的、公平的-不公平的、芳香的-惡臭的、愉快的-不愉快的等尺度。
2. **力量**：即強-弱的品質，包括強壯的-柔弱的、厚的-薄的、寬的-窄的、大的-小的等尺度。
3. **活動**：即積極-消極的品質，包括快的-慢的、積極的-消極的、凶猛的-和平的等尺度。

上面的三項因素雖出現在許多心理學研究中，唯企業問題究竟不同於心理學上的問題，因此企業研究上所使用的雙極尺度並不以這三項因素所包括者爲限。譬如，Spector曾從公司印象或個性的研究中所用的四十五種尺度導出六項因素，按其重要排列，依次爲動態性、合作性、企業的特性、組織的個性、成功的、退縮的（註 10）。

10-2-5　史德培尺度

史德培尺度（Stapel scale）是語意差異法的一種修改的形式，它是一種由一組單邊的十點評價尺度構成的尺度，評價尺度的數值包括由 −5 到

＋5 的十個數值。此一尺度係用來同時衡量態度的方向和強度（註 11）。史德培尺度與語意差異法的差異有三（註 12）：

1. 形容詞或描述性詞句係個別加以測試，而非以雙極尺度的方式同時予以測試。
2. 尺度上的點係以數字加以認定。
3. 尺度上有十個位置而非七個位置。

表 10-5 是史德培尺度的形式。受訪者將在尺度上表示該形容詞或詞句能正確描述受評估事物的程度，給受訪者的指令是：

> 「下列詞句中，你認為能夠正確地描述（A 銀行）的程度如何？請勾選一個數字。你認為該詞句愈能正確地描述它，所勾選的正數就愈大。你認為該詞句愈不能正確地描述它，所勾選的負數就愈大。因此，你能從＋ 5（你認為非常正確的詞句）到 −5（你認為非常不正確的詞句）中選擇任一數字。」（註 13）

表 10-5　史德培尺度的形式

A 銀行			
	＋5		＋5
	＋4		＋4
	＋3		＋3
	＋2		＋2
	＋1		＋1
快速服務		友善的	
	−1		−1
	−2		−2
	−3		−3
	−4		−4
	−5		−5

利用分析語意差異法資料的同樣方法來分析史德培尺度所獲得的資料，可得到如圖 10-7 所示的結果。

史德培尺度的優點在於使用方便，而且不須爲影響態度的許多項目建立包括雙極形容詞或詞句的尺度。曾有研究指出：史德培尺度獲得的結果與語意差異法的結果相似，而且利用電話訪問時，此種尺度還能獲得滿意的結果（註 14）。

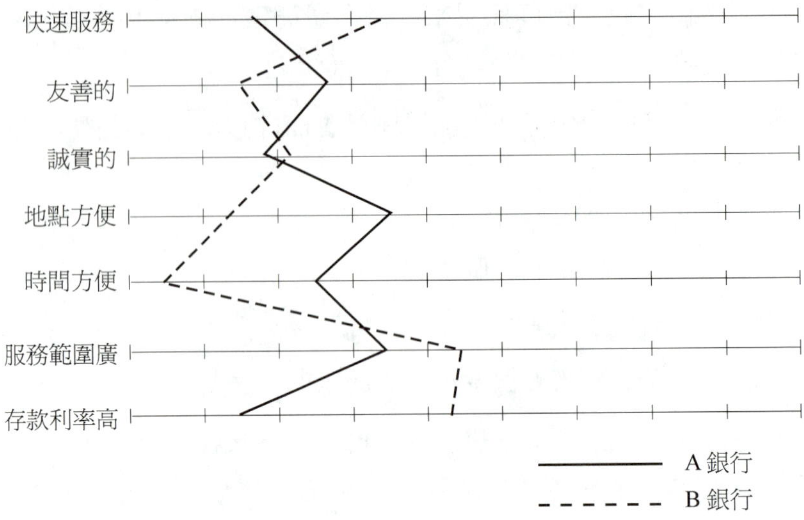

資料來源： T. Kinnear and J. Taylor, *Marketing Research: An Applied Approach*, 5th ed. (New York: McGraw-Hill, 1996), p.256。

圖 10-7　史德培尺度之比較性描述

10-2-6　李克尺度

李克尺度（Likert scale），常被稱爲綜合評價法（method of summated ratings）（註 15）。李克尺度要求受訪者在一個五點（或七點、或更多點）的尺度上指出他同意或不同意各意見的程度。

譬如，五點尺度上的五點分別代表：

	（對所要衡量之事物有利的意見）
1. 非常同意	（分數為 +2 或 +5）
2. 同意	（分數為 +1 或 +4）
3. 不確定	（分數為 0 或 +3）
4. 不同意	（分數為 −1 或 +2）
5. 非常不同意	（分數為 −2 或 +1）

	（對所要衡量之事物不利的意見）
1. 非常同意	（分數為 −2 或 +1）
2. 同意	（分數為 −1 或 +2）
3. 不確定	（分數為 0 或 +3）
4. 不同意	（分數為 +1 或 +4）
5. 非常不同意	（分數為 +2 或 +5）

從受訪者對各意見的同意（或不同意）強度，可得他在各意見的得分，將他在各意見的得分加總起來，即可得到他的態度分數。假設某一企業的人力資源發展部門發展出一套評量員工生產力的模式，爲了要評估員工對這套評量模式的態度，該部門設計了以下五道問題：

	極不同意	不同意	不確定	同意	非常同意
1. 這套評量模式佳，正確反映員工生產力的變化	——	——	——	——	——
2. 這套評量模式是公平公正的	——	——	——	——	——
3. 這套評量模式是合乎時代潮流的	——	——	——	——	——
4. 這套評量模式可提升員工的生產力	——	——	——	——	——
5. 這套評量模式能吸引或留住優秀員工	——	——	——	——	——

某位員工對這五項意見同意的程度分別爲 (1) 不確定、(2) 不同意、(3) 不同意、(4) 同意、(5) 極不同意，假定這五項意見對企業福利措施都是有利的，則這位員工的態度分數爲：

$$0+(-1)+(-1)+(+1)+(-2)=-3$$

以上所介紹的自我報告技術都是從受訪者的直接投入（direct input）導出態度。另外，還有一些較複雜的技術也可得知受訪者的態度，它們也利用受訪者的直接投入，但卻將資料加以改變，以得出其他的觀點（註 16）。聯合分析（conjoint analysis）和多元尺度法（multidimensional scaling，MDS）是其中的兩種技術，將在第十六章、十七章分別加以介紹。

10-3 衡量工具的評估

從科學的觀點來看，一種良好的衡量工具應具有足夠的效度（validity）和信度（reliability）；從實務的觀點來看，尙應具有實用性（practicality）。

1. 效度：一種衡量工具真正衡量出研究人員想要去衡量之事物的程度。
2. 信度：衡量程序的正確性和精確性。
3. 實用性：衡量工具的經濟、便利和可依賴性。

10-3-1 衡量工具的效度

所謂**效度**是指一種衡量工具真正能夠測出研究人員所想要衡量之事物的程度。譬如，某人的真正體重是 50 公斤，如經某一台體重機測量的結果，他的體重也是 50 公斤，則這台體重機（衡量工具）便可說是具有最好的效度；如果測量的結果是 40 公斤，則它的效度就大有問題了。在企業研究中，如果研究人員利用某種衡量工具所想衡量的是員工對公司退休制度的滿意程度，而此一衡量工具確實能夠測定出員工對退休制度的滿意程度，則此種衡量工具就可說是具有足夠的效度。

在第八章討論實驗的效度時，曾提及效度有外部和內部效度之分。就衡量工具的效度來說，效度只針對內部效度而言。

一般言之，效度可分為內容效度（content validity）、準則關聯效度（criterion-related validity）和構念效度（construct validity）等三類（註 17）。

(一) 內容效度

衡量工具的內容效度，亦稱為表面效度（face validity），是指該衡量工具能足夠地代表研究主題的程度。如果衡量工具的內容（可視為樣本）能代表研究主題（可視為母體），那麼它就具有足夠的內容效度；否則，它的內容效度就不夠。

一種衡量工具是否具有足夠的內容效度，涉及研究人員的主觀判斷，有些人認為是有高度的內容效度的衡量工具，在其他人看來可能並非如此。內容效度的關鍵因素在於發展衡量工具時所遵循的**程序**。

為了建立一具有內容效度的衡量工具，最重要的要素之一是要在觀念上界定所要衡量之變數的範圍，研究人員要指明這個變數是什麼、不是什麼，查閱文獻以了解這個變數過去已被如何界定及使用，可以加快界定範圍的工作。其次，要把大量蒐集的項目寫下來，這些項目能廣泛地代表所界定的變數（註 18）。所蒐集的項目數量必須夠多，並應包含該變數的所有相關構面的項目。研究人員可徵詢相關領域專家的意見，請教他們是否要增加或刪減某些項目；最後再就項目的內容加以修改，以獲致最後的衡量工具。

(二) 準則關聯效度

準則關聯效度，亦稱**效標關聯效度**，包括預測效度（predictive validity）

與同時效度（concurrent validity）。我們有時想去預測某項事情的結果或估計某種現存的行爲或現象，這就涉及預測效度和同時效度。譬如，一份針對工會選舉的意見調查問卷能正確地預測工會選舉的結果，它就具有預測效度；一種懷孕檢測方法能正確地檢測出女性員工目前是否懷孕，它就具有同時效度。

㈢ 構念效度

構念效度最關心的問題是：「衡量工具實際衡量的是什麼？它是否在衡量我們真正想要衡量的？」譬如，態度尺度所衡量的到底是一個人的態度，還是某些會影響其態度分數的其他基本特性？構念（construct）是抽象的概念，如一個人的個性（personality）、態度（attitude）等等，它們是看不見的，我們只能觀察與這些構念有關的行爲。

構念效度是科學進展的重要條件，但它是最難建立的一種效度（註 19）。我們需要經由建構衡量工具的計畫與程序來保證我們已在構念的領域內做了足夠的抽樣，而且此領域的各項目間具有內部一致性（internal consistency）。一組項目的內部一致性假定：「如果一組項目真正是在衡量某些基本的特質或態度，則這些基本的特質會促使各項目間的共同變動。相關愈高，這些項目愈能衡量相同的基本構念。」（註 20）只要構念是內部一致的，則具構念效度的衡量工具也一定是內部一致的；但是我們不能說一種具有一致性的衡量工具就是一種具有構念效度的衡量工具；換言之，內部一致性是構念效度的必要條件，但不是充分條件（註 21）。

除了各項目間的內部一致性外，構念效度還要看這種衡量工具和在理論上與其相關的其他構念的衡量工具兩者間的關聯程度如何，要看它是否適合與此構念相關的理論或模式。因此，一項衡量工具的構念效度可以它究係證實或否定根據理論所預測之構念間的假設關係來加以估計（註 22）。如果所獲證據與假設的關係相一致的話，則可說此衡量工具具有構念效度。不過，未能證實假設的關係也可能是因爲理論不正確，而不一定是沒有構念效度。因此，我們在建立一項衡量工具的構念效度時，通常不要只考慮此構念與另一個構念的理論關係，而要考慮此構念與若干其他構念的理論關係；同時，也要儘可能去使用那些已有相當根據和被證實的理論。

10-3-2 衡量工具的信度

所謂信度是指一項衡量工具的無扭曲（lack of distortion）或精確性（precision）（註 23）。信度有兩方面的意義，一是穩定性（stability），一是一致性（equivalence 或 consistency）。

(一) 穩定性

建立信度的一種方法是在不同的時間重複衡量相同的一群人，然後比較這兩次衡量結果的相關程度，此即所謂的再測信度（test-retest reliability）。在決定再測信度時，最重要的問題是要決定兩次衡量的時間要間隔多久。如果間隔過久，受訪者的態度可能會改變，從而降低前後分數的相關程度；如果間隔時間太短，可能會造成試驗偏差——人們可能會記得他們在第一次受訪時所做的反應，因而導致比他們的態度更為一致的結果。兩次衡量間隔的時間要多久，似以兩星期為宜（註 24）。

為了處理上述再訪信度的問題，許多研究人員發展出在內容上儘可能相同的兩種衡量工具格式，分別在兩次衡量時使用。這兩種格式所包含的項目最好能一對一相對稱，使兩者的平均數及標準差能夠相等，各項目間的互相關（intercorrelation）相同（註 25）。如果不能做到這麼理想，則可設計兩種大略相對應的格式，分別在兩次衡量時使用，並計算其相關以衡量其穩定性。

(二) 一致性

一個態度尺度常包含若干項目，這些項目都在衡量相同的態度，故各項目之間應具有一致性。在同一尺度之內，一致性係指該尺度中各項目的內部一致性或內部同質性（internal homogeneity）（註 26）。

折半信度（split-half reliability）是衡量內部一致性的一種常用的方法。在估計折半信度時，我們將某尺度中的所有項目分成兩個相等的部分，然後求這兩部分的總分的相關係數，作為衡量的信度。折半的方法有時是用隨機方法將所有項目分成兩部分，有時是把偶數的項目當作一半，奇數的項目當作另一半。不過這種折半信度已受到日益增多的批評，因為這種技術需要把尺度內的項目任意分割成相等的兩半，有許多種不同的分割方式，每一種方式都會產生不同的信度。到底哪一種分割方式是最正確的？哪一種信度才是最可靠的？折半技術並未能提供答案。

一種用來估計一組項目之內部同質性的方法是利用 KR20 和 Cronbach's α 係數。KR20 和 α 係數係同時注意尺度中的所有項目，不用將所有項目分割成兩半。如果尺度中的所有項目都在反映相同的特質，則各項目之間應具有真實的相關存在。如果某一項目和尺度中的其他項目之間並無顯著相關關係存在，就表示該項目不屬於該尺度，而應將之剔除。Cronbach's α 係數對區間水準的多項目尺度最有用，而 KR20 則用來估計二選一項目尺度的信度。

Cronbach's α 係數可簡要地衡量存在於一組項目間的互相關，其公式如下：

$$\alpha = \left(\frac{k}{k-1}\right)\left(1-\frac{\Sigma\sigma_i^{\,2}}{\sigma_t^{\,2}}\right)$$

上式中

k：尺度中項目的數目。

$\sigma_i^{\,2}$：所有受訪者在項目 i 之分數的變異數。
（$i=1, 2,\cdots\cdots, k$）

$\sigma_t^{\,2}$：所有受訪者總分的變異數，每一受訪者的總分是指該受訪者在各項目上分數的總和。

α 係數介於 0（代表沒有一致性）與 1（代表具完全一致性）之間。一般言之，σ 係數在 0.80 和 0.95 之間可視爲有非常好的信度；α 係數在 0.70 和 0.80 之間表示有良好的信度；α 值在 0.60 和 0.70 之間表示信度尚可；當 α 值在 0.60 以下就表示信度不佳（註 27）。

α 係數低的話，如果項目夠多，表示某些項目並不同質，應予剔除。要找出這些不同質的項目最簡單的方法就是計算每一項目分數和總分的相關，依相關係數大小將各項目依序排列，凡相關係數接近 0 的項目可予剔除（註 28）。另外，相關係數大幅或突然下降的項目也可考慮剔除。

10-3-3 衡量工具的實用性

從科學的觀點來看，衡量過程應具有足夠的信度和效度，從作業觀點來看，一種良好的衡量工具尚應具有實用性。實用性係指經濟性（economy）、便利性（convenience）和可解釋性（interpretability）（註 29）。

㈠ 經濟性

在理想的研究計畫與預算之間通常需要某些取捨。項目較多，信度會較高，但爲了限制訪問或觀察時間（也限制了成本），我們會縮減項目的數目。資料蒐集方法的選擇也常受經濟因素的影響。譬如，人員訪問成本日增導致長途電話訪問的使用。基於試驗材料成本的考量，在標準化的試驗中，會鼓勵試驗材料的多次重複使用。

㈡ 便利性

便利性指是否易於執行。一份詳細且清楚說明塡答方式的問卷即具有容易塡答的便利性。給訪問員的指令比訪問問題長幾倍也是常有的事。概念愈複雜就愈需要完整清晰的指令。問卷的設計與編排也能提高便利性，使問卷容易塡答。

㈢ 可解釋性

當研究的結果必須由設計者以外的人去解釋時，可解釋性就有關聯了。這在標準化試驗中是常見的議題。若干重要的資訊可提高解釋能力：

1. 說明試驗所要衡量的功能與試驗的發展程序。
2. 執行的詳細指令。
3. 計分要點與計分說明。
4. 適當參考群體的規範。
5. 有關信度的證據。
6. 各子項目分數的互相關的證據。
7. 關於試驗與其他衡量之關係的證據。
8. 試驗的使用指南。

摘　要

本章首先討論衡量的性質和水準，然後介紹幾種衡量人們態度的技術，並討論有關衡量的效度和信度問題。在衡量態度的技術方面，自我報告技術是使用最廣的方法。本章介紹了評價尺度、等級法、對比法、語意差異法、史德培尺度及李克尺度等六種自我報告尺度。

一種良好的尺度應具有足夠的效度和信度。效度是指尺度能夠測出研究人員所想要衡量之事物的程度，它包括內容效度、準則效度和構念效度三部分；信度是指尺度的正確程度而言，包括穩定性和一致性兩部分。從實際作業的觀點來看，一種良好的尺度除應具備效度和信度之外，也應該具有實用性。

附 註

註 1：Joseph Hair, Jr., et al., *Essentials of Marketing Research* (Boston: McGraw-Hill/Irwin, 2008), p.146。

註 2：Duane Davis, *Business Research for Decision making,* 6th ed. (Thomson Brooks/Cole, 2005), p.175。

註 3：同註 2, pp.175-176。

註 4：Stuart W. Cook and Claire Selltis, "A Multiple Indicator Approach to Attitude Measurement," *Psychological Bulletin,* 62 (1964), pp.36-55。

註 5：I. P. Guilford, *Psychometric Methods* (New York: McGraw-Hill, 1954), pp. 278-279。

註 6：Donald Cooper and Pamela Schindler, *Business Research Methods,* 10th ed. (Boston: McGraw-Hill/Irwin, 2008), p.306。

註 7：同註 6, pp.306-307。

註 8：L. L. Thurstone, *The Measurement of Values* (Chicago: University of Chicago Press, 1959)。

註 9：C. Osgood, G. Suci & P. Tannenbaum, *The Measurement of Meaning* (Urbana: Univ. of Illinois Press, 1957)。

註 10：A. J. Spector, "Basic Dimensions of Corporate Image," *Journal of Marketing* (Oct. 1961), pp.47-51。

註 11：I. Crespi, "Use of a Scaling Technique in Surveys," *Journal of Marketing* (July 1961), pp.69-72。

註 12：Dawn Iacobucci and Gilbert Churchill, Jr., *Marketing Research: Methodological Foundations,* 10th ed. (South-Western, 2010), p.243。

註 13：同註 11, p.71。

註 14：D. I. Hawkins, G. Albaum and R. Best, "Stapel Scale or Semantic Differential in Marketing Research?" *Journal of Marketing Research* (August 1974), pp. 318-322。

註 15：同註 2, p.212。

註 16：George Kress, *Marketing Research,* 3rd ed. (Englewood, Cliffs, NJ: Prentice Hall, 1988), p.122。

註 17：*Standards for Educational and Psychological Tests and Manuals* (Washington, D. C.: American Psychological Association, 1966)。

註 18：同註 12, p.257。

註 19：有關構念效度的概念及建立具有構念效度之尺度的程序，請參閱 J. Paul Peter, "Construct Validity: A Review of Basic Issues and Marketing Practices,: " *Journal of Marketing Research* (May 1981), pp.133-145；及 G. A. Churchill, Jr., "A Paradigm for Developing Better Measures of Marketing Constructs," *Journal of Marketing Research* (Feb. 1979), pp.64-73。

註 20：George E. Bohrnstedt, "Reliability and Validity Assessment in Attitude Measurement," in Gene F. Summers, ed., *Attitude Measurement* (Chicago: Rand McNally, 1970), p.93。

註 21：J. C. Nunnally, *Psychometric Theory,* 2nd ed. (New York: McGraw-Hill, 1977), p.103。

註 22：同註 12, pp.257-258。

註 23：Fred Kerlinger and Howard Lee, *Foundations of Behavioral Research,* 4th ed . (Fort Worth, TX: Harcourt College Publishers, 2000), p.643。

註 24：同註 12, p.259。

註 25：同註 19, p.85。

註 26：同註 12, p.259。

註 27：William Zikmund, et al., *Business Research Methods*, 8th ed. (South-Western, 2010), p.306。

註 28：同註 12, p.260。

註 29：R. Thorndike and E. Hagen, *Measurement and Evaluation in Psychology and Education,* 3rd ed. (New York: John Wiley & Sons, 1969), p.199；參閱註 6, p.295。

第十一章

質性研究

質性研究（qualitative research）亦稱**質化研究**或**定性研究**，它的應用日益廣泛，與數量研究（quantitative research）同爲企業研究的重要工具。

11-1 質性研究的本質

11-1-1 質性研究 vs 數量研究

要了解什麼是質性研究，最好先比較它與數量研究究竟有什麼不同。**數量研究**是指可以提供數量性資訊的研究，如估計有多少消費者使用甲產品，有多少消費者使用乙產品；或甲品牌的市場佔有率有多大，乙品牌的市場佔有率有多大。**質性研究**則不同，它的目的並不在提供有關的數量性資訊，而在發掘人們的情感和動機；它所提供的資訊並不是客觀的數字，而是主觀的意見和印象；它的主要功能並不在解答有關**多少**的問題，而在解答**為什麼**的問題——爲什麼某些消費者購買甲品牌而不購買乙品牌？爲什麼某些員工偏愛或不偏愛某一薪酬計畫？

了解人們決策或行爲的真正動機對企業策略的制定是很重要的，但這種解釋性的資訊往往不是一般用來蒐集描述性資訊的訪問法或觀察法所能取得，而常須借助各種質性研究的技術。

質性研究和數量研究兩者有很多基本上的差異，表 11-1 彙整了這兩種研究工具在目的、研究方法、研究者獨立性、樣本、使用場合等方面的差異。

質性研究的樣本通常較小，而且不是利用機率抽樣方法抽選而得，所得的結果常未能導致明確的結論。在本質上，質性研究是探索性的，是不確定的，是主觀的，不是客觀的。

支持質性研究的人認爲研究過程和決策過程都包含有主觀的成分。研究過程中的頭幾道步驟，如確定問題、決定所需資訊、擬定研究假設和決定變數等，在本質上都是主觀的；在研究設計階段也有不少主觀的成分，如決定研究類型、抽樣程式和設計衡量方法等也是質性的，不是數量的。此外，對研究結果的解釋也有賴研究人員和最後決策者的主觀判斷。在這些涉及主觀因素的部分研究過程中，質性研究的存在價值是不容質疑的。

質性研究和數量研究並不互相排斥，而是相輔相成，可以互補的。事實上，有許多企業研究專案都是同時使用質性研究和數量研究。譬如，許

表 11-1 質性研究和數量研究的比較

質性研究	研究層面	數量研究
發現構想，在探索性研究中使用	常見的目的	檢定假設或特定的研究問題
觀察和解釋	方法	衡量和檢定
非結構性的，自由形式	資料蒐集方法	提供結構性的反應類別
研究者密切涉入，結果是主觀的	研究者獨立性	研究者未涉入，結果是客觀的
小樣本——通常在自然的情境中	樣本	大樣本以產生可概化的結果（結果可應用到其他情境）
探索性的研究設計	最常使用的場合	敘述性和因果性的研究設計

資料來源：William Zikmund, Barry Babin, Jon Carr, and Mitch Griffin, *Business Research Methods*, 8th ed.（South-Western, 2010）, p.136。

多消費者調查在發展問卷之前，常先利用深度訪問法（depth interview）、焦點團體訪問（focus group interview）或其他質性研究方法去蒐集有關消費者動機和購買行爲的相關資訊，作爲發展問卷內容的主要依據。

11-1-2 質性研究的優點與限制

相較於數量研究，質性研究有許多優點，但也有不少潛在的限制。

(一) 質性研究的優點

質性研究的優點主要有：

1. 質性研究通常可以比較快速而且比較便宜地完成。質性研究的樣本通常較小，且常用非機率抽樣方法取得樣本，因此常可在較短間內以較低成本完成研究，獲得所需的資料。
2. 質性研究技術可幫助研究人員蒐集到有關受訪者的態度、信念、情緒和知覺的深度資料，這些都對他們的消費行爲有重大影響（註 1）。
3. 質性研究在建立模式或尋找相關變數間的關係上常可提供非常深入有用的初步見解，可以幫助研究人員界定研究中的觀念、構念或變數。
4. 許多質性研究人員具有社會學、人類學或心理學等社會科學領域的專業背景，會帶進他們的專業理論知識，以增強對資料的解釋（註 2）。

(二) 質性研究的限制

質性研究是了解人們動機與態度不可或缺的一種工具，它在企業研究的可能應用範圍甚廣，唯在利用各種質性研究技術時應特別小心，因爲這些技術本身具有若干潛在的限制：

1. 質性研究的樣本通常缺少代表性。質性研究多使用非機率抽樣方法，常用的有立意抽樣、雪球抽樣和便利抽樣（註 3）。這些非機率的抽樣方法難以獲得一個有代表性的樣本。
2. 質性研究的訪問員或訪問主持人扮演著極爲重要的角色，通常要由受過高度訓練並有豐富經驗的專業人員才能勝任。優秀的訪問員或主持人並不容易找到。
3. 訪問員或主持人的個人偏見有時是很難避免的，他們在進行訪問及分析結果時，可能會摻雜一些自己的主觀偏見，因而影響了研究結果的可靠性。
4. 資料的蒐集、分析和解釋都是主觀的、非數量化的。資料的蒐集有賴訪問員或主持人的主觀觀察，資料的評估、分析和解釋更有賴研究人員的判斷、能力和經驗。
5. 如何實施各種質性研究技術，並無一定的規範可茲遵循，對所得資料的分析和解釋也不容易讓一般人理解。質性研究所獲得之資訊的品質，很難做客觀的評估，通常只能信賴研究人員的聲譽和背景。

從上述的這些限制看來，可見質性研究並不能適用於所有的研究工作，也不能滿足所有的研究需要。質性研究的可能適用範圍固然甚廣，對探索性的研究，質性研究技術尤能施展所長，有所貢獻，但它未能把資料數量化的特點，則大大限制了它的功效和應用範圍。

11-1-3 質性研究的適當用途

質性研究有其優點，也有其限制，已如前述。Cooper and Schindler 曾列出質性研究在企業中的某些適當用途，包括（註 4）：

1. 工作分析
   (1) 目前的任務指派能產生最大的生產力？
   (2) 不同工作層級的升遷能納入必需的訓練以獲致最大的績效？

2. **廣告概念發展**：我們應使用什麼樣的形象來和我們目標顧客的動機相連接？
3. **生產力擴增**：我們能採取什麼行動來擴大工人的生產而又不會造成工人的不滿？
4. **新產品開發**
   (1) 目前市場對某一擬議之產品構想有什麼看法？
   (2) 我們需要新產品，但什麼新產品才能利用到我們現有顧客知覺的優勢？
   (3) 從 ROI 和通路夥伴成長的觀點來看，哪些產品將可創造與現有產品的最大綜效？
5. **利益管理**
   (1) 我們的報酬計畫應更有彈性和客製化？
   (2) 從價值的觀點來看，相較於矯正健康計畫，員工對健康維護計畫的感受如何？
6. **零售設計**：消費者偏愛到我們的商店去採購的程度如何？他們是因某一特定目的去採購，或受其他動機的影響？
7. **過程了解**：清潔木頭地板的步驟有哪些？在這過程中我們的產品如何涉入或被認爲有什麼功用？
8. **市場區隔化**
   (1) 爲什麼某一人口統計或生活型態群體較常使用我們的產品？
   (2) 我們的顧客是誰？他們如何使用我們的產品去支持他們的生活型態？
   (3) 文化對產品選擇有什麼影響？
9. **工會代表性**：各個不同部門對努力讓我們的工廠加入工會的感受如何？
10. **銷售分析**：爲什麼曾經忠誠的顧客不再購買我們的服務？

當然，質性研究的用途並不限於上述十種決策領域。有創意的企業研究人員常可有效運用質性研究去探索許多其他的決策問題，發現許多有用的資訊。

11-2 質性研究的技術

質性研究採用的技術不一而足，常用的質性研究技術包括：

1. 焦點團體訪問

由一位有經驗、受過良好訓練的主持人來帶領做小群體的討論。

2. 深度訪問法

由一位有經驗、受過良好的訓練的訪談者對一位受訪者就某一或少數主題做一對一的、深入的訪談。

3. 交談

交談（conversations）是由研究者對一位受訪者就相關事項做討論式的交談，是一種非正式的資料蒐集方法。這種方法幾乎是完全非結構性的，目的是要讓受訪者去談談他們的親身經驗，然後從交談中去萃取有意義的資訊。

交談方法的優點是每一次訪問通常不花什麼錢，通常不必付費給受訪者；一旦和受訪者建立友善關係，可較有效地觸及敏感的主題。但交談方法因未用心去主導談話內容，因此很可能得不到相關的資訊；而且，資料分析非常依賴研究者的解釋（註 5）。

4. 半結構性訪問

半結構性訪問（semi-structured interview）通常用書面方式進行，請受訪者就特定的開放式問題做簡短的回覆。寫多寫少都由受訪者決定。這種方法的好處是可針對較特定的主題，受訪者的回覆通常較其他質性研究方法容易去解釋；由於研究者可事先準備書面問題，不必訪問員在現場就可進行訪問，因此半結構性訪問是比較具有成本效益的（註 6）。

5. 觀察法

觀察法也是很重要的一種質性研究工具。參與者觀察法可用來探索各種主題，研究者將在現場實地發生的事情記錄在現場筆記（field note）上，研究者可從中萃取有意義的資訊。觀察法也可用視覺的方式進行，如研究者可在工作場所觀察員工，在消費者家中觀察消費者，或試圖從影像記錄中了解情況。觀察法對洞察受訪者不能或不會用言語表達之事物的真相非常有用（註 7）。

6. 投射技術

投射技術（projective technique）常用來探索隱藏的意義，它讓受訪者將他們的信念和感覺投射在第三者、或一個無生命的事物、或一種情境之上，對研究敏感性的主題特別有用。投射技術的進行和資料分析費時較長。

以下各節將分別探討焦點團體訪問、深度訪問和投射技術的相關內容。

11-3 焦點團體訪問

焦點團體訪問，亦稱深度集體訪問、焦點團體法或集體訪問。假定當人們身處在一個對某一事物具有相同興趣的人群當中時，將比較願意談論他們內心深處的情感和動機，因此如能為受訪者安排一處適當的聚會場所，培養自由討論的氣氛，將可從受訪者相互討論的過程中，透視他們內心深處的動機，了解相關問題的真相。

11-3-1 焦點團體訪問的優缺點

(一) 焦點團體訪問的優點

Zikmund 等人曾列舉焦點團體訪問有如下的優點（註 8）：

1. **快速和容易執行**：在緊急的情境下，在一星期左右就可進行三或四場次的焦點團體訪問，加以分析和提供報告。許多研究機構容易從外面找到主持人來主持訪問。
2. **相互激發和多元觀點**：受訪者彼此間的互動可相互激發出創新的見解。一位受訪者的評論常可引發其他受訪者的連串反應。焦點團體的社交性也有助於產生多元的觀點。
3. **彈性**：焦點團體訪問的彈性是其優點之一，特別是比較結構性和僵硬的調查法更具彈性。焦點團體訪問可以討論許多不同的主題，並獲得許多見解。在調查法中不可能出現的回應，通常會在團體訪談中出現。
4. **詳細檢視**：焦點團體訪問可在若干方面允許較仔細的檢視。首先，若干人可同時觀看訪問的進行。研究人員和決策人員可透過雙面鏡或錄影連結觀看受訪者和主持人（moderator）在訪談室內進行訪問的情形。如果觀看者覺得有些問題未被問到，或希望主持人加強探索某一主題，他們可以很快向主持人發出指令。其次，焦點團體訪問通常有錄音或錄影，事後仔細檢視錄音帶或錄影帶，可提供額外的見解並幫助釐清意見不一之處。

(二) 焦點團體訪問的缺點

焦點團體訪問也有一些缺點，包括：

1. 和所有的質性研究方法相同，焦點團體訪問的發現未能概化到目標母體、資料的信度不足、解釋的可信性要視研究人員的細心和洞悉力而定。
2. 焦點團體訪問還有一項缺點，那就是群體動態性（group dynamics）會污染研究結果的可能性。參與者間的互動是焦點團體訪問的一項優點，但也可能發生群體想法（groupthink）。當一、兩位參與者表示某一意見後，其他參與者也隨著表示同樣的意見，群體想法就發生了。當參與者對群體討論的主題並沒有很明確的意見時，最常會發生群體想法（註 9）。

11-3-2 焦點團體訪問的實施

焦點團體訪問與一般人員訪問最大的不同在於後者的資訊流程是單向的，前者的資訊流程是多向的。一般的人員訪問是在一問一答的方式下進行，資訊由受訪者流向訪問員，而焦點團體訪問則鼓勵參加者彼此間的意見交流，每一位參加者不僅聽取其他參加者的意見，也向其他參加者表達自己的感想和意見；各人的意見交互影響互相激盪，導致多方向的意見溝通，焦點團體訪問的主要作用在此。如果每一位參加者只是和主持人交談，並不與其他的參加者相互交換意見，那就完全失去了焦點團體訪問的意義。

焦點團體訪問的受訪者人數不宜過多，也不宜過少。如人數過少，受訪者所感受的壓力可能過重，同時也不易收到焦點團體訪問所想達到的互相激盪的效果；如人數過多，可能減低各人參與討論的熱切程度，主持人也不容易控制會場的氛圍及掌握討論的方法。

至於合適的人數應爲多少？有學者認爲對消費品的研究而言，訪問對象可以多達十人或十二人；如少於八人，則討論會被少數受訪者所支配；如多過十二人，將減少某些受訪者參與討論的機會；對非消費品的研究（如建築師、醫生、工業採購者、工程師、投資者、承包商等）而言，六人或七人可能是使參加者能夠產生最大互動的最佳人數（註 10）。一般言之，焦點團體訪問的理想人數是六人到十人（註 11）。

實施焦點團體訪問的場所和氛圍是進行訪問時不可忽略的重要事項，應該把訪問的場所做適當的佈置，儘可能使參加者感到輕鬆自如，毫無拘束，使他們能暢談真正的感覺。焦點團體訪問所想蒐集的是參加者的感覺和意見，而不是他們的判斷，因此一定要避免使參加者誤以爲他們都被認爲是專家，而研究人員想知道的則是他們的專家意見，爲了要達到這種目的，對實施焦點團體訪問的場所應妥爲佈置。

焦點團體訪問可以在客戶的辦公場所、或在接受委託之研究機構、或借用某一中立的場所舉行，也可以借用某一受訪者的住所。每處地點都各有利弊，如利用客戶的場所，客戶派人參加或旁觀的機會較大，但容易暴露客戶的身分；如在研究機構內舉行，參加者可能感到比較舒適自在；如借用其他中立場所，通常會增加一些開支，如租金、交通費等，客戶派人參加或旁觀的機會較小，但可隱藏客戶的身分。

實施一次焦點座談所需的時間，通常在一小時半到二小時之間。時間不可太長，以免參加者感到煩躁；但亦不可太短，必須使主持人有足夠的時間和參加者建立融洽的關係，取得參加者的合作，並使參加者有足夠的時間來彼此相互溝通，逐漸透露他們的性格以及內心深處的情感。

在實施焦點團體訪問時，必須爲主持人準備一份專案討論大綱。討論大綱的主要功能是要提供給主持人主持討論的架構和必要的指引，幫助主持人確保所要討論的主題都會被討論到。

附錄 11-1 是一項有關頻道收視行爲研究中焦點團體訪問使用的專案大綱。

11-3-3 焦點團體訪問主持人的要件

在焦點團體訪問中主持人的角色非常重要，主持人的表現將是決定訪問成敗的關鍵要素。一位好的主持人必須具備下列若干特質（註 12）。

1. 主持人必須有能力和參加者建立融洽的關係來促進所有參加者彼此的互動。主持人應真正對人有興趣、仔細傾聽，能很快建立融洽關係，取得人們的信任，並能讓人們感到輕鬆，願意踴躍發言。
2. 主持人必須是一位好的傾聽者。仔細傾聽特別重要，因爲團體訪問的目的是要促成自動自發的回應。
3. 主持人不可試著要插入他自己的意見。好的主持人通常說得少。爲了激發有意義的討論，主持人可說一些追蹤的話，如「對這件事多說一些」或「對剛剛聽到的事，你的體驗是相同或不同？」主持人必須特別小心不要去問引導性的問題，如「你很高興在 Acme 工作，不是嗎？」
4. 主持人必須能夠控制討論的進行而不會氣勢凌人。主持人的角色是要將討論聚焦在管理人員關切的主題。主持人通常會針對主題準備問題供討論之用，各問題的時間以及提出的方式都由主持人決定。主持人會在開始時問一般性的問題，然後逐漸聚焦在某一特定的主題。

11-3-4 線上焦點團體訪問

線上焦點團體訪問，亦稱虛擬焦點團體訪問（cyber focus group），其程序如下（註 13）。

1. 先透過網站上的篩選問卷徵求受訪者，建立受訪者的資料庫。
2. 當客戶要就某一主題進行焦點團體訪問時，就可針對主題到資料庫去找出合適的個人，用 e-mail 請求他們在指定的時間，上某一個特定的網址，參加集體訪談。廠商要提供誘因給參加者。
3. 和傳統的焦點團體訪問一樣，也要準備一份討論指引。
4. 主持人在線上輸入問題，參加者就像到網路聊天室一樣參加討論，所有的參加者都能看到所有的問題和所有的回應。
5. 最後，取得焦點團體訪問的完整內容。

使用聊天室的許多焦點團體通常會有一群參加者樣本同時在線上交談 60 到 90 分鐘左右；由於參加者不必像傳統焦點團體訪問一樣必須聚集在同一房間內，因此線上焦點團體訪問的參加者人數可以多很多，有 25 位或更多參加者同時在聊天室交談是很平常的；由於網際網路不受地理上的限制，因此參加者可以散佈在分隔很遠的地點，甚至可跨越不同的時區（註 14）。

線上焦點團體訪問比傳統的焦點團體訪問便宜而且快速；各參加者彼此互不見面，往往可誠實地提供各自的見解。但這種方式的樣本代表性不夠，而且參加者看不到其他參加者的外表和身體語言，可能會影響彼此的互動，而互動正是焦點團體訪問最有價值的地方。

11-3-5 電話焦點團體

在某些特殊情況下，也可以運用現代的電話會議設施來進行焦點團體訪問。電話焦點團體（telephone focus group）在下列情境特別有效（註 15）：

1. 當難以招募到合適的參加者時——菁英團體的會員，以及專家、專業人員、專科醫師、高階主管和商店老闆等難以找到的受訪者。

2. 當目標群體的成員稀少，低出現率或地區分佈很廣時——醫療診所的主管、名人、早期採用者和鄉村執業醫師。
3. 當主題相當敏感需要匿名且受訪者必須來自不同地區時——傳染病患、使用非主流產品的人、高收入者、競爭者。
4. 當你只要做二、三次焦體團體訪問且要有全國的代表性時。

但在下列情境下，電話焦點團體是比較沒有效的（註 16）：

1. 當參加者需要去處理產品時。
2. 當討論的事物不能事前以郵件寄達時。
3. 當討論時間很長時。
4. 當參加者是年輕小孩群體時。

電話焦點團體訪問的時間通常不宜超過一小時，參加者可在他們的住家、辦公室或其他適合的地點接受訪問。

11-4 深度訪問法

深度訪問法與上一節所介紹的焦點團體訪問不同，後者係將一群受訪者聚集在一起，由一位訪問主持人進行集體的深度訪問，而前者則由一位訪問員對一位受訪者進行個別的深度訪問。

11-4-1 深度訪問法的實施

深度訪問法的主要目的在發掘人們的下意識或無意識的動機、態度、情緒和行為。訪問員在深度訪問法中扮演著極為重要的角色，在訪問過程中，訪問員通常只講很少的話，儘量不問太多的問題，只要間歇性地提出一些適當的問題，或表示一些適當的意見，以鼓勵受訪者多發言說話，逐漸洩漏他們內心深處的動機。

訪問員的訪問技巧是很重要的，絕不可把深度訪問變成訪問員和受訪者之間一問一答的訪問過程。訪問員通常會在訪問前準備好一份大綱，列舉所要詢問的事項，但並不使用問卷，也不一定按照大綱上所列的順序一項一項地問下去，問題的先後順序完全按照訪問的實際進行情形來決定。

在開始訪問之前，應先使受訪者完全輕鬆下來，並和受訪者建立融洽的關係。有人認為訪問員與受訪者之間具有一種初期的人際關係，雙方可建立一種親密的社交氣氛，使訪問員能夠比在一般訪問時那種冷漠的環境中蒐集到更正確的資訊（註 17）。訪問員所提出的第一道問題應該是一般性的問題，能引起受訪者的興趣，並鼓勵他充分而自由地談論他的感覺和意見。若受訪者開始暢談之後，有些問題可以直截了當地提出來，若受訪者已開始詳細談論某一主題時，訪問員提出的問題必須是開放式的，不可有任何的提示或暗示。

訪問員如能善用沉默的技巧，常可促使受訪者洩漏無意識的動機或態度。一般說來，沉默（有親密關係的人彼此間的沉默除外）會使人想逃避，感到恐懼，沒有經驗的訪問員通常比受訪者更害怕沉默，由於大多數的受訪者會用各種辦法——更深入地談論前面談過的問題，或自己提出問題，或期待下一道問題——試圖去填補任何會造成不適和憂慮的沉默空隙，耐得住沉默的能力將可以做最有效的利用。

訪問員有時也可利用一種重播技術（playback technique），以上揚的音調重複敘述受訪者答覆的最後幾個字，以促使受訪者繼續說下去（註 18）。這種技術稱之為回響（echo）。

在進行訪問時，最好讓受訪者自由暢談，不要輕易中斷或改變受訪者的話題，以免打斷受訪者的思路；唯在某些情況下，訪問員也有必要去干預受訪者的談話。訪問員干預的四種理由如下（註 19）：

1. 讓受訪者繼續說話，更深入地談論有關的問題。
2. 取得受訪者提出某種意見的理由。
3. 提出某一尚未被談論到的新話題。
4. 再度討論受訪者早先提過的某一意見。

進行深度訪問時，通常可使用錄音設備。訪問員可向受訪者解釋說他記錄的速度不夠快，因此使用錄音機；使用錄音機還可使訪問員能專心於訪問工作，維持訪問的進行速度，將來寫訪問報告時也有很大幫助，他不僅可以正確地引用受訪者的話，也可注意到受訪者的音調高低及變化（註 20）。

深度訪問可以在某一指定地點進行，唯通常以在受訪者的家中或辦公場所進行較佳，對受訪者比較方便。不論在何處實施，深度訪問應單獨進行，不應讓第三者在場，因為讓第三者在場可能會使受訪者感到困窘或不自然，不願提供真實的答覆。

有些研究機構會使用網際網路和電話訪問來進行深度訪問，在這種情況下，訪問對話會持續幾天之久，讓參加者有較多的時間去考慮他們的答案。網際網路也可讓消費者去接觸到視聽刺激物，因而可克服電話訪問的一項主要缺點（註 21）。

11-4-2 深度訪問法的用途與限制

深度訪問法和焦點團體訪問的目的相同，都在發掘人們內心深處的動機和態度。唯人們有時不願在一群人面前公開談論某些動機或表示某些意見，在這種情況下，深度訪問法常常可以蒐集到焦點團體訪問無法取得的資訊。譬如，有一項研究計畫想了解旅行社對旅遊團及航空公司主辦之旅遊活動的看法如何，調查的問題包括：旅行社對這些旅遊計畫的看法如何？他們如何向顧客推銷這些計畫？如何決定應推銷哪些計畫？需要用什麼方法去鼓勵旅行社推銷某一特定旅遊計畫？研究人員認爲許多旅行社彼此相互競爭，如將各旅行社的人聚集在一起進行焦點座談，他們可能不會洩漏所需的資訊，因此決定採用個別深度訪問法，訪問了在費城和紐約地區的 50 位旅行社代表。根據訪問的結果，成功地擬訂了許多研究的假設，然後利用數量研究技術加以檢定（註 22）。

深度訪問法雖然適用於某些場合，但缺點或限制很多，諸如：

1. 它的樣本通常較小，樣本的代表性不夠。
2. 深度訪問的時間常在一小時以上，不容易讓受訪者在訪問過程中全神投入，接受訪問。
3. 它通常比焦點團體訪問更花錢。在質性研究中主持人的時間是最大的成本，而主持人主持一場兩小時的焦點座談和做一次兩小時的深度訪問，所花的時間是相同的。
4. 訪問員對訪問的進行方式有相當大的自由，訪問員詢問的口氣、用詞和時間都會影響到受訪者的反應，從而影響到所得的結果。此外訪問員的偏見有時是很難避免的。
5. 資料的分析和解釋是高度主觀的，很難獲得一項準確的解釋（註 23）。
6. 資料的分析通常要有經驗的心理專家或行爲科學專家才能勝任，而專家在解釋資料時也難免會受到他們本身的專業背景和參考架構的影響。

11-5 投射技術

人的知覺（perception）是具有選擇性的。人們從外界環境中接受到許多不同的刺激物，這些刺激物具有種種不同的涵義，各人會根據自己的需要、動機和經驗，從各種不同的涵義中加以選擇，甚至予以修改，使他所知覺的涵義正是他所想要去知覺的。由於每個人的需要、動機和經驗不盡相同，因此，各人對同一刺激物所體會到的意義也難免有所差異。

當研究人員向受訪者展示一種含糊不清而可做多種解釋的刺激物，並要求受訪者解釋此一刺激物的涵義時，他對此一刺激物的解釋將反映出他自己的人格或需要價值系統（need-value system）。投射技術方法是給受訪者看一系列含糊的刺激物，要求受訪者把這些刺激物做有意義的組合，或根據這些刺激物說一篇故事，或完成一個句子，或解釋其涵義，然後把受訪者的答覆當作是他的需要價值系統的一種反映。

投射技術的內容隨著主題和研究環境的不同而有所不同，但各種投射技術的設計都是爲了使受訪者能夠自由自在地表示他的意見和感覺。以下介紹四種主要的投射技術。

11-5-1 字彙聯想法

字彙聯想法（word association）是將一連串的字彙（原始字彙）逐一向受訪者宣讀，每宣讀一個字彙後，即要求受訪者說出他聽到這個字彙後所想到的第一個字彙（可稱爲**反應字彙**，以與**原始字彙**有別）。訪問者除了記錄答案外，通常還記錄受訪者對每一個字彙的反應速度。反應速度愈快，表示這個字彙愈容易引人注意，容易被人記住。反應速度也可表示受訪者對某一字彙所代表之某一特定事物的態度強度。因爲要記錄反應速度，故以利用人員訪問或電話訪問爲宜；在訪問時，有時可利用計時錶來記錄反應速度。

在分析結果時，常先將所有受訪者對各個原始字彙的反應加以整理分類，從某一反應字彙被提及的次數多寡可看出受訪者對某一原始字彙的基本態度。受訪者對某一字彙的反應速度如果超過三秒鐘的話，稱之爲遲疑（hesitation），遲疑現象表示受訪者對該字彙或該字彙所代表的意義有某種情緒上的牽連；因此，受訪者並不提供他們的立即反應，而是提供一種可被接受的反應。

在企業研究中，字彙聯想法常用來比較廣告標語、口號或品牌名稱的優劣。譬如，台灣史谷脫紙業公司出品之衛生紙的品牌名稱「舒潔」兩字，也是用字彙聯想法得出來的，「舒潔」代表「舒服」和「潔白」。

11-5-2 句子完成法

句子完成法（sentence completion）是字彙聯想法的一種改良。人們對單一字彙的反應是很難予以分析的，句子完成法試圖克服字彙聯想法的這項缺點，俾能更有效地來發掘人們的態度和感覺。

研究人員先讓受訪者看一些未完成的句子，要求後者把這些句子完成。所有的句子都是陳述句，受訪者必須要表示某種態度或採取某種立場才能完成這些句子。

句子完成法通常並不記錄受訪者的反應時間，因此可以同時間對一大群受訪者進行訪問。在企業研究中，句子完成法曾被證明是一種較直接訪問更爲有效的資料蒐集方法。譬如，在一項抽菸者對抽菸態度的研究中，179 位相信抽菸對健康有害的抽菸者被問及「為何仍繼續抽菸？」大多數人的答覆是「快樂比健康更重要」、「適度抽菸是可以的」、「我喜歡抽菸」等等，從這些答覆看來，這些抽菸者對他們的抽菸習慣並沒有感到不滿意。但在同一研究中，有一部分利用句子完成法，這些抽菸者對「不抽菸的人是________」這個句子的答覆是「更好」、「較快樂」、「較聰明」、「消息較靈通」等等；對「抽菸的青少年是________」這個問題的答覆是「愚笨的」、「發狂的」、「消息不靈通的」、「笨蛋」、「不成熟」、「錯的」等等，從這些抽菸者在句子完成法中的反應，似可看出他們內心的焦慮不安（註 24）。

11-5-3 故事完成法

故事完成法（story completion）是先向受訪者說一則故事的起頭，然後要求他完成此故事；或向他敘述一種簡單的情況，然後讓他根據這種情況進一步做有關的描述。一般認爲故事完成法可以發掘其他較簡單的投射技術（如字彙聯想法、句子完成法等）所無法顯示的態度、信念及偏好等資料，唯此法需要長久而深入的訪問，必須受過良好訓練的訪問員才能勝任，對資料的解釋尤非一般的研究人員所能勝任，必須假手於那些精通精神分析的專家。

和其他的投射技術一樣，故事完成法常常能夠發掘人們潛意識的動機以及不為社會所允許的態度。在一項即溶咖啡的動機研究中，家庭主婦不購買即溶咖啡的理由，表面上是她們不喜歡即溶咖啡的味道，但經過深入研究的結果，發覺「不喜歡那種味道」只不過是主婦們一項最方便的藉口罷了，真正的原因並不在味道（註 25）。研究人員準備了兩份大同小異的採購單，並選出兩組相似的主婦。這兩份採購單除了一份有雀巢（Nescafe）即溶咖啡及另一份有麥斯威爾（Maxwell House）普通咖啡之外，其餘的六種商品都相同（見表 11-2）。研究人員讓第一組主婦看第一份採購單，讓第二組主婦看第二份採購單，並要研究人員描述一下所看的那份採購單的家庭主婦是什麼樣的主婦。經過這種故事完成法研究的結果，發現她們不使用即溶咖啡的真正原因是怕受人非議，被認為是一位懶惰的、不懂理家的家庭主婦（見表 11-3）。

表 11-2　雀巢即溶咖啡研究的採購單

第一份採購單	第二份採購單
1. 一磅半碎牛肉	1. 一磅半碎牛肉
2. 二條 Wonder 牌麵包	2. 二條 Wonder 牌麵包
3. 一束胡蘿蔔	3. 一束胡蘿蔔
4. 一罐 Rumford 牌發酵粉	4. 一罐 Rumford 牌發酵粉
5. 雀巢即溶咖啡	5. 麥斯威爾普通咖啡
6. 二罐 Del Monte 牌桃子	6. 二罐 Del Monte 牌桃子
7. 五磅馬鈴薯	7. 五磅馬鈴薯

表 11-3　雀巢即溶咖啡研究的結果

特徵	買雀巢的主婦	買麥斯威爾的主婦
懶惰的	48%*	4%*
未能規劃家庭採購	48%	12%
節儉的	4%	16%
揮金如土的	12%	0%
好主婦	4%	16%

*表示在各組主婦中提及某項特徵的%。

11-5-4 主題統覺測驗

主題統覺測驗（thematic apperception test，TAT），有時亦稱爲圖畫解釋技術（picture interpretation technique），是讓受訪者看一張或一系列意義含糊的圖畫或漫畫，然後要求他解釋或描述這些圖畫或漫畫的涵義，描述其中的人物，希望從受訪者對圖畫或漫畫的知覺-解釋（統覺）中找出主題。

圖 11-1 是一項 TAT 測驗中使用的漫畫。圖中有兩位辦公室員工，男員工問女員工：「妳認爲我們有需要把我們的文字處理軟體升級嗎？」受訪者會被要求去想想這位女員工可能說些什麼。這項 TAT 測驗可用於有關組織的管理、商店人員、特定軟體產品等等的討論。

資料來源：同表 11-1, p.154。

圖 11-1 TAT 測驗圖畫的例子

摘　要

質性研究的目的並不在提供數量性的資訊，而是在發掘人們的真正態度和內心深處的動機，它的主要功能並不在解答有關**多少**的問題，而在解答**為什麼**的問題。

質性研究在企業研究中的可能適用範圍甚廣，在整段研究過程中涉及主觀成分的部分，都是可以應用質性研究技術之處。但是質性研究的應用也有若干限制，諸如樣本通常較小而且缺乏代表性、效度和信度尚難令人信服、過分依賴訪問員或主持人的能力與經驗、訪問員或主持人可能有個人偏見、資料的分析和解釋過分主觀、不能提供數量性的資訊、不能獲得明確的結論等等，都是利用質性研究技術的限制因素。

質性研究技術主要有焦點團體訪問、深度訪問法和投射技術，本章分別介紹這三種質性研究方法的特性與內容。

附　註

註 1：Joseph Hair, Jr., Mary Wolfinbarger, David Ortinau, and Robert Bush, *Essentials of Marketing Research* (New York: McGraw-Hill/Irwin, 2008), p.83。

註 2：同註 1，p.83。

註 3：Donald Cooper and Pamela Schindler, *Business Research Methods*, 10th ed. (Boston: McGraw Hill, 2008), pp.169-170。

註 4：同註 3，p.163, Exhibit 7-1。

註 5：William Zikmund, Barry Babin, Jon Carr, and Mitch Griffin, *Business Research Methods*, 8th ed. (South-Western, 2010), p.151。

註 6：同註 5，pp.151-152。

註 7：同註 5，pp.152-153。

註 8：同註 5，pp.142-144。

註 9：同註 1，p.90。

註 10：Thomas Kinnear and James Taylor, *Marketing Research: An Applied Approach*, 5th ed. (New York: McGraw-Hill, 1996), p.310。

註 11：同註 5，p.144。

註 12：同註 5，pp.145-146。

註 13：C. McDaniel, et al., *Introduction to Marketing*, 8th ed. (Thomson South-Western, 2006), p.286。

註 14：同註 5，p.149。

註 15：同註 3，p.181。

註 16：同註 3，p.182。

註 17：R. Stebbins, "The Instructured Research Interview as Incipient Interpersonal Relationship," *Sociology and Social Research* (Jan. 1972), pp.164-177。

註 18：Joan Smith, *Interviewing in Market and Social Research* (London： Routledge & Kegan Paul, 1972), p.116。

註 19：P. Berent. "The Depth Interview," *Journal of Advertising Research* (June 1966)。

註 20：同註 18，p.118。

註 21：同註 1，p.84。

註 22：D. Bellenger, K. Bernhardt and J. Goldstucker, *Qualitative Research in Marketing* (Chicago: American Marketing Association, 1976), pp.32-33。

註 23：同註 5，p.150。

註 24：H. Kassajian, "Projective Methods" , in R. Ferber, ed., *Handbook of Marketing Research* (New York: McGraw-Hill, 1974), p.3:91。

註 25：M. Haire, "Projective Techniques in Marketing Research," *Journal of Marketing* (April 1950), pp.649-652。

附 11-1 頻道收視行為研究中焦點團體訪問的專案討論大綱

內容大綱

提醒：以下各部分所列之討論提綱順序可能因現場參加者發言內容而有改變

Part 0. 開場（5 分鐘）

- 參加者報到並填寫基本資料（問卷輔助）。
- 主持人及參加者自我介紹及訪談目的說明。
（說明會場有錄音錄影設備，徵求參加者同意進行錄音錄影）

Part 1. 目前頻道收視行為（15 分鐘）

- 平常一天大概會看多久的電視？您通常都在什麼時間／時段看電視？
- 當初為什麼會想要裝設有線電視呢？
- 如果沒有了有線電視，對生活會有什麼樣的影響呢？
- 看電視通常都是選擇您自己本身想看的節目來看呢？還是會配合家人的需要一起觀看呢？（例如說小孩子或是父母想看的節目等）
- 平常有習慣或是固定收看的電視頻道嗎？習慣或是固定看的頻道是哪些或是哪一類呢？為什麼會固定收看這個（些）頻道呢？大概多久會看一次這些頻道呢？
- 比較常看哪一類的節目呢？最常看的節目是哪一個？自己本身比較喜歡看哪一類的頻道或是節目呢？大概多久會看一次這類的節目？
- 平常會去租影片來收看嗎？大概多久會租一次呢？比較常租看哪一類的片子？在什麼情況下會去租片子來看呢？

Part 2. 對於目前有線電視（包括頻道及節目）的滿意度表現（20 分鐘）

- 整體來說，對於目前現有的有線電視頻道或是節目感到滿不滿意呢？為什麼呢？什麼地方感到滿意呢？不滿意的又是什麼呢？
- 平常比較常收看的頻道或是節目（您剛剛說您比較常看××頻道或節目），希望能夠做怎麼樣的調整會覺得更加滿意呢？為什麼會這樣覺得呢？

- 目前的有線電視頻道還缺乏些什麼樣的內容呢？希望增加或是提供哪一類的頻道或節目內容呢？目前的頻道或節目沒有類似的嗎？

Part 3. 對於數位頻道的認知態度（30 分鐘）

- 當初爲什麼會想要裝設付費數位電視頻道呢？當時是怎麼樣的管道／方式知道數位頻道的？
- 當時裝設數位電視頻道，主要的期望是？希望能收看哪一類的頻道或是節目呢？
- 在裝設了數位頻道之後，跟原來的有線電視頻道最不一樣的地方是什麼？裝設之後最大的好處是什麼呢？
- 在裝設了數位頻道之後，跟原來的有線電視頻道最不一樣的地方是什麼？裝設之後最大的好處是什麼呢？
- 收看數位頻道到目前爲止，整體來說覺得滿不滿意呢？什麼地方感到滿意？什麼地方感到不是很滿意呢？（內容方面？費用方面？設備方面？）
- 在裝設數位電視前後，對收看電視的習慣有沒有什麼改變？爲什麼呢？
- 從哪裡得知關於數位電視頻道的相關資訊呢？
- 會不會想要繼續裝設收看數位電視頻道呢？爲什麼想／不想？

Part 4. 對於數位頻道的使用需求與期待（50 分鐘）

- 裝設了數位電視頻道之後，比較常收看的內容有哪些呢？比較喜歡收看哪一類的頻道呢？
- 數位電視頻道有哪些特點最能夠吸引消費者？爲什麼？
- 數位電視頻道最需要改進的地方是什麼呢？爲什麼？（在功能方面？STB 方面？節目內容方面？收費方式方面？）
- 會不會建議別人加裝數位電視頻道呢？爲什麼會／不會？什麼樣的人最需要／適合裝設數位電視頻道呢？
- 希望增加哪些類型的數位電視頻道呢？爲什麼？
- 如果可以自行選擇並組合收看的數位頻道，想要選擇收看哪些頻道呢？怎麼組合這些頻道呢？對這樣的組合每個月願意花多少錢呢？怎麼得出這個金額？
- 之前提到對目前有線電視頻道或是節目有不滿意的地方，這些數位頻道的內容，是不是能夠改善對於目前有線電視頻道感到不滿意的地方呢？哪些地方覺得有改善了？哪些地方覺得不夠的呢？

- 還希望能提供哪些頻道或哪些節目內容呢？
- 針對收費的部分，有沒有什麼建議呢？
- 對於數位頻道還有哪些建議嗎？

Part5. 對於特定頻道的評價（10 分鐘）— 六個主要頻道

- 對於這樣的頻道內容，覺得如何？會不會想要收看？爲什麼會／不會呢？
- 還希望頻道內容能夠做些什麼樣的調整呢？

資料來源：達聯行銷研究顧問公司（2008）。

第十二章

現場作業的管理

在資料蒐集的過程中，現場作業（field operation）是非常重要的一個部分。現場作業的缺失是研究過程中一項主要的錯誤來源。現場作業包括研究人員接觸受訪者、管理訪問員或觀察員、記錄訪問或觀察資料、將資料送回研究人員等工作，其中任何一項工作都可能因規劃與控制不當而造成缺失，從而影響研究的品質。

12-1 現場作業的規劃

爲使研究工作能夠在預定的期間和預算範圍內完成，並維持相當水準的品質，必須對現場作業做良好的規劃。現場作業的規劃工作包括 (1) 時間進度、(2) 預算、(3) 人員、(4) 預期結果等四部分（註 1）。

12-1-1 時間進度

在規劃現場作業時，應事先估計完成每一研究階段所需的天數，並選定開始及完成的日期。由於有些研究作業可以同時進行，因此各個階段所涵蓋的時間有時難免會有重複之處。表 12-1 和圖 12-1 是一項人員訪問研究的詳細時間進度表和流程圖。

有些現場作業工作，如訪問員之甄選、預試之評估、問卷之印製、現場之清理等，所需的時間常較預期者爲長，在規劃時易被低估。有時現場作業也會因某些未能預見的特殊情況而受到延誤，在設定時間進度時宜預留部分時間，俾在遇到特殊情況時可彈性調節，使研究工作可在限期內完成。

12-1-2 預　算

預算和時間進度密切關聯，兩者應一同考慮，因爲時間進度有變動的話，預算也須跟著變動，反之亦然。

人員訪問研究的主要成本項目包括：

1. 研究人員和工作人員的薪酬和工資。
2. 材料和供應品。
3. 郵費、電話費、網路費用。
4. 訪問員和現場監督人員的報酬。
5. 問卷、觀察表格和其他現場書表的印製費用。

表 12-1 人員訪問現場作業時間進度表

研究階段	開始日期	完成日期	天 數	尚餘天數
草擬預試問卷	1 月 10 日	1 月 26 日	16	132
選擇預試樣本	1 月 23 日	1 月 26 日	3	132
選擇預試訪問員	1 月 10 日	1 月 15 日	5	143
準備預試訓練材料	1 月 20 日	1 月 26 日	6	132
訓練預試訪問員	1 月 27 日	1 月 28 日	2	130
預試訪問	1 月 29 日	2 月 5 日	7	123
評估預試結果	2 月 6 日	2 月 20 日	14	109
完成所有表格和程序（包括問卷的印刷）	2 月 21 日	3 月 5 日	14	95
選擇訪問員	2 月 6 日	2 月 28 日	22	102
準備訓練材料	2 月 26 日	3 月 5 日	7	96
訓練訪問員	3 月 6 日	3 月 10 日	4	91
訪問	3 月 11 日	4 月 22 日	42	49
現場之清理	4 月 23 日	5 月 6 日	14	35
訪問員查證	3 月 14 日	4 月 30 日	47	40
辦公室清理	5 月 7 日	5 月 28 日	21	14
最後的現場作業報告	5 月 29 日	6 月 12 日	14	0

資料來源：Mathew Hauck, "Planning Field Operations," in Robert Ferber, ed., *Handbook of Marketing Research* (New York: McGraw-Hill, 1974), p.2:148。

上述的成本項目還可進一步根據預試、訪問員的甄選和僱用、訪問員的訓練、最後現場報告、資料蒐集等過程中的不同階段分別列舉。

為獲致有效的預算和成本控制，需要將主要的成本項目分割成最小的成本細目。對某些特定的成本項目，應注意是否有低估情形，同時也要有一筆準備金或零用金，以應發生特殊情況時之需；預算應先送請負責各項研究活動的人員審閱，最好也要能獲得他們的同意。

12-1-3 人 員

如果沒有足夠的合適人員來執行各項現場作業，則小心規劃的預算和時間進度都不可能依計畫實施。現場作業的成敗主要依賴執行人員的素質。因此，現場作業須審慎甄選夠資格的人員；各人的責任應明確說明，使人人都清楚了解自己的任務。

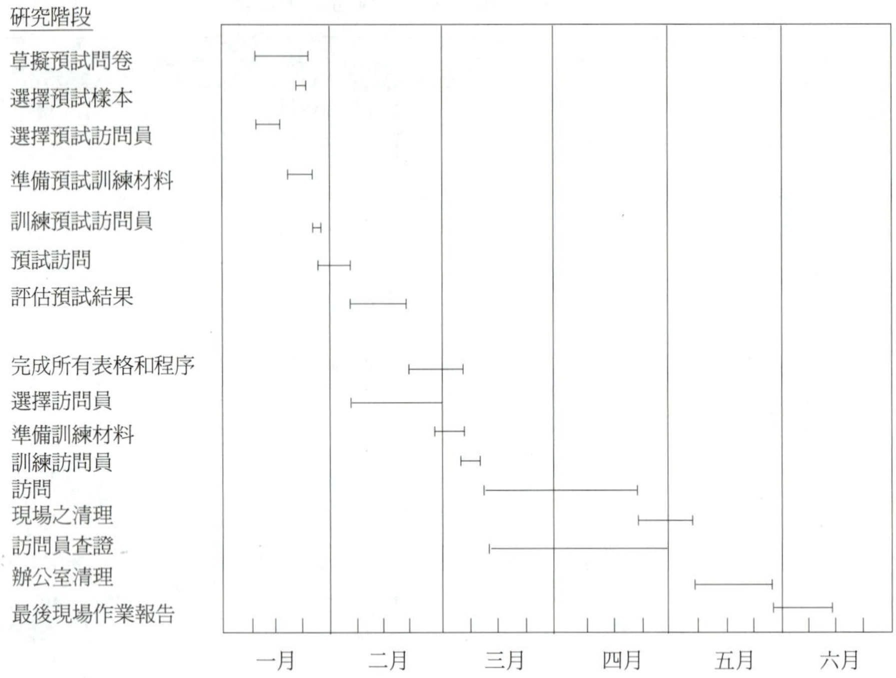

資料來源：同表 12-1, p.2:149。

圖 12-1　現場作業時間進度流程圖

12-1-4　預期結果

預期結果可從質與量兩方面來說。在量的方面，主要以預期的訪問數作爲目標；如果可能，最好也能估計預期之拒絕、不接觸和其他未訪問到之數目，如表 12-2 所示。表 12-2 中之比率雖置於表之下方，但在實際作業時，常係根據過去經驗或預試結果先行估計比率，然後再往前推算表中其他數字。

在質的方面，在規劃階段應先訂定完成訪問所需的品質標準，如果品質水準與預期的標準不符，應如何處理，亦應事先有所決定。下列的問題可幫助研究人員設定品質標準：

1. 每份問卷應完成多少？未完成的程度在多少以內是可接受的？
2. 哪些問題是必須取得答案的關鍵問題？
3. 對開放式問題而言，哪種類型的答案是分析所需的？
4. 爲證實已完成訪問、確實訪問到受訪者、問題都已問了、訪問員所記錄的答案確是受訪者提供的答案等事項，需要哪些驗證程序？
5. 需要哪些計畫，俾在收到完成訪問資料時可進行查核？

表 12-2 預期之研究結果

1. 合格的受訪者		______
1.1 訪問數	___	
1.2 拒絕數	___	
1.3 未接觸數	___	
1.4 其他（說明）______	___	
2. 不合格的受訪者		
2.1 已搬遷	___	
2.2 其他（說明）______	___	
3. 樣本總數		
反應率 (1.1÷1)	___%	
拒絕率 (1.2)÷(1.1＋1.2)	___%	
接觸率 [(1－1.3)÷1]	___%	
合格率 (1÷3)	___%	

資料來源：同表 12-1，p.2:151。

在規劃階段建立品質標準可幫助研究人員找出可能發生問題的地方，俾可採取行動防止問題發生。譬如，在訪問員訓練時，對於關鍵問題或開放式問題可給予更詳細的訓練。

12-2 不同資料蒐集方法的現場作業

資料蒐集方法主要有人員訪問、電話訪問、郵寄調查、線上調查和觀察法。由於資料蒐集方法的不同，現場作業也有不同的考慮。

12-2-1 人員訪問

人員訪問須使用訪問員，在規劃階段應特別注意訪問員的甄選、訓練和監督。訪問員的招募、面談、應徵者的評估、選擇等等，都是相當費時的，在規劃時應預留足夠的時間。

其次，選用的訪問員必須給予足夠的訓練。訓練的目的在使各訪問員在資料蒐集過程中具有高度的共同性。訪問員的訓練可以集中辦理，但有時由於時間的限制和地區的分散，訓練計畫亦可以書面方式為之，訓練內容包括研究目的、如何實施抽樣計畫、如何接近受訪者、如何建立友善關係、如何問問題等等；對於複雜的研究，訓練工作最好由監督人員當面實施。預試結果可以幫助研究人員決定需要什麼樣的訓練以及何種程度的訓練。

在實地進行訪問期間，對訪問進度應經常予以查核，如有進度落後情事，應及時採取措施（如增加訪問員、鼓勵現有訪問員加速作業、或減少部分研究等），以趕上進度。

對人員訪問的品質也須特別留意，如有訪問品質不良情事，則應重行訓練訪問員或更換訪問員。

訪問員的報酬可以計時或計件方式爲之，兩者各有利弊。採用計時方式，可使訪問員不至於爲了趕時間而草率進行訪問，可減少訪問員的造假。但是按件計酬方式，只要有足夠的控制，也可有若干優點（註 2）：

1. 訪問員可規劃他們的工作，可較有效率，因而可有較多的收入。
2. 較可能在限期內完成訪問工作。
3. 品質可以提高，特別是在訪問員的訪問工作達到可以接受的水準才付酬時，品質更可提高。
4. 行政工作較少，少填寫和處理時間與費用報表。

現場監督人員的能力和經驗如何，對現場作業的成敗有很大關係。因此，對監督人員的能力亦應多加留意。

12-2-2 電話訪問

和人員訪問一樣，在規劃時對於電話訪問員的甄選、訓練和監督應特別留意。不過如果電話訪問是集中在一處地點實施，則控制的工作就方便多了，舉凡有關時間進度或訪問品質的問題都可及早發現並快速改正。

時間進度的延誤通常是由於 (1) 不足的母體名單、(2) 較預期爲高的重打（callbacks）率和 (3) 因問卷的長度或複雜性而使訪問時間較預期爲長；這類問題通常是由於問卷及資料蒐集程序的預試不夠造成（註 3）。

對電話訪問員的報酬採按件計酬方式，不僅可行，而且可易於控制預算和完成期限。

12-2-3 郵寄問卷調查

在各種資料蒐集方法中，郵寄調查因較少受到外力的影響（如訪問員、觀察員、監督人員的表現等等），故比較容易控制進度及預算。

郵寄調查的進度應將整段調查時間劃分成若干階段，如(1)草擬問卷初稿，(2)預試，(3)問卷定稿及印製，(4)第一次郵寄、(5)第二次或第三次郵寄，(6)未回件者的查核，(7)抽選一部分未回件者樣本進行調查。

過去的經驗是設定一切實可行之時間進度的最佳指引。一名首次從事郵寄調查的研究人員常會忽略一些郵寄調查的繁瑣細節，使所定進度不切實際。

12-2-4 線上調查

線上調查受到訪問員、觀察員、監督人員等外力的影響最少，因此是各種資料蒐集方法中，最容易控制進度和預算的一種資料蒐集方法。

12-2-5 觀察法

利用觀察法蒐集資料時，現場作業的計畫主要視其研究設計的複雜程度，以及是採用人員或機器來記錄觀察結果而定。如果採用觀察員，則前述有關訪問員的部分都可同樣適用；如果採用觀察設備（如計數器、計時器、照相機等），則在設定預算和進度時應將設備成本、裝置時間、維護、修理等項目考慮在內。

12-3 現場作業的誤差

現場作業的誤差來源主要有樣本選擇誤差（sample selection error）、無回應誤差（nonresponse error）及訪問誤差（interviewing error）三種（註4）。

12-3-1 樣本選擇誤差

樣本選擇誤差又稱爲受訪者選擇誤差或選樣誤差，不論是配額抽樣或機率抽樣，都可能發生這種誤差。

配額抽樣是廣被採用的一種非機率抽樣方法，這種抽樣方法允許訪問員在配額的範圍內自由去選擇受訪者。由於允許訪問員控制樣本選擇過程，因此可能導致樣本選擇的誤差。訪問員有時可能改變或竄改選樣的規則，以便選擇那些最方便訪問或最容易接受訪問的受訪者。

採用機率抽樣方法，也可能造成樣本選擇誤差。訪問員在驗明住戶名冊時，傾向於少列低所得的住戶區；在從住戶名冊中隨機選樣時，常傾向於抽選中所得的住戶。在人員和電話訪問時，訪問員傾向於抽選住戶中較易接近的人進行訪問。儘管要求訪問員在住戶家中應按照隨機抽樣方法去選擇受訪者，有些不負責的訪問員可能仍會取巧，以避免因「不在家」而須再去訪問，監督人員應加留意。

12-3-2 無回應誤差

無回應誤差是指回應者與無回應者之間的差異。無回應的來源主要有二：(1) 不在家，(2) 拒絕訪問。

(一) 不在家

不在家的比率受到都市大小、訪問的時間（包括一年中的哪一個季節、一星期中的哪一天、一天中的哪一段時刻等）、受訪者的年齡和性別、以及現場管制作業等因素的影響。在許多研究中，不在家的比率是蠻高的，值得特別注意。

在兩項大規模的研究調查中——一項是人員訪問，一項是電話訪問，皆利用機率樣本。電話調查的研究人員爲求接觸樣本中的每一個人，曾打了 17 次以上的電話，而人員訪問的研究人員爲了完成人員訪問，曾拜訪樣本戶達 8 次以上，但是仍然有相當部分的樣本是無回應者。前者完成訪問的比率爲 55.9%（另有 3.4% 只做部分訪問），後者完成訪問的比率爲 74.3%（註 5）。表 12-3 是這兩項研究調查中無回應的原因；表 12-4 是

表 12-3　電話和人員訪問的無回應原因

	電話訪問	人員訪問
完成訪問	55.9%	74.3%
部分訪問	3.4	–
受訪者拒絕	7.5	10.9
樣本戶的其他成員拒絕	4.3	1.9
因其他原因而未訪問（年老、耳聾、外國語言等）	8.0	9.6
無回答或不在家	20.7	3.3
合計	99.8%	100.0%

資料來源：Robert Groves and Robert Kahn, *Surveys by Telephone* (New York: Academic Press, 1979), pp.66-67。

表 12-4　各次拜訪所訪問到的樣本戶百分比

拜　訪	電話訪問		人員訪問	
	百分比	累積百分比	百分比	累積百分比
1	24	24	25	25
2	18	42	25	50
3	14	56	18	68
4	11	67	11	79
5	8	75	7	86
6	6	81	5	91
7	5	86	3	94
8	3	89	6	100
9	3	92		
10	2	94		
11	1	95		
12	1	96		
13	1	97		
14	1	98		
15	0	98		
16	1	99		
17	2	101		

資料來源：同表 12-3，pp.56-58。

這兩項研究最後被訪問到的樣本戶中，各次電話調查或人員拜訪所訪問到的比率。

從表 12-4 中可看出，最後被訪問到的樣本戶中，只有四分之一是第一次就被訪問到，有 75% 以上是在前四次人員拜訪和前五次電話調查中被訪問到。研究人員認爲對大多數調查而言，重打（電話）或重訪三次或四次是最合適的，其故在此（註 6）。

一般而言，年輕人、沒有小孩的家庭、職業婦女、高所得的家庭和住在大都市的人，不在家的機會比較大。由於**在家**和**不在家**的群體在某些特性上有所不同，因此在進行人員訪問或電話訪問時，對第一次訪問不在家的樣本，應儘可能再重訪或重打幾次，以免使調查結果因包含過多的不在家者而產生偏差。

㈡ 拒　絕

拒絕接受訪問常常是受訪者個性使然和心情不佳的結果。訪問的時間使受訪者感到不方便也常導致受訪者拒絕接受訪問，改個時間再去訪問常可降低拒絕接受訪問者的比率。有時候我們會發現某些訪問員被拒絕的比率有偏高的情況，此時應加強對這些訪問員的再訓練，甚至有更換訪問員的必要。

12-3-3 訪問誤差

在進行人員訪問和電話訪問的過程中，訪問員本身可能是一嚴重的誤差來源。這些誤差來自 (1) 受訪者對訪問員的感受，(2) 問問題，(3) 解釋和記錄受訪者的回答，(4) 欺騙。

㈠ 受訪者對訪問員的感受

訪問工作涉及兩個人之間的社會互動，受訪者對訪問員的感受直接影響到訪問員建立融洽關係的能力。訪問員如能和受訪者建立融洽的關係，將可蒐集到更完整和更正確的資料。

一般而言，訪問員和受訪者的共通點愈多的話，彼此間愈能建立融洽的關係。由於個人的服飾和穿著常被人們視爲其態度和取向的表徵，因此，訪問員衣著的風格應與受訪者的風格相類似。

對有些事情的看法會被社會認爲可接受或不可接受，或具有強烈的自我涉入（ego involvement），對這類事情，受訪者會將其行爲理想化而造成偏差。訪問員和受訪者間的社會距離（social distance）愈大，發生偏差的可能性也就愈大。譬如，對美國黑人的訪問，白人訪問員所獲得之**適切的或可接受的**答案顯著地較黑人訪問員爲高；有關低所得群體的態度，中產階層訪問員的發現較工人階層訪問員的發現爲保守（註 7）。本身所得較高的訪問員所發現的受訪者所得也有較高的傾向（註 8）。

爲建立訪問員和受訪者間的融洽關係，所用的訪問員最好是與受訪者具有共同的特性，並能被訪問員視爲是同類的人；唯基於成本的考慮或尋找合適訪問員的困難，常常不易做到這一點；但至少應使訪問員能被受訪者認爲是能夠了解他們的觀點、能夠接受他們的人。

㈡ 問問題

在問問題的時候，訪問員通常要遵守一些規則。下列是一些可供參考的規則（註 9）：

1. **要完全熟悉問卷**：訪問員必須熟讀問卷的每一道問題，並大聲讀出。訪問員唸問卷就像演員唸台詞一樣，要自然而像交談式地唸出來。

2. **要逐字逐句照問卷的文字問問題**：訪問員必須小心，不要在無意中改變了問題，如漏唸了問題中的部分文字、改變一個字、或在問題結束後爲了交談的目的又多說了幾個字。
3. **按照問卷中問題的先後次序問問題**：爲了避免前面的問題會影響後面問題的答案，同時也爲使受訪者對問卷主題有一連續感，因此，訪問員在問問題時不可更動問題的次序。
4. **要問問卷中的每一道問題**：訪問員必須要問每一道問題，即使受訪者在前面已回答過同樣或類似的問題。
5. **利用探問技術**：有些受訪者可能誤解問題、或不願提供完全答案、或談到其他的主題，此時訪問員應利用中立的探問技術（probing techniqne）來取得受訪者的答案。

   探問技術是爲了在不造成偏差的前提下，履行下列兩項功能：(1) 鼓勵受訪者多談，使他們能詳述、闡明、或解釋背後的理由；(2) 幫助受訪者集中於訪問的特定主題，以避免無關或不需要的資料（註 10）。以下是幾種中立性的探問技術（註 11）：

   (1) **重複問題**：當受訪者完全沉默時，他可能還不了解問題或尚未決定如何回答。此時，只要重複問題就可能鼓勵受訪者回答。
   (2) **使用沉默的探問（silent probe）**：如果訪問員相信受訪者還有話要說，可用沉默的探問（即期待的停頓）或表情來鼓勵受訪者集中思考，給予完整的答覆。
   (3) **重複受訪者的回答**：逐字重複受訪者的回答可刺激受訪者繼續回答。
   (4) **問一個中立的問題**：問一個中立的問題可以獲得訪問員想知道的資訊，如果訪問員相信應該弄清楚受訪者的動機，可以問：「**告訴我這種感覺。**」如果訪問員認爲有需要弄清楚某一個字或句子的意思，可以問：「**（這個字或這個句子）是指什麼意思？**」
6. **記錄所做的改變**：如果訪問員對問題的用字、用詞、或次序做了任何改變，應在問卷上註明清楚。
7. **提供蒐集個人資料的合理理由。**

(三) 解釋和記錄受訪者的回答

訪問員在解釋和記錄受訪者的答覆時也可能發生錯誤。由於人員訪問時，訪問員通常要一面維持受訪者的興趣，一面要記錄答覆，發生此種錯誤的可能性，往往比電話訪問時爲大。

問卷上爲塡寫答案所留的空間大小，也會影響訪問員所記錄的答覆；如果空間較大的話，所記錄的答覆也將較多。

爲做好記錄受訪者答覆的工作，以下六點可供參考（註 12）：

1. 在訪問過程中記錄受訪者的答覆。
2. 用受訪者自己的話。
3. 不要摘要或改寫受訪者的答覆。
4. 要記錄與問題的目的有關的每一件事。
5. 所有的探問和評論都要用括號記在該問題的下面。
6. 在寫下答覆時複述答覆，以維持受訪者的興趣。

(四) 欺　騙

所謂**欺騙**，一般是指竄改問卷中的問題和僞造答案而言。集中控制的電話訪問較不容易有欺騙情事，人員訪問較容易發生欺騙情事。有的訪問員並未實地去訪問受訪者，而是閉門造車，在家自行塡答問卷，這種欺騙是比較容易發覺的；有的訪問員爲了想趕快完成訪問工作而故意漏問了一部分的問題，這種欺騙行爲是較難發覺的。

欺騙行爲固然和訪問員的個性有關，但是研究設計和執行也會影響訪問員欺騙的傾向；難以找到及訪問受訪者、不合理的限期、難以完成的問卷等等，也都是造成欺騙的原因。

12-4 減少現場作業誤差的途徑

在現場作業的過程中，有許多產生誤差的來源。爲減少現場作業的誤差，提高現場作業的效率與品質，研究人員應從以下兩方面去努力：

1. 加強現場作業人員的甄選、訓練與評估。
2. 加強現場作業的品質管制。

12-4-1 加強人員的甄選、訓練與評估

現場作業人員（包括訪問員、觀察員）應小心甄選，凡是過去曾擔任過訪問員或觀察員而有不良紀錄或表現不佳者，不宜選用。如果可能，最好能透過信譽卓著的機關、團體或學校推薦人選，從中錄用。

對錄用的現場作業人員，必須給予必要的訓練。對以往未曾擔任過訪

問或觀察工作的新人，應先施予有關一般訪問或觀察技術之訓練；對於有過訪問或觀察經驗的人員，可直接給予有關特定訪問或觀察事項之訓練。訓練期間有時只要二、三小時即可，有時可能要長達兩天，甚至更長。

訓練工作最好能集中訓練，唯如訪問員多且散佈各地，有時基於成本或時間的考慮，訓練工作也可分批或同時在不同地點舉行，由研究機構派員或洽請各地區監督人員負責訓練。

對現場作業人員的工作績效應加以評估。評估訪問員工作最主要的因素爲成本、拒絕率和遵守指示的情形（註 13）。每完成一次訪問所費成本（包括費用和薪水）可作爲比較不同訪問員的基礎，不過這種比較必須只限於在相同或類似地區工作的訪問員之間的比較才有意義。拒絕率也可作爲比較的基礎，同樣也應限於在相似地區工作的訪問員間的比較。訪問員也可根據其犯錯誤的次數來比較，由於有的錯誤比較嚴重，有的較不嚴重，故通常可依錯誤的嚴重性予以加權。訪問員評估的結果應予記錄存檔，以作爲未來再僱用或再訓練的參考。

12-4-2 加強品質管制

在品質管制方面，現場作業的監督人員責任甚大。現場監督人員每天接到完成訪問的問卷時，必須逐一檢查問卷之填答情形，以確保品質良好。監督人員應每天記錄有關各訪問員的訪問次數、不在家的次數、拒絕的次數、和完成訪問的次數等事項，還應記錄工作的小時數，使他們能算出每完成一次訪問所費的成本（註 14）。監督人員亦應檢查訪問員是否遵守抽樣設計、是否依照有關指示來進行訪問工作、書寫是否清楚等等。

對於訪問員欺騙行爲設法阻止。如採用電話訪問，可要求訪問員將電話訪問過程加以錄音，以防止發生欺騙。如採用人員訪問，爲證實訪問員確實訪問到受訪者，通常可從受訪者當中抽選一部分樣本，然後打電話或用明信片去加以查證。爲避免引起反感，通常不宜直截了當地問受訪者是否有人訪問過他們，而是先對受訪者之接受訪問表示感謝，並問他們訪問員是否彬彬有禮和是否有效率等。

研究機構通常係從完成的訪問（或接受訪問的受訪者）中抽取 10% 到 20% 進行查證。查證的範圍通常包括（註 15）：

1. **接觸的方法**：譬如，確定人員訪問並不是用電話來進行訪問。
2. **詢問的問題**：查證有沒有省略重要的問題，如查明資格或人口統計的問題。

3. **展示的圖表／產品**：確定受訪者看到應該展示給他們看的觀念圖表或產品。
4. **受訪者對訪問員的熟悉情形**：確定訪問員並不是接觸到朋友或舊識。
5. **對訪問的一般反應**：查核接觸的一般品質。

爲查核訪問員是否詳實地問每一道問題，可選出若干關鍵問題，將各訪問員對這些問題所記錄的答案編成一表，對答案異常者加以深入查證。譬如，在某一研究中，有一道問題是：「最近有若干新的即溶咖啡品牌上市，能否告訴我是哪些品牌？」其中有一個品牌是 Fine Blend。某些訪問員的訪問結果如下（註 16）：

訪問員	訪問次數	記錄 Fine Blend 的百分比
A	15	13%
B	16	25
C	15	0
D	15	20
E	16	88
F	14	14
G	16	19

全部 51 位訪問員共完成 1,168 次訪問，記錄 Fine Blend 的平均百分比是 18%，標準差是 15.4%。各人所訪問的樣本在年齡、社會階層、家人組成等方面都相似。由於訪問員 E 的訪問結果與其他人的結果相差甚大（與平均百分比相差將近 5 個標準差），因此，E 員似有可能欺騙。監督人員經與 E 員討論後，發現 E 員誤解訪問說明，並非欺騙，結果監督人員在以後的調查工作中對 E 員特別監督，對訪問說明亦更加小心準備。

摘　要

爲確保研究的品質，現場作業應有良好的管理。對現場作業的時間進度、預算、人員以及預期結果均應在事先做妥善的規劃。由於資料蒐集方法不同，現場作業應注意的重點也有所不同，本章曾分別說明人員訪問、電話訪問、郵寄調查、線上調查和觀察法等不同資料蒐集方法的現場作業。

現場作業可能發生樣本選擇誤差、無回應誤差和訪問誤差。樣本選擇誤差是由於訪問員未依照抽樣規則選擇適當的樣本而造成，不論是採用機率抽樣或非機率抽樣，都可能發生此種誤差。無回應誤差則係因受訪者不在家和拒絕接受訪問而造成。訪問誤差係來自受訪者對訪問員的感受、問問題、解釋和記錄受訪者的回答及欺騙等來源。爲減少上述現場作業的各種誤差，研究人員應加強現場作業人員的甄選、訓練與評估，並加強品質管制作業，以提高現場作業的效率與品質。

附　註

註 1：主要參考 Mathew Hauck, "Planning Field Operations," in Robert Ferber, ed., *Handbook of Marketing Research* (New York: McGraw-Hill, 1974), pp.2:147 to 2:154。

註 2：Mathew Hauck, "Interviewer Compensation on Consumer Surveys," *Commentary, Journal of Marketing Research Society* (Summer 1964), pp.15-18。

註 3：Thomas Kinnear and James Taylor, *Marketing Research: An Applied Approach,* 5th ed. (New York: McGraw-Hill, 1966), p.504。

註 4：同註 3，pp.508-512。

註 5：Robert Groves and Robert Kahn, *Surveys by Telephone* (New York: Academic Press, 1979), pp.66-67。

註 6：H. Boyd, Jr., R. Westfall, and S. Stasch, *Marketing Research,* 7th ed. (Homewood, Ill.: Richard Irwin, 1991), p.431。

註 7：同註 6，p.443。

註 8：B. Bailar, L. Bailey, and J. Stevens, "Measures of Interviewer Bias and Variance," *Journal of Marketing Research* (August 1977), pp.337-343。

註 9：*Interviewer's Manual,* rev. ed. (Ann Arbor, Mi: Survey Research Center, Institute for Social Research, University of Michigan, 1976), pp.11-13。

註 10：同註 9，p.15。

註 11：William Zikmund, et al., *Business Research Methods,* 8th ed. (South-Western, 2010), pp.448-449。

註 12：同註 9，pp.20-21。

註 13：同註 9，pp.450-451。

註 14：同註 9，p.447。

註 15：Jeffrey Pope, *Practical Marketing Research* (New York: American Management Asso., 1993), p.57。

註 16：資料取材自 R. C. King and P. M.Trotman, "Experience of Computer System for the Quality Control of Interviewers," in ESOMAR Seminal, *Fieldwork, Sampling and Questionnaire Design,* pp.262-265。參閱註 6，p.448。

第十三章

資料分析的程序

一旦資料蒐集齊全之後，緊接著就要進行資料分析工作。資料分析工作可大致劃分爲四大部分：

1. 資料的整理
   (1) 初步檢查
   (2) 編碼（coding）
2. 資料的彙總
   (1) 資料的分組
   (2) 簡單編表
3. 交叉編表（cross tabulation）
4. 統計分析
   (1) 單變量分析（univariate analysis）
   (2) 多變量分析（multivariate analysis）

13-1 資料的整理

資料分析的第一步工作是要檢查和改正蒐集的資料，並將答案加以編碼。

13-1-1 初步檢查

對蒐集來的各種資料，應先加以檢查，俾使蒐集來的原始資料能維持最起碼的品質水準。檢查的項目包括：

1. 答案是否齊全？所有應該答覆的問題是否都已經回答了？
2. 字跡是否清楚？受訪者寄回的問卷、訪問員的訪問報告或觀察員的觀察記錄上的字跡是否清晰可讀？如果無法辨認，有時可以送回原答卷者或原記錄者重新填寫；但有時因時間關係或其他原因，只有捨棄不用。
3. 訪問員是否遵守抽樣指示？樣本單位是否正確？如果受訪者不符合抽樣的要求，其答案應予捨棄。譬如，抽樣的母體是有小孩的家庭主婦，則沒有小孩的主婦所提供的答案自不應予以採用。
4. 答案是否一致？是否有互相矛盾、前後不一致的地方？如有不一致之處，應設法澄清，或將矛盾的答案捨棄。
5. 答案的意義是否明確？開放題的答案常難以了解，答案中的某些用詞如「這個」、「那個」、「他們」，常令人不知所指為何。如有含糊不清的答案，應設法弄個清楚。

初步檢查的工作應由研究人員或現場訪問工作監督人員在收到問卷或其他資料蒐集表格之後儘速實施，俾能在訪問員或觀察員解散之前，並在他們對某一特定問題仍然記憶猶新的時候，改正錯誤之處。

13-1-2 編　碼

編碼是將資料加以分類的技術程序，經由編碼程序，我們可將原始資料轉變成可予編表和計數的符號（symbol）——通常是數字（numeral）。這種轉換過程並不是自動的，它需要編碼者的判斷（註 1）。

編碼工作包括兩項步驟：

(一) 決定類別

編碼的第一步工作是要決定到底要把所有的回應或回答歸併成哪幾類。建立類別有四項指導規則。所建立的類別應該是（註 2）：

1. **適合性**：類別必須能把資料做最好的劃分，俾利檢定假設和展示關係；也可作為比較資料。
2. **包羅性**（exhaustive）：如果有大量的「其他」反應，表示類別可能很不夠。在利用多重選擇問題時，選擇的項目不夠的話，特別會有不利的影響。凡是沒有列入選擇項目的答案必然會被少列。
3. **互斥性**（mutually exclusive）：類別成分應該是互斥的，每一項答案都能歸入一類，也只能歸入一類。譬如，在某項職業調查中，將職業分為 (1) 專業人員，(2)管理人員，(3) 銷售員，(4) 辦事員，(5) 技術員，(6) 工人，(7) 未就業。有些受訪者會認為他們不只屬於一類群體，如有人「既是銷售員也是學生」，則將不知如何決定他的職業類別。
4. **單一構面**（single dimension）：類別應依同一的觀念來定義。譬如，在前述職業調查的例子中，「銷售員」代表一種職業，「未就業」則是另一個構面——目前的就業狀況，與受訪者的正常職業無關。一個人可能是銷售員，同時也失業。如果採用一個以上的構面，通常會有不互斥的情形發生。

如果是封閉式問題（closed question），決定類別的工作比較簡單；如果是開放式問題（open-end question），決定類別的工作比較複雜。對開放式的問題，研究人員首先要將大部分或全部受訪者的答案翻閱一遍，以決定將所有答案分成若干類別。

㈡ 指定號碼

編碼的第二項步驟是要爲每一類別指定一個號碼。譬如，性別有兩類，1 代表男性，2 代表女性；年齡可分爲六組，1 代表 20 歲以下，2 代表 20 到 29 歲，3 代表 30 到 39 歲，……，6 代表 60 歲以上；喜愛程度可分成五級，1 代表非常不喜歡，2 代表不喜歡，3 代表無所謂喜歡或不喜歡，4 代表喜歡，5 代表非常喜歡。

對於數字資料，爲恐分類不當，最好在編碼時記錄原來的數字，而不用將之分類。譬如，上述的年齡，如果問卷上所記載的是年齡數字，則在編碼階段最好直接記錄年齡數字，而不必指定號碼去代表各個年齡層。

13-2 資料的彙總

13-2-1 資料的分組

分組時應注意組間的大小，組間不宜過大，以免失去資料分配的顯著傾向。如表 13-1 的分組，因組間過大，看不出大多數人的顯著差異。

組間的大小應儘可能相等，但第一及最後這兩個組的組間距離不等通常是可以接受的，因爲這兩個組所佔的比例較小。如表 13-2 的分組因組間大小不等，容易使人誤以爲家庭所得在 5 萬到 20 萬者最多。

表 13-1 組間過大：家庭所得的分配情形

每月家庭所得（元）	戶數百分比
1 萬以下	5%
1 萬到 5 萬以下	65
5 萬以上	30
	100%

表 13-2　組間大小不等：家庭所得的分配情形

每月家庭所得（元）	戶數百分比
1 萬以下	5%
1 萬到 2 萬以下	17
2 萬到 3 萬以下	17
3 萬到 4 萬以下	16
4 萬到 5 萬以下	15
5 萬到 20 萬以下	20
20 萬到 30 萬以下	7
30 萬以上	3
	100%

13-2-2 簡單編表

簡單編表可用於下列用途：(1) 找出錯誤，(2) 發現異常觀察值（outlier），(3) 了解「空白」和「不知道」答覆的比率，(4) 決定變數的分配型態，和 (5) 計算平均數和離勢（dispersion）。

(一) 找出錯誤

在初步檢查階段，雖已將蒐集來的資料做了檢查，但有些錯誤在未編表之前是不容易發現的，在編表之後就比較容易看出錯誤。因此，簡單編表可以幫助研究人員找出在初步檢查時未能查出的錯誤。另外，在編碼過程中以及在將資料輸入電腦時也都可能發生錯誤，簡單編表亦能幫助研究人員找出錯誤。

(二) 發現異常觀察值

簡單編表能幫助研究人員發現資料中的異常觀察值。異常觀察值是指與其他觀察值有很大差異的觀察值，研究人員常將之視爲特殊案例來處理。依研究目的的不同，有時可先將異常觀察值予以剔除，再做後續的資料分析，有時也要進一步去探討產生異常觀察值的原因。

(三) 了解「空白」和「不知道」的比率

簡單編表可以讓研究人員看出受訪者對問卷中各題目未填答（即「空

白」，指應填答而未填）和填答「不知道」的比率有多大。如比率較高的話，通常表示問卷設計的品質不佳。

問卷上有些問題的答覆欄可能是空白的，造成「空白」回應的原因不外是：

1. 問題不適用，故未詢問或未作答。
2. 受訪者拒絕答覆。
3. 受訪者因疏忽而略去該問題。
4. 訪問員因疏忽而未提問或未記錄受訪者的答覆。

對於這種空白的或不齊全的情形，研究人員應設法了解其原因，如果是因訪問員的疏忽所致，而訪問員還能記得住受訪者的回應的話，可請訪問員補上；如果訪問員已經記不得了，則處理的方法通常是當作「不知道」來處理。除非有絕對的把握，不應輕易改變問卷上記錄的答覆、增補或刪除原來的答覆。

受訪者答稱「不知道」的可能原因有四：

1. 問題問得不好，使受訪者無所適從，無從作答。
2. 受訪者確實不知道，無法作答。
3. 問題令受訪者感到困窘或不舒服，使受訪者不願意回答。
4. 受訪者認為問題不重要，不值得予以答覆。

「不知道」或「應答而未答」的比例如果很低的話，通常可不予理會；但如果比例較高，就不可加以忽略。高比例的不知道或應答而未答，極可能是因問卷的設計不當所致，研究人員應重行檢查問卷，看看問卷中有沒有意義含糊不清的問題、有沒有使用生硬難懂的詞句用語、有沒有使用一般人不了解的專門術語、有沒有令人困窘的問題等等。

譬如，在一項消費者研究中，研究人員想了解消費者在購買微波爐時，哪一類型的零售店是最重要的，因此問了一道問題：「你在哪一類型的零售店購買你的微波爐？（在下列的商店類型中勾選其一）」。231 位受訪者對這道問題的回應如表 13-3 所示，有高達 28% 的受訪者回答「不知道」，這有可能是問題的用語混淆所致。許多受訪者可能不知道不同的零售店用詞的意義，因而回答「不知道」在哪一類型的零售店購買他們的微波爐（註 3）。

表 13-3 購買微波爐的零售店

零售店類型	受訪者百分比（231 位）
家電用品店	26%
家具店	16
郵購商店	6
百貨公司	6
折扣商店	3
其他零售店	15
不知道	28
合計	100%

如果不是問卷設計的問題，才可將「不知道」的答覆當作受訪者無法答覆或不願答覆來處理。處理的方式有四：

1. 在計算回應總數（即回答總數）時，刪除「不知道」的答案。這是最簡單的處理方式，因爲不考慮不知道的答案，事實上就等於是將不知道的答案比例分配到其他答案。此方式假定即使將那些答不知道的樣本單位從樣本中刪除，所剩下的單位仍然可以代表母體。在很多情況下，這種假定是不能成立的。
2. 在計算回答總數作爲百分比基數時，不計入「不知道」的答案，但將「不知道」列爲單獨的一項。這種方式比前一種方式爲佳，因爲它將不知道的部分單獨列項，可免讓讀者誤解。
3. 將「不知道」的答案計入回應總數，並計算其在回應總數中所佔的百分比，與其他答案的百分比並列。
4. 從問卷中的其他資料來估計「不知道」的答案。譬如，有時可從家庭中每一位工作成員的職業或職位來估計家庭所得。

㈣ 決定變數的分配型態

簡單編表可用來決定變數的實證分配型態。如果忽略變數的分配型態而直接去計算平均數、變異數等彙總性的統計，可能會導致嚴重的錯誤結論。

變數的分配可從直方圖（histogram）看出來。直方圖的橫軸（x 軸）顯示變數的數值，縱軸（y 軸）表示絕對次數或相對次數。變數的分配也可從累積分配函數（cumulative distribution function）看出來。累積分配函

數是將代表 x 軸（變數的數值）和 y 軸（累積的相對次數）組合的各點用直線連結起來而得出。不論是直方圖或累積分配函數都係以簡單編表爲其資料來源。

㈤ 計算平均數及離勢

爲了了解樣本資料的特性，研究人員常先編製次數分配表。表 13-4 爲一份臆造的次數分配表。

表 13-4　每日收看電視時間的次數分配

時　間	人　數	百分比
1 小時以下	71	35.5%
1 小時到 2 小時以下	63	31.5
2 小時到 3 小時以下	44	22.0
3 小時到 4 小時以下	16	8.0
4 小時到 5 小時以下	6	3.0
5 小時或以上	0	0.0
	200	100.0%

研究人員也常用一個單一的數值來代表某一特定的次數分配，此即平均數。平均數代表資料的集中趨勢，平均數有算術平均數、幾何平均數、調和平均數、中位數（median）、眾數（mode）等等，最常用的平均數是算術平均數和中位數。不過，單是一個平均數尙不足以充分說明資料的特性。譬如，兩份樣本的平均每日收看電視時間雖相同，都是 1.5 小時，但分散情形大異，一份樣本是從 0 小時到 7 小時不等，另一份樣本則集中在 1 小時到 2 小時之間，這兩份樣本的平均數雖相同，但分配情形的差異甚大，如光看平均數，顯然不足以比較這兩份樣本的分配情形，通常還要再計算其離勢。

離勢代表資料的分散程度，有全距、百分位差、四分位差、變異數（variance）、標準差（standard deviation）等等，最常用的是標準差。標準差愈小，表示資料的同質性愈高，亦即愈集中在平均數附近；反之，標準差愈大，表示資料愈具異質性，亦即資料愈分散。

以表 13-5 的樣本資料爲例，其算術平均數（$\bar{X}$）爲 1 小時 37 分，中位數（M）爲 1 小時 28 分，變異數（S^2）爲 1 小時 10 分，樣本標準差（S）爲 1 小時 5 分（見表 13-5 的計算）。

表 13-5 算術平均數、中位數及標準差的計算

時 間	組中點 X	人數 f	fX	累積次數	$X-\bar{X}$	$f(X-\bar{X})^2$
1 小時以下	0.5	71	35.5	71	−1.115	88.26898
1 到 2 小時以下	1.5	63	94.5	134	−0.115	0.83318
2 到 3 小時以下	2.5	44	110	178	0.885	34.46190
3 到 4 小時以下	3.5	16	56	194	1.885	56.85160
4 到 5 小時以下	4.5	6	27	200	2.885	49.93935
		200	323.0			230.35501

$\bar{X}=\frac{\Sigma fX}{n}=\frac{323}{200}=1.615$（小時），約為 1 小時 37 分

$M=1+\frac{100-71}{63}=1.4604$（小時），約為 1 小時 28 分

$S^2=\frac{\Sigma f(X-\bar{X})^2}{n-1}=\frac{230.35501}{199}=1.16$（小時），約為 1 小時 10 分

$S=\sqrt{S^2}=1.077$（小時），約為 1 小時 5 分

13-3 交叉編表

研究人員可能想到有許多不同的因素可能會顯著地影響到正在研究中的變數（準則變數），在利用較複雜的統計分析之前，通常可先利用交叉編表的方法來查看這些可能的影響因素（預測變數）與準則變數之間的關係。

交叉編表是企業研究中使用很廣的一種資料分析技術。有些企業研究只做到交叉編表為止；許多企業研究工作雖然使用了更複雜的分析技術，但交叉編表仍然是其重要的分析部分。

交叉編表的目的在發掘可能存在某些因素或變數之間的關係。在一項某城市居民電影觀賞情形的研究中，曾用交叉編表發掘出相當有用的資訊（註 4）。

在這項研究中，隨機抽選 1,000 位居民（都在十二歲以上），訪問結果，26.7% 是「經常」看電影者——每月至少看兩場（見表 13-6）。

表 13-6　某城市居民的電影觀賞情形

經常看電影者	26.7%	(267)
非經常看電影者	73.3	(733)
	100.0%	1,000 人

該研究的一項假設是大學生「經常」看電影者的比例比非大學生的比例爲高。因此，利用「**是否為經常看電影者**」及「**是否為大學生**」這兩項變數將表 13-6 資料分解成表 13-7 的資料。

表 13-7　大學生和非大學生的電影觀賞情形

	大學生	非大學生
經常看電影者	37% (130)	21% (137)
非經常看電影者	63% (220)	79% (513)
	350 人	650 人

從表 13-7 可看出大學生經常看電影者的比例比非大學生爲高（37% 比 21%）。如將年齡這項因素考慮進去（見表 13-8），則可發現年齡也是影響電影觀賞情形的重要變數。研究人員不禁要問：「**大學生因為年輕，所以看較多的電影？還是年輕人如果是大學生的話，會看較多的電影？**」

表 13-8　年齡是影響電影觀賞情形的因素

	23 歲（含）以下	23 歲以上
經常看電影者	35% (157)	20% (110)
非經常看電影者	65% (293)	80% (440)
	450 人	550 人

將年齡和大學生這兩項變數一併考慮編表（見表 13-9），發現大學生和高「**經常看電影者**」比例兩者間的關係，可由大多數大學生都在 23 歲以下這一事實來加以解釋。當兩項因素同時考慮時，可發現要了解電影觀賞情形，大學生這項因素是次要的，年齡才是關鍵因素。

從上述的個案也可看出，在交叉編表時同時分析（simultaneous analysis，同時觀察兩個或以上的因素）比逐次分析（sequential analysis，一次只觀察一個因素）有效。逐次分析常導致錯誤的發現，而同時分析則能把虛假的或錯誤的關係顯露出來，從而推翻或改變逐次分析所導致的錯誤結論。

表 13-9 年齡和大學生的電影觀賞情形

	23 歲（含）以下		23 歲以上	
	大學生	非大學生	大學生	非大學生
經常看電影者	36% (97)	34% (60)	22% (17)	20% (93)
非經常看電影者	64% (173)	66% (120)	78% (60)	80% (380)
	270 人	180 人	77 人	473 人

13-4 統計分析

在決定適當的統計技術時，要問兩道問題（註 5）：

1. 有多少個變數（變數的總數有多少、其中要被預測的相依變數有多少等等）？
2. 各變數的衡量水準（名目、順序、區間、比率）爲何？

統計方法大致可分爲單變量分析和多變量分析兩類。如果只對各樣本單位進行一次衡量（即只有一個變數），或雖對各樣本單位進行多次衡量，但各變數均個別加以分析，則此爲單變量的問題，應做單變量統計分析。如果對各樣本單位均進行兩次或以上的衡量（即有兩個或以上的變數），而這些變數又同時加以分析，則此爲多變量的問題，應利用多變量統計分析。

13-4-1 單變量分析

單變量分析方法包括母數（parametric）及無母數（nonparametric）統計檢定方法。圖 13-1 是選擇單變量統計檢定方法的流程圖；表 13-10 是若干重要的單變量方法的分類。在選擇採用哪一種方法來做統計檢定時，須先確定資料的衡量水準。如果資料的類型是名目水準或順序水準，應利用無母數的檢定方法；如果是區間或比率水準的資料，則應利用母數統計檢定。

其次，要決定究竟只是單一樣本或是有兩個或以上的樣本。譬如，如果我們只想檢定臺北市的家庭平均所得是多少，則爲一單一樣本的分析；如果我們想比較臺北市和高雄市的家庭平均所得，或比較目前臺北市家庭平均所得與五年前臺北市家庭平均所得，則屬於兩個樣本的分析。

如果涉及兩個或以上的樣本時，尙應再看看這兩個樣本究竟是獨立的

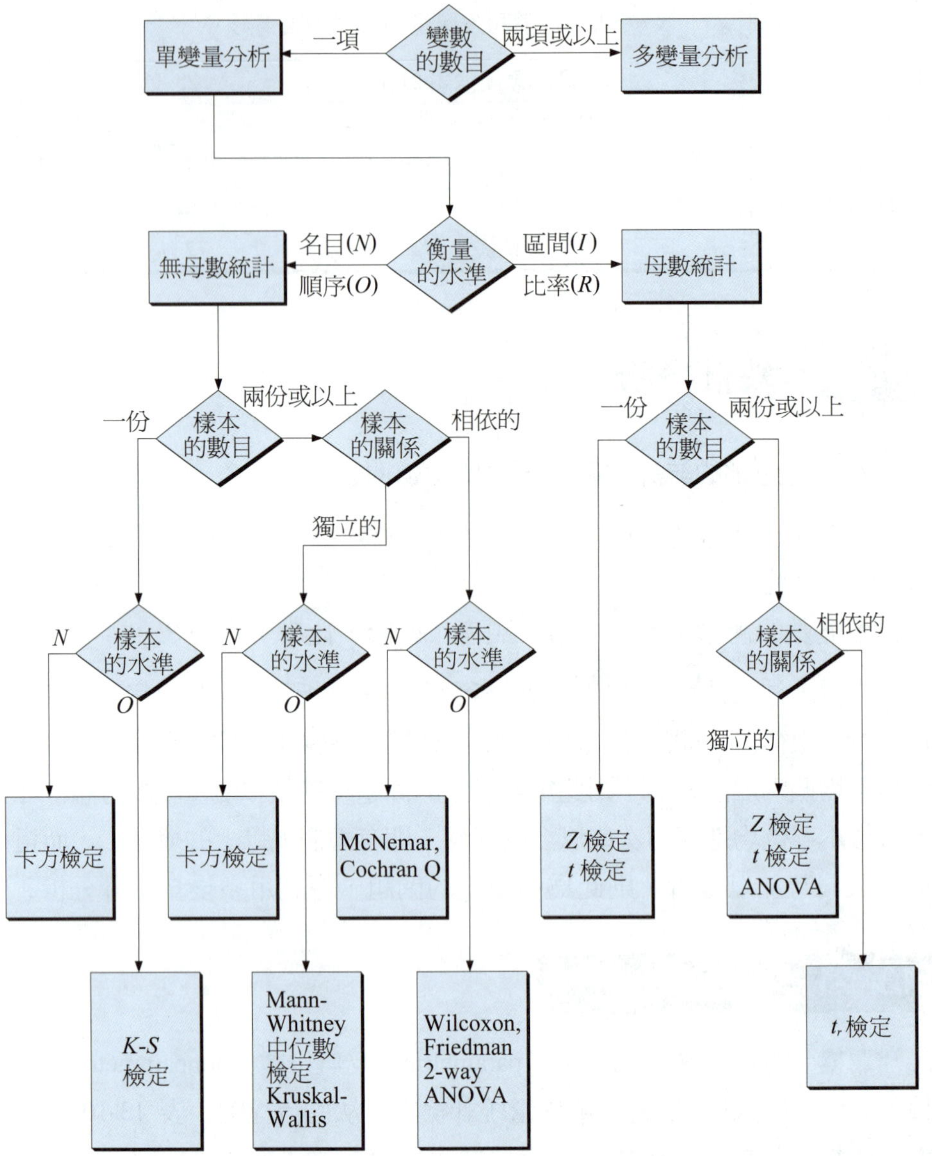

資料來源： Gilbert Churchill, Jr. and Dawn Iacobucci, *Marketing Research, Methodological Foundations,* 8th ed. (Mason, OH: South-Western, 2002), p.650。

圖 13-1　選擇單變量統計檢定方法的流程圖

樣本或相依的樣本。這些樣本間究竟是獨立的或相依的，應視抽樣方法而定。假定要比較目前和五年前臺北市家庭的平均所得，如果在抽選目前的樣本時不考慮到五年前的樣本，亦即目前的樣本是獨立抽樣出來的，則這兩個樣本是獨立的；相反的，如果目前的樣本與五年前的樣本相同，或者是從五年前的樣本中抽選出來的，研究的重點是在了解這些樣本在五年間

表 13-10 單變量統計檢定

資料類型	檢定類型	單一樣本	多樣本（K）	
			獨立的	相依的
名　目	無母數	卡方檢定	卡方檢定	McNemar　($K=2$) Cochran Q　($K>2$)
順　序	無母數	K-S 檢定	Mann-Whitney ($K=2$) 中位數檢定 Kruskal-Wallis one-way ANOVA	Wilcoxon　($K=2$) Friedman 2-way ANOVA　($K>2$)
區間或比　率	母數	Z 檢定 t 檢定	Z 檢定　($K=2$) t 檢定　($K=2$) ANOVA　($K>2$)	t_r 檢定　($K=2$)

資料來源： Gilbert Churchill, Jr., *Marketing Research,* 3rd ed. (Chicago: The Dryden Press, 1983), p.502。

家庭所得的變動情形，則這兩個樣本是相依的。對獨立的樣本，如圖 13-1 所示，可依資料的類型而採用卡方檢定、Mann-Whitney、中位數檢定、Z 檢定、t 檢定或變異數分析（ANOVA）等。對相依的樣本，可視資料的類型而採用 McNemar、Cochran Q、Wilcoxon、雙尾變異數分析或 t_r 檢定等。

13-4-2 多變量分析

對於多變量的問題，應利用多變量統計分析方法加以分析。多變量分析可依資料矩陣是否分為預測變數（predictor）和準則變數（criterion）兩部分，而將之分成相依方法（dependence methods）與互依方法（interdependence methods）兩大類。如資料矩陣分成預測和準則變數兩部分，則屬相依方法；如未分成預測和準則變數兩部分，則屬互依方法（見圖 13-2）。

(一) 相依方法

相依方法，如圖 13-3 所示，可依據 (1) 單一或多個相依／獨立關係、(2) 準則變數的數目、(3) 準則變數的衡量水準和 (4) 預測變數的衡量水準等

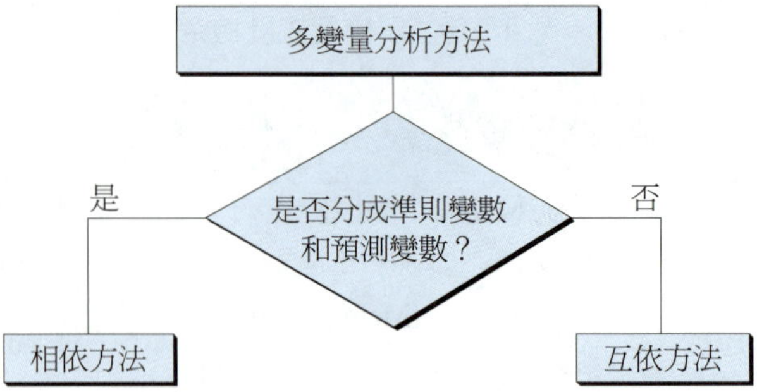

圖 13-2　多變量分析之分類

四項基準，將相依方法劃分如下：

1. 單一關係及單準則變數的相依方法
（計量的準則和預測變數）
複迴歸（multiple regression，又稱多元迴歸）
（計量的準則變數和名目的預測變數）
變異數分析（analysis of variance，ANOVA）
自動互動檢視法（automatic interaction detector，AID）
（計量或順序的準則變數和名目的預測變數）
聯合分析（conjoint analysis）
（名目的準則變數和計量的預測變數）
區別分析（discriminant analysis）

2. 單一關係及複準則變數的相依方法
（計量的準則和預測變數）
典型相關分析（canonical correlation analysis，又稱正準相關分析或規則相關分析）
（計量的準則變數和名目的預測變數）
多變量變異數分析（multivariate analysis of variance，MANOVA）

3. 多個關係的相依方法
結構方程式模式（structural equation modeling，SEM）
表 13-11 列舉各種相依方法的準則變數與預測變數的尺度水準。

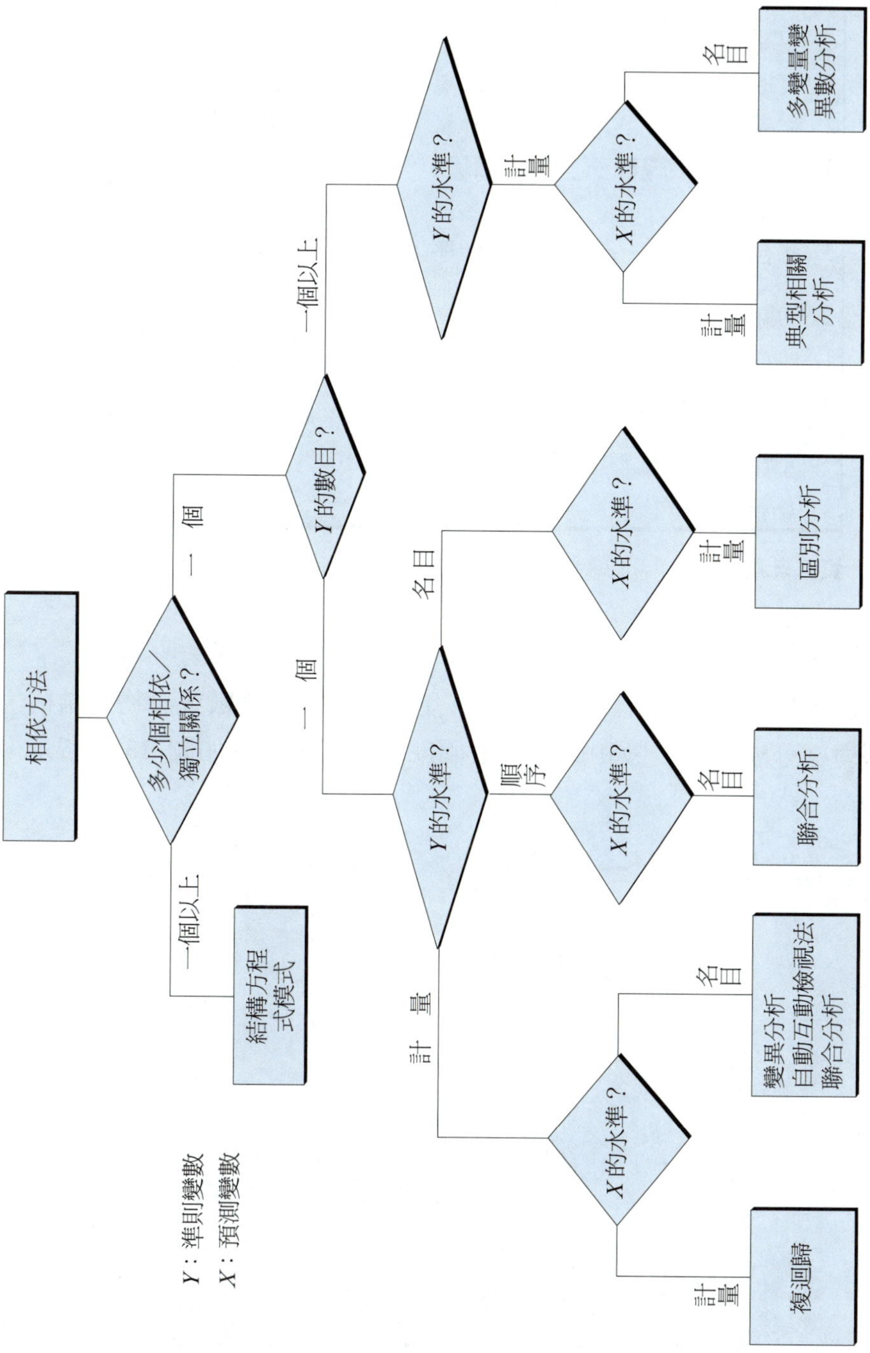

資料來源：黃俊英，多變量分析，第七版（臺北：華泰，2000），頁 10。

圖 13-3　相依方法的分類

表 13-11　各種相依方法的變數衡量水準

方法	準則變數 (*Y*) 的水準	預測變數(*X*) 的水準
單一關係及單準則變數：		
1. 複迴歸	計量	計量
2. 變異數分析	計量	名目
3. 自動互動檢視法	計量	名目
4. 區別分析	名目	計量
5. 聯合分析	順序，計量	名目
單一關係及複準則變數：		
1. 典型相關分析	計量	計量
2. 多變量變異數分析	計量	名目
多個相依／獨立關係：		
結構方程式模式	計量	計量，非計量

資料來源：同圖 13-3，頁 11。

㈡ 互依方法

互依方法係同時分析所有的變數，用以找出所有變數或事物的結構，並未將變數分成相依變數和準則變數兩部分。互依方法如圖 13-4 所示，

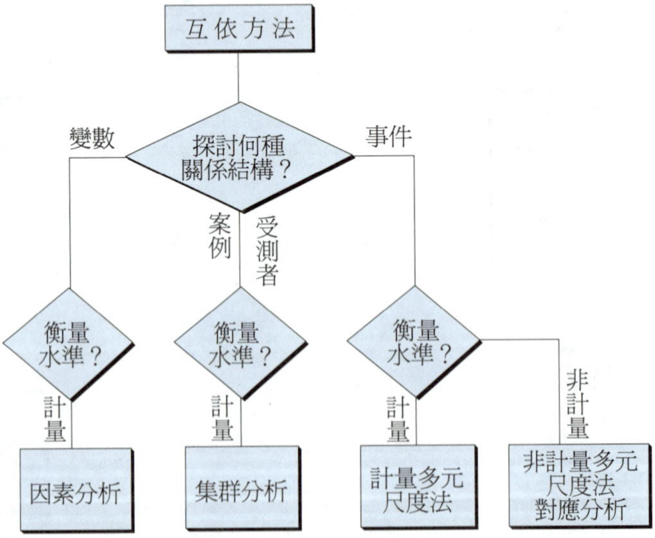

資料來源：同圖 13-3，頁 12。

圖 13-4　互依方法的分類

可依 (1) 探討的目的（變數、案例／受測者、或事物間的關係結構）和 (2) 衡量的水準（計量或非計量）這兩類基準劃分如下：

1. 探討變數間之關係結構的互依方法
   （計量）
   因素分析（factor analysis）
2. 探討案例／受測者間之關係結構的互依方法
   （計量）
   集群分析（cluster analysis）
3. 探討事物間之關係結構的互依方法
   （計量）
   計量多元尺度法（metric multidimensional scaling）
   （非計量）
   非計量多元尺度法（nonmetric multidimensional scaling）
   對應分析（correspondence analysis）

摘　要

資料分析可分為資料的整理、資料的彙總、交叉編表及統計分析等四部分。資料的整理包括初步檢查和編碼，資料的彙總包括資料的分組和簡單編表。

資料經過整理和彙總之後，可先進行交叉編表，以找出預測變數和準則變數之間的關係；然後再利用各種單變量檢定方法及（或）各種多變量分析技術進行統計分析。單變量分析方法包括各種母數及無母數統計檢定方法，多變量分析包括相依方法和互依方法。

資料分析的程序並非一成不變，研究人員可視研究目的和資料性質的不同而有所調整。

附　註

註 1：C. Selltiz, L. Wrightsman, and S. Cook, *Research Methods in Social Relations*, 3rd ed. (New York: Holt, Rinehart and Winston, 1976), p.473。

註 2：Donald Cooper and Pamela Schindler, *Business Research Methods*, 10th ed. (Boston: McGraw-Hill Irwin, 2008), pp.420-421。

註 3：H. Boyd, Jr., R Westfall, and S. Stasch, *Marketing Research: Text and Cases,* 7th ed. (Homewood, IL: Richard Irwin, 1991), p.484。

註 4：取材自 George Kress, *Marketing Research,* 3rd ed. (Englewood Cliffs, NJ: Prentice-Hall, 1988), pp.244-245。

註 5：Dawn Iacobucci and Gilbert Churchill, Jr., *Marketing Research: Methodological Foundations*, 10th ed. (South-Western, 2010), p.399。

第十四章

估計、假設檢定與卡方檢定

14-1 估　計

所謂估計（estimation）是指如何利用樣本的統計值（statistic）來估計母體的母數。本節將簡要介紹估計母體比率（population proportion）和母體平均數（population mean）的方法。

14-1-1 良好統計值的準則

我們可用以下四項準則來評估樣本統計值的品質（註 1）：

1. 無偏（unbiasedness）：樣本平均數之抽樣分配的平均數等於母體本身的平均數。
2. 效率（efficiency）：效率是指統計值之標準誤（standard error，即抽樣分配的標準差）的大小。在樣本大小相等的情況下，標準誤愈小的統計值，其效率愈好。
3. 一致（consistency）：樣本愈大，統計值的數值愈接近母體母數的數值。
4. 足夠（sufficiency）：足夠是指該估計已儘量利用了樣本中的資訊，使其他任何估計都無法再從此樣本中萃取更多有關母數的資訊。

根據上述的四項準則，樣本平均數（$\bar{x}$）是母體平均數（μ）的最佳估計；樣本比率（$\bar{p}$）是母體比率（p）的最佳估計。

14-1-2 區間估計值和信賴區間

區間估計值（interval estimate）是指母體母數可能介於其間的區間值。區間估計值必須和機率（probability）結合在一起才有意義。譬如，一家生產日光燈的公司可能宣稱：該公司有 95% 的信心對於他們所生產的日光燈的平均壽命介於 500 小時 ±30 小時（即 470 小時和 530 小時）之間。此一機率（如上述之95%）稱爲信賴水準（confidence level）。信賴區間（confidence interval）則指估計值的範圍（range），如上述之 470～530 小時即爲一信賴區間。

信賴水準和信賴區間兩者關係密切：信賴水準愈高，信賴區間愈大，亦即估計愈不精確；相反地，信賴區間愈小，雖表示估計值的範圍愈小，但其信賴水準也愈低。

14-1-3 母體平均數的區間估計值

(一) 大樣本，母體標準差為已知

當樣本數夠大（$n>30$）時，$\bar{x}$ 可視爲呈常態分配，如母體標準差（σ）爲已知，則母體平均數（μ）的區間估計值爲：

$$U\text{（上限）}=\bar{x}+Z\sigma_{\bar{x}}$$
$$L\text{（下限）}=\bar{x}-Z\sigma_{\bar{x}}$$

上式中，$$\sigma_{\bar{x}}\text{（}\bar{x}\text{ 的標準誤）}=\frac{\sigma}{\sqrt{n}}$$

譬如，某輪胎公司想估計它所生產之輪胎在正常使用情況下的壽命。經隨機抽選 100 個輪胎加以測試，發現平均壽命爲 30 個月，已知母體標準差爲 8 個月。則在 95% 信賴水準下，其區間估計值爲：

$$\begin{aligned}U&=\bar{x}+Z\sigma_{\bar{x}}=\bar{x}+Z\frac{\sigma}{\sqrt{n}}\\&=30+1.96\ \frac{8}{\sqrt{100}}\\&=30+1.57=31.57\text{（月）}\end{aligned}$$

$$L=30-1.57=28.43\text{（月）}$$

(二) 大樣本，母體標準差為未知

如 σ 爲未知時，則可以樣本的標準差（s）來估計 σ，亦即

$$\hat{\sigma}=s=\sqrt{\frac{\Sigma(x-\bar{x})^2}{n-1}}$$

譬如，某一企業過去五年曾提供獎學金給 700 位中低收入戶的學生。該企業的社會服務部門想估計這些學生的家庭的每月平均所得，經隨機抽選 50 名學生的家庭爲樣本，求得樣本家庭平均每月所得及標準差分別爲：

$$\bar{x}=12{,}500\ \text{元}$$
$$s=950\ \text{元}$$

本例中，母體（$N=700$）爲一有限母體（finite population）。有限母

體之標準誤公式爲：

$$\sigma_{\bar{x}}=\frac{\sigma}{\sqrt{n}}\times\sqrt{\frac{N-n}{N-1}}$$

因 σ 爲未知，故估計之標準誤爲：

$$\begin{aligned}\hat{\sigma}_{\bar{x}}&=\frac{\hat{\sigma}}{\sqrt{n}}\times\sqrt{\frac{N-n}{N-1}}\\&=\frac{\$950}{\sqrt{50}}\times\sqrt{\frac{700-50}{700-1}}\\&=\$134.37\times0.9643\\&=\$129.57\end{aligned}$$

在 90% 信賴水準下，每月平均所得之區間估計值爲：

$$\begin{aligned}U&=\bar{x}+1.64\hat{\sigma}_{\bar{x}}\\&=12{,}500+1.64\ (\$129.57)\\&=12{,}500+\$212.50\\&=12{,}712.50\ (\text{元})\end{aligned}$$

$$\begin{aligned}L&=12{,}500-\$212.50\\&=12{,}287.50\ (\text{元})\end{aligned}$$

㈢ 小樣本，母體標準差為未知

當樣本數小於 30，且 σ 爲未知，須用 t 分配來進行估計。譬如，某公司財務主管想估計應收帳款的平均收款期間有多長，經抽選 10 筆應收帳款，得知，$\bar{x}=20.5$ 天，$s=2.3$ 天，其 95% 的區間估計值爲：

$$\begin{aligned}U&=\bar{x}+t\hat{\sigma}_{\bar{x}}\\&=\bar{x}+t\frac{s}{\sqrt{n}}\\&=20.5+2.262\ \frac{2.3}{\sqrt{10}}\end{aligned}$$

（查 t 值表，在自由度爲 9 時，$t=2.262$）

$$=20.5+1.65=22.15\ (\text{天})$$

$$L=20.5-1.65=18.85\ (\text{天})$$

14-1-4 母體比率的區間估計值

在求母體比率的區間估計值時，可將比率之分配視爲一種二項式分配（binomial distribution）。二項式分配之平均數及標準差的公式如下：

$$\mu = np$$
$$\sigma = \sqrt{npq}$$

其中，

n：樣本數

p：成功的機率

q：失敗的機率（$q = 1 - p$）

當 n 夠大（$np \geq 5$，$nq \geq 5$）時，二項式分配近似一常態分配，可以常態分配來替代二項式分配。

當母體的比率（p）爲已知時，比率的標準誤爲：

$$\sigma_{\bar{p}} = \sqrt{\frac{pq}{n}}$$

當 p 爲未知時，可以樣本的統計值 $\bar{p}$ 和 $\bar{q}$ 分別替代母體的 p 和 q，估計之比率標準誤爲：

$$\hat{\sigma}_{\bar{p}} = \sqrt{\frac{\bar{p}\,\bar{q}}{n}}$$

譬如，某客運公司調查 100 位乘客，發現有 60% 的受訪乘客對其客運服務感到滿意，則在 99% 信賴水準下，滿意之乘客比率的區間估計值爲：（本例中，np 和 nq 均大於 5，可以常態分配做估計。）

$$U = \bar{p} + Z\hat{\sigma}_{\bar{p}} = \bar{p} + Z\sqrt{\frac{\bar{p}\,\bar{q}}{n}}$$
$$= 0.6 + 2.58\sqrt{\frac{(.6)(.4)}{100}}$$
$$= 0.6 + 0.127 = 0.727$$
$$L = 0.6 - 0.127 = 0.473$$

14-2 假設檢定

14-2-1 虛無假設 vs 對立假設

假設檢定是由樣本推論母體的一種主要方法，先給母體的未知母數設定一項假定的數值，稱爲假設（hypothesis），然後根據樣本的結果，應用機率原理來檢定此一假設是否可以接受。對母數設定的假設，稱爲虛無假設（null hypothesis），以 H_0 表之，虛無假設以外的其他可能數值，稱爲對立假設（alternative hypothesis），以 H_1 表之。

虛無假設之接受或推翻（即拒絕接受），主要看假設的母數數值與樣本統計值的差異是否顯著而定，亦即視其差異發生的機率大小而定。若樣本統計值與假設之母數數值間的差異甚小，則此樣本統計值在虛無假設爲真的條件下出現的機率甚大，故可接受虛無假設。反之，若樣本統計值與假設母數數值之間的差異甚大，則此樣本統計值在虛無假設爲真的情況下出現的機率甚小，此時可推翻虛無假設，接受對立假設。究竟差異發生的機率要多小，或是樣本統計值與假設之母數數值間的差異要多大，才可推翻虛無假設呢？此有賴研究人員的判斷，在企業研究中，常採用百分之十、百分之五或百分之一的顯著水準。

14-2-2 型 I 和型 II 錯誤

假設檢定是以樣本資料來推論母體。在進行假設檢定時，有可能發生兩種類型的錯誤，即型 I 錯誤（Type I error）及型 II 錯誤（Type II error）。

如表 14-1 所示，型 I 錯誤是指當虛無假設（H_0）是正確的，但檢定

表 14-1 假設檢定的錯誤類型

研究結論	真實的情境：虛無假設（H_0）是	
	真的	錯的
未拒絕 H_0	正確決策 信賴水準的機率 $= 1 - \alpha$	錯誤：型 II 機率 $= \beta$
拒絕 H_0	錯誤：型 I 顯著水準的機率 $= \alpha$	正確決策 檢定力 (power of test) 的機率 $= 1 - \beta$

資料來源：Dawn Iacobucci and Gilbert Churchill, Jr., *Marketing Research: Methodological Foundations*, 10th ed. (South-Western, 2010), p.405。

結果卻拒絕虛無假設的錯誤，其機率通常用 α 表示；型 II 錯誤是指當虛無假設（H_0）是不正確的，但檢定結果卻未加以拒絕的錯誤，其機率通常用 β 表示。型 I 和型 II 錯誤並不是互補的，亦即 $\alpha+\beta\neq1$。

14-2-3 假設檢定的步驟

如圖 14-1 所示，假設檢定的一般步驟如下：

1. **建立假設**：依據研究問題及研究目的決定虛無假設（H_0）及對立假設（H_1）。假設之型態有三種，即（以檢定母體平均數爲例）：

   (1) $H_0：\mu = x$

   $H_1：\mu \neq x$

   (2) $H_0：\mu \geq x$

   $H_1：\mu < x$

   (3) $H_0：\mu \leq x$

   $H_1：\mu > x$

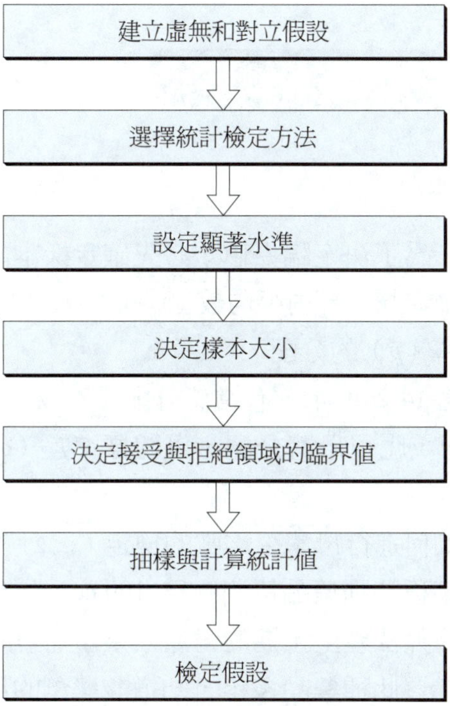

圖 14-1 假設檢定的程序

研究人員應視決策之需要，選擇其中一種假設型態。

2. **選擇統計檢定方法**：接著，要考慮研究設計和樣本的分配型態，選擇合適的統計檢定方法。
3. **設定顯著水準**：顯著水準係指型 I 錯誤（虛無假設為真而推翻虛無假設）的機率，以 α 表之。亦即：

$$\alpha = P\,(\text{拒絕 } H_0|H_0 \text{ 為真})$$

4. **決定樣本大小**：樣本（n）愈大，β 值愈小，亦即型 II 錯誤（虛無假設為假而接受虛無假設）的機率愈小。

$$\beta = P\,(\text{接受 } H_0|H_0 \text{ 為假})$$

5. **決定接受與拒絕領域的臨界值**：依據顯著水準 α 找出一個（單尾檢定）或兩個（雙尾檢定）臨界值，以劃分接受領域與拒絕領域。在雙尾檢定時，須在兩尾各取 $\frac{\alpha}{2}$。
6. **抽樣與計算統計值**：進行抽樣，並計算樣本的統計值。
7. **檢定假設**：如樣本統計值落在接受領域的範圍內，則接受虛無假設；如包含於拒絕領域中，則拒絕接受虛無假設。

14-2-4 平均數和比率的檢定

(一) 母體平均數的檢定

在假設檢定中，為了決定臨界值，必先確定樣本之分配。在檢定母體平均數（μ）時，應確定樣本算術平均數（$\bar{x}$）的分配；在檢定母體比率（p）時，應確定樣本比率（$\bar{p}$）的分配。

$\bar{x}$ 的分配，如表 14-2 所示，有常態分配（Z）和 t 分配這兩種情形。到底是 Z 或 t 分配，應視母體分配、母體標準差（σ）及樣本大小（n）而定。

茲舉一例說明如何進行母體平均數的檢定（註 2）。假設有家醫院使用大量的包裝藥劑，某種特別藥品每劑應為 100 cc，如劑量過多，對身體無害，如劑量不足，將無法產生預期的醫療效果，並會干擾病人的治療。該醫院向同一製藥廠購買此種藥品多年，知道該藥劑的母體標準差為 2 cc。這家醫院檢查從一批大量進貨中隨機抽選出來的 50 劑這種藥品，平均劑

表 14-2　$\bar{x}$ 的可能分配型態

母體分配	母體標準差（σ）	樣本大小*（n）	$\bar{x}$ 的分配
常態	已知	大	Z
常態	已知	小	Z
常態	不知	大	Z
常態	不知	小	t
不知	已知	大	Z
不知	已知	小	—
不知	不知	大	Z
不知	不知	小	—

*一般認爲 $n>30$，即爲大；$n\leq 30$，即爲小。

量爲 97.75 cc。這家醫院想了解在 $\alpha=0.10$ 的顯著水準下，這一批進貨的劑量是否太少？

本例之虛無假設及對立假設如下：

$$H_0：\mu=100$$
$$H_1：\mu<100$$

因樣本數夠大，$\bar{x}$ 呈常態分配。又 σ 爲已知，故 $\bar{x}$ 的標準誤爲：

$$\sigma_{\bar{x}}=\frac{\sigma}{\sqrt{n}}=\frac{2}{\sqrt{50}}=0.2829\ \text{cc}$$

本例爲單尾檢定，在 $\alpha=.10$ 時

$$Z=\frac{\bar{x}-\mu_{H_0}}{\sigma_{\bar{x}}}=\frac{99.75-100}{0.2829}=-0.88$$

因 $Z=-0.88$，大於臨界值 -1.28，故接受 H_0，即在 10% 的顯著水準下，這批進貨的劑量是足夠的。

如 $\bar{x}$ 呈 t 分配，亦可用同樣的程序進行檢定。假設有家公司的人事部門正在進行一項員工電腦技能測驗，人事部門主管認爲員工電腦技能的平均分數爲 80 分（滿分爲 100 分），經隨機抽選 20 位員工的平均測驗分數是 74 分，標準差是 11 分。我們想檢定一下在 $\alpha=.10$ 時，這位人事主管的想法是否正確？

本例的虛無及對立假設爲：

$$H_0：\mu = 80$$
$$H_1：\mu \neq 80$$

因樣本不夠大，且 σ 爲未知，故 $\bar{x}$ 呈 t 分配。$\bar{x}$ 的標準誤爲：

$$\hat{\sigma}_{\bar{x}} = \frac{\hat{\sigma}}{\sqrt{n}} = \frac{s}{\sqrt{n}} = \frac{11}{\sqrt{20}} = 2.46$$

$$t = \frac{\bar{x} - \mu_{H_0}}{\hat{\sigma}_{\bar{x}}} = \frac{74 - 80}{2.46} = -2.44$$

因 $t = -2.44$，落在接受領域之外，故拒絕接受 H_0，即在 10% 信賴水準下，不能接受這位人事主管的想法。

(二) 母體比率的檢定

在檢定母體比率（p）時，如 $np \geq 5$，$nq \geq 5$，則 $\bar{p}$ 成常態分配。譬如，某電視節目的製作人宣稱經常觀賞該節目的觀眾中男女各半。經隨機抽選 400 位經常觀賞該節目的觀眾，其中有 180 位男性。

本例中，$\bar{p}$ 成常態分配，爲雙尾檢定，虛無及對立假設爲：

$$H_0：p = .50$$
$$H_1：p \neq .50$$

$\bar{p}$ 的標準誤爲：

$$\sigma_{\bar{p}} = \sqrt{\frac{p_{H_0} q_{H_0}}{n}} = \sqrt{\frac{(.5)(.5)}{400}} = .025$$

接受領域的上下限爲（設 $\alpha = .10$）：

$$U = p_{H_0} + 1.645\sigma_{\bar{p}}$$
$$= .50 + 1.645(.025) = .541$$

$$L = .50 - (1.645)(.025) = .459$$

因 $\bar{p} = 180/400 = .45$，落在拒絕領域之中，故拒絕 H_0，亦即在 $\alpha = .10$時，拒絕接受該製作人所稱男女各半的說法。

14-2-5 兩個平均數及比率差異之檢定

(一) $\mu_1=\mu_2$ 之檢定

如要檢定兩個母體平均數（μ_1 和 μ_2）的差異，其假設之型態亦有三種，應視決策的目的選擇其中之一種。這三種可能的假設型態是：

1. $H_0：\mu_1=\mu_2$　或　$H_0：D=\mu_1-\mu_2=0$
   $H_1：\mu_1\neq\mu_2$　　$H_1：D\neq 0$
2. $H_0：\mu_1=\mu_2$　或　$H_0：D=0$
   $H_1：\mu_1>\mu_2$　　$H_1：D>0$
3. $H_0：\mu_1=\mu_2$　或　$H_0：D=0$
   $H_1：\mu_1<\mu_2$　　$H_1：D<0$

在進行統計檢定時，我們應先決定 $d(d=\bar{x}_1-\bar{x}_2)$ 的分配。如表 14-3 所示，d 可能為 Z 分配，也可能為 t 分配。

表 14-3　d 的可能分配型態

母體分配	母體標準差 (σ_1、σ_2)	樣本大小 (n_1、n_2)	d 的分配
(1) 兩個常態母體	σ_1、σ_2 已知	大	Z
(2) 兩個常態母體	σ_1、σ_2 已知	小	Z
(3) －	－	大	Z
(4) 兩個常態母體	$\sigma_1=\sigma_2$	小	t

茲舉一例說明 d 呈常態分配時如何檢定兩個母體平均數的差異。假定某家大公司的人事主管想了解兩種訓練方法的成效是否相同，經分別從接受不同訓練方法的員工中隨機抽選 100 名，給予相同的測驗，兩組的測驗成績平均數及標準差如下：

訓練方法	n	$\bar{x}$	s
1	100	980	120
2	100	960	40

本例為雙尾檢定，虛無及對立假設為：

$$H_0：\mu_1=\mu_2$$
$$H_1：\mu_1=\mu_2$$

$\bar{x}_1-\bar{x}_2$ 的估計標準誤爲：

$$\hat{\sigma}_{\bar{x}_1-\bar{x}_2}=\sqrt{\frac{\hat{\sigma}_1{}^2}{n_1}+\frac{\hat{\sigma}_2{}^2}{n_2}}=\sqrt{\frac{s_1{}^2}{n_1}+\frac{s_2{}^2}{n_2}}$$
$$=\sqrt{\frac{120^2}{100}+\frac{40^2}{100}}=\sqrt{144+16}$$
$$=\sqrt{160}=12.65$$

因 n_1 和 n_2 都夠大，故 d 呈 Z 分配。接受領域的上下限爲（設 $\alpha=.05$）：

$$U=0+Z\,\hat{\sigma}_{\bar{x}_1-\bar{x}_2}=0+1.96(12.65)=24.794$$
$$L=0-1.96(12.65)=-24.794$$
$$\mathrm{d}\ =\bar{x}_1-\bar{x}_2=980-960=20$$

因 d 介於 -24.794 與 24.794 之間，故接受 H_0。

如樣本數不夠大，而 $\sigma_1=\sigma_2$，則 d 呈 t 分配。此時亦可利用同樣的程序來檢定，唯因我們假定 $\sigma_1{}^2=\sigma_2{}^2$，不宜用 $s_1{}^2$ 或 $s_2{}^2$ 來估計共同的變異數 σ^2，而應以 $s_1{}^2$ 和 $s_2{}^2$ 的加權平均數（以各樣本的自由度爲權重）來估計，此一加權平均數稱爲 σ^2 的聯合估計值（pooled estimate），用 $s_p{}^2$ 表示，其公式爲：

$$s_p{}^2=\frac{(n_1-1)\,s_1{}^2+(n_2-1)\,s_2{}^2}{n_1+n_2-2}$$

此時，估計的標準誤爲：

$$\hat{\sigma}_{\bar{x}_1-\bar{x}_2}=s_p\sqrt{\frac{1}{n_1}+\frac{1}{n_2}}$$

茲舉一例說明在小樣本時如何檢定 μ_1 與 μ_2 的差異（註 3）。某公司正在調查一種新的（正式的課堂教學）敏感性教育計畫是否比原有的（非正式的）敏感性教育計畫更能增進經理人的敏感性。經從分別接受過這兩種教育計畫中的經理人員中抽選部分經理作爲樣本，這兩個樣本的資料如下：

教育計畫	平均敏感性 $\bar{x}$	樣本數 n	估計標準差 s
1 正式的	92%	12	15%
2 非正式的	84%	15	19%

本例爲單尾檢定，虛無及對立假設爲：

$$H_0：\mu_1=\mu_2$$
$$H_1：\mu_1>\mu_2$$

d 呈 t 分配，自由度爲 $12+15-2=25$。

先計算 σ^2 的聯合估計值：

$$\begin{aligned} s_p{}^2 &= \frac{(n_1-1)s_1{}^2+(n_2-1)s_2{}^2}{n_1+n_2-2} \\ &= \frac{(12-1)(15)^2+(15-1)(19)^2}{12+15-2} \\ &= 301.160 \end{aligned}$$

$$s_p=\sqrt{301.160}=17.354$$

估計的標準誤爲：

$$\begin{aligned} \hat{\sigma}_{\bar{x}_1-\bar{x}_2} &= s_p\sqrt{\frac{1}{n_1}+\frac{1}{n_2}}=17.354\sqrt{\frac{1}{12}+\frac{1}{15}} \\ &= 17.354(.387)=6.721 \end{aligned}$$

設 $\alpha=.05$

$$t=\frac{(\bar{x}_1-\bar{x}_2)-(\mu_1-\mu_2)}{\hat{\sigma}_{\bar{x}_1-\bar{x}_2}}=\frac{(92-84)-0}{6.721}=1.19$$

因 $t=1.19$，落在接受領域（小於 1.708）內，故接受 H_0。

㈡ 配對比較（paired comparisons）

如果把樣本單位成對搭配，使同一配對中兩個樣本單位間回應的差異較不同配對的兩個樣本單位間的回應的差異爲小，然後用隨機方法把兩個實驗變數分別讓各配對的兩個單位去接受，將可提高實驗的效率。這種配對的實驗就是隨機完全區集設計（randomized complete block design）的一種最簡單的設計。

這種方法可用符號說明如下：

實驗變數＼配對	1	2	3	4	……	n
1	X_{11}	X_{12}	X_{13}	X_{14}	……	X_{1n}
2	X_{21}	X_{22}	X_{23}	X_{24}	……	X_{2n}
差異	d_1	d_2	d_3	d_4	……	d_n

茲舉一例說明配對比較之檢定方法（註 4）。假定某一健身中心的廣告宣稱其減重計畫可使參加者至少減輕體重 17 磅。經隨機抽選十位參加者，參加前後的體重如表 14-4 所示。

表 14-4　參加減重計畫前後的體重

參加前	參加後	減輕之體重（d）	d^2
189	170	19	361
202	179	23	529
220	203	17	289
207	192	15	225
194	172	22	484
177	161	16	256
193	174	19	361
202	187	15	225
208	186	22	484
233	204	29	841
		$\Sigma d=$ 197	$\Sigma d^2=$ 4,055

此為一配對比較之單尾檢定，其虛無與對立假設為：

$$H_0：\mu_1-\mu_2=17$$
$$H_1：\mu_1-\mu_2>17$$

因為我們真正感到興趣的並不是參加前和參加後的體重，而是前後體重的**差異**，故在觀念上可視為只有**減輕之體重**這一份樣本，而不是**參加前之體重**和**參加後之體重**這兩份樣本，因此可將假設簡化為：

$$H_0：\mu_d = 17$$
$$H_1：\mu_d > 17$$

並用 t 檢定（自由度 $= n-1 = 10-1 = 9$）進行單一樣本之檢定。

先計算樣本的標準差，作爲母體標準差的估計值：

$$\hat{\sigma} = s = \sqrt{\frac{\Sigma d^2}{n-1} - \frac{n\bar{d}^2}{n-1}} = \sqrt{\frac{4{,}055}{10-1} - \frac{10(19.7)^2}{10-1}} = 4.40$$

$\bar{d}$ 的標準誤爲：

$$\hat{\sigma}_{\bar{d}} = \frac{\hat{\sigma}}{\sqrt{n}} = \frac{4.40}{\sqrt{10}} = 1.39$$

設 $\alpha = 0.05$：

$$t = \frac{\bar{d} - \mu_d}{\hat{\sigma}_{\bar{d}}} = \frac{19.7 - 17}{1.39} = 1.94$$

因 $t = 1.94$ 大於臨界值 1.833，落在拒絕領域的範圍，故拒絕 H_0，接受 H_1，亦即在 5% 的顯著水準下，該健身中心廣告上的說詞是可以接受的。

本例如當作兩份樣本來檢定（即視爲兩份獨立樣本），可能獲致不同的、也是錯誤的結論。如當作兩份樣本（參加前和參加後），其樣本平均數和變異數如下：

樣本	n	$\bar{x}$	s^2
1. 參加前	10	202.5	253.61
2. 參加後	10	182.8	201.96

$$s_p^2 = \frac{(n_1-1)s_1^2 + (n_2-1)s_2^2}{n_1+n_2-2}$$

$$= \frac{(10-1)(253.61) + (10-1)(201.96)}{10+10-2}$$

$$= 227.79$$

（此爲共同母體變異數的估計值）

標準誤的估計值爲：

$$\hat{\sigma}_{\bar{x}_1-\bar{x}_2}=s_p\sqrt{\frac{1}{n_1}+\frac{1}{n_2}}=\sqrt{227.79}\sqrt{\frac{1}{10}+\frac{1}{10}}$$
$$=6.79$$

接受領域的上限為：

$$U=\mu_{H_0}+t\,\hat{\sigma}_{\bar{x}_1-\bar{x}_2}$$
$$=17+1.734(6.79)$$
$$=28.77 \text{ 磅}$$

因 $\bar{x}_1-\bar{x}_2=202.5-182.8=19.7$ 磅，落於接受領域之內，故接受 H_0。此一結論與前者（將兩份樣本視為相依樣本）之檢定結果正好相反。在本例中，應採信前者之檢定結果。

㈢ $p_1=p_2$ 之檢定

在檢定兩個母體比率（p_1 和 p_2）是否有差異時，要先看樣本數 n_1 和 n_2 是否夠大。如果夠大，則兩個樣本比率（$\bar{p}_1$ 和 $\bar{p}_2$）之差異（$d=\bar{p}_1-\bar{p}_2$）接近常態分配，可用 Z 分配來檢定母體比率之差異。

譬如，某公司的行銷部門想了解一項大規模廣告活動是否顯著地提高了顧客對其品牌的偏好率。在推出廣告活動前隨機抽選 200 名顧客加以調查，發覺有 10% 的受訪顧客偏好該公司品牌，在廣告活動結束後，再抽選 300 名顧客，發覺有 15% 偏好其品牌。

本例為一單尾檢定，其虛無及對立假設為：

$$H_0：p_1=p_2$$
$$H_1：p_1<p_2$$

抽樣結果之資料如下：

$$n_1=200，\bar{p}_1=.10，\bar{q}_1=.90$$
$$n_2=300，\bar{p}_2=.15，\bar{q}_2=.85$$

我們假設 $p_1=p_2$，因此全體母體比率最好以兩份樣本的聯合比率來加以估計，亦即

$$\hat{p}=\frac{n_1\bar{p}_1+n_2\bar{p}_2}{n_1+n_2}=\frac{200\times.10+300\times.15}{200+300}$$

$$=.13$$

$$\hat{q}=1-\hat{p}=.87$$

$d(d=\bar{p}_1-\bar{p}_2)$ 的估計標準誤為：

$$\hat{\sigma}_d=\sqrt{\hat{p}\hat{q}(\frac{1}{n_1}+\frac{1}{n_2})}=\sqrt{(.13)(.87)(\frac{1}{200}+\frac{1}{300})}$$

$$=.031$$

在 $\alpha=.10$ 時，接受領域的下限為：

$$L=0-Z\hat{\sigma}_d$$
$$=0-1.28(.031)$$
$$=-.039$$

因 $d=\bar{p}_1-\bar{p}_2=.10-.15=-.05$，落於拒絕領域內，故拒絕 H_0，接受 H_1，亦即在 .10 的顯著水準下，廣告活動似有助於提高顧客對該公司品牌的偏好率。

14-3 卡方檢定

卡方檢定（χ^2 test）可作為一種檢定獨立性的方法，也可作為一種檢定適合度（goodness of fit）的方法。

卡方檢定所用的統計值為：

$$\chi^2=\Sigma\frac{(f_0-f_e)^2}{f_e}$$

式中 f_0 代表觀察或實際次數，f_e 代表理論或預期次數。由上式可知卡方檢定所要檢定者為實際次數與預期次數之間的差異是否顯著。

若 $\chi^2\leq\chi^2_\alpha$，即差異不顯著（χ^2_α 為 χ^2 表上的卡方值）

若 $\chi^2>\chi^2_\alpha$，表示差異顯著

14-3-1 獨立性檢定

卡方檢定可用來檢定兩個變數之間是否彼此獨立，或具有某種程度的相依性。假定某製造廠商有三家工廠（1、2、3），該廠商生產部門主管想了解產品缺陷的類型（A、B、C、D）與不同工廠之間是否彼此獨立或相依——亦即不同類型產品缺陷的比率是否隨工廠之不同而不同？經記錄 157 項產品缺陷，分別依缺陷類型別及工廠別加以分類，如表 14-5 所列。

表 14-5　產品缺陷類型與工廠之列聯表

工廠	產品缺陷類型				
	A	B	C	D	合計
1	13	18	13	10	54
2	19	21	10	12	62
3	12	13	10	6	41
合計	44	52	33	28	157

本例之虛無及對立假設為：

H_0：產品缺陷類型與工廠別是獨立的

H_1：產品缺陷類型依工廠別而有差異

首先計算預期次數，其公式如下：

$$f_e = \frac{RT \times CT}{n}$$

其中，

RT：列和（row total）

CT：行和（column total）

n：觀察總次數

工廠 1、缺陷類型 A 之預期次數為：

$$f_e = \frac{RT \times CT}{n} = \frac{54 \times 44}{157} = 15.13$$

利用同一公式，可求各組合之預期次數，如表 14-6 所示。

表 14-6 產品缺陷類型與工廠之預期次數

工廠	產品缺陷類型				
	A	B	C	D	合計
1	15.13	17.88	11.35	9.63	54
2	17.38	20.54	13.03	11.06	62
3	11.50	13.57	8.62	7.30	41
合計	44	52	33	28	157

利用 χ^2 的公式可求 χ^2 值如下：

$$\chi^2=\frac{(13-15.13)^2}{15.13}+\frac{(19-17.38)^2}{17.38}+\cdots\cdots+\frac{6-7.30}{7.30}=2.17$$

查卡方分配表，在

$$\begin{aligned}\text{自由度}&=(r-1)(c-1)\\&=(\text{列數}-1)(\text{行數}-1)\\&=(3-1)(4-1)=6，\end{aligned}$$

$\alpha=0.05$ 時，$\chi^2_{.05}=12.6$

因 $\chi^2=2.17<12.6=\chi^2_{.05}$

接受 H_0，亦即缺陷類型的比率並不因工廠別而有不同。

卡方檢定的運用通常要受到下列兩項經驗法則的限制：

1. 每一細格（cell）的預期次數不應少於 5，必要時可將相鄰的細格合併，以使預期次數大於或等於 5。
2. 總觀察次數不應該太少，通常不宜少於 50。

14-3-2 適合度檢定

卡方檢定可用來檢定樣本的次數分配（即觀察的次數分配）與某種理論次數分配（如常態分配、二項分配、Poisson分配等）是否相同，亦可用來檢定兩份或以上之獨立樣本的次數分配是否相同。

茲舉一例說明卡方檢定如何應用於比較兩份樣本之次數分配。假設十年前的一項大規模抽樣調查結果顯示：嬰兒奶粉的消費型態如下：20% 爲重消費者，40% 爲中度消費者，30% 爲輕消費者，10% 爲非飲用者。爲了解十年來嬰兒奶粉的消費型態是否有顯著改變，乃隨機抽選 600 位嬰兒的父母加以調查，其結果如表 14-7 之左欄所列。

表 14-7　嬰兒奶粉的消費型態

消費型態	嬰兒人數 最近的調查	十年前的調查 （按比例減至 600）
重消費者	150	120 [600×20%]
中度消費者	290	240 [600×40%]
輕消費者	140	180 [600×30%]
非飲用者	20	60 [600×10%]
合計	600	600

如十年來消費型態未改變，則**預期**次數分配應如表 14-7 之右欄所示，可計算 χ^2 值如下：

$$\chi^2=\frac{(150-120)^2}{120}+\frac{(290-240)^2}{240}+\frac{(140-180)^2}{180}+\frac{(20-60)^2}{60}$$
$$=53.48$$

因 $\chi^2=53.48$ 大於卡方表之 χ^2（$d.f.=3$，$\alpha=0.01$）$=11.34$，故拒絕接受虛假設，亦即十年來嬰兒奶粉之消費型態已有顯著改變。

摘　要

本章介紹估計、假設檢定與卡方檢定的方法。在估計方面，分別說明如何求得母體平均數及母體比率的區間估計值。在假設檢定方面，分別說明假設檢定的兩種錯誤類型、假設檢定的步驟、平均數和比率的檢定以及兩個平均數和比率差異之檢定。在卡方檢定方面，分別介紹獨立性及適合度的檢定。

附　註

註 1：Richard Levin and David Rubin, *Statistics for Management,* 7th ed. (Upper Saddle River, NJ: Prentice-Hall, 1998), p.348。

註 2：同註 1，pp.419-421。

註 3：同註 1，pp.462-465。

註 4：同註 1，pp.468-472。

第十五章

變異數分析與無母數統計

15-1 變異數分析

Z 檢定和 t 檢定適用於檢定一個母體的平均數或比率和比較二個母體的平均數或比率。當實驗變數（treatment）只有兩個時，如新策略與舊策略、或男與女等，可應用上述之假設檢定方法來檢定這兩個實驗變數之效果的差異是否顯著。但如實驗變數超過兩個時，雖然也可利用上述的假設檢定方法分次（分成 ${}_mC_2$ 次，m 為實驗變數的數目）檢定，但手續較繁雜，一種較簡便的方法是利用變異數分析。變異數分析（analysis of variance，簡稱 ANOVA）的作用在分析各種變異的來源，並進而加以比較，以了解不同的實驗變數所造成的結果是否有顯著的差異。

在第八章中曾介紹了完全隨機設計、隨機區集設計、拉丁方格設計及因子設計等四種統計的實驗設計，本節將分別說明這四種實驗設計的變異數分析。

15-1-1 完全隨機設計

在進行變異數分析時，須先確定或假定：(1) 所有的樣本都是隨機抽選而得，而且彼此獨立；(2) 各母體呈常態分配；(3) 各母體的變異數 σ^2 都相等。其分析步驟如下：

1. 建立假設

$$H_0：\mu_1 = \mu_2 = \cdots\cdots = \mu_m$$

H_1：至少有一個 μ 與其他 μ 不相等

2. 計算樣本的離均差平方和（sum of squares）

組內變異（誤差）：

$$SSE = \Sigma\Sigma(X_{ij} - \overline{X}_j)^2$$

組間變異（實驗變數）：

$$SST = \Sigma n_j(\overline{X}_j - \overline{\overline{X}})^2$$

$\overline{X}_j$：第 j 組的平均數

$\overline{\overline{X}}$：總平均數

總變異：

$$TSS = SSE + SST = \Sigma\Sigma(X_{ij} - \overline{\overline{X}})^2$$

3. 求不偏變異數（mean square），亦即以自由度除組內變異及組間變異的離均差平方和。

組內變異：

$$MSE = \frac{SSE}{n-m} \qquad (n \text{ 為樣本總數，} m \text{ 為組數})$$

組間變異：

$$MST = \frac{SST}{m-1}$$

4. 求 F 值，應用 F 分配表以檢定組間變異是否顯著

$$F = \frac{MST}{MSE}$$

如 $F \leq F_\alpha$，即組間變異不顯著（在 α 水準下），接受 H_0

$F > F_\alpha$，即組間變異顯著，拒絕 H_0

茲舉一完全隨機設計之例子說明變異數分析之運用。某製造廠商爲測定其三條生產線之平均生產力是否相同，乃從上半年甲生產線各天的生產量中隨機抽選五天的生產量，從乙生產線抽選六天的生產量，從丙生產線抽選四天的生產量，所獲資料如表 15-1 所列。

表 15-1　三條生產線的生產量

（單位：千盒）

	甲	乙	丙	
	14	10	6	
	13	8	9	
	10	5	8	
	17	12	13	
	16	14		
		11		
$\bar{X}$（平均數）	14	10	9	$(\bar{\bar{X}} = 11.07)$
S^2（變異數）	7.5	10	8.67	

H_0：$\mu_1 = \mu_2 = \mu_3$（三條生產線的平均生產量均相同）

H_1：至少有一條生產線的平均生產量與其他生產線不同

$$SST = [5(14-11.07)^2 + 6(10-11.07)^2 + 4(9-11.07)^2] = 66.93$$

$$SSE = [(14-14)^2 + \cdots\cdots + (16-14)^2] + [(10-10)^2 + (8-10)^2 + \cdots\cdots + (11-10)^2] + [(6-9)^2 + \cdots\cdots + (13-9)^2]$$
$$= 106$$

利用變異數分析，求得 $F = 3.79$（見表 15-2）。

查 F 值表，得 $F_\alpha = 6.93$（$\alpha = .01$，自由度＝2, 12）。

$F = 3.79 < F_\alpha$，即在 0.01 的顯著水準下，接受 H_0，換言之，並無足夠證據足以推翻這三條生產線的平均生產量相同的假設。

表 15-2　變異數分析

變異來源	*SS*	自由度	*MS*	*F*
組間（實驗變數）	66.93	2	MST ＝ 33.47	3.79
組內（誤差）	106.00	12	MSE ＝ 8.83	
總變異	172.93	14		

15-1-2　隨機區集設計

隨機區集設計係先依據某一外在因素將實驗單位分成若干區集（block），然後再衡量**實驗變數**的效果，其總離均差平方和（*TSS*）可分割成區集離均差平方和（*SSB*）、實驗變數離均差平方和（*SST*）和誤差平方和（*SSE*）等三部分。

$$TSS = SSB + SST + SSE$$
$$= \Sigma\Sigma(X_{ij} - \bar{\bar{X}})^2$$

$$SSB = k \sum_{i=1}^{b} (\bar{B}_i - \bar{\bar{X}})^2$$

$$SST = b \sum_{j=1}^{k} (\bar{T}_j - \bar{\bar{X}})^2$$

$$SSE = TSS - SSB - SST$$

上式中，

$\bar{\bar{X}}$：總平均數

$\bar{B}_i$：第 i 個區集中觀察值之平均數

$\bar{T}_j$：第 j 個實驗變數中觀察值之平均數

k：實驗變數的數目

b：區集的數目

求 F 值之公式如下：

$$F_{(T)}=\frac{MST}{MSE}=\frac{SST/(k-1)}{SSE/(b-1)(k-1)}$$

$$F_{(B)}=\frac{MSB}{MSE}=\frac{SSB/(b-1)}{SSE/(b-1)(k-1)}$$

如 $F_{(T)}>F_{\alpha}$，即拒絕 H_0，表示實驗變數的組間平均數有顯著差異。

如 $F_{(B)}>F_{\alpha}$，表示區集的組間平均數有顯著差異。

茲舉一例說明隨機區集設計之變異數分析。假定某食品公司為其產品發展出四種不同的包裝設計，為了測定哪一種包裝最受消費者歡迎，乃在臺北市進行一項實驗。為考慮到不同類型的商店可能有不同的反應，因此選擇五種不同類型的商店各四家，每家只銷售一種包裝的食品，試銷一星期後，各類商店的銷售量（以箱為單位）如表 15-3 所列。本例中，各類型商店自成一個區集。為了應用隨機區集設計，應隨機抽選各區集中的實驗單位（商店）去接受這四種實驗變數（包裝設計）中的一種。

表 15-3　各類型商店中不同包裝設計的銷售量

商店類型	包裝設計				區集
（區集）	1	2	3	4	平均數
超級市場	12	20	13	11	$\bar{B}_1=14$
雜貨店	2	14	7	5	$\bar{B}_2=7$
麵包店	8	17	13	10	$\bar{B}_3=12$
冷飲店	1	12	8	3	$\bar{B}_4=6$
其他食品店	7	17	14	6	$\bar{B}_5=11$
實驗變數平均數	$\bar{T}_1=6$	$\bar{T}_2=16$	$\bar{T}_3=11$	$\bar{T}_4=7$	$\bar{X}=10$

$$TSS=(12-10)^2+(2-10)^2+(8-10)^2+\cdots\cdots+(6-10)^2=518$$

$$SSB=4\ [(14-10)^2+(7-10)^2+\cdots\cdots+(11-10)^2]=184$$

$$SST=5\ [(6-10)^2+(16-10)^2+\cdots\cdots+(7-10)^2]=310$$

$$SSE=518-184-310=24$$

從表 15-4 之變異數分析表，可求得

$F_{(T)}=51.7>F_{\alpha}=3.49$（$\alpha=.05$，自由度＝3, 12）

$F_{(B)}=23.0>F_{\alpha}=3.26$（$\alpha=.05$，自由度＝4, 12）

亦即不同包裝設計的銷售量具有顯著差異，商店類型對銷售量也有顯著的影響。

表 15-4　變異數分析表（隨機區集設計）

來　源	*SS*	自由度	*MS*	*F*
實驗變數	310	3	103.3	51.7
區集	184	4	46	23
誤差	24	12	2	
合計	518	19		

15-1-3　拉丁方格設計

如果有兩個外在因素可能對實驗的結果造成重大影響而須加以控制時，宜採用拉丁方格設計。實驗變數的水準數目必須和外在因素的類別數目相等，這是拉丁方格設計的一項要件。

假設某一超級市場連鎖公司想測定三項店內推廣計畫對其自有可樂品牌銷售量的效果，這三項推廣計畫如下（註 1）：

A：不做推廣
B：免費試飲
C：特殊展示

該公司認為實驗的時間不同，因氣候改變可能會影響實驗結果；同時商店大小也可能會影響結果。由於有兩個潛在的外在影響因素，故可採用拉丁方格設計。由於實驗變數有 A、B、C 三種水準，故實驗的時間和商店規模亦均分成 1、2、3 三種類別。其拉丁方格設計實驗結果如表 15-5 所列。

表 15-5　拉丁方格設計之實驗結果

時間	實驗設計			銷售量		
	商店規模			商店規模		
	1	2	3	1	2	3
1	B	C	A	69	63	72
2	C	A	B	63	63	72
3	A	B	C	48	66	51

先計算平均銷售量如下：

實驗時間（列）：

1 $\bar{X}_{1..}=\sum_{j,k=1}^{3}X_{ijk}/3=(69+63+72)/3=68$

2 $\bar{X}_{2..}=66$

3 $\bar{X}_{3..}=55$

商店規模（行）：

1 $\bar{X}_{.1.}=\sum_{i,k=1}^{3}X_{ijk}/3=(69+63+48)/3=60$

2 $\bar{X}_{.2.}=64$

3 $\bar{X}_{.3.}=65$

實驗變數：

A $\bar{X}_{..1}=\sum_{i,j=1}^{3}X_{ijk}/3=(48+63+72)/3=61$

B $\bar{X}_{..2}=69$

C $\bar{X}_{..3}=59$

總平均銷售量：

$$\begin{aligned}\bar{\bar{X}}&=\sum_{i,j,k=1}^{3}K_{ijk}/9\\&=(69+63+\cdots\cdots+51)/9\\&=63\end{aligned}$$

在求得各實驗時間、各商店規模、各實驗變數以及總平均銷售量之後，可計算離均差平方和如下：

總離均差平方和：

$$\begin{aligned}TSS&=\sum_{i=1}^{r}\sum_{j=1}^{r}(X_{ijk}-\bar{\bar{X}})^2\\&=(69-63)^2+(63-63)^2+\cdots\cdots+(51-63)^2\\&=576\end{aligned}$$

實驗時間離均差平方和：

$$\begin{aligned}SSR&=r\sum_{i=1}^{r}(\bar{X}_{i..}-\bar{\bar{X}})^2\\&=3[(68-63)^2+(66-63)^2+(55-63)^2]\\&=294\end{aligned}$$

商店規模離均差平方和：

$$SSC = r\sum_{j=1}^{r}(\overline{X}_{.j.} - \overline{\overline{X}})^2$$
$$= 3[(60-63)^2 + (64-63)^2 + (65-63)^2]$$
$$= 42$$

實驗變數離均差平方和：

$$SST = r\sum_{k=1}^{r}(\overline{X}_{..k} - \overline{\overline{X}})^2$$
$$= 3(61-63)^2 + (69-63)^2 + (59-63)^2$$
$$= 168$$

誤差平方和：

$$SSE = TSS - SSR - SSC - SST$$
$$= 576 - 294 - 42 - 168$$
$$= 72$$

從表 15-6 之拉丁方格設計變異數分析中，得知

F（實驗變數）＝2.333
F（實驗時間）＝4.083
F（商店規模）＝0.583

均未達 0.05 的顯著水準（$F_{\alpha=.05 \quad df=2.2} = 19.0$），亦即接受各種推廣計畫下的銷售量均相等的假設；換言之，實驗結果未能顯示不同的店內推廣計畫會顯著地影響銷售量。同時，實驗時間及商店規模對銷售量似亦無顯著影響。

表 15-6　變異數分析表（拉丁方格設計）

變異來源	SS	自由度	MS	F
實驗時間	294	$r-1=2$	147	4.083
商店規模	42	$r-1=2$	21	0.583
實驗變數	168	$r-1=2$	84	2.333
誤差	72	$(r-1)(r-2)=2$	36	
合計	576	$r^2-1=8$		

15-1-4 因子設計

上述之完全隨機設計、隨機區集設計及拉丁方格設計均只處理涉及一個實驗變數的情況，因子設計則可同時處理涉及兩個或以上的實驗變數的情況，而且還可處理變數間的互動效果。

假設某公司想衡量兩種顧客接觸方法（即電話拜訪以及業務代表登門拜訪）對銷售量的效果（註 2）。電話拜訪（A）依打電話的頻率分爲兩種方式或水準（A_1 與 A_2），人員拜訪（B）依拜訪的次數分爲三種方式或水準（B_1、B_2 與 B_3），故可獲得 2×3 的因子設計如下：

電話拜訪	人員拜訪		
	B_1	B_2	B_3
A_1	A_1B_1	A_1B_2	A_1B_3
A_2	A_2B_1	A_2B_2	A_2B_3

該公司隨機抽選 30 位業務代表參與此項實驗。將這 30 位代表隨機分成六個實驗組，每組五人，並將 A、B 組成的六種組合中之每一種隨機指派給各實驗組。各組之銷售量如表 15-7 所列。

設 a 為變數 A 的水準數，本例中 $a=2$

b 為變數 B 的水準數，本例中 $b=3$

n 為各實驗組中觀察值的數目，本例中 $n=5$

根據表 15-7 中的各項數字，可求得離均差平方和如下：

總離均差平方和：

$$TSS=\sum_{i=1}^{a}\sum_{j=1}^{b}\sum_{k=1}^{n}(X_{ijk}-\overline{\overline{X}})^2$$

$$=(42-41.1)^2+(40-41.1)^2+\cdots\cdots+(35-41.1)^2$$

$$=1{,}333.5$$

A（電話拜訪）的離均差平方和：

$$SSA=bn\sum_{i=1}^{a}(\overline{X}_{i..}-\overline{\overline{X}})^2$$

$$=3(5)[(46.1-41.1)^2+(36.2-41.1)^2]$$

$$=735.1$$

表 15-7　各種電話及人員拜訪方法的銷售量

電話拜訪	人員拜訪			合計	平均數	
	B_1	B_2	B_3			
	42	51	43			
	40	52	44			
A_1	52	50	54	691	46.1	
	46	49	44			
	40	44	40			
	36	35	36			
	38	47	42			
A_2	32	38	36	543	36.2	
	29	35	30			
	38	36	35			
合計	393	437	404			
平均數	39.3	43.7	40.4		41.1	
各實驗組	A_1B_1	A_1B_2	A_1B_3	A_2B_1	A_2B_2	A_2B_3
合計	200	246	225	173	191	179
平均數	44.0	49.2	45.0	34.6	38.2	35.8

B（人員拜訪）的離均差平方和：

$$SSB = an\sum_{j=1}^{b}(\overline{X}_{.j.} - \overline{\overline{X}})^2$$

$$= 2(5)[(39.3-41.1)^2 + (43.7-41.1)^2 + (40.4-41.1)^2]$$

$$= 104.8$$

實驗變數的離均差平方和：

$$SST = n\sum_{i=1}^{a}\sum_{j=1}^{b}(\overline{X}_{ij} - \overline{\overline{X}})^2$$

$$= 5[(44.0-41.1)^2 + (49.2-41.1)^2 + \cdots\cdots + (35.8-41.1)^2]$$

$$= 839.9$$

A×B 互動的離均差平方和：

$$SSAB = SST - SSA - SSB$$

$$= 839.9 - 735.1 - 104.8$$

$$= 0.0$$

誤差的離均差平方和：

$$\begin{aligned} SSE &= TSS - SST \\ &= 1{,}333.5 - 839.9 \\ &= 493.6 \end{aligned}$$

從附表 5 之 F 值表中查得：

$$F_{\alpha=.05,\ df=1,\ 24} = 4.26$$
$$F_{\alpha=.05,\ df=2,\ 24} = 3.40$$

從表 15-8 的 ANOVA 表中獲知：

F（電話拜訪）＝35.86　（達 0.05 顯著水準）
F（人員拜訪）＝ 2.56　（未達 0.05 顯著水準）
F（互動）　＝ 0.0　（未達 0.05 顯著水準）

表 15-8　變異數分析表（因子設計）

變異來源	*SS*	自由度	*MS*	*F*
A（電話拜訪）	735.1	$a-1=1$	735.1	35.86
B（人員拜訪）	104.8	$b-1=2$	52.4	2.56
A×B（互動）	0.0	$(a-1)(b-1)=2$	0.0	0.00
誤差	493.6	$ab(n-1)=24$	20.5	
合計	1,333.5	$abn-1=29$		

檢定結果顯示：

1. 兩種電話拜訪方式對銷售量的效果有顯著差異。（A_1 比 A_2 好）
2. 三種人員拜訪方式對銷售量的效果無顯著差異。
3. 電話拜訪方式與人員拜訪方式無互動效果，兩者的效果是相加的（additive），亦即電話拜訪方式的效果不受人員拜訪方式的影響，反之亦然。假定互動效果的檢定是顯著的，則表示這兩個實驗變數的效果並不是相加的，而是有某種互動關係存在。

15-2 無母數統計方法

無母數統計（nonparametric statistics）相對於母數統計（parametric statistics）而言，具有若干明顯的優點，但也有其缺點（註 3）。無母數統計的優點有三：

1. 無母數方法不需要去假定母體分配成常態曲線的形狀或其他特定的形狀。
2. 一般言之，無母數方法的計算較容易，也較易了解。譬如，大多數無母數檢定都不需要去計算標準差；有時把母數數值轉變爲無母數的等級，計算較爲簡單。計算 1、2、3、4、5 顯然比計算 13.33、76.50、101.79、113.45 和 189.42 簡單。
3. 有時甚至連正式的順序或等級都不需要。

但無母數檢定也有兩項缺點：

1. 無母數方法忽略一些資訊。譬如，我們把母數數值（如 13.33、76.50、101.79、113.45、189.42）轉變爲無母數等級（如 1、2、3、4、5）之後，將不知道各等級間的數值差異有多大；189.42 可變爲 1,189.42，但其等級仍然是 5。
2. 無母數檢定的效率通常比不上母數檢定。利用無母數檢定所求得之 95% 信賴水準的區間估計值，可能比利用母數檢定所求得者大一倍。

15-2-1 符號檢定

符號檢定（sign test）的目的在檢定兩份樣本是否來自同一或相同的母體，此法只注意差異的方向，而不計其差異的大小，通常用“+”或“−”符號表示成對資料差異的方向，並以“+”、“−”符號出現次數的多寡來檢定兩樣本所來自的母體是否相同。符號檢定適用於母體的分配既非常態、也不對稱（symmetry）的情況。

在決定“+”號和“−”號時，如有**相同評價**（tie）時，以“0”表示之，在計算“+”號和“−”號的數目時，“0”的部分略去不計。譬如，某公司主管想了解員工對兩種退休制度（A 和 B）的偏好情形，經調查六位員工的意見，偏好程度（1 表示最喜歡，4 表示最不喜歡）如表 15-9 所示。從表中可看出有 3 個“+”號，2 個“−”號，“0”則略去不計。

茲舉一例說明符號檢定的應用。一家食品工廠的工業安全主管宣稱，日班和夜班員工的意外事件比率並無差別。經記錄 100 天日班和夜班的每天意外事件次數，發現在 100 天中，有 58 天夜班的意外事件次數大於日班的次數。

如日班和夜班的意外事件比率並無不同，則理論上正如同擲一錢幣一樣，如果擲 100 次，p 將等於 0.5，大約有 50 次出現正面，50 次出現反

表 15-9　六位員工對退休制度的偏好程度

員工	制度 A	制度 B	A－B	符號
1	3	1	2	＋
2	2	2	0	0
3	1	2	－1	－
4	4	2	2	＋
5	3	2	1	＋
6	1	4	－3	－

面。因此，本例的虛無及對立假設為：

H_0：$p=.5$（日班和夜班的意外事件比率沒有差別）

H_1：$p\neq .5$（日班和夜班的意外事件比率有差別）

此為二項分配，可用二項式分配加以檢定。因 np 和 nq 均大於或等於 5，可視為常態分配而利用 Z 檢定。

$\bar{p}$ 的標準誤為：

$$\sigma_{\bar{p}}=\sqrt{\frac{pq}{n}}=\sqrt{\frac{(.5)(.5)}{100}}=.05$$

接受領域的上下限為：（設 $\alpha=.05$）

$$\text{上限：}p_{H_0}+1.96\sigma_{\bar{p}}=.5+1.96(.05)=.598$$

$$\text{下限：}p_{H_0}-1.96\sigma_{\bar{p}}=.5-1.96(.05)=.402$$

因 $\bar{p}=.58$，落在接受領域之內，故接受 H_0，在 .05 顯著水準下，這位主管的說法是可被接受的，亦即日、夜班員工的意外事件比率是沒有差別的。

15-2-2 等級和檢定

等級和檢定（rank sum tests）是以樣本觀察值的等級來檢定母體平均數是否相等的無母數檢定方法。等級和檢定包括許多種檢定方法，此處將介紹其中的兩種方法——Mann-Whitney U 檢定和 Kruskal-Wallis 檢定（K-W 檢定），這兩種方法都不用假定母體是常態的。

(一) Mann-Whitney U 檢定

Mann-Whitney U 檢定適用於只有兩個母體的場合。在雙尾檢定的情況下，其虛無假設及對立假設爲：

$$H_0：\mu_1 = \mu_2$$

$$H_1：\mu_1 \neq \mu_2$$

爲檢定上述假設，首先將兩份樣本混合，依數值大小，從小而大的順序給予等級，並計算各樣本的等級和，如有數值相同者，則以相連等級之平均數爲等級。然後再以下列公式計算 U 統計值：

$$U = n_1 n_2 + \frac{n_1(n_1+1)}{2} - R_1$$

或

$$U = n_1 n_2 + \frac{n_2(n_2-1)}{2} - R_2$$

n_1、n_2：兩個樣本的單位數

R_1：第一個樣本的等級和

R_2：第二個樣本的等級和

如 n_1 和 n_2 都大於 10，U 統計值接近常態分配。在虛無假設爲真的情況下，U 統計值之樣本分配的平均數（μ_u）和標準誤（σ_u）如下：

$$\mu_u = \frac{n_1 n_2}{2}$$

$$\sigma_u = \sqrt{\frac{n_1 n_2(n_1+n_2+1)}{12}}$$

假設一家公司的人事部門設計兩種外文學習計畫（A 計畫及 B 計畫），以協助年輕的員工增進外文能力。爲比較這兩種計畫的效果，經選擇 30 位年輕的員工參加這項學習計畫，其中 15 位員工參加 A 計畫，另外 15 位員工參加 B 計畫。在期末舉行外文能力測驗，各人之成績（滿分爲 150 分）如表 15-10 所列（表 15-10 括號中的數字係指測驗成績由少至多的等級）。

$$U = n_1 n_2 + \frac{n_1(n_1+1)}{2} - R_1$$

$$= (15)(15) + \frac{(15)(15+1)}{2} - 218 = 127$$

$$\mu_u = \frac{n_1 n_2}{2} = \frac{(15)(15)}{2} = 112.5$$

$$\sigma_u = \sqrt{\frac{n_1 n_2 (n_1 + n_2 + 1)}{12}}$$

$$= \sqrt{\frac{(15)(15)(15+15+1)}{12}} = 24.1$$

此為一雙尾檢定，U 值之接受領域之上下限為（設 $\alpha = .10$）：

U：$\mu_u + Z\sigma_u = 112.5 + 1.645(24.1) = 152.14$

L：$\mu_u - Z\sigma_u = 112.5 - 1.645(24.1) = 72.86$

本例中，U 統計值為 127，介於接受領域上下限之間，故接受 H_0，亦即這兩種學習計畫的效果並無顯著差異。

表 15-10　外文能力測驗成績及等級

A 計畫		B 計畫	
102	(19)	100	(18)
83	(14)	90	(16)
126	(26)	65	(6)
73	(9)	70	(8)
62	(5)	85	(15)
55	(4)	120	(25)
150	(30)	115	(24)
79	(11)	95	(17)
104	(20)	75	(10)
80	(12)	130	(27)
45	(2)	110	(22)
145	(29)	105	(21)
82	(13)	50	(3)
114	(23)	140	(28)
40	(1)	68	(7)
$R_1 = (218)$		$R_2 = (247)$	

(二) K-W 檢定

K-W 檢定是上述 U 檢定的延伸，適用於兩個以上母體的場合。其虛無及對立假設為：

H_0：$\mu_1 = \mu_2 = \mu_3$

H_1：μ_1、μ_2、μ_3 並非都相等

爲檢定上述假設，先將所有樣本混合，依數值的大小，從小到大給予等級，並計算各樣本的等級和。然後計算 K 統計值：

$$K = \frac{12}{n(n+1)} \Sigma \frac{R_j^2}{n_j} - 3(n+1)$$

式中，　n_j：第 j 個樣本的單位數

R_j：第 j 個樣本的等級和

$n = n_1 + n_2 + \cdots\cdots + n_m$（$m$ 代表樣本的數目）

當各樣本的單位數至少等於 5 時，K 統計值接近卡方分配，自由度爲（$m-1$）。

假設上例中，人事部門設計 A、B、C 等三種外文能力學習計畫。爲比較這三種學習計畫的效果，將 30 位員工隨機分成三組，第一組十人參加 A 計畫，第二組八人參加 B 計畫，第三組十二人參加 C 計畫。期末測驗之成績（滿分爲 150 分）及等級如表 15-11 所列。

表 15-11　外文能力測驗的成績及等級

A 計畫		B 計畫		C 計畫	
102	(19)	45	(2)	70	(8)
83	(14)	145	(29)	85	(15)
126	(26)	82	(13)	120	(25)
73	(9)	114	(23)	115	(24)
62	(5)	40	(1)	95	(17)
55	(4)	100	(18)	75	(10)
150	(30)	90	(16)	130	(27)
79	(11)	65	(6)	110	(22)
104	(20)			105	(21)
80	(12)			50	(3)
				140	(28)
				68	(7)
$R_1 = (150)$		$R_2 = (108)$		$R_3 = (207)$	

$$K=\frac{12}{n(n+1)}\Sigma\frac{R_j^2}{n_j}-3(n+1)$$

$$=\frac{12}{30(30+1)}\left[\frac{(150)^2}{10}+\frac{(108)^2}{8}+\frac{(207)^2}{12}\right]-3(30+1)$$

$$=(.0129)(2{,}250+1{,}458+3{,}570.75)-93$$

$$=.8959$$

在 $d.f.=3-1=2$，$\alpha=.10$ 時，$\chi^2=4.605$，H_0 的接受領域爲 0 到 4.605，因 K 值爲 .8959，介於接受領域之間，故接受 H_0，亦即三種學習計畫的效果並無顯著差異。

15-2-3 單樣本輪檢定

在前面的討論中，我們常假定樣本單位都是隨機抽選出來的。但有時我們檢定樣本單位出現的順序，可能懷疑這些樣本單位是否是經由隨機過程抽選出來的。譬如，有人表示從一家公司的員工母體中隨機抽選 20 位員工作爲樣本，樣本中男女被抽選出來的順序如下：

女男女男女男女男女男女男女男女男女男女男

雖然男女的人數均各爲十位，但直覺上我們非常懷疑這些樣本是隨機抽選出來的。爲檢定樣本單位出現順序的隨機性，可利用單樣本輪檢定（one-sample runs test）來加以檢定。

輪檢定首先要確定樣本單位的先後順序包含多少個輪（run）。在一組連續出現的事件中，相同事件重複出現的部分就稱爲一輪。譬如，甲、乙兩事件出現的順序如下：

乙乙	甲	乙乙乙	甲甲甲甲	乙乙	甲甲甲
1	2	3	4	5	6

則此一順序包含有六個輪。

我們用 r 表示輪的數目，用 n_1、n_2 分別代表甲、乙兩事件出現的次數。在本例中，

$$n_1=8$$
$$n_2=7$$
$$r=6$$

在單樣本輪檢定時，如果 r 值太多或太少都表示樣本單位並非隨機抽選而得。r 統計值有其自己的抽樣分配，其平均數（μ_r）和標準誤（σ_r）的公式如下：

$$\mu_r = \frac{2n_1n_2}{n_1 + n_2} + 1$$

$$\sigma_r = \sqrt{\frac{2n_1n_2(2n_1n_2 - n_1 - n_2)}{(n_1 + n_2)^2(n_1 + n_2 - 1)}}$$

如果 n_1 和 n_2 中有一項大於 20，則 r 值可視爲呈常態分配。

茲舉一例說明單樣本輪檢定的應用（註 4）。一家早餐食品的製造廠商使用一種機器在每盒食品中隨機裝填入兩種玩具（A 與 B）的一種，該公司希望檢定此一機器是否隨機地將這兩種玩具裝填入食品盒中，經選出連續包裝好的 60 盒食品，得知玩具類型依序爲：

B, A, B, B, B, A, A, A, B, B, A, B, B, B, B, A, A, A, A, B,
A, B, A, A, B, B, B, A, A, B, A, A, A, A, B, B, A, B, B, A,
A, A, A, B, B, A, B, B, B, B, A, A, B, B, A, B, A, A, B, B

本例中　$n_1 = 29$　（A 的數目）
$n_2 = 31$　（B 的數目）
$r = 29$　（輪的數目）

虛無及對立假設爲：

H_0：玩具已隨機裝入
H_1：玩具並未隨機裝入

計算 r 統計值的平均數及標準誤如下：

$$\mu_r = \frac{2n_1n_2}{n_1 + n_2} + 1 = \frac{2(29)(31)}{29 + 31} + 1 = 30.97$$

$$\sigma_r = \sqrt{\frac{2n_1n_2(2n_1n_2 - n_1 - n_2)}{(n_1 + n_2)^2(n_1 + n_2 - 1)}}$$

$$= \sqrt{\frac{2(29)(31)(2 \times 29 \times 31 - 29 - 31)}{(29 + 31)^2(29 + 31 - 1)}} = 3.84$$

因 n_1 及 n_2 均大於 20，r 呈常態分配。在 $\alpha = .20$ 時，

$$Z=\frac{r-\mu_r}{\sigma_r}=\frac{29-30.97}{3.84}$$
$$=-0.513$$

因 $Z=-0.513$，介於臨界值 ± 1.28 之間，故接受 H_0，即在 20% 顯著水準接受此機器的隨機性。

15-2-4 等級相關

等級相關（rank correlation）係用來衡量兩組等級間的相關程度，用等級相關係數（coefficient of rank correlation, r_s）來表示，其公式如下：

$$r_s=1-\frac{6\Sigma d^2}{n(n^2-1)}$$

其中，n：成對觀察值的數目

d：每對觀察值等級間的差異

r_s 值應在 -1 與 $+1$ 之間，$r_s=0$ 表示兩種等級之間毫不相關。

當樣本較小時（$n\leq 30$），可利用 Spearman 等級相關係數顯著性檢定臨界值表（附表 6），按照既定的顯著水準來檢定。若實際計算而得的 r_s 值大於或等於查表而得的數值，表示有顯著相關；反之，即表示無顯著相關。

假設男、女顧客對七家百貨公司之偏好程度的等級如表 15-12 所列，其等級差量之計算亦列於同表。

表 15-12　顧客對商店的偏好等級及差量

商店	等級差量			
	男	女	d	d^2
A	2	2	0	0
B	3	1	2	4
C	1	3	−2	4
D	5	4	1	1
E	7	6	1	1
F	6	7	−1	1
G	4	5	−1	1
			$\Sigma d^2=12$	

虛無假設及對立假設為：

$$H_0：\rho = 0$$
$$H_1：\rho > 0 \text{ 或 } \rho < 0 \text{（單尾檢定）}$$

$$r_s = 1 - \frac{6 \times 12}{7(49-1)} = .7857$$

查附表，得

$$r_s = .893\ (\alpha = .01，n = 7)$$
$$r_s = .714\ (\alpha = .05，n = 7)$$

表示在 .05 水準下，男女顧客的偏好等級有顯著相關；但在 .01 水準下，男女顧客的偏好等級並無顯著相關。

如樣本較大時（$n > 30$），r_s 呈常態分配，其平均數（μ_{r_s}）為 0，標準誤（σ_{r_s}）為 $1/\sqrt{n-1}$。

譬如，有一家公司想檢定員工的中文程度較好，英文程度是否也較好。經隨機選擇 32 位員工，進行中文和英文程度的測驗，所獲得之成績（均以 150 分為滿分）連同等級相關之計算資料，如表 15-13 所列（註 5）。

本例中，虛無及對立假設為：

$$H_0：\rho = 0 \text{（員工的中文和英文程度是隨機混合的）}$$
$$H_1：\rho > 0 \text{（中文程度較好的員工其英文程度也會較好）}$$

等級相關係數為：

$$r_s = 1 - \frac{6\Sigma d^2}{n(n^2-1)} = 1 - \frac{6(1{,}043.50)}{32(1024-1)} = .8087$$

r_s 呈常態分配。此為單尾檢定，在 $\alpha = .01$ 時

$$Z = \frac{r_s - 0}{\sigma_{r_s}} = \frac{0.8087}{1/\sqrt{32-1}} = 4.503$$

因 $Z = 4.503$，遠大於臨界值 2.33，故拒絕 H_0，亦即中文程度較好的員工其英文程度也會較好。

表 15-13 員工中英文成績之等級相關的計算

員工 (1)	中文成績 (2)	英文成績 (3)	中文的等級 (4)	英文的等級 (5)	等級的差異 (4) − (5)	差異的平方 $[(4)-(5)]^2$
1	95	95	8	4.5	3.5	12.25
2	103	98	20	8.5	11.5	132.25
3	111	110	26	23	3	9.00
4	92	88	4	2	2	4.00
5	150	106	32	18	14	196.00
6	107	109	24	21.5	2.5	6.25
7	90	96	3	6	− 3	9.00
8	108	131	25	32	− 7	49.00
9	100	112	17.5	25.5	− 8	64.00
10	93	95	5.5	4.5	1	1.00
11	119	112	29	25.5	3.5	12.25
12	115	117	28	30	− 2	4.00
13	87	94	1	3	− 2	4.00
14	105	109	21	21.5	− 0.5	0.25
15	135	114	31	27	4	16.00
16	89	83	2	1	1	1.00
17	99	105	14.5	16.5	− 2	4.00
18	106	115	22.5	28	− 5.5	30.25
19	126	116	30	29	1	1.00
20	100	107	17.5	19	− 1.5	2.25
21	93	111	5.5	24	− 18.5	342.25
22	94	98	7	8.5	− 1.5	2.25
23	100	105	17.5	16.5	1	1.00
24	96	103	10	15	− 5	25.00
25	99	101	14.5	13	1.5	2.25
26	112	123	27	31	− 4	16.00
27	106	108	22.5	20	2.5	6.25
28	98	97	12.5	7	5.5	30.25
29	96	100	10	11.5	− 1.5	2.25
30	98	99	12.5	10	2.5	6.25
31	100	100	17.5	11.5	6	36.00
32	96	102	10	14	− 4	16.00
					$\Sigma d^2 =$	1,043.50

摘　要

本章介紹在企業研究中常用的變異數分析和無母數統計方法。在變異數分析部分，介紹完全隨機設計、隨機區集設計、拉丁方格設計及因子設計等之變異數分析方法。在無母數檢定方面，介紹符號檢定、等級和檢定（包括 Mann-Whitney U 檢定和 K-W 檢定）、單樣本輪檢定和等級相關。

本章因限於篇幅，對各種統計方法只能就其在企業研究的應用方面做簡要說明，讀者如欲對各種方法深入了解，應參閱有關統計書籍。

附　註

註 1：Gilbert Churchill, Jr. and Dawn Iacobucci, *Marketing Research: Methodological Foundations*, 8th ed. (Mason, OH: South-Western, 2002), pp.707-710。

註 2：同註 1，pp.710-714。

註 3：Richard Levin and David Rubin, *Statistics for Management,* 7th ed. (Upper Saddle River, NJ: Prentice-Hall ,1998), pp.793-794。

註 4：同註 3，pp.814-816。

註 5：參考註 3 的案例資料（pp.825-826）加以調整。（原案例是以夫妻的智商爲例。）

第十六章

多變量分析：相依方法

多變量分析又稱多變量統計分析（multivariate statistical analysis），是分析多變量資料的統計方法。多變量分析所處理的資料常包含許多變數的數值，演算的過程繁雜，通常非借助於電子計算機不可。由於電腦技術的發展與電腦知識的普及，加上電腦軟體程式的不斷開發，已使多變量分析技術在社會科學、行為科學和管理科學等領域中的應用日益普遍，多變量分析已逐漸成為社會科學、行為科學和管理科學研究人員必須通曉的一套統計技術。

多變量分析可依相依變數之有無而分為相依方法及互依方法兩大類。相依方法主要有變異數分析、多變量變異數分析、複迴歸、區別分析、聯合分析、自動互動檢視法、典型相關分析和結構方程式模式等，互依方法主要有因素分析、集群分析、多元尺度法和對應分析。本章先介紹在企業研究中較常用的四種相依方法。

16-1 複迴歸

16-1-1 基本概念

複迴歸（multiple regression，又稱多元迴歸）的目的在了解及建立一個準則變數與一組預測變數間的關係。利用複迴歸分析，研究人員希望能找出一個線性結合，用以簡潔地說明一組預測變數（X_i）與一個準則變數（Y）的關係，並指出此種關係的強度。

㈠ 複迴歸模式

迴歸模式一般可分為簡單迴歸（只有一個預測變數）與複迴歸（有一個以上的預測變數），簡單迴歸可視為複迴歸的一則特例。複迴歸的目的在了解及建立一個準則變數與一組預測變數間的關係。

複迴歸模式的一般型態為：

$$Y = \alpha + \beta_1 X_1 + \beta_2 X_2 + \cdots\cdots + \beta_m X_m + \varepsilon$$

α, β_j：迴歸母數　　　　（$j = 1, 2, \cdots\cdots, m$）

其中，X_j：預測變數

ε：誤差值（residual，或稱殘值）

上面這套模式只是理論上的模式。在實際運算時，因為 α 與 β_j 的真正數值無法得知，故將上式修改為：

$$\hat{Y} = b_0 + b_1X_1 + b_2X_2 + \cdots\cdots + b_mX_m$$

a 及 b_j 是從樣本資料估計而得，稱為估計迴歸係數。a 及 b_j 的數值可用最小平方法（ordinary least squares，OLS）來決定。利用最小平方法可得一條最佳的配合線，使準則變數的觀察值（Y_i）和估計值（$\hat{Y}_i$）的距離平方和為最小，亦即使 $\Sigma(Y_i - \hat{Y}_i)^2$ 為最小。因 $\hat{Y}_i$ 是由迴歸線表示，故 Y_i 和 $\hat{Y}_i$ 的距離等於 Y_i 到迴歸線的垂直距離。

(二) 基本假定

直線迴歸模式有四項基本的假定，在利用直線迴歸模式做估計時，必須滿足這四項基本的假定條件，才能獲致正確可靠的結果。這四項基本的假定是 (1) 準則變數與預測變數的直線關係、(2) 誤差項的變異數相等、(3) 誤差項的獨立性、 (4) 誤差項分配的常態性（註 1）。

1. 直線關係

準則變數（Y）與每一個預測變數（X）之間具有直線關係，表示 Y 改變的程度和 X 是相關聯的。有時預測變數看起來和準則變數之間並沒有直線關係，則應做某些修正，如將一個或以上的 X 的數值做某種轉形（transforming），以建立兩者間的直線關係。

2. 誤差項的變異數相等

在觀察值的範圍內，誤差項的變異數要相等，變異數不等性（heteroscedasticity）的存在是最常見的違反假定的現象之一。要知道是否符合此一假定條件，可觀察誤差值的分佈型態，或利用簡單的統計檢定來加以判定。如果有變異數不等性的情形，同樣可利用資料轉形的方法來達到變異數相等性（homoscedasticity）的要求。

3. 誤差項彼此獨立

第三項假定是每一個預測變數的數值都是彼此獨立的。為了鑑定誤差項是否彼此獨立，可以觀察各個 X 之誤差值的分佈型態，如有不符此一假定的情事，亦可用資料的轉形來加以處理。

4. 誤差項的分配是常態的

複迴歸模式假定預測變數和準則變數都具常態性。最簡單的檢視方法是觀察誤差值的直方圖，如果直方圖接近常態分配，通常即表示符合此一假定。如樣本較小，此一檢視方法並不適用。比較好的方法是使用常態機率圖（normal probability plot），用標準化的誤差值和常態分配相比較。

此外，在利用直線迴歸模式做估計時，尚須避免發生複共線性（multicollinearity）的現象。複共線性是兩個或以上的預測變數高度相關時所產生的一種計算上的問題，會影響迴歸分析結果的正確性。譬如，一方面判定係數（coefficient of determination）（R^2）很大，表示整個迴歸模式的解釋能力很強，但另一方面某些 t 值會很小，表示某些個別的迴歸係數並不顯著。

高度的複共線性將使各預測變數之迴歸係數標準差的估計值變大，因此在對迴歸係數做 t 檢定時，常導致接受 $H_0：\beta_j=0$ 之虛無假設，以致錯誤地刪除了某些預測變數。毫無複共線性現象的情形事實上也甚少，如果複共線性的程度不高，可忽略不計。有一項粗略的規則是預測變數之間的簡單相關係數（coefficient of simple correlation）如果小於整個迴歸模式的複相關係數（coefficient of multiple correlation）（$\sqrt{R^2}$），即可假定爲無複共線性現象存在。

㈢ 判定係數與相關係數

1. 簡單判定係數

在簡單迴歸模式的場合，如果我們以 $\overline{Y}$（準則變數 Y 的平均數）去估計每一個 Y_i 值，則誤差可用 $\Sigma(Y_i-\overline{Y})^2$ 來衡量；如果我們用 $\hat{Y}_i$（簡單迴歸估計值）來估計 Y_i 值，則誤差可用 $\Sigma(Y_i-\hat{Y}_i)^2$ 來衡量。簡單判定係數（coefficient of simple determination，用 r^2 表示）的公式爲：

$$r^2=1-\frac{\Sigma(Y_i-\hat{Y}_i)^2}{\Sigma(Y_i-\overline{Y})^2}$$

r^2 介於 0 與 1 之間，如 $r^2=1$，表示 $\hat{Y}_i$ 能完美地預測每一個相對的 Y_i 值；當 $b=0$ 時，$r^2=0$。

2. 簡單相關係數

簡單相關係數是衡量 X 與 Y 之間的直線關係的另一類數值。簡單相關係數常用 r 表示，其數值爲簡單判定係數 r^2 之平方根，即：

$$r=\pm\sqrt{r^2}$$

r 之值介於 -1 與 $+1$ 之間，如 $r=-1$，表示 X 與 Y 爲完全負相關；如 $r=+1$，表示 X 與 Y 爲完全正相關；r 爲正值，表示這兩個變數具有正相關的關係，如 r 爲負值，表示具有負相關的關係；如 $r=0$，表示兩者沒有相關。

3. 複判定係數

複判定係數（coefficient of multiple determination，用 R^2 表示）衡量準則變數 Y 的總變異可由所有預測變數 X_j（$j=1, 2, \cdots\cdots, m$）的最佳線性結合解釋的程度。其公式如下：

$$R^2=1-\frac{\Sigma(Y_i-\hat{Y}_i)^2}{\Sigma(Y_i-\overline{Y})^2}$$

R^2 介於 0 與 1 之間，$R^2=1$ 表示所有 Y_i 的觀察值都落在估計的迴歸面上；當 $b_1=b_2=\cdots\cdots=b_m=0$ 時，$R^2=0$。

有些統計學家認爲複迴歸模式中每增加一項預測變數，一般都會促使 R^2 增大，因此 R^2 必須以下式來加以調整（以 $\overline{R}^2$ 代表調整之 R^2）：

$$\overline{R}^2=1-\frac{n-1}{n-k}\left[\frac{\Sigma(Y_i-\hat{Y}_i)^2}{\Sigma(Y_i-\overline{Y})^2}\right]$$

或

$$\overline{R}^2=1-(1-R^2)\frac{n-1}{n-k}$$

上式中，　n 代表樣本數

k 代表所要估計的母數數目

4. 複相關係數

複相關係數是衡量 Y 與所有 X_j 之最佳線性結合兩者間的直線關係，以 R 表示，其數值爲複判定係數 R^2 之正值平方根，即：

$$R=+\sqrt{R^2}$$

5. 偏判定係數

偏判定係數（coefficient of partial determination）係衡量在原有的迴歸模式上再增加一個預測變數時，此一預測變數減少剩餘變異之程度。複判定係數衡量所有預測變數 X_j 在減少總變異上的總和效果，但當研究人員在決定是否還要再加一個預測變數時，則須借助偏判定係數。

譬如，在一迴歸模式 $Y=a+b_2X_2$ 中，要不要再增加 X_1 這一個預測變數呢？此時可計算在原迴歸模式上再加入 X_1 後之偏判定係數：

$$r_{y1 \cdot 2} = \frac{SSE(X_2) - SSE(X_1, X_2)}{SSE(X_2)}$$

$$= 1 - \frac{SSE(X_1, X_2)}{SSE(X_2)}$$

6. 偏相關係數

將偏判定係數開方，所得之平方根數值，就是偏相關係數（partial correlation coefficient）。

(四) 複迴歸模式的檢定

複迴歸模式建立之後，應進一步加以評估。檢定迴歸模式的方法主要有三：(1) 誤差值，(2) t 檢定，(3) F 檢定。

1. 誤差值

誤差值的相對大小（對觀察值或估計值而言）可據以判斷迴歸模式的正確程度。所謂誤差值（e_i）是指實際觀察值與估計值之差，亦即

$$e_i = Y_i - \hat{Y}_i$$

在評估誤差值時，應查看個別的 e_i 值，看看有沒有特別大的 e_i，也應查看其絕對值的平均數及其分散的情形，如全距和標準差。到底 e_i 值要多小，迴歸模式才能被接受，並無一定的標準，主要仍靠研究人員的判斷。

2. t 檢定

t 檢定是一種顯著性檢定，可用以決定準則變數 Y 與每一個預測變數 X_j 之間是否有顯著的直線關係存在。假定 Y 和 X_j 沒有直線關係，則真正的迴歸係數（β_j）應等於零，其虛無及對立假設爲：

$$H_0 : \beta_j = 0$$
$$H_1 : \beta_j \neq 0$$

若 t 檢定的結果推翻虛無假設，即 β_j 不等於零，亦即 Y 和 X_j 之間存在有顯著性的直線關係。若 t 檢定的結果接受虛無假設，表示我們沒有足夠的統計證據來支持 Y 與 X_j 有顯著關係的說法；此時，是否將 X_j 從迴歸模式中除去，宜以常識和理論來判斷。如果根據常識和理論來判斷，Y 和 X_j 間似乎也沒有明顯關係存在，自可將 X_j 除去，如認爲兩者有明顯關係，仍以將 X_j 保留在模式中爲宜。

3. F 檢定

F 檢定也是一種顯著性檢定。F 檢定與 t 檢定不同。t 檢定是測定準則變數 Y 與個別預測變數 X_j 間的統計關係，F 檢定則將所有預測變數視爲一個整體，而測定 Y 與所有預測變數 X 之間是否有顯著統計關係存在。

F 檢定係比較計算的 F 值與查 F 值表所得的 F 值，以檢定 Y 與 X 之間並無顯著關係存在的虛無假設，即

H_0：$\beta_1 = \beta_2 = \cdots\cdots = \beta_m = 0$

H_1：並非所有的 $\beta_j = 0$　$(j = 1, 2, \cdots\cdots, m)$

若 F 檢定的結果推翻虛無假設，表示在某一顯著水準下，Y 和所有的 X 之間有統計直線關係存在。若 F 檢定不能推翻虛無假設，我們也不能夠確定地說，兩者之間絕無統計關係存在，我們只能說沒有足夠的統計證據來支持 Y 和所有的 X 有統計關係存在的說法。

16-1-2 應用實例

複迴歸在企業決策中的應用非常廣泛。有一家鋼帶輻射輪胎的大製造廠商，曾試圖利用複迴歸來分析消費者在觀看過該廠商新品牌及競爭品牌的電視商業廣告之後，對該廠商新品牌的興趣（註 2）。在這項研究中，以 252 位在家中負責購換輪胎的成年男性爲樣本，所用的變數如下：

準則變數

Y：消費者在觀看過電視廣告之後對新品牌感興趣的程度。

預測變數

X_1：對鋼帶輻射輪胎產品是否有興趣？（虛變數：1 代表有興趣，0 代表沒興趣）

X_2：上次是否選購該廠商的老品牌？（虛變數：1 代表是，0 代表否）

X_3：在觀看電視廣告之前對新品牌感興趣的程度。

X_4：年齡。

X_5：家庭人數。

X_6：教育年數。

X_7：婚姻狀況。（虛變數：1 代表已婚，0 代表未婚）

X_8：職業——是否為專業人員或白領階級？（虛變數：1 代表是，0 代表否）

X_9：職業——是否為藍領階級？（虛變數：1 代表是，0 代表否）

X_{10}：所得。

逐步迴歸的結果彙總如表 16-1 所示。由於在步驟 3 之後 F 的數值已很小，R^2 增加的數值也微不足道，因此決定只選擇 X_3、X_1 和 X_2 三個預測變數，得迴歸式如下：

$$Y = 2.957 + 0.585X_1 + 0.434X_2 + 1.209X_3$$

此迴歸式的 F 比率爲 41.91，自由度爲 3（分子）及 248（分母），達 0.001 顯著水準。同時 $R^2 = 0.336$，表示這三個預測變數約可解釋 Y 之變異數的 34%。

表 16-1　逐步迴歸彙總表

步驟	進入變數	R^2	R^2 增加值	進入變數之 F 值
1	3	0.291	—	102.51
2	1	0.331	0.040	14.85
3	2	0.336	0.005	2.12
4	4	0.341	0.005	1.53
5	10	0.346	0.005	1.94
6	5	0.347	0.001	0.41

16-2 自動互動檢視法

16-2-1 基本概念

自動互動檢視法（automatic interaction detector，AID）是在 1960 年代初期發展出來的一種逐次搜索的分析工具（註 3），其基本概念如下：

1. 輪流爲每一預測變數，搜索所有可能把原樣本分割爲二的分割方式，以找出一種最佳分割方式。所謂**最佳**是指經過分割後，準則變數之組間變異（between-group variation）爲最大。設 Y 代表準則變數，樣本數爲 n，如果對預測變數一無所知，則 $\bar{Y}$（Y 的平均數）當爲最佳估計值，Y 的變異或誤差平方和（error sum of squares，ESS）為：

$$\Sigma(Y_i - \overline{Y})^2 = \Sigma Y_i{}^2 - n\overline{Y}^2$$

設原樣本經分割為兩組，各組中所含的樣本數分別為 n_1 和 n_2，各組準則變數之平均數分別為 $\overline{Y}_1$ 和 $\overline{Y}_2$，則誤差平方和為：

$$(\Sigma Y_{i1}^2 - n_1\overline{Y}_1^2) + (\Sigma Y_{i2}^2 - n_2\overline{Y}_2^2) = \Sigma Y_i^2 - (n_1\overline{Y}_1^2 + n_2\overline{Y}_2^2)$$

如果 $\overline{Y}_1^2$ 和 $\overline{Y}_2^2$ 不相等，則經分割後，誤差平方和將可減少：

$$(\Sigma Y_i{}^2 - n\overline{Y}^2) - [\Sigma Y_i^2 - (n_1\overline{Y}_1^2 + n_2\overline{Y}_2^2)] = n_1\overline{Y}_1^2 + n_2\overline{Y}_2^2 - n\overline{Y}^2$$

（此值為正值，表示 $n_1\overline{Y}_1^2 + n_2\overline{Y}_2^2$ 大於 $n\overline{Y}^2$，亦即經分割成兩組後，同質性已提高。）

最佳的分割方式，是指可使分割後減少的誤差平方和為最大，即使（$n_1\overline{Y}_1^2 + n_2\overline{Y}_2^2 - n\overline{Y}^2$）之值為最大。

2. 比較各組預測變數在**最佳分割方式**下的組間變異（即組間的誤差平方和），然後找出一個組間變異最大的變數，即為最佳的預測變數。
3. 用最佳預測變數的最佳分割方式把原始樣本分割為兩組。
4. 將分割後兩組樣本的每一組視為一份原始樣本，根據上述步驟，進行分割工作。
5. 重複上述各步驟，繼續分割，直到令人滿意為止。

在實際應用自動互動檢視法時，研究人員通常在事先訂定某些控制參數（control parameter）或限制條件，以適時中止上述之分割過程。譬如（註4）：

1. 分割後所減少之準則變數的誤差平方和必須超過由研究人員所訂的某一水準，才值得將樣本繼續分割。
2. 各組樣本之誤差平方和必須超過由研究人員訂定的某一水準，才值得繼續分割；換言之，如果任一組樣本已經具有相當的同質性，就不值得將之繼續分割。
3. 除了上述的控制參數之外，研究人員也可預定最多將原始樣本分成多少組，或各組樣本最少應包括多少人或多少樣本單位。

自動互動檢視法是一種逐次搜索的程序，它並不能求得一個明確的模式。因此，我們通常可利用自動互動檢視法作爲一種初步的過濾工具，用它來找尋那些似乎最能解釋準則變數之變異的預測變數，然後據以求得一個較明確的模式（註 5）。

AID 分析的單位是群體本身，而不是群體中的個別單位，因此需要有一份大樣本，以免分析結果因機會原因而造成偏差，這是 AID 的主要限制之一。

16-2-2 應用實例

在一項汽車品牌忠誠的研究中（註 6），相依變數是受訪者對下次的新車購買而言是否爲品牌忠誠者。每一位受訪者都被問了有關新車製造品質及人口統計資料等 22 道問題，利用自動互動檢視法的分析過程如圖 16-1 所示。

從圖 16-1 中最上面的空格中可看到在 4,364 位受訪者當中，有 27%（1,178 人）表示他們下次購買新車時，還是會再買現有之廠牌，亦即品牌忠誠者。第一個最佳的預測變數是受訪者對於製造品質的評估，故先利用這個預測變數將樣本分成兩組較小的樣本。凡將現有車子的製造品質評爲「普通」到「不佳」者屬於第一組樣本，共 1,012 人，凡評爲「良好」到「極佳」者屬於第二組樣本，共 3,352 人。此時在這兩組樣本中品牌忠誠的機率分別爲 10% 和 32%。對第一組樣本的 1,012 位受訪者，再以車子出毛病的次數，將之分割成第三組和第四組兩份樣本，在這兩組樣本中品牌忠誠的機率分別爲 13% 和 5%。

對第二組樣本的 3,352 位受訪者中，先以受訪者的年齡這一個預測變數將之分割成第五組和第六組這兩組樣本。接著以車子出毛病的次數（3 次以下或 4 次以上）、對製造品質的評估（「極佳」或「良好」到「很好」）及製造廠商（福特或通用，或其他廠商）等預測變數連續分割，將第二組樣本分割成數個小群體。

根據 AID 的分析結果，可獲知兩種極端的現象：

1. 如果 (1) 車主現有的車子是通用或福特製造的車子，(2) 對其車子的製造品質的評估是「極佳的」，(3) 車主的年齡在三十五歲以上，(4) 車子出毛病的次數在三次以下，則其品牌忠誠的機率高達 68%。

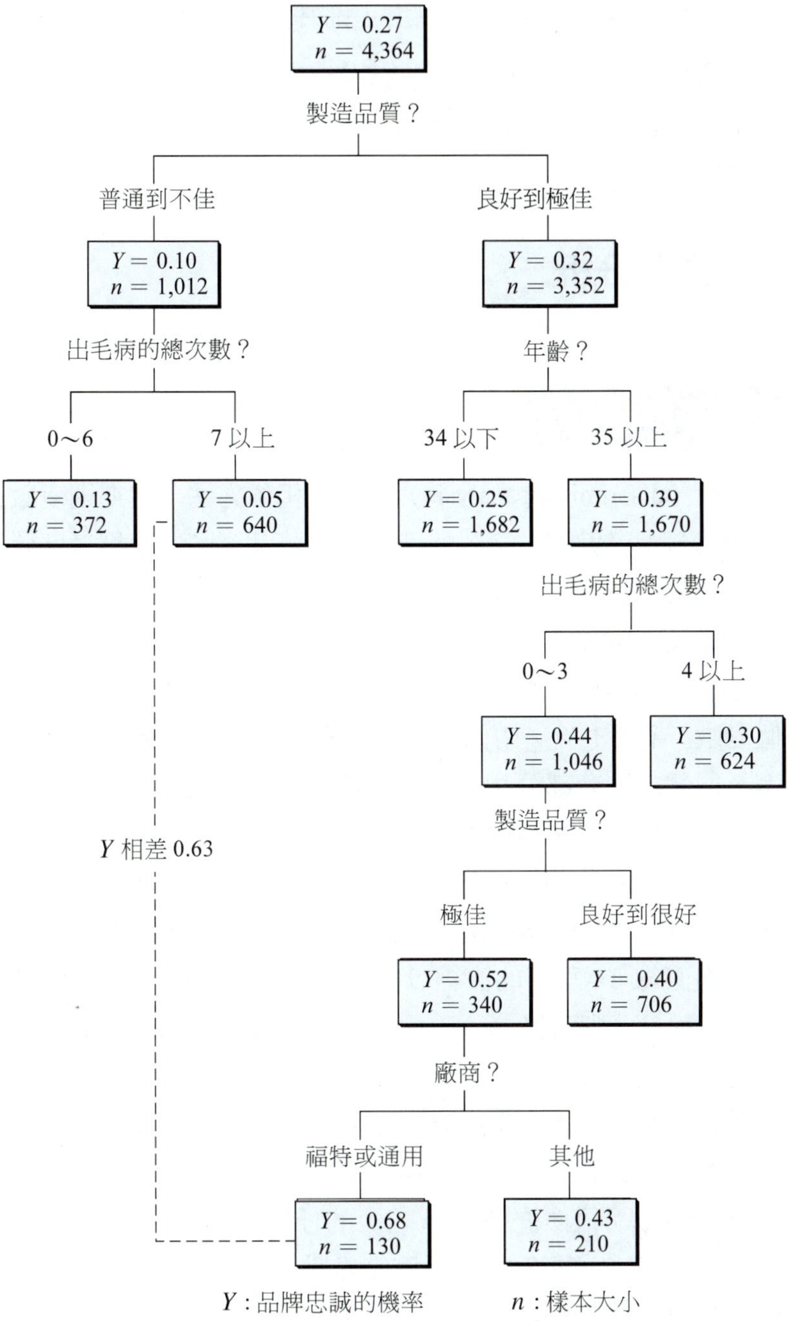

圖 16-1　自動互動檢視法的分析過程——汽車品牌忠誠研究

2. 如果 (1) 車主對現有車子的製造品質的評估是從「普通」到「不佳」，(2) 車子出毛病的次數在七次以上，則其品牌忠誠的機率只有 5%。

自動互動檢視法所提供的上述資訊強調品質控制對品牌忠誠的重要性，對決策人員自然是有相當價值的。

16-3 區別分析

16-3-1 基本概念

區別分析（discriminant analysis）是一種相依方法，其準則變數爲事先訂定的類別或組別。譬如，可根據某些特性將某產品的使用者區分爲大量使用者、中量使用者和小量使用者三組；或根據工作績效將員工區分爲優良員工和不良員工兩類。

區別分析的基本概念可以用幾何圖形來說明。如圖 16-2 所示，假設只有兩個變數，X_1 和 X_2；兩個組別或群體，A 和 B。兩組同心橢圓代表兩個群體，群體之間有部分相重疊，但範圍不大。變數 X_1 和 X_2 之間呈適度的正相關，每一個橢圓代表一個群體的相同密度（或次數）的點的軌跡。譬如，A 組的外橢圓可能包含 90% 的 A 組份子，而內橢圓可能包含 75%的 A 組份子。A、B 兩群體外橢圓的交點所連成之直線 G，與另一條引自原點而與直線 G 垂直的直線 Y 交於 b 點。如將 A、B 群體中之所有點投影於直線 Y，則可得 A、B 兩組次數分配（或密度函數），這時兩組次數分配的交集部分，將比對任何一條引自原點的直線之投影的交集範圍爲少。換句話說，在直線 Y 上投影的兩組次數分配，組間離差（dispersion）相對於組內離差之比值，比任何其他投影所得之比值爲大。

直線 Y 就是區別函數的圖形，線上的任何值均由 X_1 和 X_2 兩個變數轉換而得；直線 Y 上的 b 點，稱爲臨界點或分界點，將 Y 值分爲兩部分，作爲區分 A、B 群體之依據。圖 16-2 中 A、B 兩群體的離差必須一樣，如果兩個群體的 X_1 和 X_2 的變異數不同，或 X_1、X_2 的共變數不等時，則兩個群體的分配型態將不一樣，這時直線 Y 將不再是一條直線，區別函數也不再是線性的。線性區別分析只要求母體的離差必須相等，至於母體大小對於區別分析本身並無影響。

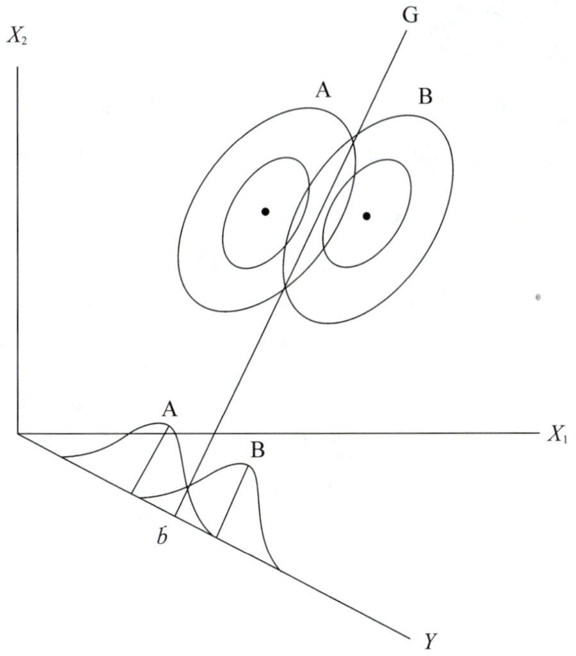

圖 16-2　區別分析的幾何圖形描述

為了圖形說明之方便，圖 16-2 僅作兩個群體和兩個變數的描述。當群體超過了兩個，則區別函數常不只一個。一般來說，區別函數的數目主要決定於群體的數目（g）及預測變數的數目（m）。如果 $g-1$ 小於 m，則區別函數最多為 $g-1$ 個。譬如，兩個群體的重心（centroid），不論其含有多少個變數，必然共同存在於一條線上；三個群體的重心必然共同存在於一個平面上，四個群體的重心必然共同存在於一個三度空間，以下類推。相反地，如果 $g-1$ 等於或大於 m，則區別函數的數目可以多至 m 個。因此，區別函數的數目最多不會超過 $g-1$ 或 m 兩者中較小的數目。為了簡化分析起見，一般研究人員總是希望儘可能以較少的區別函數達成最佳的區分效果，即使是當 $g-1$ 或 m 均相當大的時候。統計上的卡方檢定可用來檢定在選出若干個區別函數之後，剩餘的區別函數的區分效果是否顯著。

16-3-2 應用實例

茲舉一則把樣本分為三組的例子，說明如何利用區別分析進行企業研究（註 7）。假定消費者金融公司為提高貸款工作的效率，想將申請貸款者依貸款風險之大小分為信用不佳、信用良好及不確定等三組。所用之區別變數有四個，即年所得、信用卡的數目、家長年齡和小孩人數。經抽選三十位過去取得貸款者作為樣本，他們的資料如表 16-2 所列。本例中，由於分組的數目（$k=3$）比變數的數目（$m=4$）為少，因此，分組的數目（k）將決定區別函數的最大數目。本例中最多能有兩（即 $k-1$）個區別函數，這兩個區別函數如下：

$$Y_1 = 0.717X_1 + 0.296X_2 + 0.538X_3 + 0.330X_4$$
$$Y_2 = -0.671X_1 + 0.014X_2 + 0.250X_3 + 0.698X_4$$

這兩個函數的意義如下：在四個區別變數的所有線性組合（linear combination）中，第一個函數的線性組合能提供最大的區別能力，亦即在同一群體中各樣本單位的 Y_1 分數較接近，而不在同群體的樣本單位的 Y_1 分數則差距較大。至於第二個函數則是在第一個函數關係確定的情況下，能夠提供最大區別能力、而又使第二個函數的區別分數（Y_2）與第一個函數的區別分數（Y_1）完全不相關的線性組合，亦即 $r_{Y_1Y_2}=0$。

經過統計顯著性檢定之後，發現只有第一個函數具有統計的顯著性，故只能利用第一個區別函數。表 16-3 是各貸款者之基本資料代入第一個區別函數後所獲得區別分數。將表 16-2 中各分組之各變數的平均數代入第一個函數方程式，即可求得各分組之平均區別分數（$\bar{Y}$）如下：

信用不良組：

$$\bar{Y}(P) = 0.717(9.91) + 0.296(2.5) + 0.538(28.7) + 0.330(2.40)$$
$$= 24.08$$

不確定組：

$$\bar{Y}(E) = 0.717(13.82) + 0.296(4.3) + 0.538(35.7) + 0.330(2.50)$$
$$= 31.22$$

信用良好組：

$$\bar{Y}(G) = 0.717(19.66) + 0.296(6.4) + 0.538(43.6) + 0.330(2.40)$$
$$= 40.25$$

表 16-2　貸款者樣本的基本資料

	年所得（千美元）		信用卡數目		家長年齡		小孩人數	
	X_1		X_2		X_3		X_4	
信用不佳								
1	9.2		2		27		3	
2	10.7		3		24		0	
3	8.9		1		32		2	
4	11.2		1		29		4	
5	9.9		2		31		3	
6	10.7		4		29		1	
7	8.6		3		28		1	
8	9.1		0		31		5	
9	10.3		5		26		2	
10	10.5	$\bar{X}_1 = 9.91$	4	$\bar{X}_2 = 2.5$	30	$\bar{X}_3 = 28.7$	3	$\bar{X}_4 = 2.4$
不確定								
1	14.4		4		34		4	
2	14.7		7		33		2	
3	13.6		3		41		1	
4	10.3		1		37		1	
5	14.9		6		39		0	
6	15.8		5		37		3	
7	16.0		4		36		5	
8	11.2		2		35		3	
9	12.6		8		36		2	
10	14.7	$\bar{X}_1 = 13.82$	3	$\bar{X}_2 = 4.3$	29	$\bar{X}_3 = 35.7$	4	$\bar{X}_4 = 2.5$
信用良好								
1	18.6		7		42		3	
2	17.4		6		47		5	
3	22.6		4		41		1	
4	24.3		5		39		0	
5	19.4		1		43		2	
6	14.2		12		46		3	
7	12.7		8		42		4	
8	21.6		7		48		2	
9	26.4		5		37		3	
10	19.4	$\bar{X}_1 = 19.66$	9	$\bar{X}_2 = 6.4$	51	$\bar{X}_3 = 43.6$	1	$\bar{X}_4 = 2.4$

這三個分組的平均區別分數分別爲 24.08、31.22 和 40.25，介於這三個分數間的數值有二，即 27.65 和 35.73。故凡區別分數小於 27.65 者可視爲信用不良者，介於 27.65 到 35.73 之間者可視爲不確定者，高於 35.73 者可視爲信用良好。表 16-4 列舉這三十位獲得貸款者的實際風險分組和利用第一個區別函數預測的風險分組的比較。

表 16-3　各樣本單位的區別分數

	區別分數	預測組別
信用不良（*P*）		
1	22.7	P
2	21.7	P
3	24.6	P
4	25.3	P
5	25.4	P
6	24.8	P
7	22.5	P
8	24.9	P
9	23.5	P
10	25.8	P
不確定者（*E*）		
1	31.1	E
2	31.0	E
3	33.0	E
4	27.9	E
5	33.4	E
6	33.7	E
7	33.7	E
8	28.4	E
9	31.4	E
10	28.4	E
信用良好（*G*）		
1	39.0	G
2	41.2	G
3	39.8	G
4	39.9	G
5	38.0	G
6	39.5	G
7	35.4	E
8	44.1	G
9	41.3	G
10	44.3	G

本例之正確區別率高達 96.7%（或 29/30）。假定該公司最近接到一位貸款申請者的申請，他的基本資料如下：

表 16-4　信用風險的混淆表

實際分組	預測分組			合　計
	信用不佳	不確定	信用良好	
信用不佳	10			10
不 確 定		10		10
信用良好		1	9	10

X_1（年　所　得）＝$17,800

X_2（信用卡數目）＝3

X_3（家 長 年 齡）＝32

X_4（小 孩 人 數）＝3

將以上資料代入上述第一個區別函數：

$$Y=0.717(17.8)+0.296(3)+0.538(32)+0.330(3)=31.86$$

這名貸款申請者的區別分數為 31.86，介於 27.65 和 35.73 這兩個數值之間，故可將之歸為第二組——不確定組。

我們也可以用標準化的區別係數來表示各區別變數的區別能力的強弱。標準化係數（standardized coefficient，用 b^* 表示）係以原來的區別係數乘以各區別變數的聯合標準差（pooled standard deviation，用 s 表示）而得，亦即：

$$b_1^*=b_1s_1=0.717\,(2.747)=1.970$$
$$b_2^*=b_2s_2=0.296\,(2.333)=0.691$$
$$b_3^*=b_3s_3=0.538\,(3.457)=1.860$$
$$b_4^*=b_4s_4=0.330\,(1.531)=0.505$$

b_1^* 最大，b_3^* 次之，可知 X_1（年所得）是最重要的區別變數，X_3（家長年齡）次之。這兩個數值都是正值，表示所得愈高，年齡愈大，愈可能是一位信用良好的人。至於 X_4（小孩人數）則是最不重要的一個變數。

16-4 聯合分析

16-4-1 基本概念

聯合分析（conjoint analysis）是在已知受訪者對某一受測體集合（a set of stimuli）之整體評估結果（overall evaluation）的情形下，經由分解途徑（decompositional approach）去估計其偏好結構的一種分析方法（註 8）。換言之，即是從已知預測變數的聯合效果順序（order of the joint effect）及一特定的組合法則（composition rule），去推求準則變數和預測變數之間存在的衡量尺度（measurement scale）；亦即透過受訪者對一組準則變數的評估值，去推求預測變數和準則變數之預測值，並期使準則變數的原評估值和預測值兩者之間的差異爲最小。

在聯合分析中，受測體是由研究人員事先依照某種因子結構（factorial structure）加以設計。聯合分析的目的在將受訪者對受測體的整體反應予以分解，俾能從受訪者對受測體的整體評估結果推求出每一受測體成分的效用。

聯合分析適合於用來衡量受訪者的心理判斷（psychological judgement），如知覺（perception）和偏好（perference）。聯合分析的一項重要的基本假定是：受訪者是依據構成受測體的多個屬性（attribute）或因素（factor）來從事知覺和偏好判斷；亦即受訪者對某一受測體的偏好可以分解成各該受測體的多個屬性的偏好分數（preference score）或成分效用值（part-worth）（註 9）。因此，聯合分析的應用有其一定的限制：當受測體的屬性定義不明顯，或產品的偏好決策依據於知覺構面（perceptual dimension），而此知覺構面又難以或無法關聯於實體屬性（physical attribute），或受測體各屬性間的互動性太高時，皆不適合於使用此一分析方法（註 10）。

16-4-2 應用實例

聯合分析已被廣泛地應用在經由消費者偏好去估計及選擇產品（或服務）特性的研究上。在一項地毯清潔器產品設計的研究中（註 11），考慮的產品屬性有五，各屬性的水準如下：

1. 包裝設計：有三種水準，即 A、B、C 等三種樣式，如圖 16-3 所示。

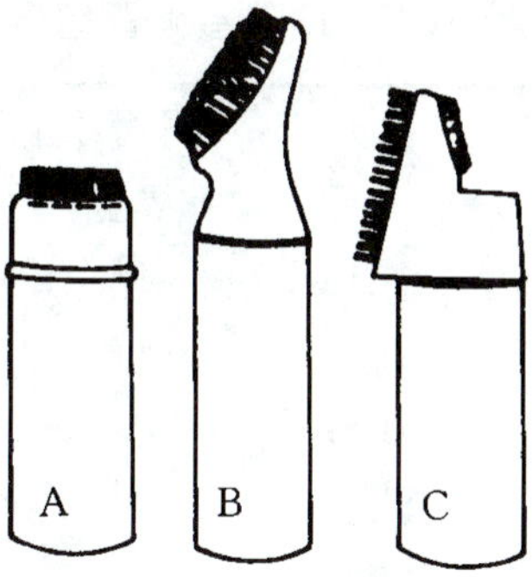

圖 16-3 三種包裝樣式

2. 品牌：有三種水準，即 K2R、Glory 和 Bissel 三種品牌。
3. 價格：有三種水準，即 \$1.19、\$1.39 和 \$1.59 三種價格。
4. 「好管家」標誌：有兩種水準，即有或無。
5. 退錢保證：有兩種水準，即有或無。

這五個屬性總計將組成 $3\times3\times3\times2\times2=108$ 種受測體組合，受訪者顯然無法爲這 108 種組合排列偏好順序，研究人員仍從中選出 18 種組合，並將這些組合分別寫在 18 張卡片上，每張卡片代表一種產品設計——包含一種包裝設計、一種品牌名稱，一項價格，有無好管家標誌，有無退錢保證；然後要求 100 位受訪者依照他們的偏好排出這 18 種受測體組合的偏好順序。這 18 種受測體組合及某一受訪者的評估結果如表 16-5 所示。

聯合分析的結果可求得每一位受訪者及每一個屬性的效用值（utility）。某位受訪者對各屬性的效用值如圖 16-4 所示。計算各屬性效用值的全距，可得知各屬性的相對重要性，如表 16-6 所列。從表 16-6 中可看出價格和包裝設計是最重要的兩個屬性，品牌名稱和好管家標誌是較不重要的屬性。

從圖 16-4 和表 16-6 中，也可看出各種不同的產品設計對這位受訪者的吸引力有多大。如包裝設計 A、Glory 牌、\$1.19、無退錢保證及無好管家標誌等所組成的產品設計，對此受訪者的總效用值爲：

$$0.1+0.2+1.0+0.2+0.2=1.7$$

而對此受訪者最有吸引力的產品設計組合爲：\$1.19、包裝設計 B、Bissell 牌、有退錢保證及有好管家標誌；此一設計對該受訪者的總效用值爲：

$$1.0+1.0+0.5+0.7+0.3=3.5。$$

表 16-5　18 種受測體組合

卡片	包裝設計	品牌	價格	「好管家」標誌	退錢保證	受訪者的評估（名次）
1	A	K2R	$1.19	無	無	13
2	A	Glory	$1.39	無	有	11
3	A	Bissel	$1.59	有	無	17
4	B	K2R	$1.39	有	有	2
5	B	Glory	$1.59	無	無	14
6	B	Bissel	$1.19	無	無	3
7	C	K2R	$1.59	無	有	12
8	C	Glory	$1.19	有	無	7
9	C	Bissel	$1.39	無	無	9
10	A	K2R	$1.59	有	無	18
11	A	Glory	$1.19	無	有	8
12	A	Bissel	$1.39	無	無	15
13	B	K2R	$1.19	無	無	4
14	B	Glory	$1.39	有	無	6
15	B	Bissel	$1.59	無	有	5
16	C	K2R	$1.39	無	無	10
17	C	Glory	$1.59	無	無	16
18	C	Bissel	$1.19	有	有	1*（最喜愛）

表 16-6　各屬性的相對的重要性

屬性	高效用值	低效用值	差異	百分比
價格	1.0	－0.1	＝0.9	33
包裝設計	1.0	－0.1	＝0.9	33
退錢保證	0.7	－0.2	＝0.5	19
品牌名稱	0.5	－0.2	＝0.3	11
好管家標誌	0.3	－0.2	＝0.1	4
				100

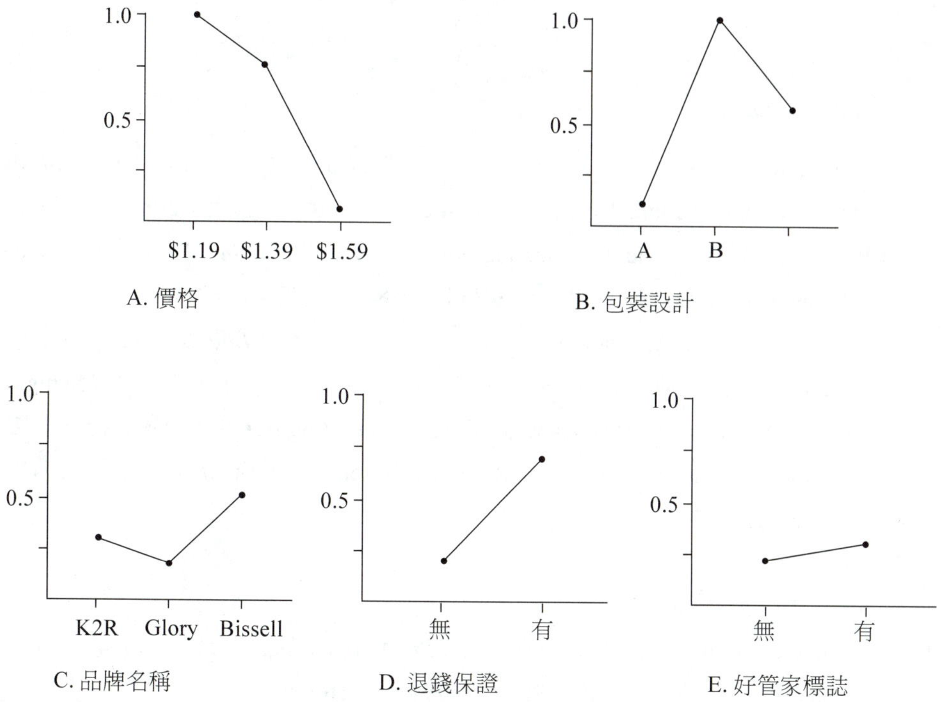

圖 16-4 某受訪者對各屬性的效用值

摘　要

多變量分析技術可依相依變數之有無，分爲相依方法和互依方法兩大類。本章介紹了四種主要的相依方法，即複迴歸、自動互動檢視法、區別分析和聯合分析。

複迴歸的目的在了解及建立一個相依變數與一組預測變數間的關係，本章分別介紹直線迴歸模式、判定係數與相關係數以及複迴歸模式的檢定等重要觀念。自動互動檢視法是一種逐次蒐索的分析工具，以處理預測變數之間的互動現象。聯合分析的目的在將受訪者對受測體的整體評估或偏好予以分解，俾推求出每一受測體成分的效用；聯合分析已被廣泛地應用在經由消費者偏好去估計及選擇產品或服務特性的研究上。

附　註

註 1：J Hair, Jr., W. Black, R. Anderson, and R. Tatham, *Multivariate Data Analysis,* 6th ed. (Upper Saddle River, NJ: Prentice-Hall, 2006), pp.204-208。

註 2：P. Green, D. Tull and G. Albaum, *Research for Marketing Decisions*, 5th ed. (Englewood Cliffs, N. J.: Prentice-Hall, 1988), pp.452-455。

註 3：J. Sonquist and J. Morgan, *The Detection of Interaction Effects*, Monograph No. 35 (Ann Arbor, Michigan: Survey Research Center, University of Michigan, 1964); J Sonquist, E. Baker and J. Morgan, *Searching for Structure* (Alias, AID-III) (Ann Arbor, Michigan: Survey Research Center, University of Michigan, 1971)。

註 4：同註 2，pp.537-538。

註 5：同註 2，p.538。

註 6：同註 2，pp.539-540。

註 7：Gilbert Churchill, Jr., *Marketing Research: Methodological Foundations,* 3rd ed. (Hindsdale, IL.: The Dryden Press, 1979), pp.616-620。

註 8：P. E. Green and V. Srinivasan, "Conjoint Analysis in Consumer Research: Issues and Outlook," *Journal of Consumer Research,* vol.5 (September 1978), pp. 103-123。

註 9：P. Cattin and Wittink, "Commercial Use of Conjoint Analysis: A Survey", *Journal of Marketing,* vol.46 (Summer 1982), pp.44-53。

註 10：P. E. Green and Y. Wind, *Multiattribute Decisions in Marketing: A Measurement Approach* (Hindsdale, IL: The Dryden Press, 1973), pp.39-46。

註 11：P. E. Green and Y. Wind, "New Way to Measure Consumers' Judgments," *Harvard Business Review* (July-Aug. 1975), pp.107-117。

第十七章

多變量分析：
結構方程式模式

前一章所介紹的各種相依方法，只能處理預測變數和準則變數間的單一相依關係。本章所要介紹的結構方程式模式（structural equation modeling，SEM）則可同時處理一系列互相關聯的相依關係。

17-1 基本概念與決策流程

17-1-1 基本概念

結構方程式模式（SEM）可同時檢查兩個或兩個以上變數互相關聯的相依關係。當某一變數在一相依關係中為準則變數，但在下一個相依關係中卻變成預測變數時，SEM 特別有用。SEM 包含一組的相依關係，這些相依關係的準則變數須為計量尺度，而預測變數則可為計量或非計量的尺度，其基本型態如下：

$$
\begin{aligned}
Y_1 &= Y_{11} + Y_{12} + \cdots + X_{1n} \\
Y_2 &= Y_{21} + Y_{22} + \cdots + X_{2n} \\
\underset{(\text{計量})}{Y_m} &= \underbrace{Y_{m1} + Y_{m2} + \cdots + X_{mn}}_{(\text{計量，非計量})}
\end{aligned}
$$

SEM 亦常被稱為線性結構關係（Linear Structural Relation，LISREL）分析，因為 LISREL 是 SEM 最常用的一種電腦套裝軟體。SEM 是一種用途廣泛的多變量分析技術，在應用上也有許多變化。因此，研究人員常不能確定它的組成為何。但所有的 SEM 技術都具備三個特性：(1) 可估計多個互相關聯的相依關係；(2) 能夠指出在這些相依關係中未觀察的觀念（unobserved concept），並改正在估計過程中的衡量誤差（measurement error）；(3) 可界定用來解釋整套關係的模式。（註 1）

SEM 和其他相依方法最大的不同在於 SEM 可經由結構模式（structural model）來同時估計一系列單獨但互依的複迴歸方程式。研究人員要先從理論、先前經驗和研究目的來找出哪些預測變數可預測各個準則變數。譬如，我們要先去預測商店形象，然後利用商店形象去預測顧客滿意，再利用商店形象和顧客滿意去預測商店忠誠。如此某些準則變數在後面的關係中變成預測變數，這就產生了結構模式中的互依關係，而且同樣的變數會影響每一個準則變數，但有不同的效果，然後又將這些互依關係帶進每一個準則變數的結構方程式。

SEM 基本上是一種驗證性的方法，通常必須要有理論的支持，由理論來引導。SEM 的結構模式和衡量模式（measurement model）的每一個成分都必須由研究人員清楚地予以界定。而且，任何模式的修改都必須由研究人員來主導，因此，在修正模式時，必須有一**理論的**模式來引導估計過程。由於 SEM 具有相當的彈性，它可發展出一套幾乎不具概化能力的模式的機會是相當高的，因此有需要強調理論上的合理性。

SEM 可用來分析許多不同類型的因果關係（causal relationship），其中使用最廣的是驗證性因素分析（confirmatory factor analysis）和結構方程式的估計這兩種類型的分析。

17-1-2 決策流程

SEM的決策流程，包括發展理論模式、建構因徑圖（path diagram）、建立結構和衡量模式、估計模式、評估模式的適合度和解釋模式等六項步驟。

(一) 發展理論模式

SEM主要是由理論來引導研究，是驗證性的（confirmatory），而不是探索性的（exploratory），它主要是用來驗證變數間的因果關係。而變數間的因果關係應有合理的理論基礎來支持，故須先發展一理論性的模式。

陳述誤差（specification error）是發展理論模式時最主要的一種誤差。陳述誤差是指忽略了一個或以上的關鍵預測變數所產生的誤差。在模式中忽略了某一或某些重要的變數，將會使其他變數之重要性的估計發生偏差。

(二) 建構因徑圖

因徑圖是描繪因果關係的一種方法，對 SEM 所要展現的系列因果關係特別有用。事實上，因徑圖不僅可描繪構念（construct）間的因果關係，也可說明構念間的相關關係。在因徑圖中，構念通常用橢圓來表示。

因徑圖中的箭號表示構念間的特定關係。直線的箭頭代表一項構念對另外一項構念的直接因果關係（箭頭所指處爲果，箭頭來源處爲因）；彎曲的雙箭頭（或沒有箭頭的曲線）只代表構念間的相關；如兩項構念間互爲因果關係時，則用兩條直線的箭頭來表示。圖 17-1 是一因徑圖的例子。

因徑圖

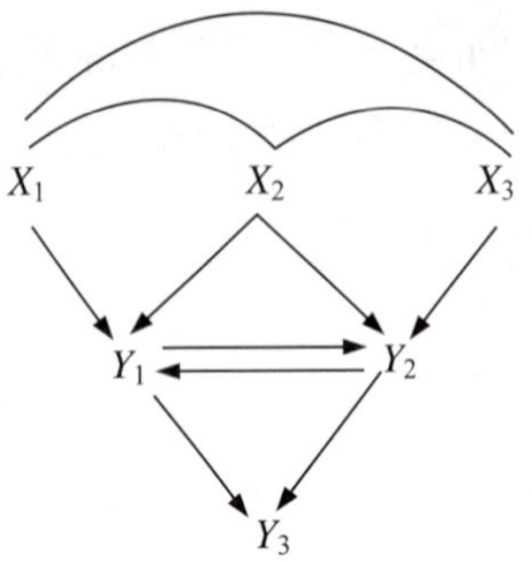

因果關係

預測變數		準則變數
X_1 X_2 Y_2	→	Y_1
X_2 X_3 Y_1	→	Y_2
Y_1 Y_2	→	Y_3

圖 17-1　用因徑圖描述因果關係

因徑圖中的所有構念都可以分成外生構念（exogenous construct）和內生構念（endogenous construct）兩類。外生構念通稱爲獨立變數或預測變數，即指未被其他構念或變數預測或影響的構念或變數，在因徑圖中沒有箭頭指向這些構念，如圖 17-1 中之 X_1、X_2、X_3。內生構念是指被一項或以上的其他構念預測或影響的構念，如圖 17-1 中之 Y_1、Y_2、Y_3。內生構念能夠預測其他的內生構念，但外生構念只能和內生構念有因果關係，亦即外生構念不能預測其他的外生構念。因徑圖中外生構念和內生構念均由研究人員自行決定，正如同迴歸中的預測變數和準則變數係由研究人員自行決定一樣。

因徑圖有兩項假定。首先假定所有的因果關係都明白表示，因此要以理論作爲包含或刪除任何關係的基礎。因徑圖的目的是要以構念間最少數目的因果路徑或相關將構念間的關係用模式表現出來。其次假定構念間的因果關係是直線的。

㈢ 建立結構和衡量模式

在根據理論模式建構出因徑圖後，接著可著手建立結構模式和衡量模式（measurement model）。結構模式的建立是要把因徑圖轉化成一系列的結構方程式，每一項內生構念（如圖 17-1 中的 Y_1、Y_2、Y_3）都是一單獨方程式中的準則變數，而在直線箭頭尾端的所有構念則是預測變數。譬如，圖 17-1 的因徑圖可轉化成結構方程式如表 17-1 所列。

除了結構模式之外，還要指定衡量模式。衡量模式和因素分析非常類似。因素分析中每一個變數是由各因素上的負荷量來加以解釋。由於每一

表 17-1 將圖 17-1 之因徑圖轉成結構方程式

內生構念	=	外生構念			+	內生構念			+	誤差
Y_i		X_1	X_2	X_3		Y_1	Y_2	Y_3		ε_i
Y_1	=	$b_1X_1+b_2X_2$					$+b_3Y_2$		+	ε_1
Y_2	=		$b_4X_2+b_5X_3$		+	b_6Y_1			+	ε_2
Y_3	=					b_7Y_1	$+b_8Y_2$		+	ε_3

變數在各項因素上都有一個因素負荷量（factor loading），雖然每一個變數的因素負荷量大小不一，但事實上每一個因素都是所有變數的結合，因此，每一個因素實際上都是一項由所有變數的負荷量來界定的潛在構念（latent construct）。

在進行探索性因素分析時，研究人員無法控制要由哪些變數來描述各個因素，而 SEM 是驗證性的，研究人員可指定要用哪些變數來界定每一項構念（因素）。在衡量模式中，我們將明示變數稱爲指標（indicator），因爲我們要用這些明示變數去衡量或指明潛在構念（因素）。

在衡量模式中，研究人員可完全控制每一項構念要由哪一個或哪些個變數去描述，亦即可自行決定每一項構念要用多少個指標。一旦指定了衡量模式之後，研究人員接著需要去估計或認定指標的信度（reliability）。所謂信度是指一組潛在構念指標在其衡量中的一致性程度。具高度信度的構念指標是高度互相關的，表示他們都在衡量相同的潛在構念。信度可用 1.0 減衡量誤差來求得。如果每一項構念都只用一個指標去衡量，則沒有辦法用實證資料去估計信度，此時只能由研究人員去認定或提供指標的信度。如果構念有兩個或以上的指標，則可以負荷量係數作爲指標或整體構念的信度的估計值。

㈣ 估計模式

在建立了結構和衡量模式之後，就要進行估計模式的實際作業。不過，在選擇估計方法之前，須先選擇投入資料的類型。

1. 投入資料

SEM的重點不在個別的觀察值，而在關係的型態，因此它所需要的投入資料並不是個別的觀察值，而是變異數-共變數矩陣或相關矩陣。如果投入個別的觀察值，也需要在進行估計之前將之轉變成變異數-共變數矩陣或相關矩陣。

一般言之，如果研究目的只是想了解或探討構念間之關係型態，而不是要去解釋構念的總變異數，則適宜使用相關矩陣；如果研究目的是要進行真正的理論檢定（theory testing），此時需要去解釋構念的總變異數，則變異數-共變數矩陣將是較合適的投入資料。

2. 模式的估計

最大概率估計法（maximum likelihood estimation，MLE）是一種有效率的不偏估計法，但利用 MLE 時必須符合多變量常態性（multivariate normality）的假定，樣本也不能太小。一般認爲樣本數最少應在 100 到 150 之間才適合使用 MLE（註 2）。但樣本太大（如超過 400）時，MLE 會變得過度敏感，幾乎任何差異都會被檢測出來，因而會使所有的適合度（goodness-of-fit）衡量都出現配合不佳的結果（註 3）。因此，樣本大小以 150 到 400 爲宜，但仍然要考慮模式的複雜性（model complexity）、遺失的資料（missing data）和共同性（commonality）等因素而做調整（註 4）。

3. 電腦程式的選擇

可用來估計結構和衡量模式的電腦程式有好多種，如LISREL、AMOS、EQS、SAS 的 CALIS 等，其中以 LISREL 最廣被採用，LISREL 幾乎已成爲 SEM 的同義字。

㈤ 評估模式的適合度

在完成模式估計之後，接著要評估所獲得的模式。首先要檢查是否有超出範圍的異常估計值（offending estimate），如果發現有異常的估計值，應先加以處理，然後分別估計整套模式、衡量模式和結構模式的適合度。

㈥ 解釋模式

一旦模式經評估後認爲可以接受，研究人員就可開始解釋模式。首先應檢查模式結果和提出的模式之間的一致性如何，看看理論所指出的主要關係是否獲得模式結果的支持。結構方程式模式中的標準化係數（standardized coefficient），有如迴歸中的 beta 權重，係數愈大表示在因果關係中的重要性愈高。標準化係數可用來決定相對的重要性，但只能針對特定的樣本，不能做樣本間的比較。而未標準化的係數，有如複迴歸中的迴歸權重，可做樣本間的比較，但較難做係數間的比較。

17-2 模式的適合度

模式的適合度包括整體模式的適合度以及衡量與結構模式的適合度等兩個層次。在利用電腦程式完成 SEM 的模式估計之後，研究人員須分別就這兩個層次的模式適合度進行評估。不過，在評估適合度之前，須先檢查並處理異常估計值的問題。

17-2-1 異常的估計值

異常的估計值是指在結構或衡量模式中超出可接受之界限的估計係數。異常的估計值最常見的例子是 (1) 任何構念的誤差變異數是負值的或是不顯著，(2) 標準化的係數大於 1.0 或非常接近 1.0，或 (3) 任一估計係數的標準誤（standard error）很大。（註 5）

如果發現有異常的估計值，表示所獲得的模式在理論上是不合適的，必須先加以修正才能進行適合度的評估。譬如，當發現某變數的標準化係數（即構念負荷量）大於 1.0，或衡量誤差是負值時，可將此一異常的變數從模式中剔除；或雖予保留，但將此一異常的（負值的）誤差變異數設定為一非常小的正值（0.005），然後重新估計模式。

17-2-2 整體模式的適合度

在確定沒有異常估計值之後，就可利用適合度衡量來評估模式的整體適合度。適合度是要衡量實際或觀察的投入（共變數或相關）矩陣與模式所預測的矩陣的一致性程度。

適合度衡量有三種類型，即 (1) 絕對適合度衡量（absolute fit measure）、(2) 增量適合度衡量（incremental fit measure）或 (3) 簡要適合度衡量（parsimony fit measure）（註 6）。

(一) 絕對適合度衡量

絕對適合度衡量只能評估整體模式的適合度，它用來確定整體模式可以預測共變數或相關矩陣的程度。用來評估 SEM 的絕對適合度衡量有：

1. χ^2（卡方統計值）：p（顯著水準）至少應大於 0.05，甚至要大於 0.1 或 0.2。

2. GFI（適合度指標）：介於 0 與 1 之間，愈大愈好。
3. AGFI（調整的適合度指標）：其數值通常比 GFI 爲低。
4. RMSR（平均殘差平方根）：由研究人員設定可接受的水準。
5. SRMR（標準化的 RMSR）：較適用於比較模式間的適合度。
6. RMSEA（平均近似值誤差平方根）：在 95% 信賴水準下，RMSEA 介於 0.03 到 0.08 之間。
7. ECVI（預期交叉驗證指標）：最適合用來比較不同模式的績效。
8. CVI（交叉驗證指標）：模式比較之用。
9. Gamma Hat：正常數值在 0.9 到 1.0 之間。

㈡ 增量適合度衡量

增量適合度衡量係比較研究人員發展的模式和某一基準模式。此一基準模式通常稱爲虛無模式（null model）。在大多數情況下，虛無模式是單一構念的模式，其所有指標都完美地衡量此一構念。不過，對於如何來設定虛無模式仍有見仁見智的看法。用來評估 SEM 的增量適合度衡量有：

1. NFI（基準的適合指標）：介於 0 到 1 之間，1 代表完全適合。
2. CFI（比較適合指標）：介於 0 到 1 之間，愈大愈好。
3. TLI（Tucker-Lewis 指標）：可能小於 0 或大於 1，通常要接近於 1 才可接受。
4. RNI（相對非中心指標）：介於 0 與 1 之間，低於 .90 通常不是好的配合。

㈢ 簡要適合度衡量

簡要適合度衡量係要調整適合度衡量，俾能比較含有不同估計係數數目的模式，以決定每一估計係數所能獲致的適合程度。這種程序和複迴歸中調整的 R^2 很類似。由於沒有統計檢定可用，它們的使用大多限於模式間的比較。簡要適合度衡量有：

1. PGFI（簡要的適合度指標）：介於 0 與 1 之間，愈大愈好。
2. PNFI（簡要的基準配合指標）：愈大愈好。

研究人員面對這麼多的適合度衡量，到底要選用哪一種或哪幾種衡量呢？由於各類衡量都有其特點，研究人員最好從每一類型中都各選用一種或一種以上的衡量，然後從中比較取得接受或不接受模式適合度的共識，應是比較穩當的作法。

整體模式的適合度即使是可以接受的，並不保證所有的構念都會符合衡量模式的要求，也不保證結構模式會獲得充分的支持。研究人員必須分別查看衡量模式和結構模式的適合情形。

17-2-3 衡量模式的適合度

在評估整體模式的適合度之後，接著可評估每一構念的衡量模式，看看是否具有單一構面性（unidimensionality）和信度。單一構面性的假定是計算信度的基礎。當一構念的指標在一單一因素（一個構面）模式上的適合度可被接受時，就具有單一構面性。使用信度衡量（如 Cronbach's α 係數）時係假定單一構面性的存在。研究人員在估計信度前宜先檢定所有多指標的構念的單一構面性。其次要檢查估計的負荷量，看看每一種負荷量是否具有統計顯著性；如未達統計顯著性，可能要刪除該指標，或將之轉形使指標與構念有更好的適合度。

另外也要檢查每一種構念的組合信度（composite reliablilty）。信度表示構念指標的內部一致性，信度愈高表示這些指標的一致性愈高。一般認爲 0.70 是可接受的最低水準，唯如研究的性質是探索性的，則低於 0.70 也常被認爲是可接受的。

研究人員須分別計算模式中各項多指標構念的組合信度。各構念的組合信度公式如下：

$$組合信度=\frac{(\Sigma 標準化的負荷量)^2}{(\Sigma 標準化的負荷量)^2+\Sigma\varepsilon_j}$$

ε_j：各指標的衡量誤差

衡量誤差＝ 1.0 －某一指標的信度

某一指標的信度＝該指標的標準化負荷量的平方

信度亦可用萃取變異量（variance extracted）來衡量。一般認爲每一構念的萃取變異量數值應在 0.50 以上才是可接受的。萃取變異量的公式如下：

$$萃取變異量=\frac{\Sigma(標準化的負荷量)^2}{\Sigma(標準化的負荷量^2)+\Sigma\varepsilon_j}$$

17-2-4 結構模式的適合度

結構模式適合度的評估主要是要檢查估計係數的統計顯著性。SEM 除提供估計的係數之外，還提供每一係數的標準誤和計算的 t 值。研究人員只要設定合適的顯著水準（如 $\alpha = 0.05$），就可檢定每一項估計係數的統計顯著性（是否顯著地不等於 0？），以判定是否存在假設的因果關係。

如同複迴歸一樣，也可利用整體的判定係數（R^2）來評估各個結構方程式的相對適合度。研究人員也要注意複共線性對 SEM 結果的影響。複共線性可從 SEM 結果中各潛在構念估計值間的相關矩陣來判定；如果相關的數值大（如超過 0.80 或 0.90），表示有複共線性存在，就應採取改正行動，包括剔除一項構念或重新設定因果關係。

17-3 應用實例

在一項關係品質與關係結果的研究中，研究人員以台北地區百貨公司與便利商店的消費者爲研究對象，利用結構方程式模式來驗證理論架構的合理性（註 7）。

17-3-1 理論架構及研究假設

研究人員首先依據文獻探討推導出此一關係品質與關係結果的理論架構，如圖 17-2 所示。

依據此理論架構可發展出以下八項研究假設：

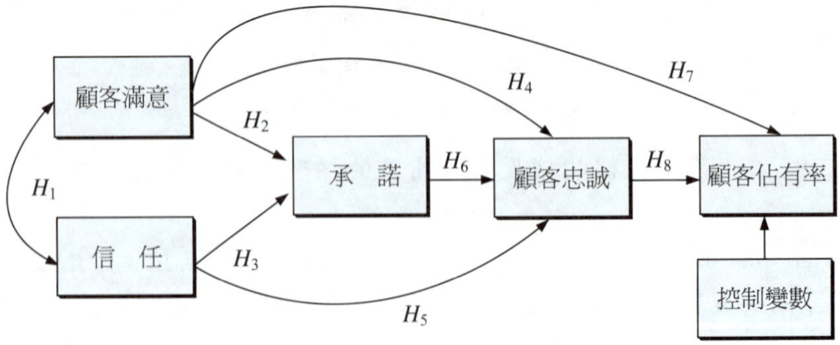

圖 17-2　關係品質與結果的理論架構

H_1：顧客對商店的滿意與其對該商店的信任會有相互影響關係。亦即顧客對商店的滿意會正向影響其對該商店的信任，而顧客對商店的信任亦會正向影響其對該商店的滿意。

H_2：顧客對商店的滿意會正向影響其對該商店的承諾，亦即顧客對商店滿意愈高則其對該商店的承諾也愈高。

H_3：顧客對商店的信任會正向影響其對該商店的承諾，亦即顧客對商店愈信任則其對該商店的承諾也愈高。

H_4：顧客對商店的滿意會正向影響其對該商店的忠誠，亦即顧客對商店愈滿意則其對該商店愈忠誠。

H_5：顧客對商店的信任會正向影響其對該商店的忠誠，亦即顧客對商店愈信任則其對該商店愈忠誠。

H_6：顧客對商店的承諾會正向影響其對該商店的忠誠，亦即顧客對商店的承諾愈高則其對該商店愈忠誠。

H_7：顧客對商店的滿意會正向影響顧客佔有率，亦即顧客對商店愈滿意則其對該商店支出佔有比率或購買次數佔有比率就愈高。

H_8：顧客對商店的忠誠會正向影響顧客佔有率，亦即顧客對商店愈忠誠則其對該商店支出佔有比率或購買次數佔有比率就愈高。

該研究的理論架構中，**顧客佔有率**會直接受到**顧客忠誠**與**顧客滿意**的正向影響，也會受到其他因素（如地點、價格、替代方案……等）之影響，該研究納入這些因素作爲控制變數；**顧客忠誠**會受到**顧客滿意**、**信任**與**承諾**的直接正向影響；**顧客承諾**會受到**顧客滿意**與**信任**的直接正向影響；而**顧客滿意**與**信任**兩者之間會正向相互的影響。這些構念的操作性定義如下：

1. **顧客滿意**：一位顧客以經驗爲基礎的消費後情感因素的評價，是一種整體（累積）而非特定交易的滿足水準。
2. **信任**：一位顧客對一家零售店的交易經驗或該零售店對外的語言、文字宣示所抱持的期望。此類經驗或語言、文字宣示，會使消費者感覺該商店是誠實與可靠的。
3. **承諾**：一位顧客對一家零售店持久渴望的持續關係，伴隨著願意努力維持此關係，是單一構面的情感性承諾（認同歸屬感）。
4. **忠誠**：一位顧客在態度與行爲兩方面，持續的表現出對一家商店正面積極的關係，如正面的口碑推薦（衍生行爲）與未來再購的意願（態度）。
5. **顧客佔有率**：購買支出的佔有率係指一位顧客在特定商店的購買支

出，佔其在所有類似商店購買支出的比重。購買次數的佔有率係指一位顧客在特定商店的購買次數，佔其在所有類似商店購買次數的比重。

17-3-2 整體模式的評估

該研究各構念之間的平均數、標準差與相關矩陣如表 17-2，以衡量模式的估計來分析模式信度與效度。發現不論在百貨公司或便利商店兩受訪群，五個潛在構念的組合信度介於 0.81 至 0.97 之間，均已超過 0.70 的標準，且萃取變異量介於 0.68 至 0.94 之間，均已超過 0.50 的標準，顯示此量表具有良好的信度水準。所有觀察變數的因素負荷量（λ）均高於 0.50 以上（僅有便利商店顧客滿意第 3 題的因素負荷量在 0.43），且 t 值檢定均達顯著水準，故可謂各構念之觀察題項具有良好的收斂效度，如表 17-3 所示。

表 17-2 各構念平均數、標準差與相關矩陣資料

	平均數	標準差	1	2	3	4	5
1. 顧客佔有率	0.38\0.58	0.24\0.21		0.51	0.45	0.30	0.31
2. 顧客忠誠	3.13\3.21	0.70\0.69	0.69		0.88	0.47	0.57
3. 承諾	2.97\3.02	0.80\0.75	0.61	0.88		0.42	0.49
4. 顧客滿意	5.13\5.29	1.02\0.96	0.42	0.56	0.55		0.52
5. 信任	3.47\3.65	0.55\0.57	0.40	0.58	0.55	0.41	

註：平均數與標準差資料在斜線之前為 SOGO 百貨資料，在斜線之後為 7-Eleven 資料。矩陣對角線左下方三角形為 SOGO 百貨受訪者構念之間的相關係數，矩陣對角線右上方三角形為 7-Eleven 受訪者構念之間的相關係數。

由表 17-4 得知，在 SOGO 百貨受訪群的整體模式適合度指標中，GFI（goodness-of-fit index）與 AGFI（adjusted GFI）值分別為 0.90 及 0.87，RMSR（root mean square residual）值為 0.070，CFI（comparative fit index）值為 0.94，顯示此模式整體適合度尚稱良好。唯 χ^2（卡方值）和理論最適值有段差距，此部分削弱了此模式的解釋能力，推測這和樣本大小與觀察值未呈多變量常態分配有關。

由表 17-5 得知，在 7-Eleven 便利商店受訪群的整體模式適合度指標中，$\chi^2_{(244)} = 777.18$，p 值亦因大樣本的影響而達 0.01 的顯著水準，但其他適合指標如 GFI = 0.89，AGFI = 0.85，CFI = 0.91，RMSR = 0.073，則顯示

表 17-3 衡量模式估計

構念與觀察變數	SOGO 組成信度	SOGO 萃取變異量	SOGO 因素負荷量 (λ)	SOGO R^2	7-Eleven 組成信度	7-Eleven 萃取變異量	7-Eleven 因素負荷量(λ)	7-Eleven R^2
顧客滿意	0.8315	0.7287			0.8113	0.6864		
滿意 1			0.88***	0.77			0.84***	0.71
滿意 2			0.93***	0.87			0.90***	0.80
滿意 3			0.54***	0.29			0.43***	0.18
滿意 4			0.54***	0.29			0.55***	0.30
滿意 5			0.57***	0.33			0.63***	0.40
信任	0.8611	0.7948			0.8549	0.7801		
信任 1			0.85***	0.73			0.78***	0.61
信任 2			0.87***	0.76			0.87***	0.76
信任 3			0.76***	0.58			0.75***	0.56
信任 4			0.62***	0.38			0.60***	0.46
承諾	0.8920	0.8581			0.8252	0.7448		
承諾 1			0.83***	0.69			0.71***	0.50
承諾 2			0.88***	0.77			0.83***	0.70
承諾 3			0.86***	0.74			0.80***	0.64
顧客忠誠	0.8993	0.8425			0.8838	0.8105		
口碑 1			0.76***	0.57			0.73***	0.54
口碑 2			0.68***	0.47			0.68***	0.46
口碑 3			0.82***	0.67			0.77***	0.59
再購意願 1			0.80***	0.64			0.78***	0.61
再購意願 2			0.80***	0.63			0.74***	0.55
再購意願 3			0.78***	0.61			0.78***	0.61
顧客佔有率	0.9700	0.9481			0.8188	0.7600		
頻率佔有率			0.97***	0.95			0.89***	0.79
金額佔有率			0.87***	0.76			0.78***	0.60

***表 $p<0.001$

整體模式的適合度亦尚稱良好。

經由結構模式的估計結果，可以用來檢定理論架構的八項假設。由圖 17-3 及圖 17-4 中顯示顧客滿意與信任有顯著正向相互影響關係（$\phi_{SOGO}=0.41$，$p<0.01$；$\phi_{7-Eleven}=0.52$，$p<0.01$），假設一獲得證實；顧客滿意對承諾有顯著的正向影響（$\gamma_{SOGO}=0.39$，$p<0.01$；$\gamma_{7-Eleven}=0.23$，$p<0.01$），

表 17-4　SOGO 百貨結構模式估計

因　徑	假　設	期望符號	因徑係數	t 值	驗證結果
顧客滿意→承諾	H_2	+	0.39	8.67**	支持
信任→承諾	H_3	+	0.41	8.82**	支持
顧客滿意→顧客忠誠	H_4	+	0.11	2.97**	支持
信任→顧客忠誠	H_5	+	0.17	4.55**	支持
承諾→顧客忠誠	H_6	+	0.71	11.14**	支持
顧客滿意→顧客佔有率	H_7	+	0.06	1.37	不支持
顧客忠誠→顧客佔有率	H_8	+	0.53	9.46**	支持
控制變數					
地點→顧客佔有率			0.10	2.47**	
替代方案→顧客佔有率			−0.15	−4.72**	
創新→顧客佔有率			0.03	0.69	
犧牲成本→顧客佔有率			−0.20	−5.57**	
價格知覺→顧客佔有率			−0.01	−0.27	

註 1：顧客滿意與信任的相關係數為 0.41，t 值為 10.20，達 0.01 的顯著水準。

2：$\chi^2_{(245)} = 772.83$，$p < 0.01$；GFI = 0.90；AGFI = 0.87；NNFI = 0.92；CFI = 0.94；RMSEA = 0.061；RMSR = 0.070；*表 $p < 0.05$；**表 $p < 0.01$。

表 17-5　7-Eleven 便利商店結構模式估計

因　徑	假　設	期望符號	因徑係數	t 值	驗證結果
顧客滿意→承諾	H_2	+	0.23	4.06**	支持
信任→承諾	H_3	+	0.39	6.76**	支持
顧客滿意→顧客忠誠	H_4	+	0.07	1.77*	支持
信任→顧客忠誠	H_5	+	0.17	3.91**	支持
承諾→顧客忠誠	H_6	+	0.76	9.74**	支持
顧客滿意→顧客佔有率	H_7	+	0.04	0.80	不支持
顧客忠誠→顧客佔有率	H_8	+	0.26	4.66**	支持
控制變數					
地點→顧客佔有率			0.29	5.78**	
替代方案→顧客佔有率			−0.02	−0.42**	
創新→顧客佔有率			0.11	2.11*	
犧牲成本→顧客佔有率			−0.15	−3.50**	
價格知覺→顧客佔有率			−0.08	−1.87*	

註 1：顧客滿意與信任的相關係數為 0.52，t 值為 13.77，達 0.01 的顯著水準。

2：$\chi^2_{(244)} = 777.18$，$p < 0.01$；GFI = 0.89；AGFI = 0.85；NNFI = 0.89；CFI = 0.91；RMSEA = 0.068；RMSR = 0.073；*表 $p < 0.05$；**表 $p < 0.01$。

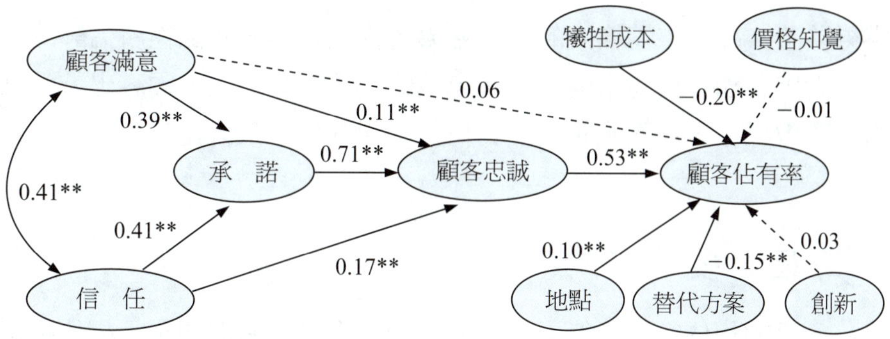

*表 $p<0.05$；**表 $p<0.01$

圖 17-3　**SOGO** 百貨結構模式估計

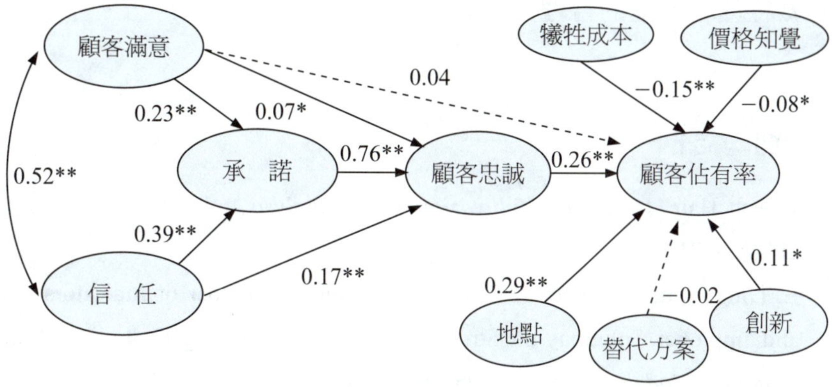

*表 $p<0.05$；**表 $p<0.01$

圖 17-4　**7-Eleven** 便利商店結構模式估計

假設二亦獲得證實；信任對承諾有顯著的正向影響（$\gamma_{\text{SOGO}}=0.41$，$p<0.01$；$\gamma_{\text{7-Eleven}}=0.39$，$p<0.01$），假設三亦獲得證實；顧客滿意對顧客忠誠有顯著的正向影響（$\gamma_{\text{SOGO}}=0.11$，$p<0.01$；$\gamma_{\text{7-Eleven}}=0.07$，$p<0.01$），假設四亦獲得證實；信任對顧客忠誠有顯著的正向影響（$\gamma_{\text{SOGO}}=0.17$，$p<0.01$；$\gamma_{\text{7-Eleven}}=0.17$，$p<0.01$），假設五亦獲得證實；承諾對顧客忠誠有顯著的正向影響（$\beta_{\text{SOGO}}=0.71$，$p<0.01$；$\beta_{\text{7-Eleven}}=0.76$，$p<0.01$），假設六亦獲得證實；顧客滿意對顧客佔有率雖然有正向的影響，但未達顯著水準（$\gamma_{\text{SOGO}}=0.06$，$p>0.05$；$\gamma_{\text{7-Eleven}}=0.04$，$p>0.05$），因此假設七並未獲得證實；顧客忠誠對顧客佔有率有顯著的正向影響（$\beta_{\text{SOGO}}=0.53$，$p<0.01$；$\beta_{\text{7-Eleven}}=0.26$，$p<0.01$），假設八獲得證實。

該研究模式的八項假設中，除了假設七未獲得證實之外，其餘假設均獲得驗證。經由整體模式的實證結果，從結構模式各因徑所估計的係數大小可看出，顧客佔有率受到顧客忠誠的影響效果最大，顧客忠誠受到承諾的影響效果最大，而承諾則受到信任的影響效果最大。

摘　要

一般的相依方法只能處理預測變數和準則變數間的單一相依關係，而結構方程式模式（SEM）則可同時處理一系列互相關聯的相依關係。本章介紹 SEM 的基本概念與決策流程，也分別介紹評估整體模式、衡量模式和結構模式之適合度的方法。最後則以一項學術研究的實例，說明如何運 SEM 驗證理論架構的合理性。

附　註

註 1：Joseph Hair, Jr., et al., *Multivariate Data Analysis*, 6th ed.（Pearson Education, 2006), p.711。

註 2：L. Ding, et al., "Effects of Estimation Methods, Number of Indicators per Factor and Improper Solutions on Structural Equation Modeling Fit Indices," *Structural Equation Modeling*, vol.2, 1995, pp.119-143。

註 3：J. Tanaka, "Multifaceted Conceptions of Fit in Structural Equation Models," in K. A. Bollen and J. S. Long (eds), *Testing Structural Equation Models* (Sage, 1993)。

註 4：同註 1，p.741。

註 5：Joseph Hair, Jr., et al, *Multivariate Data Analysis*, 5th ed. (Prentice-Hall, 1998), p.610。

註 6：同註 1，pp.746-750。

註 7：摘自吳師豪，**關係品質與關係結果之研究**，臺北：臺北大學企業管理學系博士論文，2004 年。

第十八章

多變量分析：互依方法

前兩章已介紹了五種主要的相依方法——複迴歸、自動互動檢視法、區別分析、聯合分析和結構方程式模式。本章將介紹企業研究中較常用的四種主要的互依方法，即因素分析、集群分析、多元尺度法和對應分析。

18-1 因素分析

18-1-1 基本觀念

因素分析（factor analysis）是研究一群觀察變數之間的相互關係的一種多變量統計分析技術。在應用迴歸分析及區別分析的研究中，常會碰到複共線性的問題，即預測變數之間具有高度互相關，此時可用因素分析將這一群互相關的變數濃縮或簡化爲少數互相獨立的因素。因素分析假定各觀察變數間之所以發生互相關，是因爲有少數影響這些不同觀察變數的基本因素存在，因素分析的作用在於設法發現那些共同的基本因素。

因素是觀察變數的一種線性組合，即

$$F_j = \alpha_{1j}X_1 + \alpha_{2j}X_2 + \alpha_{3j}X_3 + \cdots\cdots + \alpha_{nj}X_n$$

F_j：第 j 個因素

樣本單位的因素分數爲：

$$F_{ij} = \alpha_{1ij}X_{1i} + \alpha_{2ij}X_{2i} + \cdots\cdots + \alpha_{nij}X_{ni}$$

F_{ij}：樣本單位 i 之第 j 個因素

因素分數和每個變數之觀察分數的相關係數稱爲因素負荷量（factor loading），若有 n 個觀察變數和 r 個因素，則將有（$n \times r$）個因素負荷量。將每個因素的因素負荷量平方並加總，即得此因素的特性值（eigenvalue），一般認爲如果一個因素的特性值大於 1，此因素就稱得上是一項有意義的因素。特性值除以觀察變數的數目，所得的數值即表示該因素所能解釋之變異數的比例，其意義有如多元迴歸的判定係數（R^2）。爲了便於解釋因素分析的結果，常須將因素負荷量的結構做適當的轉軸（rotation），以使因素分析的結果更具意義，更易解釋。

㈠ 共同因素之抽取

主軸法（method of principal axes）是因素分析中使用最多的因素抽取

法。此法就統計觀點言，客觀而且嚴謹，而且利用電子計算機之助，可一次求出各因素之負荷量，使用亦甚簡便。應用主軸法進行因素分析的模式很多，其中最常見的有主成分分析（principal components analysis）和主要因素法（method of principal factor）。這兩種模式的主要差別在於共同性估計之方式不同。主成分分析是以 1 置入原相關係數矩陣之對角線上作為共同性之數值，而不對共同性另做估計。主要因素法不以 1 為共同性，而以最高相關係數法、反覆因素抽取法或複相關係數平方法等估計共同性，再以估計之共同性置入相關係數矩陣之對角線進行因素分析。

主成分分析法因以 1 為共同性，較不精確，故由所得之共同因素再製出之相關係數矩陣與原相關矩陣之誤差較大（即適合度較低），而主要因素法解得之因素則較為理想；但因主成分分析較為簡便，故仍為許多研究者所採用。

(二) 因素之轉軸

因素分析的目的在以較少數的共同因素解釋相關矩陣中最多的變異量。在所抽出的共同因素中，通常以第一個因素所解釋的變異量最大。如將第一個因素解釋的變異量從原相關矩陣的變異量中減除，則在所剩餘的變異量中，以第二個因素所解釋的變異量最大，其餘的因素亦如此類推。因此在所抽取的各因素中，第一個因素上每個變數的因素負荷量通常都很高，其他的因素中各變數的因素負荷量則稍低。

如果研究的目的是要找出一些最能解釋各變數變異量的共同因素，則抽出這些因素後，就不必再進行任何因素的轉軸。不過在社會科學的研究中，一般都涉及許多不同的因素。在這種情形下，所抽取出來的因素究竟代表什麼涵義，應如何定名，常有困難；為便於定名和解釋起見，常須加以轉軸。

轉軸的觀念可以圖形來加以說明。假設有五個變數：X_1（人口數）、X_2（受教育人數）、X_3（就業人數）、X_4（各類專業服務）、X_5（房屋價值）。經抽取兩個共同因素 F_1 與 F_2。如圖 18-1 所示，在未轉軸前各變數和 F_1 有高度正相關，X_1、X_3 與 F_2 有高度正相關，X_2、X_4、X_5 與 F_2 呈負相關。F_1 和 F_2 的意義是相當含混的。但如利用某種轉軸方法〔此處係利用變異數最大法（varimax）做直交轉軸〕，將 F_1 和 F_2 分別轉至 F'_1 和 F'_2，如圖 18-1 所示，F'_1 和 F'_2 的意義就明確多了。F'_1 與 X_2、X_4、X_5 這三個變數高度相關，而與 X_1、X_3 這兩個變數之相關係數甚小，此因素

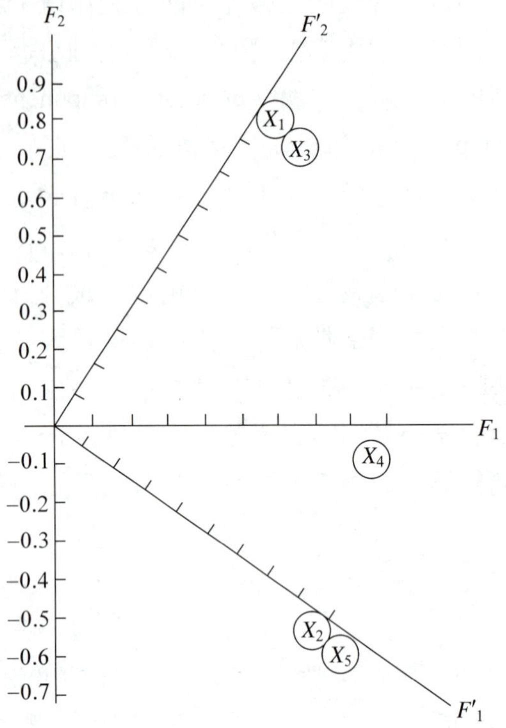

圖 18-1 （轉軸前和轉軸後）變數與因素的相關

似可解釋爲**教育-經濟因素**。相反地，F'_2 與 X_1、X_3 這兩個變數的相關係數甚高，與其他變數的相關較小，此因素似可解釋爲**人口-就業因素**（註 1）。

因素軸有許多種旋轉的方法，其中最常用的兩種是直交轉軸法（orthogonal rotation）和斜交轉軸法（oblique rotation）。做直交轉軸時，各個因素之間均保持 90 度的關係，而因素與因素之間也彼此互相獨立；有許多研究人員對使用直交轉軸法有所偏好，但也有人認爲它不切實際，因爲各因素之間通常都存有某種關係，而硬性規定它們之間的關係是直角的，難免有與事實不符之情事。至於斜交轉軸法雖比較符合因素結構之實況，但有些研究人員因爲用斜交方法所得的因素結構無法做不同研究間之比較而反對使用此種方法。總之，選用直交轉軸法或斜交轉軸法大半是個人偏好的問題，研究人員必須了解這兩種方法的差別，並知道如何解釋其結果，才能在兩者之間做合理的選擇。

18-1-2 應用實例

在一項求職人員的面試中（註 2），面試人員係用以下的十五個變數來評估前來應試的 48 位求職人員：

1. 應徵信
2. 外表
3. 學術能力
4. 人緣
5. 自信
6. 清醒
7. 誠實
8. 銷售能力
9. 經驗
10. 驅力
11. 野心
12. 了解力
13. 潛力
14. 渴望加入
15. 適合性

這十五個變數的相關矩陣如表 18-1 所列。由表中有許多相當高的相關係數，顯示面談人員對某些變數可能感到迷惑，因此有必要進行因素分析，以找出資料的基本型態。利用最大概率因素分析法，並加以檢定後，發現需要用七個因素才能充分地解釋這項資料。

原始（未轉軸前）的因素負荷量如表 18-2 所列。表中的負荷量極難加以解釋，故有進行因素轉軸的必要。經利用變異數最大法予以轉軸，轉軸後之因素負荷量如表 18-3 所列。

從轉軸後的因素負荷量可很清楚地看出因素的意義如下：

表 18-1 應徵者資料的相關矩陣

	1	2	3	4	5	6	7	8	9	10	11	12	13	14	15
1	1.00	0.24	0.04	0.31	0.09	0.23	−0.11	0.27	0.55	0.35	0.28	0.34	0.37	0.47	0.59
2		1.00	0.12	0.38	0.43	0.37	0.35	0.48	0.14	0.34	0.55	0.51	0.51	0.28	0.38
3			1.00	0.00	0.00	0.08	−0.03	0.05	0.27	0.09	0.04	0.20	0.29	−0.32	0.14
4				1.00	0.30	0.48	0.65	0.35	0.14	0.39	0.35	0.50	0.61	0.69	0.33
5					1.00	0.81	0.41	0.82	0.02	0.70	0.84	0.72	0.67	0.48	0.25
6						1.00	0.36	0.83	0.15	0.70	0.76	0.88	0.78	0.53	0.42
7							1.00	0.23	−0.16	0.28	0.21	0.39	0.42	0.45	0.00
8								1.00	0.23	0.81	0.86	0.77	0.73	0.55	0.55
9									1.00	0.34	0.20	0.30	0.35	0.21	0.69
10										1.00	0.78	0.71	0.79	0.61	0.62
11											1.00	0.78	0.77	0.55	0.53
12												1.00	0.88	0.55	0.53
13													1.00	0.54	0.57
14														1.00	0.40
15															1.00

表 18-2　最大概率法之因素負荷量（未轉軸）

變數	因素						
	1	2	3	4	5	6	7
1	0.090	−0.134	−0.338	0.400	0.411	−0.001	0.277
2	−0.466	0.171	0.037	−0.002	0.517	−0.194	0.167
3	−0.131	0.466	0.153	0.143	−0.031	0.330	0.316
4	0.004	−0.023	−0.318	−0.362	0.657	0.070	0.307
5	−0.093	0.017	0.434	−0.092	0.784	0.019	−0.213
6	0.281	0.212	0.330	−0.037	0.875	0.001	0.000
7	−0.133	0.234	−0.181	−0.807	0.494	0.001	−0.000
8	−0.018	0.055	0.258	0.207	0.853	0.019	−0.180
9	−0.043	0.173	−0.345	0.522	0.296	0.085	0.185
10	−0.079	−0.012	0.058	0.241	0.817	0.417	−0.221
11	−0.265	−0.131	0.411	0.201	0.839	−0.000	−0.001
12	0.037	0.202	0.188	0.025	0.875	0.077	0.200
13	−0.112	0.188	0.109	0.061	0.844	0.324	0.277
14	0.098	−0.462	−0.336	−0.116	0.807	−0.001	0.000
15	−0.056	0.293	−0.441	0.577	0.619	0.001	−0.000

表 18-3　變異數最大法轉軸後之因素負荷量

變數	因素						
	1	2	3	4	5	6	7
1	0.129	0.074	0.665	−0.096	0.017	−0.042	0.267
2	0.329	0.242	0.182	0.095	0.611	−0.013	−0.006
3	0.048	−0.017	0.097	0.688	0.043	0.007	0.008
4	0.249	0.759	0.252	−0.058	0.090	−0.096	0.204
5	0.882	0.184	−0.082	−0.074	0.190	0.059	−0.045
6	0.907	0.266	0.136	0.046	−0.042	−0.290	−0.016
7	0.199	0.911	−0.224	−0.013	0.174	−0.094	−0.204
8	0.875	0.082	0.264	−0.076	0.140	0.043	−0.058
9	0.073	−0.027	0.718	0.158	0.069	0.036	0.009
10	0.780	0.197	0.386	0.026	−0.051	0.398	−0.023
11	0.874	0.036	0.157	−0.052	0.382	0.142	0.205
12	0.775	0.346	0.286	0.172	0.143	−0.159	0.111
13	0.703	0.409	0.354	0.329	0.140	0.070	0.193
14	0.432	0.540	0.381	−0.540	−0.013	0.099	0.275
15	0.313	0.079	0.909	0.049	0.142	0.027	−0.214

因素 1：在變數 5、6、8、10、11、12 和 13 上的負荷量甚大，或可代表一種外向和銷售員似的個性。

因素 2：在變數 4 和 7 上負荷量甚大，代表人緣。

因素 3：在變數 1、9 和 15 上的負荷量較大，代表經驗。

因素 4：在變數 3 上負荷量較大，代表學術能力。

因素 5：在變數 2 上的負荷量較大，代表外表。

因素 6 和因素 7：沒有什麼重要性。

至於變數 14（渴望加入）似乎和若干因素都有某種程度的關聯。

因此，面試人員用於評估應徵人員的並不是十五個變數，而只是少數的幾種特質而已。

18-2 集群分析

18-2-1 基本觀念

集群分析（cluster analysis）是一種一般邏輯程序，它能根據相似性與相異性，客觀地將相似者歸集在同一集群（cluster）內。所謂**集群**就是相似事物（object）的集合。

集群分析的目的在辨認在某些特性上相似的事物，並將這些事物按照這些特性劃分成幾個集群，使在同一集群內的事物具有高度的同質性（homogeneity），而不同集群間的事物則具有高度的異質性（heterogeneity）。如果用幾何圖形來說明的話，同一集群內的份子應聚集在一起，而不同集群的份子應彼此遠隔。

集群分析是一種數值分類法（numerical taxonomy），它與傳統分類法不同之處在於傳統分類法的分類準則是事先決定的，而集群分析是按照自然類別（natural grouping）將分佈於某一計量空間（metric space）的點予以分類，使分類後的集群均具有同質性。

衡量成對事物相似性的方法不一而足，其中以歐幾里得距離（Euclidean distance）最為常用。設有 n 個事物，每個事物有 m 種屬性，則第 i 個事物與第 j 個事物間的歐幾里得距離為：

$$d_{ij}=[\sum_{p=1}^{m}(X_{ip}-X_{jp})^2]^{\frac{1}{2}}$$

式中 X_{ip} 和 X_{jp} 分別是在 m 度空間中，i 點和 j 點對屬性 p（$p=1$、2、3、……、m）的投影。

如果各變數（即屬性）的衡量單位不同，則在計算距離之前宜先將各變數之數值予以標準化，使其平均數爲零，而標準差爲 1。

㈠ 層次集群方法

建立集群的方法可分爲層次集群方法（hierarchical method）和非層次集群方法（non-hierarchical method）兩類。常見的層次集群方法是從每一樣事物均自成一個集群開始，而後根據相似準則把相近的事物合併成爲集群。直到所有的事物都併入同一集群（此即所謂的**集結式集群方法**）。

連鎖法（linkage method）是最常用的一種集結式層次集群方法。連鎖法有單一連鎖法（single likage）、完全連鎖法（complete linkage）和平均連鎖法（average linkage）之分。單一連鎖法是以最小的點際距離作爲集群間的距離，故又稱最小距離法；完全連鎖法是以最大的點際距離作爲集群間的距離，故又稱爲最大距離法；平均連鎖法是以平均點際距離作爲集群間的距離，故又稱爲平均距離法（average distance）（註 3）。

最小變異數法（minimum variance method）也是一種層次集群方法，有人稱爲華德法（Ward's method）（註 4）。此法先將每一事物視爲一集群，然後將各集群依序合併，合併之順序完全視合併後集群之組內總變異數（total withingroups variance）之大小而定。凡使組內總變異數產生最小增量的事物即予優先合併，愈早合併之事物表示其間之相似性愈高。

採用層次集群方法進行集群分析時，研究人員還得根據集群的結果決定集群的數目。決定集群數目的方法有兩種，一是利用樹狀圖（dendrogram）作判斷，一是比較融合係數（fusion coefficients）的變動情形來判斷。

集群分析的結果常表示在樹狀圖中。譬如，圖 18-2 是一利用單一連鎖法求得之城市向量的樹狀圖，圖中顯示城市 F 和 M 最相似，在距離（d_{FM}）爲 0.184 時，F 和 M 結合成爲一集群（FM）；在距離爲 0.277 時，城市 B 與（FM）結合成爲一集群（FMB）。研究人員可選擇一個分界距離，從而將各事物分成若干集群。

如果以 0.50 作爲分界距離，則可將這十五座城市分成如下五個集群（從左往右讀）：

—集群 1：CD

—集群 2：AG

—集群 3：INOEJ

—集群 4：K

—集群 5：FMBLH

如果以 0.65 作爲分界距離，可分成如下三個集群：

—集群 1：CDAG

—集群 2：INOEJK

—集群 3：FMBLH

如果以 0.80 作爲分界距離，則只可得到兩個集群：

—集群 1：CDAG

—集群 2：INOEJKFMBLH

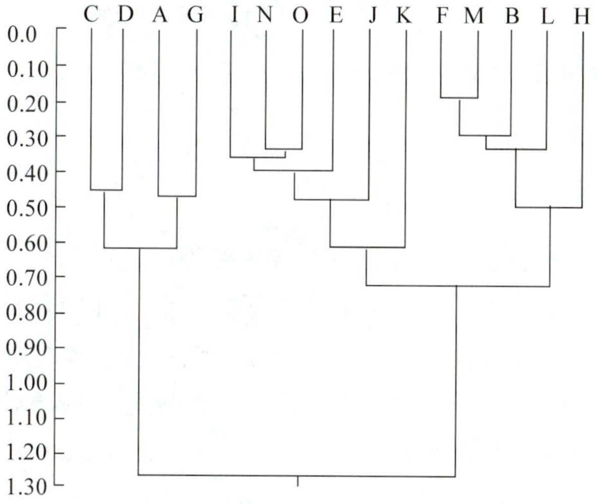

圖 18-2　城市資料的樹狀圖（單一連鎖法）

資料來源：Dawn Iacobucci and Gilbert Churchill, Jr., *Marketing Research: Methodological Foundations,* 10th ed. (South-Western, 2010), p.512。

研究人員也可比較不同集群數目的融合係數，來決定適當的集群數目。所謂**融合係數**是指兩個或以上的事物合併成爲一集群時的距離，有時亦稱爲集群係數（amalgamation coefficient）。當融合係數顯著上升，或融合係數的曲線轉爲扁平時，表示繼續合併之前的集群數目可能是最合適的集群數。譬如，在圖 18-3 中，當集群數目從 5 群下降到 4 群，或從 2 群下降到 1 群時，融合係數顯著上升，融合係數的曲線也轉爲比較扁平，似可看出將這 15 座城市分爲 5 個或 2 個集群較爲適宜。

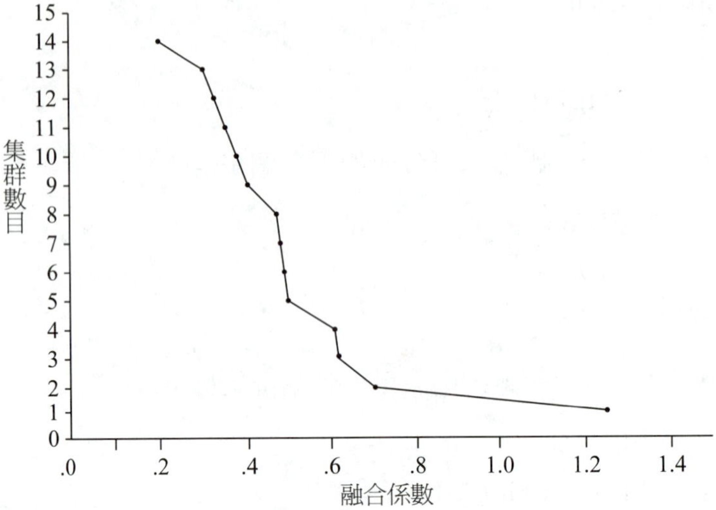

圖 18-3　不同集群數目下的融合係數

資料來源：同圖 18-2，p.513。

㈡ 非層次集群方法

在層次集群方法中，集群一旦形成，便不再打散。而非層次集群方法則在各階段分群過程中，將原有的集群予以打散，並重新形成新的集群。非層次集群方法有好幾種不同的計算方法。各種方法都是先選出某些種子點（seed point）作爲集群的中心，先將各事物點分割成原始的集群著手。其中採用較廣的一種非層次方法是K平均數法（K-means method）（註 5）。

K 平均數法的演算步驟如下：

1. 將各事物點分割成 K 個原始集群。
2. 計算某一事物點到各集群重心（平均數）的距離（通常採用歐幾里得距離），然後將一些事物點分派到距離最近的那個集群。重新計算得到新事物點的那個集群和喪失該事物點的那個集群的重心。
3. 重複第 2 步驟，直到各事物點都不必重新分派到其他集群爲止。

我們也可以不必先將各事物點分割成 K 個原始的集群（步驟 1），而可先設定 K 個重心（種子點），然後進行步驟 2。

㈢ 二階段集群方法

非層次集群方法的集群數目必須事先決定方能進行集群，決定集群數目的方法有二：(1) 研究者主觀判斷或請教專家之意見；(2) 測試幾個不同的集群數，找出一組較佳的結果（採此法的研究似較少見）。主觀判斷或專家意見可能不夠客觀，而利用多次測試則不太經濟。因此，有人提出二階段集群方法（two-stage clustering approach），即以任何一種層次集群方法先求得集群數目後再利用非層次集群方法進行集群的構想（註 6）。他們歸納比較各種集群方法的優劣，發現平均連鎖法與華德法為層次集群方法中集群效果較佳的兩種方法，同時考慮到異常事物點對集群結果的影響，因此建議第一階段採用平均連鎖法或華德法獲得集群數目與起始點，並找出異常事物點加以剔除，以減低其對第二階段集群結果的影響，然後再以非層次集群方法進行第二階段的集群。

18-2-2 應用實例

集群分析在企業研究中的應用甚廣。譬如，在一項產品定位的研究中，研究人員想了解汽車、車子的屬性和汽車擁有者三者間的相互關係（註 7）。首先選擇七種跑車、六類擁有者和十三項經常用來描述汽車的屬性，然後請受訪者指出他們相信哪一項屬性和哪一類擁有者可以描述哪一種車子的程度。根據受訪者的信心程度的分數，求得各事物的點間距離，然後用完全連鎖法將各事物加以分群，所獲得結果如圖 18-4 所示。

從圖 18-4 中，首先可看出這七種跑車可分成四群：

1. Datsun 240Z；Opel（歐寶）GT
2. Kharman Ghia
3. Mercedes 350-SL；Porsche（保時捷）911-T；Jaguar（積架）XKE
4. Corvette

同時也可看出，在受訪者的心目中哪一種跑車具有什麼屬性，由什麼樣的人所擁有。譬如，Corvette 被認為具有加速快和最大速度高這兩項屬性，擁有者係屬賽車狂熱者和業餘賽車者。

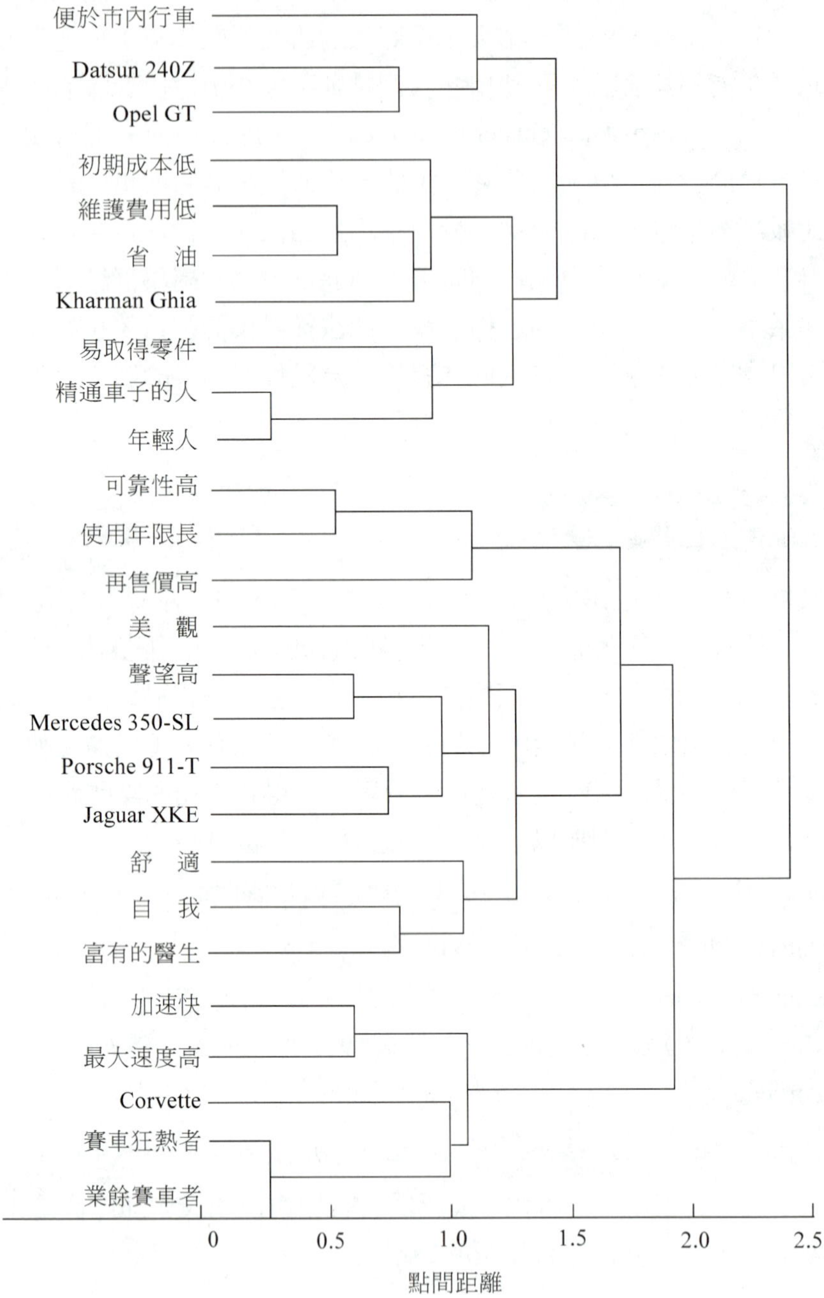

資料來源：P Green, D. Tull, and G. Albaum, *Research for Marketing Decisions*, 5th ed. (Englewood Cliffs, NJ: Prentice-Hall, 1988), p.591。

圖 18-4　產品定位之集群分析

18-3 多元尺度法

18-3-1 基本觀念

多元尺度法（multidimensional scaling，MDS）是可幫助研究人員決定一群事物（objects，如廠商、產品、觀念、商店、品牌、人物等）在人們心目中之相對知覺位置的一種程序，它可將人們對各事物的整體相似（similarity）或偏好（preference）的判斷轉變爲多構面空間（multidimensional space）的距離（distance）。

(一) 多元尺度法的目的

多元尺度法是一種探索性技術（exploratory technique），其目的在（註 8）：

1. 辨認受訪者在做事物間之比較時所使用而他們並不知道的構面。
2. 提供一種客觀的基礎供事物間依據這些構面做比較之用。
3. 辨認可能與這些構面相對應的特定屬性。

多元尺度法可以做個別層次的分析，也可以做群體層次的分析；前者係以個別受訪者爲基礎進行分析，可獲得個別受訪者的知覺圖（perceptual map）；後者係以受訪者群體爲基礎進行分析，可得出一個或多個群體的知覺圖。

多元尺度法可以從每個受訪者對各事物的整體評估獲得每位受訪者的知覺構面，而這是其他互依方法（如集群分析或因素分析）無法做到的。

(二) 多元尺度法的基本步驟

多元尺度法分析有三個基本的步驟（註 9）：

1. 蒐集所有事物的相似或偏好衡量。
2. 利用 MDS 技術去估計每一個事物在多構面空間中的相對位置。
3. 根據知覺的及（或）客觀的屬性來確認並解釋構面空間的軸（axes）。

㈢ 相似和偏好資料的取得（註 10）

1. **相似資料的取得**：在蒐集相似資料時，研究人員想要知道的是各事物間的相似次序。常用的方法，即 (1) 成對事物的比較，和 (2) 混淆資料（confusion data）。

   (1) **成對事物的比較**：這是取得相似判斷資料最常用的方法，受訪者只要將所有成對的事物作相似程度的次序排列（非計量）、或給予評點（計量）即可。

   假定有A、B、C、D、E五個事物，可組成十對事物，即AB、AC、AD、AE、BC、BD、BE、CD、CE 和 DE。受訪者可依各成對事物的相似程度依序給予 1 到 10 的排序，1 代表最相似的那一對事物，10 代表最不相似的那一對事物。此為非計量的相似衡量。

   受訪者也可以依各成對事物的相似程度給予評點，如從 1 到 10 之間的評點，1 代表非常相似，數字愈大代表該對事物愈不相似，10 代表一點都不相似。此為計量的相似衡量。

   (2) **混淆資料**：當事物的數目較大時，適合採用混淆資料。先將所要衡量的事物用文字描述或圖畫寫在卡片上；要求每位受訪者將卡片分成若干堆（分成多少堆可由研究人員事先設定或由受訪者自行決定），使放在同一堆中的卡片代表相似的事物；然後將所有受訪者的資料加總，得到一類似交叉編表的相似矩陣（similarities matrix）。計算每一對事物放在同一堆中的次數，次數最多的那對事物就被認為是最相似的。

2. **偏好資料的取得**：取得偏好資料有兩種最常用的方法，即直接等級法（direct ranking）和成對比較法（paired comparison）。

   (1) **直接等級法**：每位受訪者直接依他對各事物的偏好程度排序，從最偏好排列到最不偏好，每個事物都要有一獨特的等級（不允許有相同的偏好等級）。事物的數目不太多時，此法容易操作，因此廣被採用。

   (2) **成對比較法**：把所有可能的成對事物提供給受訪者，要求受訪者指出各對事物中他偏好那一個事物。然後根據各事物被提及的偏好次數來決定整體的偏好。這個方法涵蓋所有的可能成對組合，遠比直接等級法詳細。此法的主要缺點是即使事物數目較少，也相當費事。譬如，有 10 個事物就會有 45 個成對組合，對許多研究情境而言這是非常費事的。

(四) 構面數的決定

多元尺度法爲了要獲得一合適的知覺圖或空間構形（spatial configuration），必須先選擇合適的構面數。研究人員可利用 (1) 壓力係數（stress measure）和 (2) 判定係數（R^2）來選擇合適的構面數。

1. 壓力係數

壓力係數（S）是衡量 d_{ij}（成對事物在知覺圖中的距離）與 S_{ij}（成對事物的相似程度）相配合的程度。壓力係數係 J. Kruskal 所提出，其公式如下：

$$S = \left[\frac{\Sigma\Sigma(d_{ij} - \hat{d}_{ij})^2}{\Sigma\Sigma(d_{ij})^2}\right]^{\frac{1}{2}}$$

式中，$\hat{d}_{ij}$ 爲能夠滿足原投入之相似（距離）次序關係，而又使壓力係數的數值爲最小的參考數字。通常可用單調迴歸（monotone regression）的方法來求得 $\hat{d}_{ij}$。

根據Kruskal的解釋，不同壓力係數水準所代表的配合度如表 18-4 所示（註 11）。

表 18-4　Kruskal 壓力係數的解釋

壓力係數	配合度
.200	不好（poor）
.100	還可以（fair）
.050	好（good）
.025	非常好（excellent）
.000	完全配合（perfect）

在選擇適當的構面數時，宜考慮其解釋性與配合性。通常可將不同構面數下的壓力係數圖示如圖 18-5，然後觀察圖中的連結線，連結線的彎曲處通常代表適當的構面數。如從圖 18-5 中可看出構面數從一個增加到兩個時，壓力係數下降很快，從兩個增加到三個時，壓力係數幾乎相同，因此最多只要三個構面，甚至只需兩個構面就可以了。

2. 判定係數

多元尺度的壓力係數和複迴歸的判定係數（R^2）很類似。迴歸模式中的變數增加時，R^2 也會隨著增加；當構面數增加時，壓力係數也會改善。因此，研究人員必須在配合度和構面數之間做一取捨。

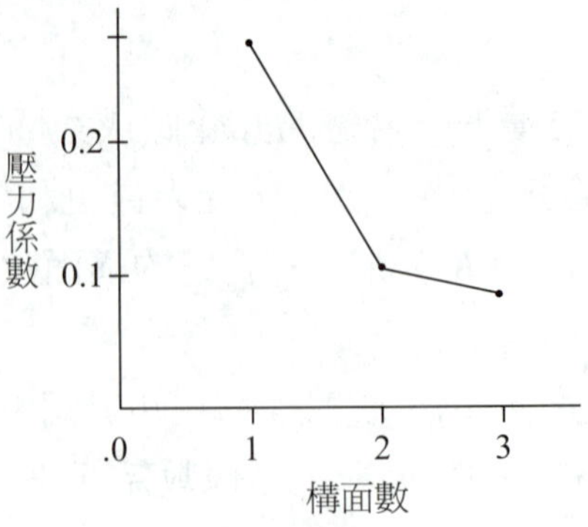

圖 18-5　不同構面數下的壓力係數

關於構面數的決定，壓力係數是一項很重要的參考，但並不是唯一的標準。在決定構面數時，尚要考慮其解釋性（interpretability）、易用性（easy to use）及穩定性（stability）（註 12）。由於 R^2 可指出不一致（disparities，即知覺圖中事物間的距離和受訪者的相似判斷兩者間的差異）的變異數可由 MDS 方法解釋的比例，換言之，R^2 可衡量原始資料與 MDS 模式的配合程度。MDS 中的 R^2 所代表的意義和其他多變量技術中的變異數所代表的意義基本上是相同的。因此，也可利用相類似的衡量準則，即 R^2 在 0.60 或以上就可以被接受，當然愈大表示配合性愈好（註 13）。

(五) 偏好與相似判斷的結合

前面主要探討如何依據相似判斷來發展知覺圖，但我們也可從偏好資料來導出知覺圖。利用偏好判斷，我們可以在一既定的事物構形中確定一組事物之特性的偏好組合，將各事物和各受訪者的理想點（ideal points）同時展現在一個聯合空間（joint space）中。一個重要的假定是所有受訪者對各事物的知覺具同質性。

理想點一詞有時會被誤解或誤導。我們假定如果能在知覺圖上設定代表最偏好之知覺屬性組合的點，我們就能確認一個理想事物的位置。同樣我們能假定這個理想點的位置可界定相對的偏好，使離開理想點較遠的事物應該是較不被偏好的事物。設定了一個理想點的位置，使得與理想點的距離可用來表示偏好的改變。（註 14）因此，一個受訪者的理想點可界定他對各事物的偏好次序關係。

㈥ 計量和非計量的方法

多元尺度法依其投入（input）及產出（output）資料的不同，可以分爲兩種：

1. 計量多元尺度法（metric multidimensional scaling）：其投入與產出資料都是計量的。
2. 非計量多元尺度法（nonmetric multidimensional scaling，簡稱 NMDS）：其投入資料是非計量的，卻能產出計量的結果。

在上述兩種多元尺度法中，以非計量多元尺度法之優點最多，應用也最廣。

18-3-2 應用實例

在一項汽車品牌知覺之研究中，曾以消費者對十一種廠牌汽車的相似和偏好次序作爲投入資料，說明非計量多元尺度法的應用（註 15）。這十一種廠牌的汽車是：

1. Ford Mustang.
2. Mercury Cougar.
3. Lincoln Continental.
4. Ford Thunderbird.
5. Ford Pinto.
6. Chrysler Imperial.
7. Jaguar Sedan.
8. AMC Matador.
9. Dodge Dart.
10. Buick La Sabre.
11. Chevrolet Vega.

十一種廠牌可組成 55 對。假定某消費者（以 A 表示）對這 55 對汽車廠牌的相似次序如表 18-5 所列；第 3 和第 6 這兩種廠牌在 A 的心目中是最爲相似的，第 1 和第 8 這兩種廠牌是第二相似的，依此類推，第 3 和第 5 這一對車子是被 A 視爲最不相似的一對。假定這位消費者對這十一種廠牌的偏好次序如表 18-6 所示。

利用非計量多元尺度法的電腦程式，可獲得兩個構面的聯合空間圖，如圖 18-6 所示。圖 18-6 的兩個構面並經研究者定名爲**豪華的-不豪華的**及**跑車型-非跑車型的**。圖 18-6 中的 A 代表消費者的理想點，A 與 5 及 11 的距離最近，而與 7、3 及 6 的距離最遠。

表 18-5 55 對汽車的相似次序

編號	1	2	3	4	5	6	7	8	9	10	11
1	–	8	50	31	12	48	36	2	5	39	10
2		–	39	9	33	37	22	6	4	14	32
3			–	11	55	1	23	46	41	17	52
4				–	44	13	16	19	25	18	42
5					–	54	53	30	28	45	7
6						–	26	47	40	24	51
7							–	29	35	34	49
8								–	3	27	15
9									–	20	21
10										–	43
11											–

*1 代表最相似的兩種廠牌，55 代表最不相似的兩種廠牌。

表 18-6 某消費者對各品牌汽車的偏好次序

偏好次序	汽車編號及廠牌
1	5 Ford Pinto
2	11 Chevrolet Vega
3	1 Ford Mustang
4	9 Dodge Dart
5	8 AMC Matador
6	2 Mercury Cougar
7	10 Buick Le Sabre
8	4 Ford Thunderbird
9	7 Jaguar Sedan
10	3 Lincoln Continental
11	6 Chrysler Imperial

18-4 對應分析

對應分析（correspondence analysis，CA）也是一種減少構面與發展知覺圖的互依技術。不過，與前述的多元尺度法相比較，對應分析有三點不同的特性（註 16）：

1. 它是一種組合技術（compositional technique），而不是一種分解方法（decompositional approach），因為知覺圖係根據事物和研究人員所設

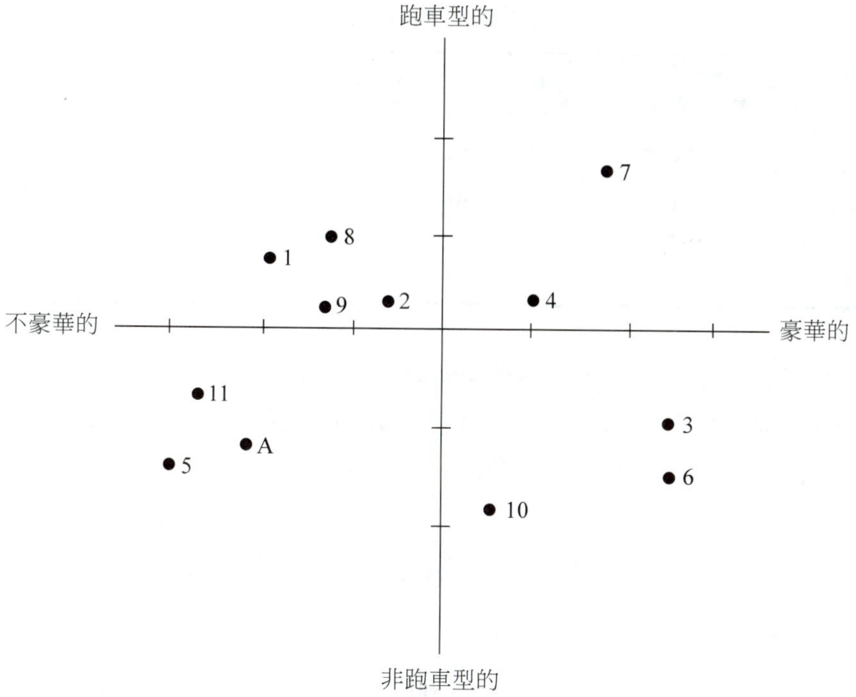

圖 18-6　兩構面的汽車聯合空間圖

定的一組敘述性特性或屬性之間的關聯而導出的。

2. 它最直接的應用是去描繪變數（特別是那些以名目尺度衡量的變數）之類別的對應性（correspondence）。這種對應性就是發展知覺圖的基礎。

3. 對應分析的獨特利益在於它能夠在聯合空間中展示出行和列（如品牌和屬性）。

茲舉一例說明對應分析的使用（註 17）。表 18-7 是三種產品（A、B、C）的銷量依三種年齡類別（年輕成年人、中年人、成熟的個人）的交叉編表。從表中可看出產品 C 的銷量遠比產品 B 爲多，不同年齡類別的銷量也有相當差異。對應分析利用卡方（χ^2）統計程序將銷量標準化，並同時考慮在特定產品-年齡類別組合之銷量上的差異。如果仍然可以看出某一年齡群體購買某一產品的數量較預期爲多，我們就可將該年齡群體和該產品連結起來。用圖形來表示的話，高度關聯的產品和年齡群體在圖中的距離將較近，而較低關聯的產品和年齡群體的距離將會較遠。

表 18-7　產品銷量依年齡類別之交叉編表

年齡類別	產品銷量			
	A	B	C	合計
年輕成年人（18-35 歲）	20	20	20	60
中年人（36-55 歲）	40	10	40	90
成熟的個人（56 歲以上）	20	10	40	70
合計	80	40	100	220

卡方是實際的室次數（cell frequency）與預期的室次數相比的一種標準化的衡量。在表 18-7 中，每一室（cell）的數量代表每一產品-年齡群體組合的銷量，用卡方程序可得每一室的卡方值，其公式如下：

$$\text{卡方值（某一室）}=\frac{(\text{差異})^2}{\text{預期銷量}}=\frac{(\text{預期銷量}-\text{實際銷量})^2}{\text{預期銷量}}$$

譬如，年輕成年人-產品 A 室：

$$\text{預期銷量}=\frac{60\times 80}{220}=21.82$$

$$\text{卡方值}=\frac{(21.82-20)^2}{21.82}=\frac{(+1.82)^2}{21.82}=0.15$$

將各室之卡方值附上與各該室差異之正負號相反的正負號，即可得各該室的相似值。如年輕成年人-產品 A 之差異爲正（＋1.82），卡方值爲 0.15，則其相似值爲－0.15。各室之卡方值及相似值如表 18-8 所列。正的相似值表示正的關聯，負的相似值表示負的關聯。

在表 18-8 中，正相似值大的室有年輕成年人-產品 B（＋7.58）、中年人-產品 A（＋1.62）和成熟的個人-產品 C（＋2.10）等三對，它們在知覺圖上的位置應該較爲靠近；負相似值大的室有年輕成年人-產品 C（－1.94）、中年人-產品 B（－2.47）和成熟的個人-產品 A（－1.17）等三對，它們的位置應彼此遠離。

上述的相似值（有正負號的卡方值）有如多元尺度法中的相似判斷，就可據以發展知覺圖。先考慮只有一個構面的結果，然後考慮兩個構面、三個構面，一直到最大的構面數目。最大的構面數目是交叉編表中行或列的數目（取其中較小者）減 1。本例行或列的數目均爲 3，故最大構面數爲 2。圖 18-7 是兩個構面的知覺圖。

表 18-8　交叉編表資料之卡方相似值

年齡類別	產品銷量			
	A	B	C	合計
年輕成年人				
銷量	20	20	20	60
預期銷量	21.82	10.91	27.27	60
差異	1.82	−9.09	7.27	—
卡方值	.15	7.58	1.94	9.67
中年人				
銷量	40	10	40	90
預期銷量	32.73	16.36	40.91	90
差異	−7.27	6.36	.91	—
卡方值	1.62	2.47	.02	4.11
成熟的個人				
銷量	20	10	40	70
預期銷量	25.45	12.73	31.82	70
差異	5.45	2.73	−8.18	—
卡方值	1.17	.58	2.10	3.85
合計				
銷量	80	40	100	220
預期銷量	80	40	100	220
差異	—	—	—	—
卡方值	2.94	10.63	4.06	17.63

摘　要

本章介紹多變量分析技術中的三種主要的互依方法——因素分析、集群分析和多元尺度法。

因素分析最重要的功能是要將較多的變數濃縮成較少的共同因素，俾能執簡馭繁，達到以少數重要概念去解釋繁雜之變數間關係的目的。因素分析抽取共同因素的方法不一而足，其中主軸法——就統計觀點言——比較嚴謹，故廣被採用。為了便於解釋因素分析的結果，常須將因素負荷量的結構加以適當地轉軸。轉軸的方法有直交法和斜交法兩類。

集群分析的功能則是要根據某些特性將一群事物劃分成若干集群，使同一集群內之事物具有高度的同質性。集群分析可分為層次集群分析和非

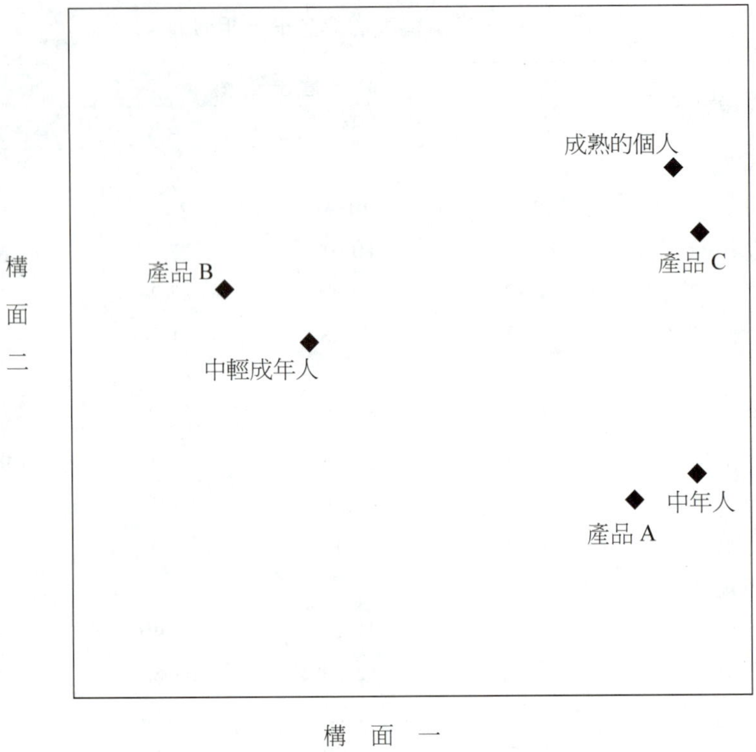

圖 18-7 對應分析的知覺圖

層次集群分析兩種。本章也介紹了二階段集群分析方法。

多元尺度法是決定一群事物在人們心目中之相對知覺位置的一種程序。本章介紹多元尺度法的目的和基本步驟、相似和偏好資料的取得、構面數的決定以及偏好與相似判斷的結合。多元尺度法有計量和非計量多元尺度法兩種。

對應分析也是一種減少構面的互依技術，它以變數類別之對應性爲基礎來發展知覺圖，可將事物和屬性同時展示在一聯合空間中。

附　註

註 1：Gilbert Churchill, Jr., *Marketing Research: Methodological Foundations,* 3rd ed. (Chicago: The Dryden Press, 1983), pp.629-635。

註 2：M. Kendall, *Multivariate Analysis* (London: Griffin, 1975)。

註 3：R. Johnson and D. Wichern, *Applied Multivariate Statistical Analysis* (Englewood Cliffs, N. J.: Prentice-Hall, 1982), pp.543-544。

註 4：J. E. Ward, Jr., "Hierarchical Grouping to Optimize an Objective Function," *Journal of American Statistical Assoc.,* vol.59 (March 1963), pp.236-244。

註 5：J. B. MacQueen, "Some Methods for Classification and Analysis of Multivariate Observations, " *Proceedings of 5th Berkeley Symposium on Mathematical Statistics and Probability* (Berkeley, CA: University of California Press, 1967), pp.281-297。參閱註 3，pp.555-560。

註 6：G. Punj and D. Stewart, "Cluster Analysis in Marketing Research: Review and Suggestions for Application" *Journal of Marketing Research* (May 1983), pp. 134-148。

註 7：P. Green, D. Tull and G. Albaum, *Research for Marketing Decisions*, 5th ed. (Englewood Cliffs, NJ: Prentice-Hall, 1988), pp.590-591。

註 8：Joseph Hair, Jr., et al., *Multivariate Data Analysis*, 6th ed. (Pearson Education, 2006), p.642。

註 9：同註 8，p.632。

註 10：同註 8，pp.646-648。

註 11：J. B. Kruskal, "Multidimensional Scaling by Optimiaing Goodness of Fit to A Nonmetric Hypothesis," *Psychometrika,* vol.29 (1964), pp.1-27。

註 12：Joseph Kruskal and Myron Wish, *Multidimensional Scaling* (Beverly Hills: Sage Publications, 1978)。

註 13：同註 8，pp.653-654。

註 14：同註 8，p.654。

註 15：Paul Green and Frank Carmone, *Multidimensional Scaling* (Boson: Allyn and Bacon, 1970)。

註 16：同註 8，p.663。

註 17：同註 8，pp.663-669。

第十九章

研究報告

研究本身並不是目的，而是一種管理的手段。有效的研究必須具備兩項要件，一是良好的資料蒐集和分析，一是良好的溝通——有效能和有效率的溝通。研究工作最可悲的情況之一就是在資料蒐集和分析方面無懈可擊，但最後卻因溝通不良而前功盡棄，把整份研究工作都浪費掉了。因此，一位優秀的研究人員除了要具備蒐集和分析資料的能力之外，也應具備與人溝通的能力。

研究發現的溝通方式可以書面報告或口頭報告爲之，也可以兩者並用。口頭報告允許研究人員在報告過程中，迅速了解閱聽者的反應，並適度修改報告的內容，也可以在報告時隨時澄清閱聽者對報告內容的可能誤解；但如果只使用口頭報告方式，閱聽者很可能記不清楚報告的全部內容，閱聽者如有疑問亦常常難以獲得完整而正確的答案。因此，口頭報告方式很少單獨使用，通常是和書面報告共同使用。至於書面報告方式固可單獨使用，但爲了提高溝通的效果，通常亦宜輔之以口頭報告。

19-1 溝通的過程與要素

研究人員提出研究報告（不論是書面或口頭報告），事實上就是向接受報告者進行溝通工作。因此在討論如何撰寫研究報告前，必須先了解溝通的過程。溝通的過程，如圖 19-1 所示。溝通的要素有五：

1. 溝通者（communicator）：溝通者是指研究報告的撰寫人或報告人。
2. 訊息（message）：溝通者送出的意念，在此指研究報告的內容。
3. 媒介（medium）：亦稱通路（channel），指將訊息傳遞給閱聽者的方式或管道，如口頭或書面報告方式。
4. 閱聽者（audience）：訊息的接受者，亦即研究報告的讀者和聽者。
5. 回饋（feedback）：閱聽者對研究報告內容與格式的看法。

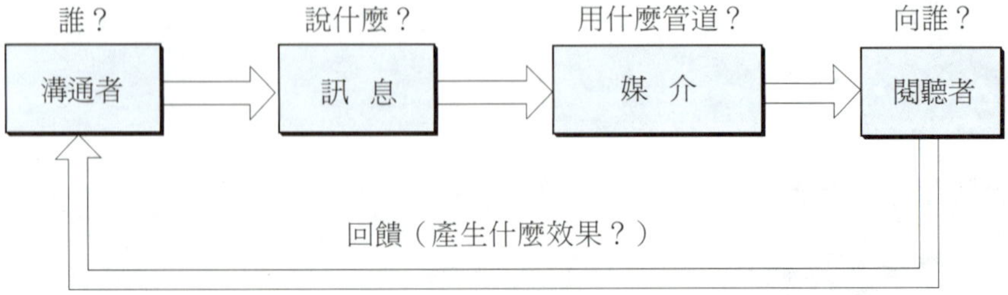

圖 19-1 溝通的過程

溝通的效果受到上述溝通者、訊息、通路等各項要素的影響，極爲複雜。爲了提高溝通的效果，必須對溝通過程的五個基本要素做仔細的分析。

㈠ 溝通者

研究人員在撰寫研究報告之前，必須先想清楚到底要向閱聽者說些什麼。如果撰寫者連自己都不清楚到底想傳送何種意念給閱聽者，必然不可能寫出一份好的研究報告。

其次，研究人員必須具有要寫出一份好報告的企圖心。研究人員必須了解，一份好的報告將可增加閱聽者讀完整篇研究報告並了解報告內容的機會。

㈡ 訊　息

研究報告的真正目的在提供給閱聽者有用的資訊。因此，研究人員在撰寫報告之前，必須先想想哪些訊息是閱聽者所需要的、何以那些訊息是閱聽者所想得到的，俾能提供真正對閱聽者的決策有幫助的資訊。

㈢ 媒　介

研究報告是介於研究人員和閱聽者之間的溝通管道，有時還是唯一的一種管道。因此，對於研究報告的撰寫或表現方式必須特別注意。

研究報告應有一簡短的摘要，摘要中應包括問題的說明、研究目的、研究方法、研究的發現以及結論和建議。報告應段落分明，並有標題或副題，以幫助閱聽者便於閱讀。研究報告的題目應具有描述性，使閱聽者能從題目上了解研究報告的主題；如果可能的話，題目最好還能吸引閱聽者的注意和興趣。

爲了增加研究報告的可讀性，研究報告在最後定稿之前，常須一改再改。有兩種方法可用來幫助研究人員找出研究報告中需要改變或重寫的部分（註 1）：

1. **大聲朗讀**：私下大聲朗讀自己的研究報告。
2. **讓別人閱讀**：讓別人先去閱讀研究報告，這個人最好不是參與該項研究案的研究人員。先讓別人閱讀的目的是想看看別人是否不用很費力就可了解研究報告的內容，同時也可獲得改進的建議。

此外，還應注意以下幾點（註 2）：

1. 每一頁都應有頁碼。
2. 在報告的開頭應有目錄表。（如果報告只有區區數頁，可以不要目錄表。）
3. 應正確地註明所有資料的來源。
4. 要小心校對，避免打字的錯誤。
5. 在研究報告完全印好以前，永遠不要先把原稿丟棄。

㈣ 閱聽者

在開始撰寫研究報告之前，必須完全清楚到底要寫給誰看？爲什麼要寫給他們看？研究報告的用語應該爲閱聽者所熟悉，而且應具有相同的意義。如果閱聽者不只一人或一組，而彼此具有不同的背景和興趣，研究報告最好能分別撰寫。

在撰寫研究報告時，應時刻想到閱聽者，並應儘可能站在他們的立場來談問題。研究報告應能達到和閱聽者雙向溝通的目的，而不是研究人員在自說自話。

㈤ 回　饋

溝通是否有效，即基於研究人員與閱聽者對於前者所傳送之訊息是否具有相同之了解。如果對於研究人員而言代表某種意義之訊息，對閱聽者而言卻代表不同之意義，此一溝通過程即有問題。因此研究人員爲保證其溝通效能，有賴建立回饋系統，以獲知閱聽者所了解之意義是否與研究人員的原意相一致。

19-2 書面報告

一般言之，書面報告應能達成以下三項目的（註 3）：

1. 應使讀者認識研究的問題，並充分解釋它的涵義，使所有讀者都能對研究的問題有共同的了解。
2. 應充分地展示有關的資料，使報告本身的資料能支持研究者的所有解釋和結論。
3. 應爲讀者解釋資料，並說明其在解決研究問題所具有的涵義。

書面研究報告依其主要閱讀者之不同，大致可分爲技術性報告和管理性報告兩類。技術性報告主要是給幕僚專業人員和其他研究人員閱讀的，而管理性報告主要是給主管和非技術人員閱讀的。由於閱讀對象不同，報告的格式和內容也應有所不同。此外，如果要將研究報告改寫爲學術性論文送交學術性期刊發表，其格式亦與前兩者有所不同。

19-2-1 技術性報告

技術性報告是爲受過研究方法訓練的幕僚人員和其他研究人員而寫的，故內容應力求詳盡，對於資料蒐集和分析方法、抽樣技術、研究發現等均應詳細加以說明。研究過程中所用的數量方法、有關表格（如問卷、介紹信等）及其他補充性的資料也應列在附錄中。

由於閱讀者大都受過相當的專業訓練，故技術性報告可使用專門術語。報告中如引用到其他的研究或涉及其他的理論，通常也只要簡短地加以說明即可。

技術性報告的大綱大致如下（註 4）：

1. **序文**：序文部分包括以下項目：

   (1) **委託信**：如果研究人員與客戶之間的關係是正式的，則在報告中應列委託信，說明研究案的授權情形以及研究的特別指令或限制。委託信中也應說明研究的目的和範圍。對許多內部研究專案而言，委託信是不需要的。

   (2) **題目**：應包括研究題目、提出報告的日期、報告爲誰而寫、以及報告撰寫人。

   (3) **授權信**：如果研究報告是要送政府機關或非營利組織，則報告中通常應有一授權信，說明是由誰授權進行此項研究。

   (4) **主管摘要**：主管摘要不可太長，通常兩頁就夠了。摘要應簡明扼要，同時應把重點放在研究的發現，通常摘要最後的三分之二到四分之三部分，應用來簡述研究的發現或結果，剩下的四分之一或三分之一用於簡要地說明研究的目的、範圍和方法，或者還包括研究的需要（註 5）。

   (5) **目錄表**：除非研究報告很短，否則均應有一目錄表（包括圖和表的目錄）。

2. **緒論**：緒論應簡短說明研究緣起、研究目的和研究背景。
3. **研究方法**：對管理性報告而言，不須有一單獨章節來說明研究方法，而應在緒論中提及研究方法。對技術性報告而言，研究方法是很重要的部分，至少包括研究設計、抽樣設計、資料蒐集、資料分析以及研究限制。
4. **研究發現**：這可能是研究報告中頁數最多的部分。研究發現的目的是要解釋資料，而不是在下結論。不論研究發現是否支持研究假設，都應忠實陳述。圖表應儘可能簡化，一頁最好是陳述一項發現，支持的數量性資料可以圖或表的方式放在同一頁。
5. **結論**：結論部分包括摘要、結論和建議。首先將研究的重要發現簡要予以陳述，然後提出研究的結論和建議事項。
6. **附錄**：包括複雜的表、統計檢定、輔助性文件、所用的表格和問卷、方法論的詳細說明、訪問員的指示及其他補助性資料。
7. **參考文獻**：列出引用的各種次級資料。

19-2-2 管理性報告

管理性報告主要是爲主管人員及缺乏方法論知識的人員而準備。這些閱讀者通常對研究方法的細節不感興趣，他們只對研究主要發現和結論感到興趣；因此，在撰寫這種管理性報告時，必須非常小心，善用寫作的技巧，一方面要能引起他們的注意和興趣，一方面要避免引起任何的誤解。有時候這種報告只是爲某一位主管而撰寫，在這種情況下，應先了解這位主管的個人特徵、個人背景以及他的決策需要，然後用最適切的方式去撰寫。

管理性報告應使閱讀者能快速閱讀，並能迅速了解研究的主要發現和結論。報告的文字應力求簡潔，但一定要正確。可多用標題、圖片和統計圖，少用表。句子和段落應該簡短，並多留空白。爲了要強調研究的發現，最好每一頁上只說明一項研究發現。管理性報告通常比技術性報告爲短。

一份管理性報告的大綱大致如下（註 6）：

1. 序文
2. 緒論
3. 結論

4. 研究發現
5. 附錄

19-2-3 學術性論文

各種學術性期刊通常有其特定的論文格式要求，因此，如要將研究報告送交某一學術性期刊發表，應先了解該刊物所要求的規格。一般言之，學術性論文的格式大致如下：

1. **研究動機與目的**：包括問題的說明、研究的動機及研究的目的。
2. **文獻探討**：對於所要研究的問題或所要檢定的假設有關的研究和其他文獻，應予查考，並做簡短討論。
3. **研究方法**：應簡短說明所用的資料蒐集和分析方法，對樣本的性質及大小、以及特殊的衡量技術和分析工具亦應提及。此外，也應指出研究的限制。
4. **研究發現**：對研究的重要發現可用文字和圖表加以說明和討論，同時要指出這些發現與研究的問題或假設的關係，將兩者串連起來，說明研究發現是證實或否定原先的研究假設，並比較它們與其他有關研究的發現。
5. **結論與建議**：應簡短重述研究的主要發現，並說明研究發現在學術上及（或）實務上的涵義。此外，也可提出有關後續研究的建議。

19-3 口頭報告

19-3-1 口頭報告之利益與內容

除了書面的研究報告之外，研究人員有時還得提出口頭報告（或簡報）。口頭報告通常應由研究主持人來做，聽取口頭報告者通常是委託機構之高級主管人員，他們時間寶貴，故口頭報告的內容必須簡明扼要，抓住重點，並應接受和鼓勵委託機構之質疑和詢問，和對方做充分之雙向溝通。對研究人員而言，口頭報告可提供以下的利益或機會（註 7）：

1. 更有效地傳遞研究的發現和建議。
2. 向合適的主管提出報告，並使他們全神貫注聽取報告。

3. 澄清任何誤解之處。
4. 推銷該項特定研究及一般研究功能的價值，也可推銷研究人員自己。
5. 鼓勵做進一步的研究。

口頭報告的大綱大致如下（註 8）：

1. **開場白**：開場白係一簡短的陳述，或許不超過整段簡報時間的十分之一。開場白應該直接觸及問題，並能引起注意，它應該說明研究案的性質、緣起與目的。
2. **發現和結論**：口頭報告可以在開場白之後立即提出結論，然後再說明支持結論的研究發現。
3. **建議**：如果適宜提出建議事項的話，應放在第三部分，使口頭報告達到一種自然的高潮。在建議之後可要求聽取報告者提出問題。

除了要注意報告的內容之外，口頭報告人本身也是影響口頭報告成敗的一項重要變數。熟練的口頭報告可以增加閱聽者接受報告內容的程度，但亦不應把口頭報告當作是一場表演，使閱聽者忽略了報告所提供的訊息。報告人的風度、姿態、服裝、外表以及說話的速度、發音清晰、手勢、音量、音調等等，都會影響到口頭報告的效果。

Alder and Mayer 曾提供幾點有關口頭報告應注意事項如下（註 9）：

1. 必須考慮聽眾的需要，亦即應注意他們的知識、目標、偏見和可用時間。
2. 口頭報告應力求簡單、簡短和直接。研究人員應該控制他們自己想去報告每一件事的心理需要，統計數字的數量應比書面報告爲少，有關方法論的討論也應大量刪減，口頭報告應快速談到內容的重要項目。
3. 除了少數例外情況，語調應該是非正式的。做口頭報告時應避免像發表演說。
4. 技術性和專門術語應予避免。大多數的聽眾都討厭滿口專門術語，把這些術語當成是一種煙幕，而貶低了研究人員。
5. 邀請聽眾提出問題，讓他們參與，利用補充資料，提及類比的經驗，以便讓聽者易於了解體會。

此外，在口頭報告前和在做口頭報告時也有一些應注意的事項，包括（註 10）：

在做口頭報告前：

1. 徹底檢查所有的器材（如燈光、麥克風、投影機和其他視聽器材）。
2. 器材臨時損壞時，要有應變計畫。
3. 分析聽眾，了解聽眾對研究發現的反應是同意、敵視或冷漠？開場白最好和聽眾的意見相一致。
4. 練習幾次，如果可能，宜有人提供改進建議。

在做口頭報告時：

1. 在開始報告時，先告訴聽眾報告內容的大要。
2. 始終面對聽眾。
3. 向聽眾或決策者講話，而非照腳本或字幕讀報告。
4. 有效利用視覺器材——圖和表應該簡單易讀。
5. 在講話時避免有使人分心的習性。不斷走動或不必要的走動是令人討厭的——走動要有目的。在字句之間也要避免加「呀」、「嗯」、「OK」等這類補白。
6. 在報告結束後要記住問聽眾有沒有問題。

19-3-2 視覺器材的使用

在口頭報告時，視覺器材（visual aids）的使用是非常重要的。常用的視覺器材包括黑板或白板、投影片、書面資料、幻燈片、Power Point、電腦動畫等等。視覺器材可在若干方面幫助報告人（註 11）：

1. 它可表現其他方式未能有效溝通的材料。譬如，統計關係很難用文字表達，但用一圖表就可表達得很好。
2. 它可幫助報告人把他的主要論點說明清楚。利用視覺器材來增強口頭說明，可使報告人能強調某些論點的重要性。此外，利用兩條溝通通路（聽和看）可以增加聽者了解和記住訊息的機會。
3. 它可增進報告訊息的連續性和記憶性。口頭報告的資訊稍縱即逝，聽者一有疏忽就可能失去頭緒，但如利用視覺器材的話，較有機會再重新回顧報告人早先提及的論點，因此，較易記住。

使用視覺器材可以提高口頭報告的效果，因此，在做口頭報告時應儘可能加以利用。不過，在利用視覺器材時，應特別注意以下幾點（註 12）：

1. 利用幻燈片、投影片或圖表時，每次只傳遞一個觀念。
2. 要無情地壓制詳情細節。額外的資訊應該口頭表達；視覺器材最好用來強調重點，吸引注意，提供參考架構，和進一步討論的跳板。
3. 要確保有可運轉的裝備可用。事前要檢查電線是否夠長，有沒有銀幕、支架和黑板，要弄清楚電源在哪裡。
4. 要預期裝備可能會臨時損壞，要準備好備用的燈泡或其他裝備。最好還要知道在緊急時，哪裡可以找到備用的裝備。
5. 要考慮室內空間的情況，使每一位聽者都能看得到。

摘　要

研究的最後一個階段就是撰寫和提出研究報告。為了達成有效溝通的目標，研究人員在撰寫研究報告時必須先了解溝通的過程，考慮溝通的五項要素——溝通者、訊息、通路、閱聽者和回饋。

研究報告可分為書面報告和口頭報告。書面報告又有技術性報告和管理性報告之分，因兩者的閱讀者不同，故報告之內容及格式亦有所不同。此外，學術性論文亦有其特定的格式。

口頭報告應力求簡潔扼要，抓住重點，吸引聽者的注意和興趣。為了達到溝通的目的，事前應對報告的內容及方式做充分的準備；做口頭報告時，最好能有視覺器材的配合，以擴大口頭報告的效果。

附　註

註 1：Steuart Britt, "The Communication of Your Research Findings," in R. Ferber, ed., *Handbook of Marketing Research* (New York: McGraw-Hill, 1974), pp.1: 93-94。

註 2：同註 1，p.1: 93。

註 3：Paul Leedy, *Practical Research*：*Planning and Design* (New York：Macmillan Publishing Co., 1974), p.161。

註 4：Donald Cooper and Pamela Schindler, *Business Research Methods,* 10th ed. (Boston: McGraw-Hill, Irwin, 2008), pp.581-587。

註 5：C. Anderson, A. Saunders and F. Weeks, *Business Reports,* 3rd ed. (New York: McGraw-Hill, 1957), p.307。

註 6：同註 4，pp.581-587。

註 7：Lee Alder and C. Mayer, *Managing the Marketing Research Function* (Chicago：American Marketing Assoc., 1977), p.51。

註 8：同註 4，p.612。

註 9：同註 7，p.52。

註 10：H. A. Murphy and H. W. Hildebrandt, *Effective Business Communications* (New York: McGraw-Hill, 1984), p.595。

註 11：同註 4，p.616。

註 12：同註 7，p.53。

第二十章

預測方法

隨著企業經營環境的變化加劇，預測未來的可能變化已成為企業研究方法的重要課題之一。本章將先探討預測的類型和步驟，然後分別介紹數量預測、判斷預測和技術預測方法。

20-1 預測的類型和步驟

20-1-1 預測的類型

預測方法有多種不同的分類方式，包括 (1) 長期和短期預測，(2) 微觀和宏觀預測，(3) 數量和質性預測（註 1）。

1. 長期預測和短期預測

首先，預測方法可依其是為長期或短期目的來加以分類。當組織要制定長期的一般路線時，需要做長期預測，因此長期預測是高階管理特別重視的。短期預測是為設定即時策略之用，是中階主管和基層主管為滿足眼前的未來需要所做的預測。

2. 微觀預測和宏觀預測

預測也可依它們在微觀-宏觀連續帶上的位置，亦即以它們涉及細節或彙總的程度，來加以分類。譬如，一位工廠經理可能對預測未來幾個月所需的工人數量有興趣（一項微觀預測），而政府則要預測整個國家僱用的總人數（一項宏觀預測）。同樣地，同一組織中不同管理階層所重視的微觀-宏觀水準也不同。譬如，高階管理會對預測整體公司的銷售量有興趣（宏觀預測），而個別銷售員則對他們自己的銷售量的預測最有興趣（微觀預測）。

3. 數量預測和質性預測

預測方法亦可依據它們是比較數量性或比較質性來加以分類。一個極端是純質性（非數量）的技術，另一個極端是純數量性的技術。一個純質性的技術不需要對資料做明顯的操作，只需運用預測者的**判斷**；但即使如此，預測者的判斷事實上也是對過去歷史資料加以心智操作的結果。純數量的技術不需要利用任何判斷，它們是產生數量結果的機械方法。某些數量方法比其他方法需要對資料做更複雜的操作。

20-1-2 預測的步驟

所有正式的預測方法都是要把過去的經驗延伸到未來，因此它們都假定：除了預測模式明白指出的那些變數之外，產生過去資料的情況和未來的情況是無法區別的。認識到預測技術是在運作由歷史事件產生的資料，可將預測過程分爲以下五道步驟（註 2）：

步驟 1：問題形成和資料蒐集

問題決定適合的資料。如果考慮採用數量預測方法，相關的資料必須可以取得，且資料必須正確。如果無法取得適合的資料，則須重新界定問題或採用非數量預測方法。當有需要去取得適切的資料時，常常出現蒐集和品質管制問題。

步驟 2：資料操作和清理

通常需要做資料操作和清理。在預測過程中，資料可能太多，也可能太少。某些資料可能與問題無關；某些資料可能遺漏，必須去做估計；某些資料可能要先做處理（如從若干來源取得須累計加總）；有的資料可能只在某些歷史期間適用（如在預測小汽車銷量時，可能只要用 1970 年代石油禁運以後的汽車銷售資料而非過去 50 年的銷售資料）。通常需要做某些努力，俾將資料轉變成某些預測方法所要求的形式。

步驟 3：模式建立和評估

將蒐集來的資料套進某一適合的預測模式（預測誤差最小）。模式愈簡單，愈能讓管理者接受。複雜的預測方法會正確一些，而簡單的方法則容易被決策者了解、支持和使用，預測者通常要在兩者間取得一個平衡。在這段選擇過程中是要用判斷的。

步驟 4：模式執行

實際的模式預測。在爲近期做預測時，已知的實際歷史數值，通常用來查核預測過程的正確性，然後觀察預測誤差。

步驟 5：預測評估

比較預測數值和實際的歷史數值。在此過程中，通常會保留少數最近期的資料數值。在完成預測模式後，爲這些最近期做預測，並和已知的歷史數值做比較。有些預測方法會把誤差的絕對值加總起來，或加以平均得到平均預測誤差。有的方法會將誤差加以平方再加總，然後和其他預測方法的相同數值做比較。有些方法還追蹤和提出在預測期間誤差項的大小。

檢查誤差型態常會引導分析人員去修正預測方法。

上述之預測步驟基本上適用於需要利用歷史資料的數量預測方法。至於非數量預測方法或質性預測方法則較少或甚至不需要資料的操作處理，主要是依賴預測者的判斷和常識。利用數量預測方法做預測時，雖然是依賴對歷史資料數據的操作處理，但要得到好的預測結果仍有賴預測者善用他們的判斷和常識。

預測方法依其特性約可分爲三類，即數量預測方法、判斷預測方法及技術預測方法。

1. **數量預測方法**：是以數量資料作爲基礎的預測方法，可分爲時間數列模式和因果模式。
2. **判斷預測方法**：是以人類判斷爲主要基礎的預測方法，依判斷資料來源的多寡可分爲個人判斷法（由個人所做的判斷）、群體判斷法（由群體所做的判斷）及總合判斷法（得自許多社會大眾或消費者的意見綜合）。
3. **技術預測方法**：是對技術、社會、經濟或政治本質的長期性預測，可分爲外推法（extrapolative）（以今日的知識作爲了解明日的基礎）、德菲法（Delphi）、遠景法（La Prospective）及交叉影響矩陣等。

20-2 數量預測方法

數量預測方法係利用過去的歷史資料來預測未來。如前節所述，數量預測技術可大致分爲時間數列模式和因果模式兩部分。**時間數列方法**是依據某變數過去的數值及過去預測的誤差爲基礎來預測未來，先找出歷史資料的型態，再利用此型態來進行預測。**因果模式**則假定被預測變數受一個或多個其他變數的影響而呈現出因果關係，例如，銷售量＝ f（所得、價格、廣告費、同業的競爭等）。因果模式的目的在找出關係式，然後利用此關係式預測被預測變數的未來值。

一般而言，當下列三個條件存在時，可以應用數量預測方法（註 3）：

1. 有過去的資料及資訊可以使用。
2. 這些過去的資訊可以用數值的方式表達。
3. 可以假定過去的型態或走勢會延伸到未來。這項條件稱之爲連續性假定，這是所有數量預測方法最基本的前提。

20-2-1 時間數列模式

時間數列模式是以被預測變數本身的歷史資料及過去預測的誤差作基礎進行預測，它把被預測的變數當作時間的函數，時間是其唯一的預測變數。被預測變數和時間兩者間的統計相關性是預測的基礎，但兩者之間並不一定有真正的因果關係存在。本節將介紹簡單移動平均法（simple moving average）、指數平滑法（exponential smoothing）、分解法（decomposition method）和巴克斯-任金斯法（ARIMA 模式）等四種較常用的時間數列模式。

(一) 簡單移動平均法

簡單移動平均法係以前幾期的平均觀察值作爲下期的預測值，其公式如下：

$$\hat{Y}_{t+1}=\frac{Y_t+Y_{t-1}+\cdots\cdots+Y_{t-n+1}}{n}$$

式中

$\hat{Y}_{t+1}$：$t+1$ 期的預測值

Y_t：t 期的實際觀察值

n：計算平均值時所包含的時期數

假定某雜誌社（月刊）要以前三個月的平均銷售量作爲下個月的預測銷售量。如前三個月的銷售量分別爲 52,000 本、49,000 本及 51,202 本，則下個月的預測銷售量爲：

$$\hat{Y}=\frac{52{,}000+49{,}000+51{,}202}{3}=50{,}734\text{（本）}$$

到底幾個月的移動平均預測值比較正確呢？可比較在不同 n 值下的預測值與觀察值之間的誤差大小，誤差愈小，預測值愈正確。譬如，三月移動平均預測值的絕對誤差與平方誤差均較五月移動平均預測值的絕對誤差與平方誤差爲小，則三月移動平均預測值就比五月移動平均預測值爲正確。

簡單移動平均法的計算很簡單，但有三項缺點（註 4）：

1. 此法假定被預測變數在下期不會有太大的變動，換言之，在短期內被預測變數是相當穩定的。如果此一假定不成立的話，它就不是一種可靠的預測方法。

2. 只適用於短期預測，不適合用來做長期預測。
3. 沒有一項簡單有效的規則可用來決定最適當的 n 值，到底是三個月、四個月、五個月或多少個月的移動平均最好呢？通常要一一測試才知道。

(二) 指數平滑法

簡單移動平均法對以前的 n 個時期均賦予相同的加權數。有人認爲最近期的觀察值對下期的可能數值具有較大的影響力，應配以較大的加權數；較早期的觀察值對下期的數值影響力較小，故加權數應較小；指數平滑法即係根據這種想法而發展出來的。其公式如下：

$$\hat{Y}_{t+1} = \alpha Y_t + (1-\alpha)\hat{Y}_t$$
$$= \hat{Y}_t + \alpha(Y_t - \hat{Y}_t)$$

α 代表加權數，其數值介於 0 與 1 之間，（$1-\alpha$）也必介於 0 與 1 之間。從上式中可知利用指數平滑法做預測，只需本期的觀察值（Y_t）、本期的預測值（$\hat{Y}_t$）和加權數這三個數值。第一期因無預測值可用，故以第一期之觀察值作爲第二期之預測值，以後各期之預測值即可利用上式求得。

假定上述雜誌社（月刊）本月的銷售量爲 50,500 本，本月的預測銷售量爲 49,900 本，若 $\alpha = 0.7$，則下個月的預測銷售量爲：

$$\hat{Y} = 0.7 \times 50{,}500 + (1-0.7) \times 49{,}900$$
$$= 35{,}350 + 14{,}970 = 50{,}320\text{（本）}$$

到底 α 值應該多大呢？應比較在各個不同的 α 值下，預測值與實際觀察值之間的絕對誤差和平方誤差的大小。誤差愈小，預測值愈正確。

指數平滑法通常對最近期的觀察值配以最大的加權數，與一般人直覺上的想法一致，較易於被管理人員所接受。而且，它只需要最近期的觀察值、最近期的預測值和加權數等三個數值，所需的資料較少，這是指數平滑法的優點。但它和簡單移動平均法一樣，也有三項主要的限制（註 5）：

1. 如果被預測變數的基本型態發生了基本的改變，指數平滑法可能不是一種令人滿意的預測方法。
2. 只適用於短期預測，不適用於長期預測。
3. 沒有一項簡單有效的規則來決定最適當之加權數的數值。α 值究竟要多大才能獲得最正確的預測值，通常是先找出若干個不同的 α 值，然後一一測試比較，以找出預測誤差最小的 α 值。

㈢ 分解法

前面所討論的兩種預測方法都是假定資料呈現某種型態，而且此型態可以將過去的資料平滑（即平均之意），使之與隨機項分離。平滑的效果就是將隨機性消除，使型態顯現以便未來的預測。在許多情況下，型態又可再細分成子型態，這種細分的程序常能改變預測的準確性，而且也對數列本身的行為提供更進一步的了解。

分解法通常將時間數列之構成因素細分為四個部分，即長期趨勢（trend，T）、循環變數（cyclical，C）、季節變動（seasonal，S）和不規則變動（irregular，I）（註 6）。

1. **長期趨勢**：代表時間中的基本成長或衰退的成分，可能是人口改變、通貨膨脹、技術、工業化及生產力提高等因素所造成。
2. **循環變動**：這是超過一年期的一系列波浪形的波動或循環。循環變動通常難以確認，因此常被視為長期趨勢。
3. **季節變動**：這是受一年四季中不同的氣候和節令有關的事件的影響所引起的變動。
4. **不規則變動**：不規則變動的成分有不可預測的波動和隨機的波動兩部分。

分解法假定資料可以下列方式組成：

資料＝型態＋誤差

　　＝f（趨勢、循環、季節）＋誤差

除了型態的分解外，尚有一誤差項（或稱隨機項）。此誤差項是假定與其他三個子型態分開的。

有許多不同的方法來分解時間數列資料，不過所有的方法都不外乎想要將每一成分獨立出來，以便使預測更準確。如何找到最佳分解法常有賴經驗的累積，通常先將季節性去掉，然後消除趨勢性。

分解法將時間數列分解成四部分，具有直覺上的吸引力，容易為管理人員了解和接受，協助管理人員了解歷史資料變動的原因，除了做預測用途外，還可供管理控制之用。不過，這種方法也有若干限制（註 7）：

1. 它假定一種時間數列的型態，亦即只考慮兩個變數，一是被預測變數，一是預測變數（即時間）。這種方法不考慮因果關係，因而限制了它的可能應用。
2. 在本質上，這種方法是非統計的，不能以信賴區間或顯著性檢定等統計方法來檢定它的預測正確程度，只能查看它的預測誤差來判定它的正確性。
3. 建立趨勢線、循環因素與季節指數，至少要蒐集三年的歷史資料，費力費錢。因此，通常只有在預測價值較高的場合，才利用這種方法。

分解法雖甚具吸引力，但因複迴歸分析也能處理時間數列中的趨勢、循環和季節這三項因素，而且更為有效，又能做統計上的檢定，因此，許多研究人員採用複迴歸分析來取代傳統的時間數列分解法。

㈣ 巴克斯-任金斯法（ARIMA 模式）

上述之時間數列模式皆假定歷史資料有其基本型態，也有隨機性，各種預測方法無非是先假定其基本型態，然後根據所假定的基本型態做預測，因此時間數列預測法大都只適用於某種或某幾種特定的基本型態。譬如，指數平滑法係假定歷史資料的基本型態是水平的，因此，如果時間數列中並沒有大幅度的波動，指數平滑法不失為一種適當的短期預測方法。不過在某些情況下，時間數列的基本型態係由趨勢、季節因素和循環因素所構成，不容易看出歷史資料的基本型態，此時平滑法將難以應用。

自迴歸整合移動平均模式（ARIMA）是由巴克斯（George Box）與任金斯（Gwilym Jenkins）兩人在 1976 年研究推廣出來，因此巴克斯-任金斯法與 ARIMA 模式幾乎是同義的。巴克斯-任金斯預測法不需要先去假定某一種固定的資料型態，它將能夠描述資料型態的所有模式分為三大類，即 (1) 自迴歸模式，(2) 移動平均模式，(3) 混合模式。它首先假定一套臨時的模式，然後將歷史資料套進此一臨時模式，看看所假定的模式是否足以描述歷史資料的型態，如果可以的話，即可利用該模式進行預測，否則就另找其他模式。巴克斯-任金斯預測法的程序，如圖 20-1 所示，分為四個步驟（註 8）：

步驟 1：模式確認

模式確認（model identification）的第一個步驟是要決定數列是否是不變的，亦即這個時間數列是否是在一個固定的水平上變動。一旦發現數列

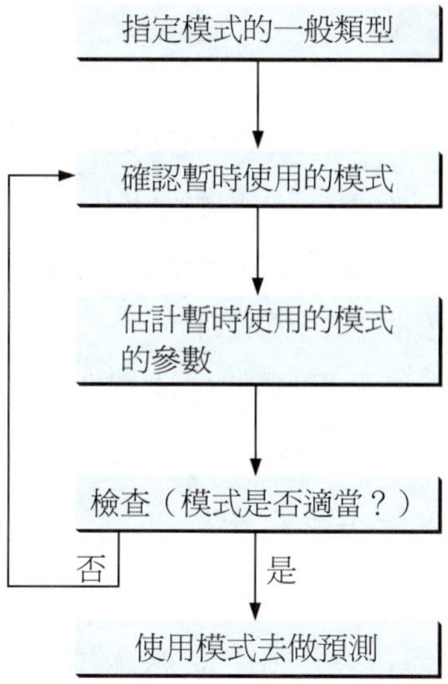

資料來源：John Hanke and Dean Wichern, *Business Forecasting*, 8th ed. (Upper Saddle River, NJ: Pearson Education, 2005), p.382。

圖 20-1 **Box-Jenkins（ARIMA）模式的流程圖**

是固定的，接著就要找出所要使用之模式形式，這可從比較由資料算出的自相關（autocorrelation）和偏自相關（partial autocorrelation）與各種ARIMA模式的自相關和偏自相關來達成。

步驟 2：模式估計

一旦選出一套暫時的模式，接著就必須做模式估計（model estimation），利用誤差平方和最小法去估計模式的參數。

步驟 3：模式檢查

在使用模式去做預測之前，須先做模式檢查（model checking），檢查模式是否適當。基本上，如果不能用殘值去改進預測結果的話，則這套模式就是適當的，亦即殘值應該是隨機的。

步驟 4：預測

利用步驟 3 所獲得的模式去進行預測工作（forecasting with the model）。

ARIMA 模式是比較複雜的一種技術，它能處理任何型態的資料，能夠找出一個相當可靠的模式，但在實際應用時，需要較長的電腦時間。

20-2-2 因果模式

因果模式是根據被預測變數（準則變數）和解釋變數（預測變數）之間的預測關係建立模式，然後利用所建立的模式進行預測。這些模式雖名爲因果模式，其實在被預測變數和解釋變數之間不一定要具有因果關係，只要兩者的相關性可供預測之用就行了。

在因果模式中要找出能夠解釋被預測變數之變動的解釋變數，這些解釋變數必須具有下列三點特性（註 9）：

1. 和被預測變數之間要有關係存在。
2. 資料可以獲得。
3. 對其未來變動有方法加以預測；如無法預測，則其與被預測變數之間必須有時間落後的關係，俾可用前期的解釋變數數值來預測後期的被預測變數。

被預測變數和解釋變數之間的統計關係可利用敘述統計和推論統計加以估計和證實。關於解釋變數的選擇，通常依賴預測人員的想像力、判斷、經驗和可用資源。

因果模式常受可得資料的限制而未盡完美，由於時間、財力及人力的不足、衡量技術的不完善等種種限制，使預測人員無法取得爲建立一套完美的因果模式所需的一切資料。預測人員經常要依賴次級資料、代替變數、過時的觀察值及不正確的資訊以爲建立模式的依據，在這種情況下，預測模式常未能達到盡善盡美的要求。

㈠ 迴歸模式

直線迴歸模式是最常見的一種因果模式。直線迴歸模式是估計一個準則變數和一個或以上的預測變數之間的直線關係的一種統計方法。各變數之間的關係很少是直線的，理論上似應利用比較複雜的非直線迴歸分析。不過，許多預測的經驗顯示直線模式已足夠表示變數間的真正關係；有時亦可將準則變數或預測變數做某種轉換，以建立兩者的直線關係。

直線迴歸模式在銷售預測上的應用甚多。譬如，某公司曾利用直線複迴歸模式來預測公司的銷售額（註 10）。經過該公司主管多次的商討，獲得下列的函數關係：

銷售額＝ f（個人可支用所得、中間商的報酬、價格、研究發展支出、資本投資、廣告費用、銷售費用、全產業的廣告支出、隨機影響）

根據上述的函數關係，得到如下的迴歸方程式：

$$\hat{Y}=a+b_1X_1+b_2X_2+\cdots\cdots+b_8X_8$$

上式中 X_1：個人可支用所得（百萬美元）
X_2：中間商報酬（百萬美元）
X_3：價格（美元）
X_4：研究發展預算（千美元）
X_5：資本投資（千美元）
X_6：廣告費用（千美元）
X_7：銷售費用（千美元）
X_8：全產業廣告預算（千美元）
$\hat{Y}$：銷售額（千美元）

將該公司過去 38 個半年的觀察值，經過電子計算機的運算，並經變數的篩選和顯著性檢定之後，得知 X_1、X_3、X_5 和 X_6 這四個預測變數具有顯著的預測能力，得迴歸方程式如下：

$$\begin{aligned}\hat{Y}&=a+b_1X_1+b_3X_3+b_5X_5+b_6X_6\\&=3276.55+5.70X_1-15.18X_3+1.55X_5+7.57X_6\end{aligned}$$

然後利用這個模式進行預測。比較過去 38 個半年的預測值和實際觀察值，最大的誤差只有 8.5%，預測結果是令人滿意的。

㈡ 計量經濟模式

計量經濟模式是結合經濟學、數學、統計學及會計學等學科的一種分析技術，如果說簡單迴歸（只有一個預測變數）是複迴歸（有一個以上的預測變數）的一則特例，那麼複迴歸（只有一個方程式）則可說是計量經濟模式（有多個方程式）的特例（註 11）。每一個計量經濟模式都應有一個或一套關於一般經濟情勢或特定企業活動的理論作基礎，理論基礎一旦建立，還得將之轉變成一組數學方程式，這組數學方程式就是所謂的計量經濟模式，透過這個模式，計量經濟學家希望能根據已知的預測變數來預測未知的準則變數。

或許了解計量經濟模式的一個最佳起點就是迴歸模式。在迴歸模式中我們假定所有迴歸方程式的預測變數都是外生變數（exogenous variable）；在經濟和企業關係中這樣的假定常是不符實際情況的。舉例而言，我們可以假定：銷貨＝ f（GNP、價格、廣告），迴歸模式的三個預測變數都假定是外生的，不受銷貨水準或其他預測變數的影響。對 GNP 而言，這也許是一種適當的假定，因爲除了很大的公司外，GNP不會直接受到任何一家企業銷貨水準的影響；但對價格與廣告而言，實際情況恐未必如此。如果每單位成本隨著銷貨的增加而減少（規模經濟），也可能使價格降低；而廣告支出一方面增加產品的單位成本進而提高價格，另一方面又增加銷貨使得生產的單位成本降低進而降低價格。一般迴歸模式無法處理這種變數間的相互依賴關係，而計量經濟模式則透過多個方程式將變數間的相互依賴關係建構出來。例如上面的例子可以下列五個方程式表示：

1. 銷貨 ＝ f（GNP、價格、廣告）
2. 生產成本 ＝ f（生產單位、存貨、人工成本、物料成本）
3. 銷貨費用 ＝ f（廣告、其他銷貨費用）
4. 廣告 ＝ f（銷貨）
5. 價格 ＝ f（生產成本、銷貨費用、管理費用、利潤）

計量經濟模式的一項基本假定是**世界上的每樣事物都受其他許多事物的影響**，大家也愈來愈注意事物間的相互依賴關係，問題是要實際操作並不容易，雖然我們可以找出無數的相互依賴關係，但這也將增加處理的成本與作業的困難，到底應該在何處停止呢？

實際的計量經濟模式，在理論上及統計上都要比上面的例子複雜的多，在上例中只有五個線性方程式，變數也只有十幾個，但在實際模式中，變數和方程式的數目可能有幾十個，甚至幾百個，方程式也可能是非線性的。由於現代電腦的發展，計量經濟模式的應用已日益普及。

建立計量經濟模式的步驟，大致如下（註 12）

1. 根據經濟理論、過去與現在的實際情況、以及未來的可能情況，尋求經濟系統中所含的各主要變數，區分爲預測變數及準則變數兩種，並探討各變數間存在的各種關係。
2. 利用一個方程式或一組聯立方程式來表示各變數間的各種關係，此等方程式即構成含有未知係數的計量經濟模式。擬議中的計量經濟模式並不以一個爲限。

3. 根據所擬模式之需要，蒐集實際資料，以供估計未知係數及挑選合適模式。
4. 利用蒐集之實際資料，應用統計推論理論，計算擬議中之各模式的未知係數，判斷各模式的正確性，然後從這些模式中挑選一個最適宜的模式。對模式中未知係數的估計，一般係應用迴歸分析。
5. 被挑選出的模式，尙應加以檢定，以了解此一模式是否能忠實地描述經濟系統中的過去動態以及未來的可能變化。如發現有疑問，應重新檢討上述各步驟，找出不妥之處並予修正。只有在模式的正確性被證實或確認之後，我們才能利用這個計量經濟模式來預測。

20-3 判斷預測方法

判斷預測方法係根據預測者的直覺反應和主觀評估，或依據意見調查的結果做預測。在某些情況下，直覺主觀判斷或意見調查是預測者唯一可使用的工具。

本節將介紹個人判斷法、管理人員意見法、銷售人員意見法、角色扮演法、顧客意願調查、試銷等六種判斷預測方法。就調查對象的性質而言，前兩種皆是間接透過某種專家的判斷去預測未來，後兩種則是直接調查行動者。就調查人數而言，個人判斷法爲個人預測，管理人員意見法、銷售人員意見法及角色扮演法則爲群體預測，而顧客意願調查及試銷則屬總合預測法。就資料蒐集方式而言，個人判斷法是個別訪談蒐集，管理人意見法和角色扮演法是透過開會討論，銷售人員意見法則可以個別訪問、開會討論或問卷調查的方式蒐集資料，顧客意願調查主要是透過問卷調查，試銷則是以現場實驗方式蒐集資料。

20-3-1 個人判斷法

顧名思義，個人判斷法就是由個別專家去估計未來的情況，專家的人數可以是一人至數十人不等。

許多專家提供的常不是直接的預測數值（點預測）、區間預測值或機率分配預測值；預測人員或研究人員須利用一些交談或訪問的技巧旁敲側擊才能取得專家的估計。從下面有關銷售預測的談話中，可以看出預測人員如何巧妙地取得專家的估計（註 13）：

預測人員：你認為年銷售額會有多少？

公司主管：我一點概念都沒有，我只是認為那個地區的銷路會不錯。

預測人員：你認為那個地區的年銷售額會超過一千萬美元嗎？

公司主管：我不認為如此，太不可能了！

預測人員：你認為年銷售額會超過八百萬美元嗎？

公司主管：有可能。

預測人員：年銷售額會低於四百萬美元嗎？

公司主管：絕不會那麼低，如果那麼低的話，我們就無須開拓那個地區了。

預測人員：銷售額在六百萬美元左右是否較有可能？

公司主管：很有可能，事實上，六百萬美元還是稍微偏低了些。

預測人員：那麼，你認為銷售額會有多少？

公司主管：七百萬美元左右。

在上例中，公司主管（專家）一開頭就表示他對未來的銷路一無所知，預測人員先點出預測銷售額的上限和下限（分別為一千萬美元和四百萬美元），然後逐漸縮小預測的範圍，取得最後的預測值。

預測人員：剛才你預測明年銷售額約為七百萬美元（點預測），現在你能不能再估計一個樂觀數字，而明年我們只有 10% 的機會超過這個數字。

公司主管：這個很難說。

預測人員：你認為明年我們有 10% 的機會銷售額會突破九百萬美元嗎？

公司主管：不，我不認為能達到那麼高。

預測人員：那麼你認為應該降低到多少呢？

公司主管：我想大概八百五十萬美元吧。

預測人員：那麼你能不能再估計一個悲觀數字，而明年我們只有 10% 的機會低於這個數字。

公司主管：大概四百萬或五百萬美元，至多不會超過六百萬，我看大概五百五十萬美元左右。

預測人員經由上述對話，終於巧妙地取得該主管的區間預測值：有 80% 的機會銷售額將在 550 萬到 850 萬美元之間。

參與預測的專家常不止一個人，因此取得各個專家的預測值之後，常須利用加權方法將之彙總起來，其方法有四（註 14）：

1. 假定專家們的專門知識程度相同，則各人的加權數也相同。
2. 評定專家們的專門知識程度，按照各專家的專門知識程度高低，賦予不同的加權數。
3. 請專家們評定自己的專門知識程度，按其程度高低，賦予不同的加權數。
4. 按照各專家過去預測的相對正確程度，賦予不同的加權數。

20-3-2 管理人員意見法

前面所談的個人判斷法係由專家們個別做預測，然後由預測人員加以加權彙總，求得加權平均估計值。由於各專家係個別做預測，未能收到集思廣益的效果，管理人員意見法正好可彌補其缺點。

管理人員意見法是利用群體討論的方式，首先組成專家小組，然後定期集會共同討論、共同做預測，希望能從討論中得到一致的看法。使用管理人員意見法時，公司通常將銷售、生產、財務、採購和行銷等相關功能的管理人員聚在一起舉行會議，共同對預測事項進行討論，有些公司在開會之前會準備一些相關的基本資料供與會者事前參考，可增進管理人員對預測背景的了解與共識。管理人員意見法通常是定期開會討論，並由一位高階管理者對每次會議的書面意見做最後的評論，或將意見綜合得出一代表性的看法（註 15）。

管理人員意見法的優點是簡單迅速，不需要準備詳細的統計資料，而且可以匯集不同管理人員的經驗與知識，並可經由討論而增進各部門管理人員間的共識。此外，當缺乏適當的歷史資料或環境有不連續的變動時，管理人員意見法也是少數能夠應用的方法之一。不過，這種方法雖可收集思廣益的效果，但容易受別人影響，難以維持獨立的判斷。在面對面的討論過程中，成員在組織中的職位高低以及說服能力的強弱多少都會影響到預測的品質。因此，利用管理人員意見法做預測時，應儘可能避免這些容易造成偏差的因素。

20-3-3 銷售人員意見法

除了詢問專家或管理人員外，處於第一線的銷售人員平日接觸顧客，對市場行情有相當的了解，他們對未來的動向和銷售量的起伏，往往可以提供寶貴的意見。因此，調查公司銷售人員的意見不失爲一可行的預測方法。

蒐集銷售人員意見的方式可依調查人數的多寡，採取個別判斷、群體討論或問卷調查的方式；調查對象也可依情況分別調查銷售員、銷售管理人員或經銷商（註 16）。

蒐集銷售人員的意見作爲預測的依據，還可收到兩項附帶的好處：一是讓銷售人員參與預測工作，可收激勵之效；一是可促使銷售人員多去了解市場認識顧客，從而可適時、適地、適量提供顧客所需的產品或服務。

不過，銷售人員所做的預測常常是不正確的，需要加以適當地調整或修正，因爲（註 17）：

1. 銷售人員可能有偏見，最近銷售情況之好壞常會影響銷售人員的判斷，不是過分樂觀，就是過分悲觀。
2. 銷售人員可能沒時間來做預測。
3. 銷售人員可能漠不關心，敷衍了事，所做的估計毫不可靠。
4. 銷售人員可能會有意低估未來的銷售額，以減少其銷售配額，日後實際銷售量超過配額時，可獲得獎勵。
5. 銷售人員對大環境之變遷，諸如政府財政經濟政策的變動或公司行銷計畫的變更，對其銷售地區未來銷售的影響，可能茫無所知。

銷售人員的估計雖有上述的缺點，但仍有許多公司利用銷售人員的意見來做預測，主要是因爲銷售人員中各有高估及低估者，當彙總時可互相抵銷，同時個別銷售人員如經常低估或高估，也容易被發現並予校正。

20-3-4 角色扮演法

在自然科學或物理學中，預測本身通常不會對預測的結果產生影響，例如氣象預測並不會也不能改變被預測的天氣（因爲人類無法改變氣候）。在社會科學中，預測本身是影響被預測事件的結果，而成爲自我實現（self-fulfilling）或自我失敗（self-defeating）的預言（註 18）。如果一則預言（股市將大漲）被大家所相信，進而影響其行爲（搶購股票），使得該預言真的實現（股市大漲），稱爲自我實現的預言；反之，如果一則預言（明年芒果價格看漲）被大家所相信，進而影響其行爲（趕種芒果），使得該預言變成錯誤（芒果增產，價格大跌），則稱爲自我失敗的預言。

角色扮演法就是一種增進群體互動預測之準確性的方法。角色扮演法要求個人或團體扮演一特定的角色，並和其他不同個人或團體所扮演的不同角色進行互動。Armstrong 將角色扮演法的過程摘要如表 20-1，根據他的經驗，從角色扮演法中所獲得的潛在利益超過其所花費的成本（註 19）。

表 20-1 角色扮演法的程序

指派角色	依角色的特性指派適當的或相似的演出人員。
描述情境	提供簡單明確的描述，並說明可能的結果。
描述角色	即席寫作。
	揣摩角色。
	參加者依其本身想法或其所扮演角色的可能反應而行動。
開會討論	舉行簡短會議（不超過一小時）。
	容許簡單的敘述（約十分鐘）。
	準備真實的佈景（服務、舞台、道具等）。
記錄	以角色扮演法所獲得之結果作爲預測的參考。
	詢問參加者如果其預期的結果並未發生將會如何。

資料來源：J. S. Armstrong, "Forecasting Methods for Conflict Situations", in G. Wright and P. Ayton, eds, *Judgmental Forecasting* (New York: John Wiley, 1987)。

20-3-5 顧客意願調查

前面四種方法基本上都是利用某種**專家**的經驗與知識，透過個別判斷或群體討論的方式對未來進行預測，可說是一種**間接**的判斷預測方式。意願調查和試銷是利用各種詢問方法（如人員訪問、電話訪問、郵寄問卷調查或線上調查），直接蒐集一般大眾或潛在顧客對未來趨勢的意見或未來意圖的資訊，然後根據意見或意圖調查的結果做預測。

意願調查是針對直接決定未來趨勢走向的一般大眾或潛在顧客的未來行動意願進行調查，最主要的是顧客購買意願的調查。顧客的購買意願常係基於在接受調查當時，他對未來一定期間內之經濟環境與個人情況所做的預期，如果這些預期到時並未如原先所料的出現，則他可能不會按其原先的意願購買。

顧客意願調查在預測上的價值，主要取決於：

1. 顧客能否明確表示其未來的購買意願？

2. 顧客願不願意透露其真正的意願？
3. 顧客是否按其意願購買？
4. 顧客意願調查所需花費的成本有多大？

對消費性耐久財而言，如房屋、家具、家用電氣用品等之購買，顧客比較能夠明確表示其未來的意願，故此法較具價值；對資本財之預測，此法亦有其功效；但對消費性便利品而言，由於消費者較難表明其在未來某段期間內的消費量，顧客意願調查也許較不適用。

顧客意願調查的方法很多，依樣本選取的方法可分爲全面普查與抽樣調查。全面普查以所有的潛在顧客爲對象，是一種全面性的資料蒐集，常需要動員大量的人力、物力，還要統一行動，以獲知同時點上的狀況，使得調查結果有較高的準確性和時效性。抽樣調查則只對有代表性的樣本進行調查，希望樣本是全體潛在顧客的縮影。

20-3-6 試 銷

試銷就是在產品全面上市前選擇某一或某些區域市場進行測試以估計其未來銷售情形。如果購買者並無明確採購計畫，或是其購買意圖變化莫測，而專家意見又不可靠時，直接試銷不失爲一可行的辦法，特別是在預測新產品的銷售情形，或現有產品在新的配銷通路或新市場的銷售情形時特別適合，而試銷的結果通常可以用來做更可靠的銷售和利潤預測。

試銷的成本可能很大而且費時，因此，公司是否採用試銷的方式或多常利用試銷的方式，一方面受到投資成本及風險的影響，另一方面亦因時間壓力及研究成本的影響而有不同。一般而言，當開發和導入新產品的成本較低，或管理者確信新產品會成功時，可不必先行試銷；反之，如果導入新產品需要大筆投資或管理者並不很有把握的時候，則最好先進行試銷。

20-4 技術預測方法

數量預測方法與判斷預測方法主要應用於經濟、行銷、財管、生產等企業活動的預測，其預測期間多爲中、短期；而有關一般技術與環境變化（包括人口統計、可用物料和成本、政治風險、行政和立法、競爭、技術等）的長期預測，則需依賴技術預測方法。技術預測是以專家（而非數學模式）來處理事實、知識和資訊，最適於處理下列三種類型的預測（註 20）：

1. 預測新程序或產品的擴散。
2. 預測某一特定領域將會有什麼新的發展和發現。
3. 預測某一正遭遇大變動的特定領域或環境變化的型態或結構。

20-4-1 德菲法

德菲法（或稱**疊慧法**）是 1950 年代美國蘭德公司（RAND Corporation）發展出來的長期預測技術。德菲法是一種使專家們的意見經由結構化的溝通程序以獲得一致結果的預測方法，其目的在獲取專家們的基本共識，以尋求對特定預測事項的一致意見，既可收集思廣益之效，又可維持專家們獨立判斷的品質。

運用德菲法的第一步是組成專家小組，然後以一系列的問卷向專家小組的每一位成員分別詢問；依據專家們對一份問卷的答覆擬訂下一份問卷，或輔以個別訪談，直到獲得一個比較一致的預測結果爲止。利用德菲法進行預測時，需要有一位協調者居中策劃協調、擬訂問卷、整理並綜合專家們對未來的估計。

基本上，德菲法假定（註 21）：

1. 居間協調者的態度是公正客觀的。
2. 專家所表達的意見真實而且符合外界的實際狀況。
3. 在溝通的過程中保持原有結構化的正常關係。
4. 專家的態度誠懇而願爲他人所了解。
5. 專家們有相同的機會，可以自由地表達意見。
6. 專家有值得信賴的足夠知識、經驗與智慧。
7. 專家的品德可靠而無洩密作僞之虞。
8. 彼此無語言溝通上的障礙。

專家小組的組成份子是否恰當非常重要，不僅應具有各種不同的背景和專長，而且應該設法使他們專心於預測工作。爲了達成這項目的，除了要向專家們解說運用德菲法的目的及程序之外，也應給予適當的物質和精神報酬。

專家小組可全由公司內部人員組成，也可聘請外界的專家，應視實際情形而定。決定專家小組是由**內部**或**外界**的專家來組成，應考慮下列兩點：

1. 是否須防止預測結果洩露給外界？

2. 公司內部的專家及其專門知識是否夠用？

德菲法的實施步驟大致如下（註 22）：

1. 選擇專家，訪問洽談，對研究主題適當溝通，以掌握問題核心。
2. 設計初次問卷，預測與修正問卷，然後做第一回合的問卷調查。
3. 針對第一回合的問卷資料，彙集專家們的個別意見。
4. 整理專家們的意見做成彙總表，並製作下一回合的問卷，分別請每一位專家參酌答覆，補充修正。
5. 彙集專家們的修正意見、說明或答辯。
6. 將專家們的意見加以綜合，成爲具通盤性而趨於一致的結果。若無法達此目的，則重複進行 4、5、6 步驟，以逐漸導出趨於一致的結果。

德菲法將各專家分開，彼此不做討論；讓他們個別做預測，以免受其他專家的意見影響；經由專家們反覆地提供預測的數據，以導出一個比較一致的預測值。理論上和實務上，德菲法都可使專家們的意見趨於一致。當某一專家發現自己的意見與大多數專家的意見不同，而又不太肯定自己的立場時，常會改變他的意見；但如果他確有理論根據，並對其判斷深具信心，就會堅持己見，用書面文字陳述他的看法，說服並改變其他專家的意見。

德菲法主要的優點是可收集思廣益的效果，而且不需要利用複雜的統計分析技術，也不需要歷史資料。但德菲法也有缺點，包括：信度不夠，對模稜兩可的問題敏感性過高，難以評定所需專門知識的程度，未能考慮不可預料的事件。此外，專家難求、專家的代表性不足、預測過程常耗時甚長，也是德菲法的缺點。

20-4-2 外推法

外推法（或稱**類比法**）是企圖以過去的情形與現在的狀況做一比較，以便對未來的發展做預測。例如，參照黑白電視機的銷售量資料來判斷彩色電視機的發展，參照外國的一些資料來判斷未來本國的發展等，這些預測本質上是技術性的。外推法有下列幾種型態，包括成長曲線法、歷史類比法和時間-獨立比較法。

㈠ 成長曲線法

從過去的經驗來看，任何一項新技術或新發展，在初期均呈現出成長緩慢的現象，但一旦突破某個界限之後就會有快速的成長；而當接近某一上限（在自然限制條件之下，物理的極限）時，其技術進步的速率會變得緩慢，成長又變得緩慢下來。

利用成長曲線法做預測的步驟是先找出一條或一組技術效能數據相符的成長曲線，然後再利用外推法去估計未來的發展。這種方法的效果是建立在以下的三點前提：

1. 成長曲線的上限爲已知。
2. 所選擇的成長曲線與過去歷史資料的變動情形相符。
3. 由歷史資料中所得的曲線方程式係數是正確的。

成長曲線法不要做參數的估計，因爲它假定曲線是已知的，利用該成長曲線可以預測未來各種事件發生的時間，但判定何時會發生或找到適當的成長曲線型態是預測是否準確的關鍵。

㈡ 歷史類比法

歷史類比法比其他的類比法更依賴直覺，它是依據過去發生的狀況來對未來做各種不同的預測。一般所謂的迷信或理性的推論，也可算是一種歷史類比法，因此可以說歷史類比法與文化發展是一樣久遠的。

歷史類比法雖有不少缺點，不過，在技術預測實務上仍然是一種有相當應用價值的方法。美國奇異公司在它的 TEMPO 計畫中，以 1800 年到 1960 年間煤燃料發電與水力發電的比值，當作歷史比較的基礎，預測到 2060 年時核能發電佔整體電力的百分比（註 23）。

㈢ 時間-獨立比較法

當缺乏鑑定長期趨勢的資料時，仍可參照類似事件的發展來預測該事件的發展。許多以往的個案顯示類似的事件間有相同的結構並導致相類似的發展過程，困難的是如何鑑定兩者個案間的關係，以便進行比較。

應用時間-獨立比較法的例子很多，如以軍用航空器的發展過程來推斷商用航空器的發展過程；以黑白電視機的發展來推測彩色電視機的發展；以家用電話的普及過程來推測家用電腦的普及過程；此外，新推出的產品亦可以其所替代的產品之生命週期作爲比較的對象。

另一則應用時間-獨立比較法的例子是以工業革命的發展過程來推測資訊革命的影響。開始於 1946 年的資訊革命在許多方面是與發生在 200 多年前的工業革命類似的，它們都取代了許多人們的工作、提高生產能力等，同時也造成社會結構與制度的改變；而兩者也有許多差異的地方，最明顯的是改變的速度，類似的改變在工業革命中花了 50 年而資訊革命則只有短短的 12.5 年即完成，這是預測者在利用時間-獨立比較法時所必須注意的。

20-4-3 交叉影響矩陣

交叉影響矩陣考慮兩項有關未來可能發展的資料，首先估計在未來某特定期間內幾件特定事件發生的機率，其次則是估計當其中的任何一件特定事件發生後，對其他特定事件發生機率的影響。一般而言，估計值可以透過主觀評估或德菲法來取得。

交叉影響矩陣的主要目的在於評估若干件關係未來發展的特定事件發生的機率及其相互間的影響，以作為公司規劃或發展劇情（scenario）的基礎。如表 20-2 所示，D_1、D_2、D_3、D_4 表示四件未來可能的特定發展，縱軸是估計 D_1、D_2、D_3、D_4 未來個別發生的機率，橫軸是評估各特定事件發生後對其他特定事件發生機率的影響，其中向上箭頭表示發生該特定事件的機會增加（註 24）。

表 20-2 交叉影響矩陣的例子

則…發生的機率 / 如果…發生	D_1	D_2	D_3	D_4
D_1	×	—	—	↑
D_2	↑	×	—	↑
D_3	—	—	×	—
D_4	—	—	—	×

資料來源： Spyros. Makridakis, et al., *Forecasting Methods and Applications*, 3rd ed. (John Wiley, 1998), p.329

20-4-4 遠景法

遠景法又稱未來法（futurists），被視為一種與傳統數量預測和技術預測方法截然不同的預測方法。遠景法提倡主動地參與創造未來，而非被動地預測與適應。遠景法認為未來是不可預測的，因為未來並不是既定的，而是包含了各種不同的可能發展與不確定性，由各個不同影響力的參與者所共同決定；因此，不該也不可能去預測未來，而是要積極地參與創造未來。

如果只有一個人或一個團體能夠以其現在的行動去影響未來，則預測未來將較為容易。然而，未來往往是由許多人和團體所共同決定，而且個人和團體的權力並不相等，因此更增加預測的困難。例如 1973 年到 1979 年間由於產油國家的整合成功，使得世界油價連續上漲了十八次之多，油價的未來似乎決定於石油輸出國家組織（OPEC）的手中。然而西方國家並未坐視或只是預測此等情勢的發展，而是積極地參與創造改變未來的發展，他們透過一系列的行動來降低對石油的依賴，以提升他們對 OPEC 成員的議價能力；高利潤的價格也吸引了其他石油供應來源的開發，使得供給增加；需求的減少與供給的增加，使 OPEC 成員發現如要維持現有價格則需減少產量。這對某些 OPEC 成員而言是相當困難的，OPEC 再也無法維持內部的一致，成員各自行動，到了 1982 年和 1983 年油價成長率轉為負數，而 OPEC 在世界石油市場的佔有率也從 1970 年代中期的 60% 下降到 1988 年的 25%。

對遠景法的擁護者而言，所有未來事件的決定都有點類似油價一樣，是可以透過主動積極的參與而創造的，只是必須了解主要影響者的議價能力、關係的彈性、既有趨勢的強度、重要決定因素的變化和相關的限制。

摘　要

隨著企業經營環境的變化愈來愈快和不確定性愈來愈高，預測在企業管理中的角色愈來愈重要。預測方法大致可分為數量預測方法、判斷預測方法和技術預測方法等三大類。

數量預測方法係利用過去的歷史資料來預測未來。數量方法可大致分為時間數列模式和因果模式兩部分；本章介紹簡單移動平均法、指數平滑法、分解法和巴克斯-任金斯法等四種較常用的時間數列模式，以及迴歸模式和計量經濟模式等兩種因果模式。

判斷預測方法係根據預測者的直覺反應和主觀評估、或依據意見調查的結果做預測。本章介紹了個人判斷法、管理人員意見法、銷售人員意見法、角色扮演法、意願調查及試銷等六種常用的判斷預測方法。

技術預測方法是以專家來處理事實、知識和資訊，適用於一般技術及環境變化的長期預測。本章介紹了德菲法、外推法、交叉影響矩陣和遠景法等四種技術預測方法。

附　註

註 1：John Hanke and Dean Wichern, *Business Forecasting*, 8th ed. (Upper Saddle River, NJ: Pearson Education, 2005), pp.3-4。

註 2：同註 1，pp.5-6。

註 3：鄭碧娥，商情預測（臺北：三民書局，1993 年）。

註 4：黃俊英，行銷研究：管理與技術，八版（臺北：華泰，2008 年），頁 478。

註 5：同註 4，頁 479。

註 6：同註 1, pp.158-159。

註 7：Spyros Makridakis and Steven C. Wheelwright, *Forecasting Methods for Management,* 5th ed. (New York: John Wiley & Sons, 1989)。

註 8：同註 1，pp.389-393。

註 9：同註 4，頁 483。

註 10：Steven. Wheelwright and Spyros. Makridakis, *Forecasting Methods for Management,* 2nd ed. (New York: John Wiley & Sons, 1977), pp.123-129。

註 11：同註 7，pp.210-211。

註 12：同註 7，p.212。

註 13：Philip Kolter, "A Guide to Gather Expert Estimates", *Business Horizons* (Oct. 1970)。

註 14：同註 4，頁 486。

註 15：同註 7，pp.240-241。

註 16：同註 7，p.243。

註 17：Philip Kolter, *Marketing Management: Analysis, Planning and Control,* 2nd ed. (Englewood Cliffs, N. J. : Prentice-Hall, 1972), pp.211-213。

註 18：同註 7，p.331。

註 19：J. S. Armstrong, “Forecasting Methods for Conflict Situations”, in G. Wright and P. Ayton. eds., *Judgmental Forecasting* (New York: John Wiley & Sons, 1987)。

註 20：同註 7，p.319。

註 21：H. Jiirgen, *Communication and the Evolution of Society* (Boston: Beacon, 1979), p.68。

註 22：M. Scheibe, M. Skutsch and J. Schofer, “Experiments in Delphi Methodology”, *The Delphi Method* (1975), pp.262-287。

註 23：同註 7，p.320。

註 24：同註 7，p.328。

第二十一章

企業研究的道德問題

研究是一種系統性的、科學的資訊蒐集及分析活動，其目的在提供各級主管所需的資訊，以協助主管規劃及控制組織的活動。研究工作具有高度的技術性，從發掘問題、確定研究目的、發展研究設計、決定資料蒐集方法、實地蒐集資料、分析資料到最後提出研究報告爲止，在這一段漫長而複雜的過程中，每一項步驟都需要有學理的依據，都需要運用高度的技巧。

企業研究除了技術面之外，還有其道德的一面。談到道德問題，我們很直覺地就會想到法律問題。守法是國民應盡的義務，任何企業都應遵守法律，不可違法，企業研究人員和機構也同樣受到法律的限制和保護。由於企業研究所面臨的道德問題，大多不是法律所能解決的，大部分係超出法律管轄範圍以外，因此，本章並不是從法律的觀點來討論企業研究的道德問題。

21-1 企業研究的道德關係

企業研究的道德問題涉及到社會、委託者／管理者、研究人員和研究對象（subject）等四個部分，他們的道德關係如圖 21-1 所示。了解各部分的權利，將有助於我們妥善處理企業研究中面臨的道德問題。各部分擁有的權利如下（註 1）。

21-1-1 社會的權利

企業是一種社會現象，因此企業研究對社會負有某些責任。對企業研究來說，社會擁有三種主要的權利，即：

1. 被告知的權利（the right to be informed）：如果企業研究發現可能影響社會大眾的健康和福祉（不論是正面或負面）的一些因素，則社會應被告知此一發現。
2. 預期獲得客觀研究結果的權利（the right to expect objective research results）：如果一個組織要公開報導企業研究的結果，則社會大眾有權利預期所報導的結果是客觀的、完整的、不偏的，而且在科學上是可靠的；如果不是如此，則將違背社會的基本權利。
3. 隱私的權利（the right to privacy）：企業研究的應用對企業滿足社會需要的效率會有正面的效果，但也會有負面的效果。社會有權利去預期企業研究獲得的個人資訊是不會被洩漏的。

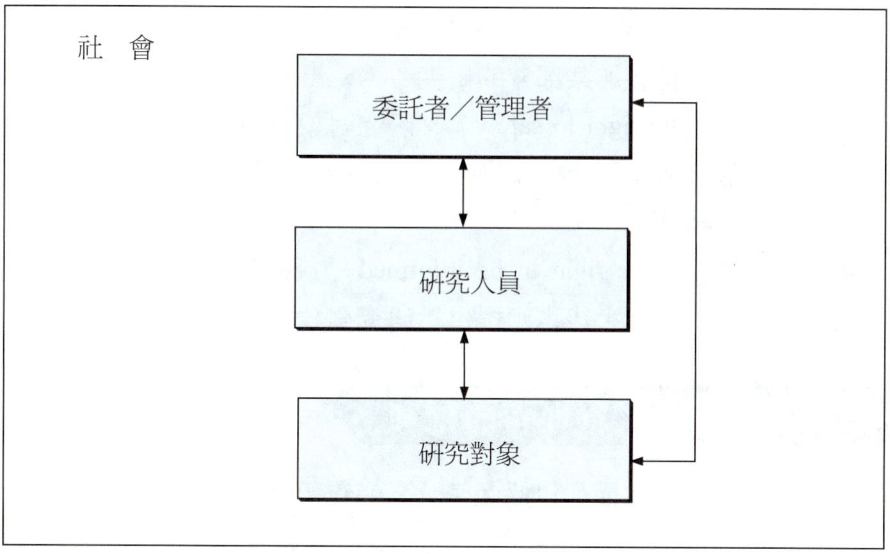

資料來源： Duane Davis, *Business Research for Decision Making,* 6th ed. (Thomson Brooks/Cole, 2005) p.464。

圖 21-1　企業研究的主要道德關係

21-1-2　研究對象的權利

研究對象的權利在進行企業研究時常被忽略。基於以下的三個主要原因，研究對象的權利必須加以注意：

1. 個別的研究對象是社會研究的基石，沒有他或她的充分合作，則所獲結果將受到扭曲。研究對象的合作和信賴，是蒐集到相關和正確資料的必要條件。
2. 研究對象拒絕接受調查研究的問題日益嚴重，無回應率愈來愈高，是社會研究的一大課題，而這可能是因研究人員不道德地濫用研究對象而造成的。
3. 研究對象有權被告知他或她是在參與某項實驗。研究是獲取知識的一種方法，但它並不高於參與者的權利。

研究對象的權利有三：

1. 選擇的權利（the right to choose）：所有的研究對象都有自由選擇的基本權利。必須告知研究對象他們正在參加某項研究。選擇的權利涉及三個主要的領域：(1) 所有的研究對象必須知道此一選擇的權利；(2) 所有的個人在決定是否參加研究之前，他們應被告知有關該項研究的足夠資訊；(3) 要有人告知受訪者將會碰到的情況，在研究期間，研究對象有權中止參加某部分的研究。

2. 安全的權利（the right to safety）：研究對象具有避免身體或精神受到傷害的權利。安全也包括研究對象會受到匿名的保護，不會受到壓力，也不會被欺騙。
3. 被告知的權利（the right to be informed）：研究對象應被告知有關研究的訊息，研究結束後也應提供給研究對象完整的研究資料。

21-1-3 委託者／管理者的權利

委託者／管理者的權利包括保密及高品質研究的預期這兩個部分。

1. 保密的權利（the right of confidentiality）：在研究的過程中，委託者和研究人員之間需要有充分的溝通，委託者不可避免地會透露給研究人員某些機密資料，研究人員有責任予以保密。
2. 預期獲得高品質研究的權利（the right to expect high-quality research）：首先，委託者有權去預期不必去做不需要的研究。研究人員是專家，應該了解在何時及何處做研究是必須且是有價值的。如果研究人員認爲某項特定研究工作是不可行或是不能獲得良好成果，研究人員有道德責任將此情形告知委託者。其次，委託者有權不去用資格不符的研究人員。如果研究人員認爲本身沒有能力完成某項特定研究工作，亦有道德責任告知委託者此一事實。第三，委託者或管理者有權不受資料陳述的誤導。研究完成後，研究人員有道德責任去忠實而客觀地報告研究的結果。

21-1-4 研究人員的權利

研究人員也有某些權利應受到委託者和研究對象的尊重：

1. 預期委託者道德行為的權利（the right to expect ethical client behavior）：委託者對研究人員及他們的組織有三項主要的責任，即 (1) 委託者應忠實地徵求研究問題的建議書，不應假借徵求研究建議書的理由而偷取研究人員的構想；(2) 委託者應正確陳述研究的發現；(3) 委託者對研究人員的業務機密也負有保密的責任。
2. 預期研究對象道德行為的權利（the right to expect ethical subject behav-

ior）：一旦研究對象同意參與某項研究，只要與個人的其他道德價值或原則不相衝突，就有責任忠實且公正地提供資料。如果研究對象有權獲得研究的結果，而研究人員要求研究對象予以保密時，研究對象有責任尊重此一保密的要求。

21-2 一般商業道德的應用

企業研究的道德問題大致可從兩方面來討論，一是屬於一般商業道德的部分，一是屬於企業研究及其他社會科學研究特有的道德問題。此處先討論一般商業道德的部分。

任何組織為獲得所需的資訊，固然可以自己來進行研究，但在大多數情況下，都是把研究工作委託給外界的學術研究機構或商業研究機構。委託者和接受委託的研究機構、研究人員之間有交易關係存在，一方提供資訊，一方購買資訊，與其他的交易關係沒有什麼兩樣，自應受一般商業道德的規範。

商業道德的範圍甚廣，其中與企業研究關係最密切的有誠實原則、安全原則、公益原則、價值原則與主動原則等五者。

1. 誠實原則

商業經營要以誠待人，童叟無欺，研究工作亦然。對金錢財物的處理應該誠實，研究報告必須根據實際調查的結果，不可憑空捏造，或做不實的解釋（註 2）。研究工作中不誠實的事例很多，譬如，虛報訪問次數、虛列費用、將預備送給受訪者的小禮物據為己有、誇大回件率、甚至閉門造車偽造答案等等不誠實的行為當然是不道德的。

2. 安全原則

研究機構必須注意工作條件是否安全，正如同企業必須注意員工的安全一樣。訪問員因為工作性質的關係，容易遭受到財物上或身體上的侵犯。因此對訪問員的安全，特別是女訪問員的安全問題，必須特別注意。

3. 公益原則

研究工作必須重視公共利益，以贏得大眾的信賴和好感。社會科學研究係利用各種資料蒐集方法，如訪問法、觀察法或實驗法，向社會大眾蒐集資訊，必須獲得人們的合作。如果不注意公共利益，甚至危害到社會公益，總有一天會引起人們的公憤和反感，自絕於大眾，無法取得人們的合作。

公害是最受人們重視的問題之一，公害原係指對水、大氣、土壤等自然資源的污染而言，但已經有人把環境污染的觀念應用到社會科學研究方面。他們把那些令社會大眾感到厭煩的問卷設計、訪問員個性以及訪問的情況等，都視為是一種環境污染，和污染森林或河川一樣，都是不道德的行為（註 3）。

4. 價值原則

商業交易要求貨真價實，研究機構也應該提供給委託者（客戶）有價值的資訊。因此，在接受委託之前，必須先考慮這項研究能否蒐集到委託者所需要的資訊，如果認為不能夠的話，應將實情告知委託者；不可只要有生意上門，不管對委託者有什麼用，都一概接受，甚至還口是心非，明知沒有什麼價值，也要猛吹噓一番，使委託者誤以為真有價值。不過，如果在事前告知委託者，根據研究人員的判斷，某項研究將不能獲得委託者所想得到的結果，但委託者仍願意去進行這項研究的話，那就沒有什麼不道德了（註 4）。

5. 主動原則

研究人員應主動履行其工作信條或道德準則中所規定的義務，諸如：應主動去注意訪問員工作條件是否安全？訪問工作是否確實？受訪者的權利是否受到尊重？受訪者提供的資訊是否已做適當的保密？或研究的發現是否據實報導？

21-3 企業研究特有的道德問題

屬於企業研究特有的道德問題主要包括：(1) 研究機構和人員對委託者的道德責任，(2) 研究機構和人員對受訪者的道德責任，(3) 委託者對研究機構和人員的道德義務等三部分。

21-3-1 對委託者的道德責任

研究機構和人員對委託者的道德責任主要包括保密、品質管制及充分揭露等三部分。

(一) 保　密

任何一位委託研究的委託者都有權要求研究機構和人員保守其業務機

密，不可洩漏研究的發現。研究人員的身分就像是顧問或諮詢委員一樣，一個組織委託某一研究機構或人員做研究，就表示對此機構或人員的信任，為了研究的需要，常常把許多業務機密透露給接受委託的研究機構和人員，對於這些委託者的機密以及研究的各項重要發現，都有義務予以保密，非經委託者的許可，不可洩漏。

保密工作並不是一件簡單的事，參與研究工作的人員一多，難免有些研究人員在閒談中有意或無意地把委託者的機密或研究發現給洩漏了。有的研究機構在爭取新的客戶時，為了讓新客戶了解他們的經驗和成就，往往會洩漏出以前委託者的一些機密以及過去研究的一些發現，甚至還搬出全套研究報告供人翻閱，這是一種非常不道德的行為。

一個負責的研究機構應隨時告誡所有研究人員負起保密責任，並採取種種保密措施。譬如，應把委託者不願公開的研究報告及原始資料文件等當作密件處理，編號保管，不可隨便讓人閱讀影印，以免洩漏委託者的機密，使委託者的利益受到損害。在爭取新的委託案件時，如有必要提供過去研究的經驗，亦應將委託者的資料做適當的偽裝，以保護委託者的權益。

㈡ 品質管制

研究機構和人員應對研究工作負起品質管制的責任。導致研究品質不良的原因很多，諸如研究設計或抽樣設計不好、問卷設計不當、訪問員的訓練不夠、資料整理不正確等等，都會影響到研究的品質，研究人員應小心管制，以維持研究結果的品質水準。

研究機構必須注意到品質管制工作的各項細節。最易發生品質問題的通常是在現場訪問或觀察作業，研究機構必須認真去檢查訪問員或觀察員的現場訪問或觀察工作是否確實可靠。訪問員或觀察員多係按件計酬，同時有時間限制，有的訪問員或觀察員為了多賺一點報酬，訪問或觀察工作但求速戰速決，不管結果是否可靠，有的甚至就在家裡閉門造車，自己填答，或捏造觀察的行為；有的是由朋友和親戚去填答，沒有照抽樣設計去選擇受訪者或沒有照研究程序的要求去進行重訪（註 5）。訪問員或觀察員如此不負責任，研究機構又疏於查核，研究品質如何能好？

訪問員的訓練不夠，也是很嚴重的問題。由於訪問工作報酬較低，又多是不定期的工作，故訪問員常由家庭主婦或在校大專學生擔任。這些臨時人員很少受過足夠的專業訪問訓練，往往無法勝任需要具有高度技巧的訪問工作，研究結果的品質自然要大打折扣了。

品質管制沒做好，委託者花錢買到的只是不正確或不完整的資訊，不僅浪費了委託研究的費用，還可能因資訊錯誤而導致錯誤的決策，這當然是不道德的行爲。

委託者對研究作業的細節往往不很了解，對研究結果的可靠性如何、訪問員是否盡職負責、資料整理有無錯誤等等，常無從判斷，因此，研究機構有責任主動做好品質管制工作。

㈢ 充分揭露

研究的方法不一而足，到底哪一種方法最好，應視實際情況而定，研究技術並無好壞之分，只有合適或不合適之別。研究人員在研究報告中應將研究方法做充分的說明，使閱讀者能自行判斷此一研究的可靠程度。

所謂**充分揭露**並不是說要長篇累贅、鉅細靡遺地來詳細敘述研究的過程，但最少對抽樣設計、回件率、調查時間、調查對象、資料蒐集方法（如訪問法、觀察法或實驗法）、訪問方式（如人員訪問、郵寄問卷調查、電話訪問或線上調查）等應有明晰的說明，使閱讀者在看了研究方法之後，能夠據以判斷此項研究的可靠性，並能了解研究的可能限制。譬如，某一研究報告中提到「**利用白天上班時間派訪問員到各樣本家庭去訪問家庭主婦**」，閱讀者就可以了解到這項研究極可能訪問不到白天上班的主婦，因此，研究的結果可能只代表非職業婦女的意見，而不能代表所有家庭主婦的意見。

21-3-2　對受訪者的道德責任

研究機構和人員對受訪者的道德責任涉及的範圍甚廣，而其中最重要的是尊重受訪者的權利和保護受訪者的身分這兩部分。

㈠ 尊重受訪者的權利

社會科學研究必然對受訪者造成某些干擾，人員訪問、電話訪問或郵寄問卷不僅浪費了受訪者的時間，也可能侵犯了受訪者的預定作息時間，給他們帶來不便。受訪者雖然有權利拒絕接受訪問或參與實驗，但並不是所有的受訪者都知道這種權利。有許多受訪者，特別是那些教育程度不高的人，並不知道他們有權利拒絕；或雖然知道，但並沒有做行使拒絕權利的準備（註 6）。

參與研究工作對受訪者而言，常會造成某些不便，浪費其時間，研究人員必須牢記受訪者有絕對的權利可以拒絕接受訪問或參加實驗，他們有權利不受干擾。訪問工作必然會干擾到受訪者，一名訪問員打電話或按門鈴求見，即使受訪者可以拒絕接受訪問，但他已受到某種程度的干擾了；一個人接到郵寄問卷時，即便可以拒絕回答，把問卷丟到字紙簍去，但已浪費了一點時間。由於干擾是不可避免的，因此，研究人員必須以感謝的心情去接近受訪者，儘量減少對受訪者的干擾。譬如，應儘可能不在受訪者不方便或忙碌的時候去訪問他們。在進行訪問時，對受訪者的人格尊嚴和隱私的權利，尤應加以尊重。

有許多證據顯示，多數被訪問的人喜歡能夠有機會向一名傾聽者發表他們的意見，可以從答覆問題中得到某種程度的滿足，因此，如果我們希望社會大眾能夠答覆問題，應考慮受訪者的方便和他們從接受訪問中所能獲得的滿足（註 7）。

㈡ 保護受訪者的身分

研究機構或人員對受訪者的身分應予保密，非經同意不得洩漏，以免使受訪者受到干擾或損害。原始的訪問紀錄或受訪者寄回的問卷，不可隨便讓委託者或其他人員翻閱，有的委託者要求檢查原始紀錄或回卷，這時就得採取某些特殊措施來保護受訪者的身分。譬如，有些研究機構是把問卷中受訪者的姓名、地址、電話號碼等資料塗掉後再送給委託者審閱。

有的委託者會要求研究機構提供受訪者名單。譬如，美國通用食品（General Foods）的標準作業就是要求研究機構在完成研究之後兩週內，將所有受訪者的姓名及電話號碼送交該公司，由其查核人員從其中抽出四分之一的受訪者進行查核工作（註 8）。在這種情形下，研究報告的撰寫應特別小心，不可使閱讀者能從報告中推知哪一項資訊是由哪一位受訪者提供的，唯如在事先獲得受訪者的同意，自另當別論。

在企業研究或其他社會科學研究中，受訪者通常是在研究人員保證就其身分及提供之資訊內容予以保密的條件下才參與研究，但有許多研究機構或人員並未採取有系統的措施來履行此一承諾，研究室中經常放了許多附有姓名、地址、電話號碼和原始資料的原始回卷，供員工和訪客任意翻閱，這種作法是不道德的。研究機構除了應加強員工在保密方面的認識之外，尚應採取有效措施來履行其保護受訪者身分的義務，不可只依賴其員工的誠實和道德意志來履行其保密的承諾。

此外，如果研究結果要向外公開發表時（如在演講會或座談會上發表，或刊登在書籍和報章雜誌上等等）更應小心謹慎，切勿使參與研究的個人、團體或組織產生任何不利的後果（註 9）。

㈢ 不做損害受訪者權利的事

有些企業研究作業會損害到受訪者的權利，應設法避免。諸如：

1. **不可強制人們接受訪問或測驗**：研究人員不可利用自己的地位、職權或金錢去強制人們接受訪問或測試，使受訪者難以有充分的自由抉擇。
2. **不可欺騙受訪者**：研究人員有時為了隱藏研究的目的或為了其他研究上的需要，除了不告訴受訪者研究的真正性質之外，還進一步欺騙受訪者，提供他們不正確的資訊。這種作法違背了受訪者與研究人員之間互信的期望和要求，也與公開和誠實的原則背道而馳。不過為了研究上的需要而欺騙受訪者的情事，一般認為在下列兩種情況下是可以接受的：
   (1) 研究人員確信欺騙不會造成受訪者身體上的危險或心理上的傷害。
   (2) 研究人員要負責在研究計畫結束後告知受訪者隱藏或欺騙的事實（註 10）。這種情況也與受訪者有被告知的權利有關聯。
3. **不可引導受訪者做出損害其自尊的行為**：研究人員有時故意引導受訪者去欺騙、說謊、偷竊、傷害別人，或屈服於社會壓力去做違反其良知或信念的事。有些社會科學家認為這種作法將使受訪者感到羞辱、困窘和後悔，是不道德的作法。
4. **不可侵犯受訪者的隱私**：在社會科學的研究中，受訪者的隱私可能在兩種情況下受到侵犯（註 11）：
   (1) 觀察受訪者喜歡保持隱密的行為。
   (2) 在受訪者不知道的情況下有系統的去觀察其行為，不管這種行為是在公共場所中的臨時交談，或是在其家中比較親密的關係。

21-3-3 委託者的道德責任

研究機構對委託者負有許多道德上的責任，已如上述；相對地，委託研究的客戶對研究機構和人員也負有某些道德上的責任。委託者對研究機構和人員的道德責任主要是在依約付款、研究構想、誠意及研究報告的發表等方面。

(一) 依約付款

和其他的交易行爲一樣，委託者有依約付款的義務。如果研究的發現完全符合委託的要求，委託者自應依約付款；但委託者和研究機構或人員之間可能在研究的計畫內容、品質、時間或成本等各方面發生爭執，雙方意見不同的原因之一是研究機構常常是技術導向和任務導向的（technique and task-oriented），而委託者是用途導向和成果導向的（use-and result-oriented），因而造成研究人員和使用者之間的意見溝通困難，研究機構認爲它已經按照研究計畫書去執行，而委託者卻對研究結果不滿意（註 12）。

當研究機構與委託者在研究工作的成本、時間、品質等事項發生爭執時，究應如何解決，應視實際情況如何而定。不過，平心而論，只要研究機構係按原訂委託研究書上的內容，規規矩矩在做研究，並如期完成研究報告，則不管研究結果是否與委託者的預期相符，從道德的觀點來看，委託者似有依約付款的義務。

(二) 不偷取研究構想

有的委託者先要求某一研究機構或人員提出一套研究計畫及預算，然後將這套研究計畫的構想據爲已有，把其中的一部分或全部構想交給另一家研究機構或人員，請後者根據那套研究構想提出預算，以達到殺價的目的，這種行爲一般認爲是不道德的（註 13）。

(三) 以誠相待

研究機構要以誠對待委託者，委託者對研究機構亦應以誠相待。有的委託者並未能做到這一點，譬如，已經決定要將研究工作委託給某一研究機構，但因內部作業規定任何委託研究必須有兩家以上的研究機構來提出計畫，因此也請其他研究機構或學術機構提出研究計畫及預算，以符合內部作業的要求，這種不誠實的作法是不道德的。

(四) 公正發表研究的發現

研究的目的是要反映母體的意見和行爲，研究委託者在發佈研究的發現時，應客觀公正，使閱讀者對研究的結果有準確了解，不致於得到一種錯誤的印象。

有的委託者委託研究機構做一項研究，然後利用此項研究的結果，斷章取義，或語焉不詳，導致人們獲得不正確的印象，這樣不僅危害到社會大眾，也可能破壞研究機構的聲譽，這是應該避免的一種不道德的行為。委託者在發佈研究結果時，應該說明研究目的、樣本、研究方法、主持研究的機構等，以幫助人們正確地評估研究的發現。

21-4 管理階層的努力

企業管理階層有責任讓企業研究合乎倫理道德的要求。為了要使企業研究符合道德行為的標準，企業管理階層有五件事是應該去做的（註 14）：

1. **向研究對象和社會溝通研究的利益，並採取有道德的研究實務。**
   企業管理階層在告知研究對象及確保遵循合乎道德的研究實務上應採取主動積極的立場，這些作法將有助於確使大眾接受並參與未來的研究。
2. **發展或採用一種道德規章作為進行企業研究的公司政策。**
   許多協會和企業已將道德規章當作政策，管理階層應主動去發展或採用某種規章，以作為設計、購買和執行研究工作的指導。
3. **透過使用正式懲罰向組織各階層溝通有道德的研究行為。**
   管理階層要在組織內部設定道德基調，如果部屬不能感受到管理階層對道德行為的關切，則這些關切都將臣服於其他目標，因此，必要時管理階層必須透過獎懲的運用來促進道德行為。部屬未遵循道德規章的行為標準時，如果未加懲罰，則道德規章常常只是員工手冊中的幾張紙而已。
4. **建立正式的查核程序，使組織自己進行或外購的所有研究都能遵循道德規章所訂定的最高道德標準。**
   可行的方法很多。可組成一檢討小組去查看所有提議的研究是否都符合廠商設定的道德標準。這些查核程序的目的是要迫使研究人員和賣主都能去面對研究的道德議題。
5. **從事定期稽查以確定正在執行的研究功能有最高道德標準。**
   道德稽查包括檢討近期的研究工作，以確保符合廠商的道德標準。稽查內容包括檢討程序和詢問相關人員，如找出道德問題，應採取改正行動。

摘　要

企業研究的道德關係涉及四方面，即社會的權利、委託者／管理者的權利、研究人員的權利和研究對象的權利。企業研究也是一種商業活動，自應受一般商業道德的規範。商業道德的範圍甚廣，其中與企業研究關係最密切的有誠實原則、安全原則、公益原則、價值原則與主動原則等。

企業研究特有的道德問題包括研究機構對委託者的道德責任和對受訪者的道德責任以及委託者的道德責任等三部分，本章分別討論這三部分的內容。另外，管理階層也應採取一些主動積極的作爲來確保所有的企業研究都能符合企業設立的高道德標準。

附　註

註 1：Duane Davis, *Business Research for Decision Making,* 6th ed. (Thomson Brooks/Cole 2005), pp.462-468。

註 2：S. Hollander, Jr., "Ethics in Marketing Research," in R. Ferber (ed.), *Handbook of Marketing Research* (New York: McGraw-Hill, 1974), pp.1: 108-109。

註 3：同註 2，p.1: 110。

註 4：同註 2，p.1: 110。

註 5：Joseph Hair, Jr., et al., *Essentials of Marketing Research* (Boston: McGraw-Hill, 2008), p.13。

註 6：R. O. Carlson, "The Issue of Privacy in Public Opinion Research," *Public Opinion Quarterly,* vol.31 (Spring 1967), pp.1-8。

註 7：同註 2，p.1: 116。

註 8：A. B. Blankenship, "Marketing Research Expenditures, Budgets, and Controls," in R. Ferber, ed., *Handbook of Marketing Research* (New York: McGraw-Hill, 1974), p.1: 83。

註 9：E. Stone, *Research Methods in Organizational Behavior* (Santa Monica, CA.: 1974), p.151。

註 10：William Zikmund, *Exploring Marketing Research*, 8th ed. (South-Western, 2003), p.88。

註 11：C. Selltiz, L. Wrightsman & S. Cook, *Research Methods in Social Relations,* 3rd ed. (New York: Holt, Rinehart and Winston, 1976), pp.202-234。

註 12：同註 2，pp.1: 112-113。

註 13：同註 2，p.1: 111。

註 14：同註 1，pp.471-472。

統計附表

附表 1：亂數表

	00 04	05 09	10 14	15 19	20 24	25 29	30 34	35 39	40 44	45 49
00	39591	66082	48626	95780	55228	87189	75717	97042	19696	48613
01	46304	97377	43462	21739	14566	72533	60171	29024	77581	72760
02	99547	60779	22734	23678	44895	89767	18249	41702	35850	40543
03	06743	63537	24553	77225	94743	79448	12753	95986	78088	48019
04	69568	65496	49033	88577	98606	92156	08846	54912	12691	13170
05	68198	69571	34349	73141	42640	44721	30462	35075	33475	47407
06	27974	12609	77428	64441	49008	60489	66780	55499	80842	57706
07	50552	20688	02769	63037	15494	71784	70559	58158	53437	46216
08	74687	02033	98290	62635	88877	28599	63682	35566	03271	05651
09	49303	76629	71897	30990	62923	36686	96167	11492	90333	84501
10	89734	39183	52026	14997	15140	18250	62831	51236	61236	09179
11	74042	40747	02617	11346	01884	82066	55913	72422	13971	64209
12	84706	31375	67053	73367	95349	31074	36908	42782	89690	48002
13	83664	21365	28882	48926	45435	60577	85270	02777	06878	27561
14	47813	74854	73388	11385	99108	97878	32858	17473	07682	20166
15	00371	56525	38880	53702	09517	47281	15995	98350	25233	79718
16	81182	48434	27431	55806	25389	40774	72978	16835	65066	28732
17	75242	35904	73077	24537	81354	48902	03478	42867	04552	66034
18	96239	80246	07000	09555	55051	49596	44629	88225	28195	44598
19	82988	17440	85311	03360	38176	51462	86070	03924	84413	92363
20	77599	29143	89088	57593	60036	17297	30923	36224	46327	96266
21	61433	33118	53488	82981	44709	63655	64388	00498	14135	57514
22	76008	15045	45440	84062	52363	18079	33726	44301	86246	99727
23	26494	76598	85834	10844	56300	02244	72118	96510	98388	80161
24	46570	88558	77533	33359	07830	84752	53260	46755	36881	98535
25	73995	41532	87933	79930	14310	64833	49020	70067	99726	97007
26	93901	38276	75544	19679	82899	11365	22896	42118	77165	08734
27	41925	28215	40966	93501	45446	27913	21708	01788	81404	15119
28	80720	02782	24326	41328	10357	86883	80086	77138	57072	12100
29	92596	39416	50362	04423	04561	58179	54188	44978	14322	97056
30	39693	58559	45839	47278	38548	38885	19875	26829	86711	57005
31	86923	37863	14340	30929	04079	65274	03030	15106	09362	82972
32	99700	79237	18172	58879	56221	65644	33331	87502	32961	40996
33	60248	21953	52321	16984	03252	90433	97304	50181	71026	01946
34	29136	71987	03992	67025	31070	78348	47823	11033	13037	47732
35	57471	42913	85212	42319	92901	97727	04775	94396	38154	25238
36	57424	93847	03269	56096	95028	14039	76128	63747	27301	65529
37	56768	71694	63361	80836	30841	71875	40944	54827	01887	54822
38	70400	81534	02148	41441	26582	27481	84262	14084	42409	62950
39	05454	88418	48646	99565	36635	85496	18894	77271	26894	00889
40	80934	56136	47063	96311	19067	59790	08752	68040	85685	83076
41	06919	46237	50676	11238	75637	43086	95323	52867	06891	32089
42	00152	23997	41751	74756	50975	75365	70158	67663	51431	46375
43	88505	74625	71783	82511	13661	63178	39291	76796	74736	10980
44	64514	80967	33545	09582	86329	58152	05931	35961	70069	12142
45	25280	53007	99651	96366	49378	80971	10419	12981	70572	11575
46	71292	63716	93210	59312	39493	24252	54849	29754	41497	79228
47	49734	50498	08974	05904	68172	02864	10994	22482	12912	17920
48	43075	09754	71880	92614	99928	94424	86353	87549	94499	11459
49	15116	16643	03981	06566	14050	33671	03814	48856	41267	76252

資料來源：George W. Snedecor, *Everyday Statistics* Copyright 1950. Published by Wm. C. Brown Company, Dubuque, Iowa.

附表 2：標準常態分配的面積

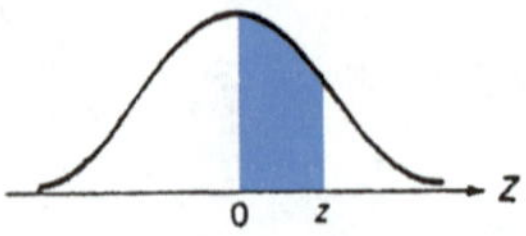

z	Z 的小數第二位									
	0.00	0.01	0.02	0.03	0.04	0.05	0.06	0.07	0.08	0.09
0.0	0.0000	0.0040	0.0080	0.0120	0.0160	0.0199	0.0239	0.0279	0.0319	0.0359
0.1	0.0398	0.0438	0.0478	0.0517	0.0557	0.0596	0.0636	0.0675	0.0714	0.0753
0.2	0.0793	0.0832	0.0871	0.0910	0.0948	0.0987	0.1026	0.1064	0.1103	0.1141
0.4	0.1179	0.1217	0.1255	0.1293	0.1331	0.1368	0.1406	0.1443	0.1480	0.1517
0.4	0.1554	0.1591	0.1628	0.1664	0.1700	0.1736	0.1772	0.1808	0.1844	0.1879
0.5	0.1915	0.1950	0.1985	0.2019	0.2054	0.2088	0.2123	0.2157	0.2190	0.2224
0.6	0.2257	0.2291	0.2324	0.2357	0.2389	0.2422	0.2454	0.2486	0.2517	0.2549
0.7	0.2580	0.2611	0.2642	0.2673	0.2704	0.2734	0.2764	0.2794	0.2823	0.2852
0.8	0.2881	0.2910	0.2939	0.2967	0.2995	0.3023	0.3051	0.3078	0.3106	0.3133
0.9	0.3159	0.3186	0.3212	0.3238	0.3264	0.3289	0.3315	0.3340	0.3365	0.3389
1.0	0.3413	0.3438	0.3461	0.3485	0.3508	0.3531	0.3554	0.3577	0.3599	0.3621
1.1	0.3643	0.3665	0.3686	0.3708	0.3729	0.3749	0.3770	0.3790	0.3810	0.3830
1.2	0.3849	0.3869	0.3888	0.3907	0.3925	0.3944	0.3962	0.3980	0.3997	0.4015
1.3	0.4032	0.4049	0.4066	0.4082	0.4099	0.4115	0.4131	0.4147	0.4162	0.4177
1.4	0.4192	0.4207	0.4222	0.4236	0.4251	0.4265	0.4279	0.4292	0.4306	0.4319
1.5	0.4332	0.4345	0.4357	0.4370	0.4382	0.4394	0.4406	0.4418	0.4429	0.4441
1.6	0.4452	0.4463	0.4474	0.4484	0.4495	0.4505	0.4515	0.4525	0.4535	0.4545
1.7	0.4554	0.4564	0.4573	0.4582	0.4591	0.4599	0.4608	0.4616	0.4625	0.4633
1.8	0.4641	0.4649	0.4656	0.4664	0.4671	0.4678	0.4686	0.4693	0.4699	0.4706
1.9	0.4713	0.4719	0.4726	0.4732	0.4738	0.4744	0.4750	0.4756	0.4761	0.4767
2.0	0.4772	0.4778	0.4783	0.4788	0.4793	0.4798	0.4803	0.4808	0.4812	0.4817
2.1	0.4821	0.4826	0.4830	0.4834	0.4838	0.4842	0.4846	0.4850	0.4854	0.4857
2.2	0.4861	0.4864	0.4868	0.4871	0.4875	0.4878	0.4881	0.4884	0.4887	0.4890
2.3	0.4893	0.4896	0.4898	0.4901	0.4904	0.4906	0.4909	0.4911	0.4913	0.4916
2.4	0.4918	0.4920	0.4922	0.4925	0.4927	0.4929	0.4931	0.4932	0.4934	0.4936
2.5	0.4938	0.4940	0.4941	0.4943	0.4945	0.4946	0.4948	0.4949	0.4951	0.4952
2.6	0.4953	0.4955	0.4956	0.4957	0.4959	0.4960	0.4961	0.4962	0.4963	0.4964
2.7	0.4965	0.4966	0.4967	0.4968	0.4969	0.4970	0.4971	0.4972	0.4973	0.4974
2.8	0.4974	0.4975	0.4976	0.4977	0.4977	0.4978	0.4979	0.4979	0.4980	0.4981
2.9	0.4981	0.4982	0.4982	0.4983	0.4984	0.4984	0.4985	0.4985	0.4986	0.4986
3.0	0.4987	0.4987	0.4987	0.4988	0.4988	0.4989	0.4989	0.4989	0.4990	0.4990
3.1	0.4990	0.4991	0.4991	0.4991	0.4992	0.4992	0.4992	0.4992	0.4993	0.4993
3.2	0.4993	0.4993	0.4994	0.4994	0.4994	0.4994	0.4994	0.4995	0.4995	0.4995
3.3	0.4995	0.4995	0.4995	0.4996	0.4996	0.4996	0.4996	0.4996	0.4996	0.4997
3.4	0.4997	0.4997	0.4997	0.4997	0.4997	0.4997	0.4997	0.4997	0.4997	0.4998
3.5	0.4998									
4.0	0.49997									
4.5	0.499997									
5.0	0.4999997									

資料來源：*Standard Mathematical Tobles*, 15th ed., CRC Press, Inc., Boca Raton, FL.

附表 3：t 分配的臨界值

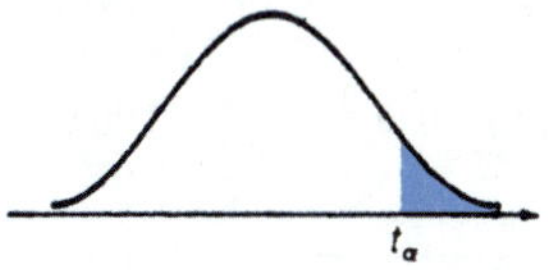

自由度	$t_{.100}$	$t_{.050}$	$t_{.025}$	$t_{.010}$	$t_{.005}$
1	3.078	6.314	12.706	31.821	63.657
2	1.886	2.920	4.303	6.965	9.925
3	1.638	2.353	3.182	4.541	5.841
4	1.533	2.132	2.776	3.747	4.604
5	1.476	2.015	2.571	3.365	4.032
6	1.440	1.943	2.447	3.143	3.707
7	1.415	1.895	2.365	2.998	3.499
8	1.397	1.860	2.306	2.896	3.355
9	1.383	1.833	2.262	2.821	3.250
10	1.372	1.812	2.228	2.764	3.169
11	1.363	1.796	2.201	2.718	3.106
12	1.356	1.782	2.179	2.681	3.055
13	1.350	1.771	2.160	2.650	3.012
14	1.345	1.761	2.145	2.624	2.977
15	1.341	1.753	2.131	2.602	2.947
16	1.337	1.746	2.120	2.583	2.921
17	1.333	1.740	2.110	2.567	2.898
18	1.330	1.734	2.101	2.552	2.878
19	1.328	1.729	2.093	2.539	2.861
20	1.325	1.725	2.086	2.528	2.845
21	1.323	1.721	2.080	2.518	2.831
22	1.321	1.717	2.074	2.508	2.819
23	1.319	1.714	2.069	2.500	2.807
24	1.318	1.711	2.064	2.492	2.797
25	1.316	1.708	2.060	2.485	2.787
26	1.315	1.706	2.056	2.479	2.779
27	1.314	1.703	2.052	2.473	2.771
28	1.313	1.701	2.048	2.467	2.763
29	1.311	1.699	2.045	2.462	2.756
30	1.310	1.697	2.042	2.457	2.750
40	1.303	1.684	2.021	2.423	2.704
60	1.296	1.671	2.000	2.390	2.660
120	1.289	1.658	1.980	2.358	2.617
∞	1.282	1.645	1.960	2.326	2.576

資料來源：M. Merrington, "Table of Percentage Points of the t⁻ Distribution," *Biometrika*, 1941, 32, 300.

附表 4：卡方（Chi-square）分配的臨界值

自由度 \ α	0.250	0.100	0.050	0.010	0.005	0.001
1	1.323	2.706	3.841	6.635	7.879	10.828
2	2.773	4.605	5.991	9.210	10.597	13.816
3	4.108	6.251	7.815	11.345	12.838	16.266
4	5.385	7.779	9.488	13.277	14.860	18.467
5	6.626	9.236	11.071	15.086	16.750	20.515
6	7.841	10.645	12.592	16.812	18.548	22.458
7	9.037	12.017	14.067	18.475	20.278	24.322
8	10.219	13.362	15.507	20.090	23.589	26.125
9	11.389	14.684	16.919	21.666	21.955	27.877
10	12.549	15.987	18.307	23.209	25.188	29.588
11	13.701	17.275	19.675	24.725	26.757	31.264
12	14.845	18.549	21.026	26.217	28.300	32.909
13	15.984	19.812	22.362	27.688	29.819	34.528
14	17.117	21.064	23.685	29.141	31.319	36.123
15	18.245	22.307	24.996	30.578	32.801	37.697
16	19.369	23.542	26.296	32.000	34.267	39.252
17	29.489	24.769	27.587	33.409	35.719	40.790
18	21.605	25.980	28.869	34.805	37.156	42.312
19	22.718	27.204	30.144	36.191	38.582	43.820
20	23.828	28.412	31.410	37.566	39.997	45.315
21	24.935	29.615	32.671	38.932	41.401	46.797
22	26.039	30.813	33.124	40.289	42.796	48.268
23	27.141	32.007	35.973	41.638	44.181	49.728
24	28.241	33.196	36.415	42.980	45.559	51.179
25	29.339	34.382	37.653	44.314	46.928	52.620
26	30.435	35.563	38.885	45.642	48.290	54.052
27	34.528	36.741	40.113	46.963	49.645	55.476
28	32.621	37.916	41.337	48.278	50.993	56.892
29	33.711	39.088	42.557	49.588	52.336	58.302
30	34.800	40.256	43.773	50.892	53.672	59.703
40	45.616	51.805	55.759	63.691	66.766	73.402
50	56.334	63.167	67.505	76.154	79.490	86.661
60	66.981	74.397	79.082	88.379	91.952	99.607
70	77.577	85.527	90.531	100.425	104.215	112.317
80	88.130	96.578	101.879	112.329	116.321	124.839
90	98.650	107.565	113.145	124.116	128.299	137.208
100	109.141	118.498	124.342	135.807	140.169	149.449

資料來源：Table 8 of the *Biometrika Tables for Statisticians*, vol. 1 (ed. 1), edited by E. S. Pearson and H. O. Hartley.

附表 5-1：*F* 分配的臨界值（α = .01）

n \ m	1	2	3	4	5	6	7	8	9	10	12	15	20	24	30	40	60	120	∞
1	4052	4999.5	5403	5625	5764	5859	5928	5982	6022	6056	6106	6157	6209	6235	6261	6287	6313	6339	6336
2	98.50	99.00	99.17	99.25	99.30	99.33	99.36	99.37	99.39	99.40	99.42	99.43	99.45	99.46	99.47	99.47	99.48	99.49	99.50
3	34.12	30.82	29.46	28.71	28.24	27.91	27.67	27.49	27.35	27.23	27.06	28.87	28.69	28.60	26.50	26.41	26.32	28.2	28.13
4	21.20	18.00	18.69	15.98	15.52	15.21	14.98	14.80	14.66	14.55	14.37	14.20	14.02	13.93	13.84	13.75	13.65	13.88	13.46
5	16.26	13.27	12.06	11.39	10.97	10.67	10.46	10.29	10.16	10.05	9.89	9.72	9.55	9.47	9.38	9.29	9.20	9.21	9.02
6	13.75	10.92	9.78	9.15	8.75	8.47	8.26	8.10	7.98	7.87	7.72	7.68	7.40	7.31	7.23	7.14	7.06	6.01	6.88
7	12.25	9.55	8.45	7.85	7.46	7.19	6.99	8.84	6.72	6.62	6.47	6.31	6.16	6.07	5.99	6.91	5.82	5.74	5.65
8	11.26	8.65	7.59	7.01	6.83	6.37	6.18	6.03	5.91	5.81	5.67	5.52	5.36	5.28	5.20	5.12	5.03	4.96	4.88
9	10.56	8.02	6.99	6.42	6.06	5.80	5.61	5.47	5.35	5.26	5.11	4.96	4.81	4.73	4.65	4.57	4.48	4.40	4.31
10	10.04	7.56	6.55	5.99	5.64	5.39	5.20	5.06	4.94	4.85	4.71	4.56	4.41	4.33	4.25	4.17	4.06	4.00	3.91
11	9.65	7.21	6.22	5.67	5.32	5.07	4.89	4.74	4.63	4.54	4.40	4.25	4.10	4.02	3.94	3.86	3.78	3.09	3.80
12	9.33	6.93	5.95	5.41	5.06	4.82	4.64	4.50	4.39	4.30	4.16	4.01	3.86	3.78	3.70	3.62	3.54	3.45	3.36
13	9.07	6.70	5.74	5.21	4.86	4.62	4.44	4.30	4.19	4.10	3.96	3.82	3.66	3.59	3.51	3.43	3.34	3.25	3.17
14	8.86	6.51	5.56	5.04	4.69	4.46	4.28	4.14	4.03	3.94	3.80	3.68	3.51	3.43	3.35	3.27	3.18	3.00	3.00
15	8.68	6.36	5.42	4.89	4.56	4.32	4.14	4.00	3.89	3.80	3.67	3.52	3.37	3.29	3.21	3.13	3.05	2.96	2.87
16	8.53	6.23	5.29	4.77	4.44	4.20	4.03	3.89	3.78	3.69	3.55	3.41	3.26	3.18	3.10	3.02	2.83	2.94	2.75
17	8.40	6.11	5.18	4.67	4.34	4.10	3.93	3.79	3.68	3.59	3.46	3.31	3.16	3.08	3.00	2.92	2.83	2.75	2.65
18	8.29	6.01	5.09	4.58	4.25	4.01	3.84	3.71	3.60	3.51	3.37	3.23	3.08	3.00	2.92	2.84	2.75	2.66	2.57
19	8.18	5.93	5.01	4.50	4.17	3.94	3.77	3.63	3.52	3.43	3.30	3.15	3.00	2.92	2.84	2.76	2.67	2.68	2.49
20	8.10	5.95	4.94	4.43	4.10	3.87	3.70	3.56	3.46	3.37	3.23	3.09	2.94	2.56	2.78	2.69	2.61	2.52	2.42
21	8.02	5.78	4.87	4.37	4.04	3.81	3.64	3.51	3.470	3.31	3.17	3.03	2.88	2.80	2.72	2.364	2.65	2.46	2.36
22	7.95	5.72	4.82	4.31	3.99	3.76	3.59	3.45	3.35	3.26	3.12	2.98	2.83	2.75	2.67	2.58	2.60	2.40	3.31
23	7.88	5.66	4.76	4.26	3.94	3.71	3.54	3.41	3.30	3.21	3.07	2.83	2.78	2.70	2.62	2.54	2.45	2.35	2.26
24	7.82	5.61	4.72	4.22	3.90	3.67	3.50	3.36	3.26	3.17	3.03	2.89	2.74	2.66	2.58	2.49	2.40	2.31	2.21
25	7.77	5.57	4.68	4.16	3.85	3.63	3.46	3.32	3.22	3.13	2.99	2.85	2.70	2.62	2.54	2.45	2.36	2.27	2.17
26	7.72	5.53	4.64	4.14	3.82	3.59	3.42	3.29	3.18	3.09	2.96	2.81	2.68	2.58	2.50	2.42	2.33	2.33	2.13
27	7.68	5.49	4.60	4.11	3.78	3.58	3.39	3.26	3.16	3.06	2.83	2.78	2.63	2.55	2.47	2.38	2.29	2.30	2.10
28	7.64	5.45	4.57	4.07	3.75	3.63	3.36	3.23	3.12	3.03	2.90	2.73	2.60	2.52	2.44	2.35	2.28	2.17	2.06
29	7.60	5.42	4.54	4.04	3.73	3.60	3.33	3.20	3.09	3.00	2.87	2.73	2.57	2.49	2.41	2.33	2.23	2.14	2.03
30	7.56	5.39	4.51	4.02	3.70	3.47	3.30	3.17	3.07	2.98	2.84	2.70	2.55	2.47	2.39	2.30	2.21	2.11	2.01
40	7.31	5.18	4.31	3.83	3.51	3.29	3.12	2.99	2.89	2.80	2.66	2.52	2.37	2.29	2.20	2.11	2.02	1.92	1.50
60	7.08	4.98	4.13	3.85	3.34	3.12	2.95	2.82	2.72	2.63	2.60	2.35	2.20	2.12	2.03	1.94	1.84	1.73	1.80
120	6.85	4.79	3.95	3.48	3.17	2.96	2.79	2.68	2.56	2.47	2.34	2.19	2.03	1.95	1.96	1.76	1.66	1.63	1.38
∞	6.63	4.61	3.78	3.32	3.02	2.80	2.64	2.51	2.41	2.32	2.18	2.04	1.88	1.79	1.70	1.59	1.47	1.32	1.00

資料來樌：Table 18 of the *Biometrika Tables for Statisticians, vol. 1 (1st ed.), edited by E. S.|Pearson and H. O. Hartly.*

附表 5-2：*F* 分配的臨界值（$\alpha = .05$）

n \ m	1	2	3	4	5	6	7	8	9	10	12	15	20	24	30	40	60	120	∞
1	161.4	199.5	215.7	224.6	230.2	234.0	236.8	238.9	240.5	241.9	245.9	245.9	243.0	249.1	250.1	251.1	252.2	253.3	254.3
2	18.51	19.00	19.16	19.25	19.30	19.33	19.35	19.37	19.38	19.40	19.41	19.43	19.45	19.45	19.46	19.47	19.48	19.49	19.50
3	10.13	9.55	9.28	9.12	9.01	8.94	8.89	8.85	8.81	8.79	8.74	8.70	8.66	8.64	8.62	8.59	8.57	8.55	8.53
4	7.71	6.94	6.59	6.39	6.26	6.16	6.09	6.40	6.00	5.96	5.91	5.86	5.80	5.77	5.75	5.72	5.69	5.66	5.63
5	6.61	5.79	5.41	5.19	5.05	4.95	4.88	4.82	4.77	4.74	4.68	4.62	4.56	4.53	4.50	4.46	4.43	4.40	4.36
6	5.99	5.14	4.76	4.53	4.39	4.28	4.21	4.15	4.10	4.06	4.00	3.94	3.87	3.84	3.81	3.77	3.74	3.70	3.67
7	5.59	4.74	4.35	4.12	3.97	3.87	3.79	3.73	3.68	3.64	3.57	3.51	3.44	3.41	3.38	3.34	3.30	3.27	3.23
8	5.32	4.46	4.07	3.84	3.69	3.58	3.50	3.44	3.39	3.35	3.28	3.52	3.15	3.12	3.08	3.04	3.01	2.97	2.93
9	5.12	4.26	3.86	3.63	3.48	3.37	3.29	3.23	3.18	3.14	3.07	3.01	2.94	2.90	2.86	2.83	2.79	2.75	2.71
10	4.96	4.10	3.71	3.48	3.33	3.22	3.14	3.07	3.02	2.98	2.91	2.85	2.77	2.74	2.70	2.66	2.62	2.58	2.54
11	4.84	3.98	3.59	3.36	3.20	3.09	3.01	2.95	2.90	2.85	2.79	2.72	2.65	2.61	2.57	2.53	2.49	2.45	2.40
12	4.75	3.89	3.49	3.26	3.11	3.00	2.91	2.85	2.80	2.75	2.69	2.62	2.54	2.51	2.47	2.43	2.38	2.34	2.30
13	4.67	3.81	3.41	3.18	3.03	2.82	2.83	2.77	2.71	2.67	2.60	2.53	2.46	2.42	2.38	2.34	2.30	2.25	2.21
14	4.60	3.74	3.34	3.11	2.96	2.85	2.76	2.70	2.65	2.60	2.53	2.46	2.39	2.35	2.31	2.27	2.22	2.18	2.13
15	4.54	3.68	3.29	3.06	2.90	2.79	2.71	2.64	2.59	2.54	2.48	2.40	2.33	2.29	2.25	2.20	2.16	2.11	2.07
16	4.49	3.63	3.24	3.01	2.85	2.74	2.66	2.59	2.54	2.49	2.42	2.35	2.28	2.24	2.19	2.15	2.11	2.06	2.01
17	4.45	3.59	3.20	2.96	2.81	2.70	2.61	2.55	2.49	2.45	2.38	2.31	2.23	2.19	2.15	2.10	2.06	2.01	1.96
18	4.41	3.55	3.16	2.93	2.77	2.66	2.68	2.51	2.46	2.41	2.34	2.27	2.19	2.15	2.11	2.06	2.02	1.97	1.92
19	4.38	3.52	3.13	2.90	2.74	2.63	2.54	2.48	2.42	2.38	2.31	2.23	2.16	2.11	2.07	2.03	1.98	1.93	1.88
20	4.35	3.49	3.10	2.87	2.71	2.60	2.51	2.45	2.39	2.35	2.28	2.20	2.12	2.08	2.04	1.99	1.95	1.90	1.84
21	4.32	3.47	3.07	2.84	2.68	2.67	2.49	2.42	2.37	2.32	2.25	2.18	2.10	2.05	2.01	1.96	1.92	1.87	1.81
22	4.30	3.44	3.05	2.82	2.66	2.55	2.46	2.40	2.34	2.30	2.23	2.15	2.07	2.03	1.98	1.94	1.89	1.84	1.78
23	4.28	3.42	3.03	2.80	2.64	2.53	2.44	2.37	2.32	2.27	2.20	2.13	2.05	2.01	1.96	1.91	1.86	1.81	1.76
24	4.26	3.40	3.01	2.78	2.62	2.51	2.42	2.36	2.30	2.25	2.18	2.11	2.03	1.98	1.94	1.89	1.84	1.79	1.73
25	4.24	3.39	2.99	2.76	2.60	2.49	2.40	2.34	2.28	2.24	2.16	2.09	2.10	1.96	1.92	1.87	1.82	1.77	1.71
26	4.23	3.37	2.98	2.74	2.59	2.47	2.39	2.32	2.27	2.22	2.16	2.07	1.99	1.95	1.90	1.85	1.80	1.75	1.69
27	4.21	3.35	2.96	2.73	2.57	2.46	2.37	2.31	2.25	2.20	2.13	2.06	1.97	1.93	1.88	1.84	1.79	1.73	1.67
28	4.20	3.34	2.95	2.71	2.56	2.45	2.36	2.29	2.24	2.19	2.12	2.04	1.96	1.91	1.87	1.82	1.77	1.71	1.65
29	4.18	3.33	2.93	2.70	2.55	2.43	2.35	2.28	2.22	2.18	2.10	2.03	1.94	1.90	1.85	1.81	1.75	1.70	1.64
30	4.17	3.32	2.92	2.69	2.53	2.42	2.33	2.27	2.21	2.16	2.09	2.01	1.93	1.89	1.84	1.79	1.74	1.68	1.62
40	4.08	3.23	2.84	2.61	2.45	2.34	2.25	2.18	2.12	2.08	2.00	1.92	1.84	1.79	1.74	1.69	1.64	1.58	1.51
60	4.00	3.15	2.76	2.53	2.37	2.25	2.17	2.10	2.04	1.99	1.82	1.84	1.75	1.70	1.65	1.59	1.53	1.47	1.30
120	2.39	3.07	2.68	2.45	2.29	2.17	2.09	2.02	1.96	1.91	1.83	1.75	1.66	1.61	1.55	1.50	1.43	1.35	1.28
∞	3.84	3.00	2.60	2.37	2.21	2.10	2.01	1.94	1.88	1.83	1.75	1.67	1.67	1.52	1.46	1.39	1.32	1.22	1.00

m ＝分子的自由度　　n ＝分母的自由度

附表 6：Spearman 等級相關係數的臨界值

n	α = .05	α = .025	α = .01	α = .005
5	0.900	—	—	—
6	0.829	0.886	0.943	—
7	0.714	0.786	0.893	—
8	0.643	0.738	0.838	0.881
9	0.600	0.683	0.783	0.833
10	0.564	0.648	0.745	0.794
11	0.523	0.623	0.736	0.818
12	0.497	0.591	0.703	0.780
13	0.475	0.566	0.673	0.745
14	0.457	0.545	0.646	0.716
15	0.441	0.525	0.623	0.689
16	0.425	0.507	0.601	0.666
17	0.412	0.490	0.582	0.645
18	0.399	0.476	0.564	0.625
19	0.388	0.462	0.549	0.608
20	0.377	0.450	0.534	0.591
21	0.0368	0.438	0.521	0.576
22	0.359	0.428	0.508	0.562
23	0.351	0.418	0.496	0.549
24	0.343	0.409	0.485	0.537
25	0.336	0.400	0.475	0.526
26	0.329	0.392	0.465	0.515
27	0.323	0.385	0.456	0.505
28	0.317	0.377	0.448	0.496
29	0.311	0.370	0.440	0.487
30	0.305	0.364	0.432	0.478

資料來源：Distribution of Sums of Squares of Rank Differences for Small Samples," E. G. Olds, *Annals of Mathematical Statistics*. Volume 9 (1938).

索　引

K 平均數法（K-means method）384
K-W 檢定 329

1 劃

一次個案研究（the one-shot case study）167, 168
一致性（equivalence 或 consistency）234
一組前後設計（the one-group pretest-posttest design）167, 168
一階段地區抽樣（one-state area sampling）192
一階段集群抽樣（one-stage cluster sampling）191

2 劃

二分的變數（dichotomous variables）36
二階段地區抽樣（two-stage area sampling）192, 193
二階段集群方法（two-stage clustering approach）384, 385
二階段集群抽樣（two-stage cluster sampling）191
二項式分配（binomial distribution）299
人員訪問（personal interview）94, 95, 104, 265
人員觀察 109

3 劃

大中取大準則（maximax criterion）12
小中取大準則（maximin criterion）11
口頭報告 400, 405

4 劃

不干擾的觀察（unobtrusive observation）110, 114
不相對等控制組設計（nonequivalent control group design）168, 174
不採取行動（inaction）4
不連續的變數（discrete variables）36
不等比例分配法 210, 211
不等比例分層樣本（disproportional stratified sample）211
中介變數（intervening variable，IVV）37
中途脫隊（dropout）68
中間傾向誤差（error of central tendency）224
互依方法（interdependence methods）289, 292, 387
互相關（intercorrelation）234
互動（interaction）164
互動效果（interaction effect）178
互動偏差 67
仁慈誤差（error of leniency）224
內生構念（endogenous construct）362
內容效度（content validity）232
內部一致性（internal consistency）233
內部同質性（internal homogeneity）234
內部的私有計畫書（in-house proprietary proposals）56

內部效度（internal validity）31, 160, 163
公共領域的計畫書（public domain proposals）56
引導性的問題（leading question）141
分解方法（decompositional approach）393
分解法（decomposition method）415, 417
分解途徑（decompositional approach）354
分層隨機抽樣（stratified random sampling）186, 189, 210
分類系統（categorical system 或 taxonomies）40
反應偏差（response bias）69, 163
巴克斯-任金斯法（ARIMA模式）415, 418
心理判斷（psychological judgement）354
方法論（methodology）25, 83
方案評估（alternative evaluation）4
比率（ratio）219
比率尺度（proportion）208
比較判斷法則（Thurstone's law of comparative judgment）225
比較的評價尺度（comparative rating scale）222, 224

5 劃

古典統計分析 13, 18
主成分分析（principal components analysis）377
主要因素法（method of principal factor）377
主效果（main effects）178
主動法（active data collection）90
主軸法（method of principal axes）376
主題統覺測驗（thematic apperception test，TAT）255
主觀估計法 48
可解釋性（interpretability）235, 236
可靠性（reliability）28, 85
卡方檢定（χ^2 test）311-314
史德培尺度（Stapel scale）228
句子完成法（sentence completion）253
四組六研究設計（four-group six-study design）167,170
外生構念（exogenous construct）362
外生變數（extraneous variables，EV）38
外推法（extrapolative）414, 430
外部次級資料 76, 78, 79, 83
外部效度（external validity）31, 160, 162
平均連鎖法（average linkage）382
平均距離法（average distance）382
平均數 204, 281, 284
本質性的定義（constitutive definition）218
未來法（futurists）433
正向仁慈誤差（error of positive leniency）224
正確性（accuracy）84, 86, 198
母數（parameter）182, 287
母數統計（parametric statistics）325
母體（population）50, 102, 182
母體比率（population proportion）296, 299, 304
母體平均數（population mean）296, 297, 302
用途導向和成果導向的（use-and result-oriented）447
目標母體（target population）108, 184
加一抽樣法（plus-one sampling）202
立意抽樣（purposive sampling）197

半結構性訪問（semi-structured interview）244

6 劃

企業研究（business research）5
交叉編表（cross tabulation）278, 285
交叉影響矩陣 414, 432
先用者調查（lead-user survey）63
全面性（comprehensiveness or scope of knowledge）29
全國零售指數（National Retail Index）211
全距（range）206
共同變動（concomitant variatioin）70
共變（covariation）70
共變（covary）70
再測信度（test-retest reliability）234
同時分析（simultaneous analysis）286
同時效度（concurrent validity）233
名目尺度（nominal）219
因（cause）70
因子設計（factorial design）175, 178, 323
因子結構（factorial structure）354
因果性研究（causal research）65, 70, 71
因果推論（causal inference）70
因果模式 414, 420
因果關係（causal relationship）38, 361
因徑圖（path diagram）361
因素分析（factor analysis）227, 293, 362, 376
因素負荷量（factor loading）363, 376
回應偏差（response bias）108
回應率（response rate）95, 106
回饋（feedback）400, 402
回響（echo）250
地區抽樣（area sampling）186, 192
多元尺度法（multidimensional scaling，MDS）231, 387
多元迴歸 338
多段抽樣（multiphase sampling）197
多重時間數列設計（multiple time-series design）168, 174
多構面空間（multidimensional space）387
多變量分析（multivariater analysis）278, 289
多變量常態性（multivariate normality）364
多變量統計分析（multivariate statistical analysis）338
多變量變異數分析（multivariate analysis of variance，MANOVA）290
字彙聯想法（word association）252
安全的權利（the right to safety）440
成分效用值（part-worth）354
成對比較法（plaired eomparison）388
成熟（maturation）163
有限母體（finite population）297
次級來源（acquired source）85, 86
次級資料（secondary data）49, 63, 76, 78
次樣本（subsample）197
死亡（mortality）164
自我涉入（ego involvement）270
自我報告（self-reports）221
自相關（autocorrelation）419
自迴歸整合移動平均模式（ARIMA）418
自動互動檢視法（automatic interaction detector，AID）290, 344-348
自然類別（natural grouping）381
行銷研究（marketing research）16

7 劃

估計（estimation）299
估計值（estimate）183
估計值的標準誤（standard error of estimate）199
判定係數（R^2）340, 389, 390
判斷抽樣（judgment sampling）63, 195, 197
判斷預測方法 414, 423-428
完全連鎖法（complete linkage）382
完全隨機設計（completely randomized design）175, 316
序列偏差（sequence bias）69, 96, 105
技術性的決策 3
技術性報告（technical report）54, 403
技術預測方法 414, 428-433
技術導向和任務導向的（technique and task-oriented）447
折半信度（split-half reliability）234
投入（input）391
李克尺度（Likert scale）35, 230
決策（decision）4
系統性（coherence or systematic structure）28
系統性差異（systematic variance）198
系統性誤差（systematic error）107, 108
系統抽樣（systematic sampling）166
系統隨機抽樣（systematic or quasi-random sampring）186, 188
角色扮演（role-play）163
角色扮演法 423, 426
投射技術（projective technique）244, 252
貝氏分析（Bayesian analysis）13, 20
足夠（sufficiency）296

8 劃

事前衡量效果（before-measurement effect）163
事後加控制組設計（after-only with control group design）167, 171
受訪者誤差（respondent error）108
依樣本大小的機率比例地區抽樣（probability-proportional-to-size area sampling）193
典型相關分析（canonical correlation analysis）290
命題（proposition）33, 38
固定樣本（panels）66
定義（definition）33, 34
拉丁方格設計（Latin square design）175, 177, 320
拉普拉斯準則（Laplace criterion）12
抽樣 113, 182, 184, 201, 203
抽樣偏差（sampling bias）68, 183, 186, 188, 195
抽樣構架（sampling frame）166, 183, 184
抽樣誤差（sampling error）183, 186
果（effect）70
直方圖（histogram）283
直交轉軸法（orthogonal rotation）378
直接等級法（direct ranking）388
直覺法（method of intuition）27
知覺圖（perceptual map）387, 393
社會距離（social distance）270
空間構形（spatial configuration）389
初級來源（primary source）86
初級資料（primary data）49
表面效度（face validity）232

非抽樣誤差（nonsampling errors）108
非計量多元尺度法（nonmetric multidimensional scaling，NMDS）293, 391
非結構-直接訪問（unstructured-direct interviews）93
非結構-間接訪問（unstructured-indirect interviews）93, 94
非虛假關聯（nonspurious association）70
非層次集群方法（non-hierarchical method）382
非機率抽樣（nonprobability sampling）53, 185, 199

9 劃

品牌轉換分析（turnover or brand-switching analysis）66
品質管制 273, 443
信度（reliability）32, 83, 219, 231, 363, 367
信賴水準（confidence level）185, 296
信賴區間（confidence interval）185, 296
便利性（convenience）235, 236
便利抽樣（convenience sampling）195
保密的權利（the right of confidentiality）440
型 I 錯誤（Type I error）300
型 II 錯誤（Type II error）300
客觀性（objectivity）28
封閉式問題（closed question）279
制約偏差（conditioning bias）68
前後加控制組設計（before-after with control group design）167, 169
指數平滑法（exponential smoothing）415, 416
指標（indicator）363
故事完成法（story completion）253
相互主觀（intersubjectivity）26
相似（similarity）387, 388
相似矩陣（similarities matrix）388
相依方法（dependence methods）289
相依變數（dependent variable，DV）37
相對等時間樣本設計（equivalent time-sample design）168, 174
相對精確度（relative precision）207, 209
相關（correlate）70
相關（relevancy）132
相關係數（correlation coefficient）70
相關關係（correlational relationship）38
研究（research）5
研究承包者的計畫書（research contractor proposals）56
研究計畫書（research proposal）54
研究設計（research design）46
研究請求步驟（research request step）47
科學研究（ scientific research）5
科學遊戲的規則（rules of the scientific game）25
科學調查（scientific investigation）5
要徑（critical path）51
要徑法（Critical Path Method，CPM）51
計畫評核術（Program Evaluation Review Technique，PERT）51
計量多元尺度法（metric multidimensional scaling）293, 391
計量空間（metric space）381
負向仁慈誤差（error of negative leniency）224
重心（centroid）349

重要供訊者技術（key-informant technique）63
重播技術（playback technique）250
重複研究（replication）26
保密 442

10 劃

記錄誤差（recording error）68
個人判斷法 414, 423
個案方法（case method）64
凍結效果（freezing effect）68
原因（cause）70
原始來源（original source）85
效用值（utility）355
效度（validity）32, 83, 162, 198, 219, 231
效率（efficiency）296
時間抽樣（time-sampling）112
時間順序（temporal sequence）70
時間數列設計（time-series design）168, 172
時間數列模式 414, 415
特性值（eigenvalue）376
真正固定樣本（true panel）66
真實驗設計（true experimental design）167, 169
純推理（pure reason）25
訊息（message）400, 401
執行誤差（administrative error）108, 109
迴歸（regression）163
配對（matching）167
配對比較（paired comparison）307
配額抽樣（quota sampling）68, 167, 195, 196
書面報告 400, 402

11 劃

假定（assumptions）4
假設（hypothesis）5, 33, 38, 300
假設檢定 300-311
偏好（preference）387, 388
偏好分數（preference score）354
偏自相關（partial autocorrelation）419
偏判定係數（coefficient of partial determination）341
偏相關係數（partial correlation coefficient）342
偏差效果（biasing effect）163
區別分析（discriminant analysis）290, 348-353
區間尺度（interval）219
區間估計值（interval estimate）296
區集（block）176, 318
問卷（questionnaire）132
問卷設計 132, 134
問題分析（problem analysis）4
問題認知（problem recognition）3
基本假定（fundamental assumptions）24
基本單位 182
基礎研究（basic research）48
專家意見調查（expert-opinion survey）63
常態機率圖（normal probability plot）340
情勢分析（situational analysis）46
控制組（control group）160
探索性研究（exploratory research）5, 62, 71
探索性技術（exploratory technique）62, 387
探問技術（probing techniqne）271
推論（inference）25
推論過程（inference process）33

敘述性研究（descriptive research）5, 65, 71
敘述性假設（descriptive hypotheses）38
斜交轉軸法（oblique rotation）378
混淆資料（confusion data）388
深度訪問法（depth interview）94, 241, 249, 251
深度集體訪問 64
理性法（rationalistic method）27
理想點（ideal points）390
理論（theory）5, 33
理論系統（theoretical systems）40
理論檢定（theory testing）364
現場作業（field operation）262, 265, 267, 272
現場實驗法（field experiment）160
參數 182
符號檢定（sign test）326
組合技術（compositional technique）393
組合法則（composition rule）354
組合信度（composite reliablilty）367
累積分配函數（cumulative distribution function）283
被告知的權利（the right to be informed）438, 440
被動法（passive data collection）90
訪問法 90, 107
訪問員偏差（interviewer bias）100, 138
訪問員誤差（interviewer error）109
訪問員欺騙（interviewer cheating）109
訪問誤差（interviewing error）267, 270
設計說明（specifications）83
通路（channel）400
連鎖法（linkage method）382
連續的變數（continuous variables）36
逐次分析（sequential analysis）286
逐次抽樣（sequential sampling）195, 197
逐項列舉的評價尺度（itemized rating scale）222
陳述誤差（specification error）361
雪球抽樣（snowball sampling）195, 198
帶有情緒的問題（loaded question）142

12 劃

最大概率估計法（maximum likelihood estimation，MLE）364
最小平方法（ordinary least squares，OLS）339
最小變異數法（minimum variance method）382
視覺器材（visual aids）407
單一連鎖法（single likage）382
單一構面性（unidimensionality）367
單樣本輪檢定（one-sample runs test）331
單調迴歸（monotone regression）389
單變量分析（univariate analysis）278, 287
媒介（medium）400, 401
普查（census）182
焦點團體訪問（focus-group interview）63, 64, 94, 241, 244, 245
無母數（nonparametric）287
無母數統計（nonparametric statistics）325-335
無回應誤差（nonresponse error）108, 267, 268
無偏（unbiasedness）296
等比例分配法 210
等比例分層樣本（propotional stratified sam-

ple）210
等級和檢定（rank sum tests）327
等級法（ranking）225
等級相關（rank correlation）333
等級相關係數（coefficient of rank correlation）333
結構方程式模式（structural equation modeling，SEM）290, 360
結構-直接訪問（structured-direct interviews）93
結構-間接訪問（structured-indirect interviews）93, 94
結構模式（structural model）360, 362
結論性研究（conclusive research）62, 65
絕對精確度（absolute precision）206, 208
絕對適合度衡量（absolute fit measure）365
萃取變異量（variance extracted）367
華德法（Ward's method）382
虛無假設（null hypothesis）300
虛無模式（null model）366
虛擬焦點團體訪問（cyber focus group）248
統計分析 278, 287
統計值（statistic）183
街道區（city blocks）192
評價尺度（rating scale）221
距離（distance）33, 387
郵寄問卷調查（mail survey）94, 100, 104, 266
開放式問題（open-end question）279
集群分析（cluster analysis）293, 381
集群抽樣（cluster sampling）186, 191
集群係數（amalgamation coefficient）383
集體訪問 64
集體座談 64
順序尺度（ordinal）219

13 劃

傳統法（method of tenacity）27
搜尋引擎（search engine）49
暈輪效果（halo effect）224
概化（generalization）25
溝通技術 221
溝通法（communication method）90
溝通者（communicator）400, 401
準則關聯效度（criterion-related validity）232
準則變數（criterion variable）37
準實驗設計（quasi-experimental design）167, 172
經濟性（economy）235, 236
群體判斷法 414
群體動態性（group dynamics）246
群體想法（groupthink）246
腳本（scenarios）47
解釋關係（explanatory relationship）38
解釋變數（explanatory variable）37
試銷 423, 428
試驗（testing）163
資料處理誤差（data-processing error）109
資訊搜尋（information search）4
跳出調查（pop-up survey）203
道路圖（road map）48
準隨機抽樣 188
模彩法 187
電話訪問（telephone interview）94, 97, 104, 201, 266
電話焦點團體（telephone focus group）248

電話號碼簿抽樣法（telephone directories smapling）201
預期委託者道德行爲的權利（the right to expect ethical client behavior）440
預期研究對象道德行爲的權利（the right to expect ethical subject behavior）440
預期獲得客觀研究結果的權利（the right to expect objective research results）438
預期獲得高品質研究的權利（the right to expect high-quality research）440
預測 412, 413
預測效度（predictive validity）232
預測變數（predictor variable）37
預試（pretest 或 pilot study）101, 134, 145, 163
預實驗設計（preexperimental design）167, 168

14 劃

演繹法（deduction）41
圖形的評價尺度（graphic rating scale）222
圖畫解釋技術（picture interpretation technique）255
實用性（practicality）231
實證-觀察層次（empirical-observational level）35
實驗法 50, 160, 161
實驗性研究（experimental research）65, 70
實驗室實驗法（laboratory experiment）160
實驗組（experimental group）160
對比法（method of paired comparisons）225
對立假設（alternative hypothesis）300
對應分析（correspondence analysis，CA）293, 392
對應性（correspondence）393
構念（construct）33, 233, 361
構念效度（construct validity）232, 233
構架偏差（frame bias）101
管理人員意見法 423, 425
管理性報告（management report）54, 403, 404
精確性（definiteness 或 precision）28, 198
綜合固定樣本（omnibus panel）66
綜合評價法（method of summated ratings）230
網路調查（Internet survey）203
網際網路搜尋（Internet search）4
語意差異法（semantic differential）227, 228
誤差（error）84
遠景法（La Prospective）414, 433
需要價值系統（need-value system）252

15 劃

概化（generalization）25
增量適合度衡量（incremental fit measure）365, 366
層次集群方法（hierarchical method）382
德菲法（Delphi）414, 429
數值分類法（numerical taxonomy）381
數量研究（quantitative research）240
數量預測 412
數量預測方法 414-423
樣本（smaple）50, 182
樣本大小 185, 204, 210
樣本調查（sample survey）69
樣本選擇誤差（sample selection error）109,

267
標準化係數（standardized coefficient）353, 364
銷售人員意見法 423, 425
模式（model）33
歐幾里得距離（Euclidean distance）381
潛在構念（latent construct）363
編碼（coding）278, 279
編碼系統（coding system）112
線上調查（Internet survey或online survey）94, 102, 103, 104, 267
線性組合（linear combination）350
線性結構關係（Linear Structural Relation，LISREL）360
複共線性（multicollinearity）340
複判定係數（coefficient of multiple determination）341
複相關係數（coefficient of multiple correlation）340
複迴歸（multiple regression）290, 338-344, 390
複迴歸模式 338, 342
調查法（survey）90
調節變數（moderating variable，MV）37
質性研究（qualitative research）240, 241, 242, 243
質性預測 412
閱聽者（audience）400, 402
適合度檢定 313

16 劃

戰術性的決策 2
操作性定義（operational definition）34, 35, 218
橫切面分析（cross-sectional analysis）66
橫切面研究 66, 69
樹狀圖（dendrogram）382
機率抽樣（probability sampling）53, 68, 69, 183, 185, 186, 199
機械觀察 110
機會變動（chance variation）108
歷史（history）163
獨立變數（independent variable，IV）37
融合係數（fusion coefficients）382
衡量（measurement）216, 217
衡量工具（instrumentation）163, 231, 232, 234, 235
衡量尺度（measurement scale）218
衡量過程（measurement process）216
衡量誤差（measurement error）140, 141, 360
衡量模式（measurement model）362, 370
選擇（selection）164
選擇的權利（the right to choose）439
遲疑（hesitation）252
遺憾準則（minimax regret criterion）12
獨立性檢定 312
學術性論文 403, 405
隨機完全區集設計（randomized complete block design）308
隨機性（randomization）167
隨機抽樣（random sampling）186
隨機抽樣誤差（random sampling error）107
隨機區集設計（randomized block design）175, 176, 318
隨機數字（random numbers）187
隨機數字撥號法（random-digit dialing，

RDD）201, 202
隨機樣本（random sample）186
靜態組間比較（the static-group comparison）167, 169

17 劃

總合判斷法 414
縱剖面分析（longitudinal analysis）66
縱剖面研 166

18 劃

歸納法（induction）41
壓力係數（stress measure）389
離勢（dispersion）281, 284
應用研究（applied research）48
聯合分析（conjoint analysis）231, 290, 354, 357
聯合估計值（pooled estimate）306
聯合空間（joint space）390, 393
聯合效果順序（order of the joint effect）354
臨時分類系統（ad hoc classificatory systems）40
隱含的假定 142
隱私的權利（the right to privacy）438
隱藏的觀察（hidden observation ）110
雙重目的之問題（double-barreled question）143

19 劃

擴大的私有計畫書（extended proprietary proposals）57
簡要適合度衡量（parsimony fit measure）365, 366
簡單二階段地區抽樣（simple, two-stage area sampling）193
簡單判定係數（coefficient of simple determination）340
簡單相關係數（coefficient of simple correlation）340
簡單迴歸 338
簡單移動平均法（simple moving average）415
簡單編表 278, 281
簡單隨機抽樣（simple random sampling）186, 187, 204
轉形（transforming）339
轉軸（rotation）376, 377
穩定性（stability）234
關係性假設（relational hypotheses）38

21 劃

顧客意願調查 423, 427

22 劃

權威法（method of authority）27

23 劃

變異數不等性（heteroscedasticity）339
變異數分析（analysis of variance，ANOVA）178, 290, 316-325
變異數相等性（homoscedasticity）339
變異數最大法（varimax）377, 378
變量常態性（multivariate normality）364
變數（variable）33
驗證性因素分析（confirmatory factor analysis）361

25 劃

觀念（concept）33
觀念性定義（conceptual definition）34, 35, 218
觀念性架構（conceptual frameworks）40
觀念-理論層次（conceptual-theoretical level）35
觀察（observation）25, 112
觀察技術 221
觀察法 90, 109, 111, 113, 244, 267
觀察表格 132, 145